东南沿海村镇生态建设模式及其示范研究

李加林 等 著

ZHEJIANG UNIVERSITY PRESS
浙江大学出版社

图书在版编目（CIP）数据

东南沿海村镇生态建设模式及其示范研究 / 李加林
等著． —杭州：浙江大学出版社，2019.6
　　ISBN 978-7-308-19186-9

　　Ⅰ．①东… Ⅱ．①李… Ⅲ．①沿海－乡镇－生态环境
建设－研究－中国 Ⅳ．①X321.2

中国版本图书馆 CIP 数据核字（2019）第 102577 号

东南沿海村镇生态建设模式及其示范研究

李加林 等　著

责任编辑	杜希武	
责任校对	高士吟　汪　潇	
封面设计	刘依群	
出版发行	浙江大学出版社	
	（杭州市天目山路 148 号　邮政编码 310007）	
	（网址：http://www.zjupress.com）	
排　版	杭州好友排版工作室	
印　刷	浙江省良渚印刷厂	
开　本	710mm×1000mm　1/16	
印　张	19.75	
字　数	398 千	
版 印 次	2019 年 6 月第 1 版　2019 年 6 月第 1 次印刷	
书　号	ISBN 978-7-308-19186-9	
定　价	69.00 元	

宁波市科技局重大项目（2015C110001）：
"村镇生态化治理及社区可持续发展研究集成示范"
第一子课题

第一子课题负责人:沈满洪、李加林

课题组成员撰写章节分工:

第1章东南沿海村镇生态建设的现状调查及问题评析

（宁波大学地理与空间信息技术系　马仁锋）

第2章东南沿海村镇生态建设的总体思路

（宁波大学地理与空间信息技术系　李加林、马仁锋）

第3章东南沿海村镇绿色建筑建设的模式与示范

（宁波大学地理与空间信息技术系　袁海红）

第4章东南沿海村镇生态园林建设的模式与示范

（宁波大学地理与空间信息技术系　罗旭）

第5章东南沿海村镇生态水系建设及污水治理的模式与示范

（宁波大学商学院　程永毅、沈满洪）

第6章东南沿海村镇低碳能源的开发利用模式与示范

（宁波大学地理与空间信息技术系　袁海红）

第7章东南沿海村镇垃圾资源化利用及无害化处理的模式与示范

（宁波大学商学院　邓启明）

第8章东南沿海村镇生态建设的社区治理模式与示范

（宁波大学商学院　伍湘陵）

第9章东南沿海村镇生态建设的评价指标及考核机制构建

（宁波大学地理与空间信息技术系　刘永强）

第10章东南沿海村镇生态建设的技术创新与制度保障

（宁波大学商学院　沈满洪、程永毅）

村镇生态化治理的问题、经验及对策①

沈满洪②

（代　序）

中国现代化的"短板"是农村现代化，中国绿色化的"难点"是村镇绿色化。围绕"村镇生态化治理"主题，课题组主要成员到浙江省、上海市、江苏省、福建省、安徽省、江西省等东南沿海省份及德国吕本瑙市、柏林市郊及法国卢瓦尔河流域等地进行了较为广泛的实地考察和调研。在调研基础上，梳理了问题，总结了经验，提出了村镇生态化治理的对策思路。

一、坚持村镇规划的分区化，以功能分区原则引领村镇生态化建设

村镇生态化治理的重要前提是村镇建设规划的功能分区。没有功能分区就会导致杂乱无章。功能分区不仅是生态城市建设规划的基本原则，而且是生态村镇建设规划的基本原则。有了明确的村镇居住区、产业发展区、生态保护区等功能分区，村镇建设就可能形成人与自然、生态与经济和谐发展的前提和基础。

1. 问题

"走了一村又一村，村村像城镇；看了一镇又一镇，镇镇像农村。"这曾经是浙江省等东南沿海省份村镇发展的真实写照。经过生态乡镇建设、美丽乡村建设等，村镇生态明显改善。但是，问题依然不少。沪杭甬沿线、杭金衢沿线普遍呈现出城、镇、村难以区分的状况。城市不像城市，城镇不像城镇，村落不像村落，而且城市与城镇之间、城镇与村落之间没有隔离带，这是村镇建设的突出问题。

2. 经验

一是苏南地区新旧村镇的功能分区和生产生活的功能分区。村镇既主动对接城市又不被城市所湮没，村镇建设与开发区建设、生态功能区建设既相对独立又相互联系。二是法国卢瓦尔河流域村镇的合理布局。为了保护生态，建立了卢瓦尔河国家自然公园，并设立了管委会。国家公园建于1996年，内有20万人、141个村。为了协调人地关系，国家公园做了整体规划，实现三大功能协调发展：保护自然与风景；保护乡村、反对城市化；保护环境前提下促进经济社会发展。

---

① 本文发表于《中国环境管理》2018年第1期。

② 沈满洪系本课题负责人、宁波大学校长、中国生态经济学学会副理事长。

3. 对策

村镇生态化治理，必须以规划为引领，按照功能分区的原理进行整体谋划。第一，明确城市与城镇、城镇与村落、村落与城市之间的边界，防止模糊不清。第二，明确老城与新城之间、老镇与新镇之间、老村与新村之间的分区。第三，明确村镇居住区与产业功能区等之间的分区，明确居住区、农业区、工业区、旅游区、生态区等各区之间的边界，形成产业发展促进村镇建设的格局。

二、坚持村镇环境的宜居化，以人地和谐原则引领村镇生态化建设

天人合一、人地和谐的基本要求是村镇建设的选址必须宜居。宜居就意味着满足资源条件——拥有山水林田湖草等满足生存所需的自然资源，环境条件——拥有绿水青山及江河湖泊等环境景观，安全条件——具有地质安全和心理安全等保障。宜居环境可能是天然的，也可能是人造的，但必须做到顺应自然，不可反其道而行之。

1. 问题

环境的安全性是村镇环境宜居化的前提。东南沿海是风灾、洪灾、涝灾及地质灾害频发的地区，自然灾害的损失不计其数。但是，相当大一部分灾害并不是"天灾"，而是"人祸"。2013年浙江省余姚市的涝灾和杭州城西的涝灾很大程度上是"人祸"。余姚在新城建设中将新城安排在地势低洼地区，而且没有考虑足够的排水通道或者排洪通道以致堵塞；杭州把20平方公里的湿地（相当大的程度上具有滞洪功能）建成住宅小区，侵占了水域；2015年丽水山体滑坡事件也是事先有信号并提出了警告的，但是没有及时整治和预防。

2. 经验

中国的传统文化十分重视村镇环境的选择。一个宜居宜业的环境，至少具备三个条件：一是亲水而居，保障水资源供给；二是资源充分，或者在山靠山，或者在水靠水，或者在海靠海，或者有地靠地；三是安全可靠，不存在地质隐患，少发生自然灾害。例如欧洲、北美、大洋洲的村镇和城市的建设均具有这种自然条件，其实质就是要选择地理安全、资源安全、心理安全的环境。世界文化遗产之一的安徽省黟县宏村的灵魂在于其水系。牛形村落通过人造水系有机连接。源头是西溪引水工程，在地势相对较高的位置修筑大坝保障全村供水。利用北高南低的自然地理条件，将水引到全村各户人家。村的中间设计了一个半月形的月沼，既有恒温功能，又有消防功能，还有审美功能等。村民用水按照时间进行控制，例如，上午7:00只需取水保障饮用，而后才可以满足梳洗等需要。全村的水汇聚到南湖，形成"前有照，后有靠"的景观。

3. 对策

浙江省是东南沿海地区的一个代表。"七山一水两分地"的地理格局和人多地

少的人地矛盾,决定了自然条件不可能有那么多优越的地方。村镇的风水宝树大多也不是纯天然的,先辈的栽种与呵护,给后人留下了宝贵的遗产。因此,第一,有必要对村镇的地质安全进行一次系统的普查,并进行及时整改,建立相关档案。坚决避免已经有安全隐患信号,而没有及时整改行动的拖延行为。第二,对村镇的防洪排涝系统进行普查,利用"五水共治"的东风,真正把防洪水、排涝水的基础设施和制度体系建设到位。第三,在村镇分区规划的基础上对村镇环境进行必要的改造,加强村镇的防护林和绿化带建设,鼓励居民"房前屋后,栽树种花"。

三、坚持村镇道路的差异化,以融通古今原则引领村镇道路的分类建设

道路是人类活动的"动脉"。但是,"动脉"的大小必须根据村镇人口的规模、自然地形特征等因村而异、因镇而异。既要防止人多路小所致的交通拥堵问题,又要防止路宽人稀、"缺乏人气";既要防止一味"求新"而忽视对传统古街的保护,又要防止固守"遗迹"而忽视人们出行的基本需求。

1. 问题

我国已经迅速进入汽车时代,农村地区也不例外。在这一背景下如何规划建设好村镇道路是一个严峻挑战。存在的突出问题是:一是村镇道路全面水泥硬化,每家每户汽车均可通达。这样,把村镇景观破坏殆尽,尤其是一些具有特定文化遗产、自然遗产的村镇。二是"村村通"工程付出了巨大的生态代价,"通了一条路,毁了几座山",实为得不偿失。

2. 经验

一是江浙一些江南古镇和古村落的保护性开发。既做到汽车的可达性,到达村镇,便捷居民及来客,又做到古村镇的传承性,禁止汽车通行以保持原汁原味的小街小巷风貌。二是浙江丽水市等地的下山扶贫。让一些居住在深山老林里的零星村落和居民集聚到城镇,不仅避免生态破坏,而且在实现人口集聚的同时也实现了精准脱贫。

3. 对策

村镇道路建设应该根据各个村镇的具体情况进行具体规划,至少应该坚持下列原则:第一,坚持保护优先,尤其是要保护文化遗产和自然遗产。第二,坚持人车分离,对于大部分居民共同经过的道路应该修建公路,对于一些古街、商业街、居民之间来往的道路应该修建人行道。人行道不宜水泥硬化,而应该采取鹅卵石铺路等生态化方式。第三,谨慎实施"村村通公路"的方针,对于一些零星的自然村应该鼓励移民,而不是不惜代价修公路。

四、坚持村镇民居的特色化，以产品差别原则构筑村镇建筑的个性化特征

从经济学上讲，有产品差别就有垄断因素，有垄断因素就有超额利润；从村镇建设的角度看，拥有村镇建筑的产品差别，就有文化价值的独特性、就有审美价值的独特性，就可避免因千篇一律所致的边际效用的递减。

1. 问题

我国东南沿海地区村镇民居建设存在的突出问题是：第一，追求高大上，造成资源浪费。浙江的相当大一部分民居造到四层、五层，像"塔楼"，但实际利用率十分低下，完全是炫耀式建筑。在福建省调研中还看到大量的民居成为"半拉子"工程：人家造那么高，我也必须那么高，没有建设资金了，赚钱以后再来造。第二，风格迥然不同的建筑并存，造成杂乱现象。相当大一部分村镇，既有明清建筑，又有民国建筑，还有当代建筑，当代建筑中既有20世纪六七十年代的，又有八九十年代的，还有21世纪的。第三，拆了又建，建了又拆，无法形成村镇建筑的文化记忆。

2. 经验

第一，我国江南民居的成功经验。最有特色的是皖南的徽派建筑和太湖沿岸的苏南民居。之所以它们能够保持粉墙黛瓦的建筑特色，一是依靠功能分区，在苏南无论是苏州市这样的大城市，还是千灯镇之类的小城镇，均能够做到古镇与新镇之间的功能分区，从而保护了古迹，保护了历史；二是依靠建设管控，在皖南与苏南，民居的建设均有大小、高低、风格等方面严格的政府管控，建筑内部可以现代化，建筑轮廓必须特色化，从而把历史文化传承下来了。第二，法国卢瓦尔河流域的民居保护。法国卢瓦尔河流域的民居很难说一定多么美观，宝贵的是民居一旦建成是不允许拆除的，只允许保护性利用。由此使得每一幢民居都有历史、都有故事、都是文化。欧洲那种保护每一个历史印记的做法是值得学习借鉴的。

3. 对策

制造产品差别是企业利润最大化和居民效用最大化的基本原则。村镇建设也要制造产品差别。第一，设计村镇建设风格和特色，例如建材的风格、色彩的风格、建筑的风格、绿化的风格等，以每个村镇相对一致的风格形成一个村镇的风格。第二，设置民居建设标准，实施精准化管理。根据家庭人口基数设置民居建筑高度、面积、色彩、风格等方面的标准，形成依法治村（镇）的制度体系。第三，设立民居保护规则，对以往的古民居要进行保护性使用，新建的建筑要成为未来的古民居，防止民居大拆大建的现象发生。

五、坚持村镇水系的生态化，以水体灵动原则引领村镇生态化建设

水是生命之源、生产之要、生态之基。水系是一个村镇的灵魂。拥有水系环

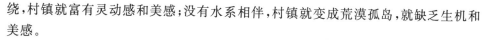

绕,村镇就富有灵动感和美感;没有水系相伴,村镇就变成荒漠孤岛,就缺乏生机和美感。

1.问题

东南沿海的村镇水系建设依然问题不少。第一,填占水域,导致水域的大幅度减少。例如绍兴市古城,在"陆路快于水路"思想的指导下,一半以上的河道变成了马路;杭州市城西地区,在"土地重于水域"观念的指导下,西溪湿地整整被填占了一半以上。第二,水系污染,人体健康严重受损。萧绍平原是我省癌症村比较集中的地方,原因就是地表水和地下水受到不同程度的污染。第三,治水"一刀切",不同规模的乡镇统一要求建立污水治理厂,导致人口规模小的城镇的污水治理厂"吃不饱"而无法运转。

2.经验

经验之一是浙江已经初见成效的"五水共治",系统化治理、合力化治理、制度化治理是重要经验。经验之二是苏南和上海村镇污水的因村而异、分类处理。基本分成三种不同类型:纳管集中污水治理,小型污水处理站处理,一体化污水处理设备等。经验之三是欧美国家等严格控制国土开发强度,确保水系灵动和人水和谐。

3.对策

水系的生命在于流动。"为有源头活水来",必须保证水系的畅通和流动。湖泊、溪流、山塘、水库等对于村镇而言都是极为宝贵的生产资源和生态资源。第一,防洪水、排涝水是东南沿海地区特别需要关注的问题,为此,必须保证水域率,保证水系通畅。要像保护耕地一样保护水域,甚至实施水域占补平衡制度。第二,保供水是村镇居民的最基本需要,对于离城镇相对较近的村镇应该实施城乡公共服务均等化,对于离城镇相对较远的村镇应该实施俱乐部式的自来水供应体系。第三,治污水需要适应新形势的要求,村镇生活污水的治理应该坚持"宜集中则集中,宜分散则分散"的原则,不应搞"一刀切"的污水治理厂建设工程,避免出现"晒太阳工程"。

六、坚持村镇资源的循环化,以绿色发展理念引领自然资源高效利用

按照减量化、再使用、再资源化的基本原则实现资源的循环和高效利用,才能保障自然资源的可持续利用和废弃物的无害化处理。村镇资源的循环化利用关键要防止"循环不经济"现象,要努力促进"循环且经济"。

1.问题

村镇使用的传统能源是秸秆和薪柴,这种能源利用方式的好处是可持续利用,但是使用量大的情况下会导致森林破坏。煤气和天然气的使用,对于村镇而言是

一场革命,便捷、清洁、高效,由此不必砍柴促使森林覆盖率大幅度上升。但是,煤气和天然气毕竟是会耗竭的化石能源,依然属于高碳能源,如何高效利用自然资源还是需要从长计议。

2. 经验

案例之一:法国卢瓦尔河流域1万人口的索米尔市市长让·米歇尔介绍:从烧柴到烧油,从烧油到烧气,再从烧气到烧木粒,这是能源发展的大趋势。这种理念已经在拥有120人的丰特武侯皇家修道院付诸实施。看来,返璞归真的能源革命是可能的。案例之二:德国的吕本瑙市,本是一个废弃的矿业城市,随着煤炭开采业的终结和化石能源中心的转移,城市面临着转型升级的考验。在这种情况下,城市的生态化、遗产化、轻型化重建工作做得十分出色。案例之三:江苏省太仓市东林村成立合作农场,农场种植富硒大米,秸秆做饲料,饲料养羊,羊粪肥田,形成了完美的循环农业链条。

3. 对策

绿色发展理念贯穿于村镇居民生产和生活的方方面面。第一,坚持多能并举方针。对于村镇而言,能源利用不宜采取"把所有的鸡蛋放在一只篮子里"的做法,而是要充分利用各自的资源禀赋各显神通。太阳能、风能、沼气能、小水电等都是可供选择的能源。"多能并举"是解决能源安全和能源可持续利用的基本方向。第二,坚持循环发展理念。对村镇垃圾按照"户分拣、村搜集、乡运输和县处理"的分工进行资源化利用和无害化处理。第三,坚持创新驱动原则。清洁能源开发和资源循环利用存在的问题是成本问题,如何降低成本?一靠科技创新,政府要提供公益性循环发展技术;二靠制度创新,政府可以采取生态补偿、循环补贴、低碳补助等财政激励手段鼓励村镇居民循环发展,也可采取环境税、资源税、碳税等措施遏制粗放式发展。

七、坚持村镇景观的园艺化,以美丽乡村目标引领村镇美丽家园建设

随着生活水平的提高,村镇生态化治理的要求已经从满足环境功能要求进一步上升到满足审美功能要求。因此,无论是村镇建筑本身,还是与村镇建筑相伴的小品小景,抑或是不同功能区之间的隔离带等,都要按照审美要求进行设计和建设,达到"处处是景"的园艺化效果。

1. 问题

浙江省是最早提出美丽乡村建设的省份。但是,真正从审美感受而言,无论是浙江省还是东南沿海其他地区,依然存在下列问题:一是总体上还是处于生态功能的治理,尚未走向审美功能的治理。二是总体上缺乏顶层设计,有些区域尚未起步,城乡接合部既不如城市又不如乡村。三是缺乏鲜花装扮村镇的典型范例,也缺

乏园艺师的技术和艺术指导。

2. 经验

无论是欧美发达国家,还是东亚发达国家,村镇治理领先于我国的主要是生态化基础上的园艺化。我国在鲜花装扮城市和鲜花装扮村镇方面已经有了一些成功的典型:第一,全县景区化打造,如浙江的安吉县、桐庐县、淳安县、开化县均提出并实施了全县景区化打造的计划。原本被认为属于公共物品的县域环境事实上已经部分转化成俱乐部物品,通过休闲旅游实现生态投资的经济回报。第二,村镇景区化打造,如江西省婺源县江岭村全部农地种上油菜,油菜花盛开时灿烂的油菜花与粉墙黛瓦的徽派建筑相映,形成独特的美丽风景;浙江省杭州市桃花源村,全部农地栽上桃树,春暖花开漫山遍野都是粉红的桃花,让人目不暇接。如此,不仅美化了村镇,而且实现了"美丽经济"的目的。

3. 对策

随着人均收入水平的上升,人们对审美的需求加速增长。因此,要坚定不移推进美丽浙江的建设,努力把浙江省全域打造成"大花园"。为了满足居民的审美需求:第一,从村镇社区层面,优化风水宝树布局,加强村镇园林建设,加速公共空间美化。第二,从村镇民居层面,指导居民房前屋后栽树种花,加强花色品种相互搭配,努力做到花开四季,花红草绿。第三,从公共服务层面,加强价廉物美的花草种苗的供应体系建设。第四,树立美丽村镇建设的先进典型和落后典型,激励正面典型,鞭策落后典型,不留丑陋村镇死角。

八、坚持村镇治理的科学化,以各司其职理念构建多主体协同治理格局

从整个社会治理角度看,往往是政府主导、企业为主体、公众参与的治理格局。但是,村镇是一个典型的社区概念,过多的政府介入会导致治理成本高昂。从民间智慧的角度看,完全可能形成以居民自治为主体的生态化治理格局。

1. 问题

市场化改革前存在的突出问题是"政府办企业",市场化改革深化进程中存在的突出问题是"政府办社会"。政府的过多包揽导致社会矛盾均聚焦到政府自身。实际上村镇就是社区的基本单元,应该让社会主体、社会组织及社区居民更多参与治理,不应该有过多的政府介入和政府大包大揽情况。

2. 经验

无论是在法国的卢瓦尔河谷自然保护区的调研,还是在东南沿海生态村镇的调研,一条重要的经验是:无论是对传统文化的保护,还是对自然生态的保护,无论是生态化的开发,还是绿色化的消费,每一个决策的形成、实施,都离不开公众的参

与。案例1:土耳其阿兰亚渔村捕鱼点位的公平配置方案是乡村长者的智慧见证,解决了长期以来捕鱼点争夺引发的冲突问题;案例2:张掖市灌区内农户之间通过"水票"制度实施水权交易是农民的智慧,降低交易成本使得水权交易具有净收益;案例3:上海市闵行区、宁波市镇海区农村建设中多主体治理、网格化管理、村务公开化、治理民主化的经验是很有启发意义的。

3. 对策

村落是最小的社区组织,城镇政府是最基层的政府机构。村镇生态化治理必须高度重视治理结构。从治理主体而言,必须是政府、企业与公众的协同与制衡,防止政府功能的扩大化;从治理内容而言,必须是经济可持续、社会可持续和生态可持续的协同与综合,努力做到"绿水青山就是金山银山";从治理制度而言,必须是法律法规等正式制度、伦理道德等非正式制度和监督举报等实施机制的相容与耦合,要充分尊重乡规民约的重要作用。

目　　录

第1章 东南沿海村镇生态建设的现状调查及问题评析

早在 2005 年 10 月召开的中国共产党第十六届中央委员会第五次全体会议通过的《中共中央关于制定国民经济和社会发展第十一个五年规划的建议》就提出，要按照"生产发展、生活宽裕、乡风文明、村容整洁、管理民主"的要求扎实推进社会主义新农村建设①。2013 年 10 月，全国改善农村人居环境工作会议在浙江桐庐召开，国务院办公厅随后发布《关于改善农村人居环境的指导意见》(国办发〔2014〕25号)；2013 年 12 月在北京召开的中央城镇化工作会议上提出"城镇建设要让居民望得见山、看得见水、记得住乡愁"；2017 年 10 月中国共产党第十九次全国代表大会上的报告中首次提出了"乡村振兴战略"，随后于当年 12 月在京召开的中央农村工作会议上提出实施乡村振兴战略的总要求"产业兴旺、生态宜居、乡风文明、治理有效、生活富裕"。可见，中国政府日益重视农村人居环境和村镇生态建设。本章针对东南沿海地区地域条件和社会、经济发展特点，立足已积累的村镇生态建设实践探索及其丰富经验，系统梳理中国东南沿海发达地区村镇生态建设现状和存在的问题，探究东南沿海村镇生态建设问题的根源，对推动中国东南沿海地区乃至全国的乡村生态宜居具有十分重要的现实意义和示范价值。

1.1 村镇生态建设的内涵和意义

面对快速工业化与城市化导致中国发达地区村镇建设资源约束趋紧、环境污染严重、生态系统退化的严峻形势，必须增强生态危机意识，充分认识村镇生态建设的重要性与紧迫性。村镇生态建设，强调将生态理念、技术等全方位和全过程融入村镇规划、建设与发展管理中。

---

① 中国共产党历次全国代表大会数据库. 2005 年 10 月 11 日中国共产党第十六届中央委员会第五次全体会议通过《中共中央关于制定国民经济和社会发展第十一个五年规划的建议》. http://cpc. people. com. cn/GB/64162/64168/64569/65414/4429220. html

1.1.1 村镇生态建设的内涵

村镇生态建设具有多重内涵(表 1-1),概而言之是指基于村镇及其毗连地区生态系统本底特征,并集成生态治理、生活需求、生产工艺变革等理念、技术及其施工工艺,以维持村镇地域生态系统稳定性与自组织发展的人类社会生态干预。与城市生态建设的最大区别是村镇生态建设的本底条件差异巨大以及需求的多样性,尤其是局域自然地理环境与产业发展基础、发展现状、产业活动主体的非均质性和地方性等,这决定了村镇生态建设既要遵循村镇生态建设过程中人类社会—生态系统的适应性,又要遵循生态学规律摸索适宜地方村镇发展的生态文明落地规律(表 1-2)。当然,西方学界认为村镇生态建设应更强调:公民自发组织;成员重视共同体的生活模式;生态管理不过度依赖政府、企业或是其他集中资源供应;成员拥有强烈的共享价值观;生态建设通常作为研究和示范的基地提供教育实践活动①。基于此,村镇生态建设应重点强调整体可持续、自我组织发展、共享价值观和功能多样性复合。

表 1-1 村镇生态建设的内涵

代表作者	内涵
姚亦锋 (2013)	以文化地理学研究村镇其地域"人地关系"的理念传承,保存其优美的田园人居环境;明确景观优化和社会经济发展的具体要求,将自然平衡和社会发展要求安排在景观空间格局配置之中。
孙洁 (2013)	村镇生态建设一定要遵循自然,突出建设绿色环保的村镇。首先是要有合理的选址;其次,生态村镇的建设,还要注重其细节,要根据它的地形、地貌、水文等特征来划分它的各个功能区,建设相对应的基础服务设施,这样才能建成有特色的村镇;再次,利用自然营造良好的生态环境。
殷胜德 (2011)	全面推进生态环境建设向纵深发展和全面发展,促进农村产业结构调整,改善和优化社会环境,促进人与自然和谐相处。
谭湘萍 (2010)	村镇生态建设的目标就是实现农业农村可持续发展。
张亮等 (2006)	村镇生态创建的主要内容是突出以村街硬化、绿化、净化、改厕为主的"三化一改"建设,把经济发展、社会进步与生态优化融为一体,促进农村物质文明、政治文明、精神文明协调发展,建设农民生活殷实、精神生活充实、居住环境良好等共同进步的社会主义现代化新农村。

---

① Jonathan Dawson. Ecovillages: New Frontiers for Sustainability [M]. Green Books, 2006;Hildur Jackson, Karen Svensson. Ecovillage Living: Restoring the Earth and HerPeople[M]. Green Books,2002.

续表

代表作者	内涵
冯艳芬等 （2004）	村镇生态化强调社会、经济、自然协调发展和整体生态化,实现人—自然共同演进、和谐发展、共生共荣,是可持续发展模式之一。它不仅涉及村镇物质环境的生态建设、生态恢复,还涉及价值观念、生活方式、政策法规等方面的根本性转变。

资料来源:姚亦锋."文化地理"视角研究乡村景观规划[J].风景园林,2013(4):153-154;孙洁.泼墨挥毫生态村镇铺开新画卷[J].中国农村科技,2013(12):24-27;殷胜德.加快绿化步伐 建设生态村镇[J].甘肃林业,2011(5):10-12;谭湘萍.加强农村环境保护建设生态文明村镇[J].新农村,2010(5):5-7;张亮,李忠义,王玮,岳文晶.社会主义新农村建设的有益探索——阳泉市开展"文明生态村镇创建"的实践与思考[J].前进,2006(3):28-29;冯艳芬,胡月明,曹学宝.揭西县生态村镇建设的可行性分析[J].广州大学学报(自然科学版),2004(4):342-345.

表 1-2　村镇生态与城市生态的区别

项目	村镇生态	城市生态
结构	相对简单	相对复杂
功能	居住、生产	居住、经济、政治、社会活动
规模	小	大
分布	散布、形态不显著	局部、特定地点
持续性	短	长
恢复性	快	慢
人口密度	小	大
产业性质	以农林等第一产业为主	以第二、第三产业为主
与土地关系	密切	不密切
经济	弱	强
文化	单调	丰富
环境对其影响力	相对较大	相对较小

资料来源:王智平,安萍.村落生态系统的概念及其特征[J].生态学杂志,1995,14(1):43-48.

　　本书中村镇生态建设是指当地居民运用生态学、人地关系、系统工程等理论、方法和技术,试探改变乡村经济发展和村镇建设的高消耗、高增长等传统模式,转变强利用、高排放、高污染的村镇规划设计、施工建设与决策管理方式,挖掘村镇地域生态系统和人类聚落耦合的地方因素,建设具有生态高效的产业,生态健康、景观适宜的人居环境,文明公正、社会和谐的村落文化。本书村镇生态建设具体包括五维度:产业发展生态化与培育生态产业、自然环境美化与基质景观塑造、公共环卫设施处理技术生态化、居民行为与村镇治理趋向生态化、地方文化传承与生态理念植入,进而实现村镇经济富裕、环境优美、文化独特"三位一体"的生态可持续发展。

1.1.2　建设生态村镇的意义

在国家战略决策指导下,2000 年以来,东南沿海地区村镇建设发展迅速,相对于中西部地区,农村居住条件有了较大幅度的改善,但由于开展新农村村庄建设时间短,科技支撑新农村建设能力不强,截至 2013 年仍存在农村建设规划滞后、建房不变貌、设施不配套、环境污染等问题①。总体看,各地开展村庄整治的面不广、力度不大,缺乏整体性、系统性。对照快速推进的城市建设和迅速变化的城市面貌,农村的村庄建设、环境建设和社会发展明显滞后,城乡差距依然呈扩大趋势,离"村镇"的差距还很大,尤其是村庄环境"脏、乱、差"的问题仍比较突出。根据 2010 年完成的第一次全国污染源普查,农村的污染排放已经占到了全国的"半壁江山",其中化学需氧量占到了 43%,总氮占到了 57%,总磷占到了 67%。农村环境问题的来源主要在于农业生产造成的面源污染及土壤污染、小城镇和农村聚居点的基础设施滞后而产生的生活污染,以及乡镇企业布局不当、治理不够产生的工业污染。因此,有必要开展针对村镇生态环境保护的专项技术研究,从水环境、生活饮用水与固体废弃物管理方面保障村民居住环境的安全与清洁。东南沿海地区具有气候温暖湿润、以山地丘陵和小平原为主、深受海洋影响等自然特征,具有经济发展水平、农村工业化程度、农业特色化专业化等较高经济特点,以及农村人口非农化、兼业化、平均收入水平较高等社会特点。同时,这一地区农村的知识水平、村庄管理水平等也较其他地区相对较高。因此,针对这一地区独特的自然、经济、人文、社会特点,以科学技术推动村庄建设的水平,以建设需求促进科技创新势在必行。

(1)生态村镇建设有利于满足村镇居民日益增长的对美好生活的需要。改革开放 40 年来,中国农村、农业、农民发生了巨大变化。乡村通了公路,农民住上了新房,有了电视、电话、网络、汽车,发展了大棚蔬菜、农家乐与民宿等新兴产业。然而,广大村镇存在的传统建筑日益凋敝、公共环境与文化活动场所管护不适当、环境设施配置不充分、村民文化精神生活单调匮乏等现象日益严峻。开展生态村镇建设有利于满足东南沿海地区日益富裕的村民群众对生态宜居生活环境的迫切需求,推动人的全面发展和社会的全面进步。

(2)生态村镇建设有利于建成美丽中国的村镇样本。开展中国东南沿海村镇生态建设模式及其示范研究,既是探索十六届五中全会所提出的建设"社会主义新农村"的地方模式,又是践行十九大提出 21 世纪中叶要实现富强、民主、文明、和谐、美丽的乡村发展目标。实施乡村振兴战略,建设美丽乡村,有助于提升农村生产生活环境,改善农村面貌,改变农民生产生活方式,推动城乡基础设施、公共服

---

①　国务院办公厅关于改善农村人居环境的指导意见(国办发〔2014〕25 号). http://www.gov.cn/zhengce/content/2014-05/29/content_8835.htm.

务、产业融合一体化的进程,为农业发展、农民致富开启美好愿景。开展生态村镇建设模式研究,能够因地制宜总结和提炼中国东南沿海地区不同地理环境、不同经济区位、不同经济发展水平的多样性农村生态建设模式,探索实现美丽乡村建设全覆盖的地域性和一般性,构建农村"环境美、产业美、精神美、生态美"的生态村镇模式类型体系与通用技术规律,诠释建成美丽中国的东南沿海样本。

(3)生态村镇建设模式探索有利于促进包括美丽村镇在内的美丽中国建设。系统梳理中国东南沿海农村村镇生态建设的本底、现状、典型模式等,详尽阐述与刻画如何因地制宜的集成生态技术,提升村镇生态建设成效,服务于包括美丽村镇在内的美丽中国。尤其是挖掘 2005 年以来浙江"千万工程"与"美丽乡村"工程、江苏省新农村工程、上海市"城乡一体化"与"三倾斜一深化"工程持续走在全国前列的经验与举措,诠释江苏、上海、浙江、福建有关农村建设过程中村镇生态建设的典型模式,系统提炼村镇建设过程中自然环境、人文环境、村落规划编制与实施、单体建筑保护与更新等环节的生态化建设规律,解析能真正起到引领作用的村镇生态建设先进思想和理论,丰富和发展美丽中国村镇建设与管理的相关生态理论。

1.2 东南沿海村镇生态建设的探索

1.2.1 东南沿海村镇生态建设的理念与思路

改革开放以来,由于农业生产技术的飞速发展,农业与农村建设取得了巨大成就,农民开起了小车、盖起了楼房、用上了互联网,可谓生活富裕。但是,乡村工业的发展、农药化肥的施用、农业机械的普及在促进农业快速发展的同时也给乡村生态环境带来了巨大冲击,造成环境污染、食品安全,已严重影响村镇人与自然和谐发展。中国政府自"十一五"以来就开始关注乡村发展的生态环境管制,逐渐形成村镇生态建设的特色之路(表 1-3)。

表 1-3 我国中央政府有关村镇生态建设的相关论述

生态建设重点	提出来源
"生产发展、生活宽裕、乡风文明、村容整洁、管理民主",当时中央文件虽然没有提出生态文明概念,但是已经隐约体现了经济建设、政治建设、文化建设、社会建设和生态文明建设"五位一体"总体布局。	党的十六届五中全会
"牢固树立生态文明观,重视人与自然、人与人、人与社会的和谐,不断化解冲突和生态危机,才能全面推进农村生态文明健康协调的发展。"这是科学发展、可持续发展、安全发展的需要,是永恒追求的宏伟目标。中央文件首次提出生态文明理念。	党的十七大报告

续表

生态建设重点	提出来源
"面对资源约束趋紧、环境污染严重、生态系统退化的严峻形势,必须树立尊重自然、顺应自然、保护自然的生态文明理念。"首次明确反对人类中心论。	党的十八大报告
"要紧紧围绕建设美丽中国,深化生态文明体制改革,加快建立生态文明制度,健全国土空间开发、资源节约利用、生态环境保护的体制机制,推动形成人与自然和谐发展的现代化建设新格局。"首次系统阐述生态文明体制改革。	党的十八届三中全会
"改善农村人居环境,事关农民安居乐业、事关农村社会和谐稳定、事关生态环境改善,意义重大。今后一个时期内,要根据全面建成小康社会和新农村建设的总体要求,把握规律,突出重点,全面改善农村生产生活条件。"把生态文明改善视作民生福利。	全国改善农村人居环境工作会议
提出"实施乡村振兴战略",报告勾画出未来乡村"产业兴旺、生态宜居、乡风文明、治理有效、生活富裕"美好蓝图。十九大把"绿水青山就是金山银山"写入党代会报告并载入党章,首次强调生态优先理念。	党的十九大报告

当然,除如表 1-3 的政府村镇生态建设实践政策外,中国学界对村镇生态文明研究主要经历了如表 1-4 的相关认知阶段。学界重点关注生态文明理念的演进,如何落地化为美丽乡村、美丽中国建设的行动指南,这其中鲜见相关学者探索村镇生态建设的技术集成和因地制宜的村镇生态建设模式研究[①]。

表 1-4 我国学界对生态文明及其村镇建设实践的相关表述

生态建设相关理念的研究	参考文献
生态文明建设包括五个方面:从科学层次认识生态(科技);从系统层次管理生态(政府);从工程层次建设生态(企业);从社会层次宣传生态(媒体);从美学层次品味生态(民众)。	鄂平玲. 奏响中国建设生态文明的新乐章[J]. 环境保护,2007(21):37-39.
提出以净化、绿化、活化、美化、进化型安全生态为保障目标,生物链—矿物链—服务链—静脉链—智慧链五链合一的循环经济耦合构架,以及污染防治、清洁生产、产业生态、生态社区和生态文明五位一体的和谐社会建设模式为城市生态管理的三个支柱。	王如松,李锋,韩宝龙,等. 城市复合生态及生态空间管理[J]. 生态学报,2014(1):1-11.

---

① 建设部、国资委、教育部、国土资源部等."十一五"国家科技支撑计划重大项目《村镇小康住宅关键技术研究与示范》示范类课题申请指南[R]. 2006.

生态建设相关理念的研究	参考文献
从人与自然的关系、生态文明与现代文明的关系、生态文明与时代发展的关系三个方面系统阐释了生态文明建设的科学内涵,并从建设主体、建设地域、建设内容、建设手段四个方面,构建生态文明建设的分类体系。	谷树忠,胡咏君,周洪. 生态文明建设的科学内涵与基本路径[J]. 资源科学,2013(1):2-13.
论述了生态文明视域下的我国新农村生态建设的重要性。在生态文明建设的背景下分析我国新农村生态建设面临的困境,包括生活污染、生产污染、环境污染等。	王佳佳. 生态文明视域下的我国新农村生态建设研究[D]. 兰州:兰州理工大学,2014.
建设美丽中国必须以生态文明为依托,通过建设资源节约型、环境友好型的"两型"社会,打造"生产空间集约高效、生活空间宜居适度、生态空间山清水秀"的美好家园。	王晓广. 生态文明视域下的美丽中国建设[J]. 北京师范大学学报(社会科学版),2013(2):19-25.

当然,东南沿海地区的江苏省、上海市、浙江省、福建省在村镇生态修复和环境保护实践中,既遵循了中央政府的历次重要政策决策,又因地制宜地探索村镇生态建设的区域性和地方性规律。苏、沪、浙、闽的村镇生态建设理念总体践行"瓶颈要素和主导全局性要素优先整治,产业升级与行为管控综合调控优于工程设施整治,逐步构建多主体共同参与的管护机制促推治理成效可持续",而省份之间、市(县)域不同地理单元之间依托规划、财政投入等工具,实施有侧重点的村镇生态建设思路。

(1)以污水处理、垃圾处理、供水、用能、厕所革命等瓶颈或主导要素为主体的村镇生态环境基础设施建设是苏、沪、浙、闽各省改善村镇生态环境质量的重要抓手。村镇生态环境基础设施建设涉及技术、经济、环境和群众认可等众多影响因素,不同县(乡镇)因地制宜地选择主要推进抓手。选择推进抓手时既综合考虑了村镇生态环境基础设施建设的技术经济性、项目可实施性和环境保护性选配要素,又重点考虑了村民文化接受度和后期运营管护便捷性。多数区域村镇生态环境基础设施建设以生态效能方法为主线,形成了以 COD(化学需氧量)、TSP(总悬浮微粒)、CO_2(二氧化碳)、SO_2(二氧化硫)和固体废弃物等减排效益和健康效益为主要参数的村镇生态环境基础设施建设和生态效能量化体系。继而因地制宜形成平原河网地区以产业升级减排和污水综合治理(太湖平原、宁绍平原等地区盛行)为主导的村镇生态建设模式;山地丘陵地区以森林或河流源头综合生态保育为主导进而使地方特色产业提质的村镇生态建设模式;河口三角洲和海岛村镇的以人类活动综合减排为主导的村镇生态建设模式。

(2)村镇生态建设统筹近期与远期要素遴选,实施要素区域性差异抓手。江苏省、浙江省和上海市在 2000—2014 年间重点抓地表河和湖水环境治理,2015 年前后则关注农村垃圾分类收集与综合处置;其中地表河湖水环境治理早期以企业减排监督和排污指标交易为主,后期以居民生活污水和水环境处理设施区域均衡化建设为主;在农村垃圾分类收集与处置过程中,则以各种垃圾收集设施建设逐步转向垃圾分类和垃圾收储设施利用激励机制建设。福建省则始终以森林生态修复为主导,2016 年后重点抓流域水环境污染源控制等。

(3)村镇生态建设注重地方朴素的生态学思想和规划经验。东南沿海各地普遍考虑水生态、森林等植被生态、古村落文化生态等因子在村镇生态建设规划的首要效用。如苏南太湖沿岸传统村镇注重特定水文气候条件下建立起来的水生态适应性规划经验运用,尝试营造舒适、健康、自然的生态环境和优良的居住环境;上海崇明岛则将海岸滩涂湿地可持续利用与农家乐经营质量提升作为村镇生态建设主线;浙江宁绍平原以传统江南水乡村镇文化恢复与河网水系水生态环境综合治理为切入点;浙江开化、龙泉和福建三明等则以地方富饶的森林山水生态和传统文化主线推进村镇生态建设。

党的十八大以来,以习近平同志为核心的党中央不断强化生态文明建设,强调"既要金山银山,又要绿水青山""宁要绿水青山,不要金山银山""绿水青山就是金山银山"的发展思想。从更严格的制度——党政领导干部生态环境损害责任追究办法,从更严厉的法治——大气、水、土壤污染防治法,从责任主体"壮士断腕""刮骨疗毒"式的举措等足以看出各地对生态环境保护的决心与毅力。毫无疑问,关于村镇生态建设的思路在转变、理念在进步。但这还不够,村镇生态建设贵在因地制宜去实践,做更长远的保护与建设。可见,村镇生态建设模式重在"建设"两字,需要各方主体——政府、企业、公众,一起"动"起来。政府要思考:是否从源头就做好生态村镇的规划?是否在生产结构调整、产业升级方面下足功夫?是否在"约谈""督察"上较真碰硬?企业须自问:是否严格遵循了"谁污染、谁治理"?是否加大环保投入与改造?公众应自觉:是否在日常生活中,践行了绿色生活方式和消费理念?

1.2.2　东南沿海村镇生态建设的做法与成效

在快速城镇化与乡村工业化进程中,东南沿海乡村生态环境受到严重影响。改善村镇生态环境、建设宜居乡村日益受到各级政府的重视,东南沿海省市在中央政府领导和鼓励下开展了各自实践探索,村镇生态建设相关的政策、规划和法规不断出台,快速改善了东南沿海地区乡村人居环境。

第一,持续实施事关村镇生态建设的"整、建、治"系列工程,成功传递村镇生态建设"接力棒",建设成效显著。村镇生态建设由中央政府以"乡村生态环境整治试点"工程为先导,引导省政府和地方政府集中财政专项资金持续推动试点村镇建设村镇生态整治"示范村"。随后,各省市根据中央政府要求和辖区乡村环境现状、财政预算投入等情况制定了"三年行动计划"等专项或综合性村镇生态建设工程。(1)江苏省村镇生态建设过程,先后实施"六清六建"与"三清一绿"(2006—2009年);"八项工程"与推进"两个率先"(2010—2013 年);美丽乡村(2014—2017年)等工程,农村生态环境和村镇生态建设取得巨大成效,值得推广的经验是实施"五项重点工程(清洁田园工程、清洁水源工程、清洁家园工程、绿色屏障工程、生态示范工程)"、做实"五个坚持"。(2)上海市人民政府 2002 年 4 月 30 日发布了《上海市"十五"生态环境建设重点专项规划》,强调以苏州河综合整治和黄浦江两岸开发为重点,全面改善市域水环境质量;以崇明生态岛建设为依托带动生态示范区建设。2008 年启动以"三项改革"(乡镇机构改革、农村义务教育改革、县乡财政管理体制改革)为重点的农村综合改革,实施金山廊下、青浦金泽、嘉定华亭、奉贤庄行、浦东合庆、松江新浜、南汇书院、崇明绿华和陈家镇等 9 个新农村建设试点先行区;并选择嘉定毛桥村、奉贤腾家村、南汇桃源村、崇明华西村、松江曹家宅村等一批村进行试点"清洁家园"抓手。2007 年启动农村污水治理,主要采取两种处理方式:能够纳管的尽量纳管,其他不能纳管的就地处理。2014 年,上海市启动美丽乡村建设,重点以农村人居环境改善为主要目标,以农村村庄改造工程为载体,坚持生产方式决定生活方式的原则,按照规划先行、分步实施,因地制宜、分类指导,整合资源、聚焦政策,以民为本、体现特色的总体思路,围绕"美在生态、富在产业、根在文化"的主线,先后下发《本市推进美丽乡村建设工作的意见》《上海市美丽乡村建设导则(试行)》等政策意见。(3)浙江省 2003 年启动"千村示范万村整治工程",2008 年起在"千万"工程树立"示范美",将"全面小康建设示范村"的成功经验深化、扩大至全省所有乡村;2010 年省委、省政府在"示范美"基础上提出"美丽乡村"建设决策,出台《浙江省美丽乡村建设行动计划(2011—2015 年)》,2016 年出台《浙江省深化美丽乡村建设行动计划(2016—2020 年)》对全省 2016—2020 年美丽乡村建设提出了具体要求、基本原则及工作举措。(4)2000 年,时任福建省省长习近平提出建设生态省战略构想:"任何形式的开发利用都要在保护生态的前提下进行,使八闽大地更加山清水秀,使经济社会在资源的永续利用中良性发展。"福建省农村环境整治和城市存在很大的差异性,需要因地制宜来解决。福建省村镇生态环境建设紧扣畜禽养殖问题、家园清洁、水源污染治理等重点领域。自 2010 年 3 月开始,启动实施"四绿"工程(绿色城市、绿色村镇、绿色通道、绿色屏障)建设。

　　显然,苏、沪、浙、闽抓住村镇生态建设的关键问题,持续实施系列"工程",持之以恒、锲而不舍地推进村镇生态建设,取得了显著的业绩,村镇生态文化日渐浓厚,村镇生态经济日益繁荣,村镇生态环境显著改善,老百姓对村镇生态环境建设的满意度、获得感、幸福感大幅度提升。例如:(1)江苏全省农村生活垃圾收集处理问题基本得到解决,乡镇医疗废弃物安全处置率达 97% 以上;2010—2013 年全省国家示范工作累计建成农村污水处理设施 982 套,铺设污水收集管网 4300 公里,建成生活垃圾转运站 132 座,畜禽粪便集中处置中心 11 座,苏南和苏中等地建制乡镇区域供水、生活污水处理设施和生活垃圾清运体系已经基本实现了全覆盖;截至 2014 年底全省已有 16.6 万个自然村完成了生态环境整治任务。(2)上海市郊区街镇级公共图书馆覆盖率达 99%,街镇级文化站和社区文化活动中心覆盖率达 100%;村(居委)多功能文化活动室覆盖率达 95.7%。截至 2017 年 6 月,农村生活污水治理已经达到 49 万户,其中,已经纳管将近 10 万户,其余 39 万户基本采取就地处理的方式。另有将近 50 万户未实行污水治理,但已纳入规划中。2014 年起依据美丽乡村建设导则,每年评定 15 个左右的宜居、宜业、宜游的美丽乡村示范村,累计形成 100 个左右的美丽乡村示范村,引领和带动全市美丽乡村建设。(3)浙江省至 2007 年对全省 10303 个建制村进行初步整治,并把其中的 1181 个建制村建设成"全面小康建设示范村"。截至 2012 年,浙江省又完成环境综合整治村 1.6 万个,农村面貌发生了"整体"的变化。2015 年末,已有 65% 的乡镇开展了整乡整镇环境整治,并成功打造 80 条景观带和 300 多个特色精品村落。(4)福建省 2008—2014 年共投入了 17.6 亿元来开展农村环境综合整治,受惠地区 127 个片区,200 多个乡镇,300 多万的农村人口;完成 400 多个乡镇级水源地保护围网、标志牌、警示牌的建设和日常的监管;截至 2016 年,建成了 58 个省级生态县、519 个国家级生态乡镇和 12106 个市级生态村。

第二,坚持村镇经济生态化和村镇生态经济化互动,在因地制宜地尊重自然、顺应自然、保护自然的前提下推进经济转型升级,确保居民的绿色福利,同时努力将"生态资本"转变成"富民资本",培育村镇绿色经济增长点。苏、沪、浙、闽在村镇生态建设过程中,以产业升级降低污染为主线推动农业生产转型升级,积极推进农村经济生态化,把村镇生态建设与"农家乐/民宿""现代种养殖业""创意农业"等农村生态产业培育等有机结合起来,开辟了东南沿海地区村镇农业升级的新路子。经济生态化是一个壮士断腕的痛苦抉择。但是,东南沿海省份"敢于放弃 GDP,敢于牺牲 GDP"。而且认识到"垃圾是放错位置的资源",如金华市浦江县的农民把垃圾简单地分成"可烂的"和"不可烂的",有效解决了垃圾的资源化利用和无害化处理问题。如江苏省村镇生态建设的"清洁田园工程",旨在大力发展生态农业,加强无公害农产品、绿色食品、有机食品基地建设。同时,努力利用已经形成的优美的生态环境发展生态经济,把"生态资本"变成"富民资本",依托绿水青山培育村镇新经济增长点。这是东南沿海村镇的生动实践,如苏州市昆山市、上海市崇明区、湖州市安吉县、宁波市宁海县、丽水市龙泉市、衢州市开化县、厦门市等在很大程度上做到了绿水青山的价值实现。在衢州市的开化县行走三天找不到一堆垃圾,村民说:"村口有垃圾,游客不上门";丽水市的遂昌县村庄里找不到一颗烟蒂,村民说:"只有自己做到文明,才能吸引文明游客";杭州市的淳安县仅生态补偿就可以获得每年 4 亿元的财政转移支付。勤劳聪明的东南沿海地区村民已经把天然氧吧、负氧离子、环境容量、生态景观等部分转化成了绿色经济。

第三,改革资金使用方式,探索村镇生态建设"政府引导资金补助"的参与模式。例如:(1)江苏省 2010 年至今,不断加大财政投入,改革资金安排方式,着力支持全省生态文明建设工程。一是整合专项资金,集中投入。将现有省级用于生态文明建设的 30 多个专项资金整合为省级生态文明建设专项资金,并逐年大幅度增长,到 2014 年专项资金规模达到 100 亿元,集中解决大气、水、土壤污染等突出问题。二是切块分配专项资金。将部分省级专项资金按照因素法切块分配到市县,由市县根据地方实际情况统筹安排项目,减少过程成本,提高资金使用效益。三是实行以奖代补。对省级城镇基础设施的区域供水、污水管网、垃圾处理、农村饮用水安全、城市环境综合整治等专项资金采用以奖代补方式给予补助。在村庄环境整治过程中,江苏省实施省以上补助资金,奖补标准为:苏南地区每个行政村补 50 万元、苏中地区每个行政村补 70 万元、苏北地区每个行政村补 80 万元。(2)浙江省在"千万工程""美丽乡村"财政政策中按照丘陵村镇、平原村镇、海岛村镇三类进行规划制定指导和财政补助政策。在古村落生态环境整治过程中,尤其注重古村落的文化、旅游价值,鼓励村民发掘集体和个体意愿,实现了村镇生态保育与经济收益—投入的村民积极参与机制。

第四,坚持以体制机制改革促推齐抓共管,形成村镇生态建设的政府引导、企业主体、公众参与的协同治理格局。村镇生态建设过程,伴随着国家对资源、环境等稀缺性资源环境要素的产权管理体制改革与市场秩序建立,市场机制在村镇生态建设要素配置中决定性的作用日益显著,政府在市场失灵情况下也能够更好发挥自身作用。东南沿海省份在村镇生态建设过程中积极探索市场为主的资源环境配置功效,如上海市、浙江省、福建省运用市场手段配置林权、水权、排污权等;江苏省、浙江省在"五水共治"中构建起了源头治水、过程治水、末端治水相结合的制度体系。不同地理环境单元的村镇有不同功能定位,江苏省、上海市、浙江省、福建省在全国率先实施差异化生态环境考核制度,如浙江省对丽水市、淳安县、开化县等生态保护为主的区域不考核 GDP。

苏、沪、浙、闽等地从省级层面开始统筹村镇生态建设顶层设计:一是建立由农委、发改、商务、民政、财政、经济信委、国土规划、环保、水务、文广、旅游、市容、住建等部门参加的村镇生态建设工作领导小组,各涉农区县实行"一把手"负责制,建立领导协调机构,明确牵头部门和相关部门的责任,狠抓工作落实,并把美丽乡村建设工作情况纳入党政班子政绩考核,建立奖惩机制,促进干部履职。二是建立村庄规划编制引领的村镇生态建设。苏、沪、浙、闽各级政府鼓励以规划为引领,坚持"一张蓝图绘到底"。进一步优化辖区城乡规划体系,完善镇域规划,明确村庄布局。在此基础上,有序推进村庄规划编制工作,对村庄生态、生产和生活进行科学合理的整体布局,确保规划落地实施,进一步发挥规划对农村的形态调整和发展引导功能。抓紧制定美丽乡村建设年度实施计划。各有关部门要整合力量、聚焦政策、分步实施、有序推进。三是建立长效管理制度。建立覆盖村内路桥设施、污水处理设施、环卫设施、公共场所等各项设施、设备以及河道水系、村容环境、村庄绿化等的长效管理制度。按照不同类型、不同性质的管护对象,分类确定责任主体、实施主体,落实管护资金,建立奖惩制度。四是鼓励各地探索村庄管理工作具体模式。充实完善现有的村庄保洁、保绿、保养、联防等基层管理队伍,制定长效管理标准,综合运用检查、考核、奖励等方式,加强对管护队伍的管理。各项管护定区域、定人员、定职责,确保不留死角。制定村规民约,引导广大村民共同维护村容环境。同时,由领导小组对每年评选的美丽乡村示范村给予表彰鼓励。五是充分发挥村民主体作用并建立社会参与机制。尊重广大村民的自主权,充分听取村民对美丽乡村建设工作的意见建议,引导村民参与建设项目的决策与管理。进一步完善村务公开制度,主动接受村民监督和评议。积极引导村民参与项目建设,发动村民开展环境整治,共同建设美好家园。结合辖区农村综合帮扶工作,完善城乡结对帮扶机制,动员社会各方和有经济实力的企事业单位支持美丽乡村建设。探索市场化的建设资金投入机制,鼓励社会资本参与农家乐、生态旅游等项目开发。搭建融资平台,为村民提供农家乐、旅游服务等创业支持,引导村民共同经营美丽乡村。

1.2.3　东南沿海村镇生态建设实践范例及其创新

东南沿海各省市县自然环境本底存在较大差异,从山岳丘陵到平原水乡,到海岛渔村,如何因地制宜构建本土化的村镇生态建设,需要基于地方实践经验进行科学梳理。以下结合课题组对江苏省、上海市、浙江省和福建省的调研,简要阐述浙江省安吉县天荒坪镇余村村,上海市崇明前卫村、泖港镇生态村,江苏省苏州树山村的实践。

(1)卖石材转向卖风景的浙江省湖州市安吉县天荒坪镇余村村

安吉县余村村是习近平同志首次提出"绿水青山就是金山银山"的地方,是"两山"重要思想的发源地。

安吉县余村村地处浙北天目山区,位于东经 119°36′、北纬 30°31′,村行政面积4.86 平方公里,其中竹林面积 6000 多亩[①],农田面积 320 亩,辖 8 个村民小组,1035 人。余村村的村域呈东西走向,北高南低,西起东伏,群山环抱,秀竹连绵,植被覆盖率高达 96%,具有极佳的山地小气候。

20 世纪末的余村村,是一个典型的"石头经济"山村,村内办有 3 家石矿和 1家水泥厂,是安吉县域内主要的石灰岩原料开采区,"石头经济"曾一度成为余村村

---

① 1 亩约等于 666.67 平方米,下同。

的支柱产业。"石头经济"的火旺发展虽然使村级经济逐渐殷实了，但与此同时，烟尘漫天，开窗通风、室外晾晒衣服都是奢侈；果树被厚厚的粉尘覆盖，结不出果实，山笋也连年减产。1999 年编制实施村庄规划至今，先后关停了村内 3 家石矿和 1 家水泥厂，同时利用这些工业平台发展环保型企业和招商引资，结合村庄环境整治，还扩建了村级工业集中区，将村内零星分散的小企业逐步向工业区集中。至 2009 年末，余村村在关停污染企业的同时，已发展起民营企业 43 家，工业经济得到了快速发展。2013 年，余村村通过盘活闲置土地和资产、拆除水泥厂等旧厂区，变现资金 1000 多万元，每年为村里增加收入 100 余万元。2014 年该村进一步提升该区域为创意产业园区，开始逐步关停工业企业，转而发展创意产业。

作为浙江省天荒坪风景名胜区竹海景区所在地的余村村，旅游资源较为丰富，旅游发展起步较早。村内有始建于五代后梁时期的千年古刹隆庆禅院，有被誉为"江南银杏王"的千年古树，有"活化石"之称的百岁娃娃鱼，更有亟待揭秘的古代工矿遗址和溶洞景观。余村村以村庄规划为抓手，以创建"生态旅游村"为目标，通过产业调整、村庄规划、环境美化以及积极发展生态旅游经济等举措，有效地推进了社会主义新农村建设，使美丽山村更具魅力和特色。至 2017 年，余村村村民主要收入为竹木加工、白茶种植、农家乐、旅游观光。人均年收入高于天荒坪镇平均水平。余村村先后获得全国文明村创建工作先进单位、浙江省文明村、浙江省全面小康建设示范村、浙江省特色旅游村、浙江省农家乐特色村、浙江省绿化示范村、湖州市生态村、安吉县"中国美丽乡村精品村"等殊荣，还 4 次承办了浙江省实施"千村示范、万村整治"工程现场会、"全国社会主义新农村建设消防工作经验交流现场会"等内容的全省和全国性的现场会活动，受到了上级党委、政府的肯定。曾经名不见经传的小山村，如今正成为安吉中国美丽乡村经营的典范，成为湖州市首批中国美丽乡村的试点而受到青睐。

余村村从石头经济转型风景经济呈现出典型的发展治理特征：第一，生态优先，战略调整，村级经济从"石头经济"转向"生态旅游经济"。1995 年，村班子在镇政府有关部门的协同下，先后会同规划、旅游、地质等部门对余村村区域优势、地理特点、文化古迹、溶洞资源、工矿遗址以及各类特色景观进行了全面调研、探查，对余村村的发展方向和路子有了初步设想，并借力当时天荒坪风景名胜区编制总体规划之契机，将余村村以"竹海景区"的定位纳入了总体规划之列。1999 年，余村村被列为浙江省首批村庄规划编制与建设的试点村、示范村。新一轮村庄规划系统分析了余村村资源现状、发展空间，立足旧村改造，突出布局规范，开创性地将余村村建设用地依势划分为生态旅游区、生态居住区、生态工业区三块独立空间。第二，以人为本，规划引领，提升生态居住区环境。由于余村村庄规划属于旧村改造，实施过程中牵涉面广，为便于规划的实施和鼓励村民按要求开展住房建设，村里垫资在主要地段率先建造了 7 座款式新颖、美观实用的民居别墅样板房，供需要建房的农户调剂使用或将其作为建筑参照,新型亮丽的别墅建筑在村庄里显得光彩夺目,对于逐步开始追求生活质量的村民们无疑富有吸引力。随后,村民们住房建设以此为标准,加快了旧村改造的步伐。在旧村改造的基础上,拓宽改造进村道路,铺设柏油路 4.5 公里;新建标准住宅 58 幢;绿化村庄环境,栽种花卉树木 2500 余株,草坪 12500 平方米,人均公共绿地达 12 平方米以上。现在余村村庄主干道路宽 9.5 米,达到村道一级标准,村庄内部 90% 以上道路通过整改已达到 3.5 米以上标准。同时,按照一杆三线和通信地埋的标准对村内三线进行了全面整改,在主要村道上安装路灯。在增添环卫设施的同时,还对村庄主干道两旁的各类宣传橱窗、宣传长廊、公示牌等进行了统一制作、装饰,更增添了余村村新的风情与特色。在此过程中,余村村还先后与浙江大学生命科学院联系,取得技术支持,建成了全县第一个无动力处理生活污水的生态沟;争取消防部门的支持,建立了全县第一个村级义务消防队,构筑了"村庄建设生态化、道路交通一体化、居民建筑别墅化、环境卫生日常化、电力通信规范化、用水改厕无害化"的美丽乡村格局。第三,优化环境,发展旅游,加快生态旅游发展。生态旅游业经济是余村村发展的朝阳产业,在合理规划布局生态旅游区的基础上,1997 年至 1998 年间余村村利用集体积累,投资 400 多万元,修复了千年古刹隆庆禅院,率先开发了龙庆园旅游景点;2003 年 3 月,龙庆园景点通过新的投资扩建,开发了功能更多、规模更大的荷花山风景旅游区。2003 年 6 月,余村村被县旅游局指定为全县首批"农家乐服务中心"接待点,其中余村村春林山庄脱颖而出,被评为浙江省首批四星级特色农家乐。2008 年 5 月,余村村荷花山皮筏漂流项目成功推出,成为余村村旅游业新的亮点。2011 年建成开放的"金栖堂度假酒店",融会务、度假、娱乐、观光于一体,凭借天时地利之优势,成为浙北一流的休闲场所。全村现已拥有旅游景区 6 个,年旅游业收入1000 多万元,年接待游客近 10 万人次,(旅游及)第三产业经济呈现旺盛活力。第四,营造特色,提升品位,打造中国美丽乡村精品村。富有成效的村庄规划和环境整治引领了余村村经济社会的全面发展。余村村"二委"班子分工中,都设有旅游管理职位,同时,村农家乐服务中心以业主为主体还成立了自我约束、自我管理的协会组织。旅游发展、管理做到有序、规范。余村村整洁、亮丽、优雅的村庄环境和美丽的景区有机结合,相得益彰,已成为都市人群向往的乐土。余村村在抓好物质文明建设的同时,也十分注重精神文明建设,文化、教育、体育、卫生以及老年优待工作等走在前列,建有文化活动室、老年活动室、体育健身运动场等。

　　(2)构筑生态产业体系的上海市崇明区竖新镇前卫村

　　上海市崇明区竖新镇前卫村总面积 2.5 平方公里,250 多户,500 多人口。2015 年来全村社会总产值稳定在 8500 万元左右,农业总产值 1300 万元,工业总产值 6000 万元,旅游及服务业收入也达 1200 万元。前卫村先后获得"全国生态500 佳提名奖""全国科普教育基地""全国造林绿化千佳村""全国生态农业旅游示范点""全国文明村"等荣誉。

前卫村以"种、养、沼"物质循环利用的生态农业模式为基础,朝"水、田、路、林、湿地"和"农、工、商、旅、教"五位一体的方向发展,形成独有的生态产业链格局;采用了适当的生态技术,包括绿化工程、垃圾的处理和回收利用、生活污水的处理、河道综合整治及能源综合利用等;对外提供生态旅游和教育的服务,积极推进"农家乐",促进当地产业调整,发展成为"农、工、商、旅、教"全面发展的、人与自然高度和谐的生态示范村。

前卫村的生态农业产业化是集种、养、沼为一体,农、工、商、旅、教五业并举的生态农业发展模式。村里的各种农产品种植及相关产出资源构成循环链,畜禽尿粪、有机生活垃圾、秸秆经过沼气化处理,沼渣分离、配料秤有机肥,用于种花、种菜等;沼液经泵站提升送至无公害果蔬大棚和花卉苗木大棚用于灌溉。前卫村形成了颇具规模的 8 大生态产业,包括生态种植业、生态养殖业(标准化生态牧场)、生态园林业(园艺、林果)、生态芳草业(100 多种芳香类花卉植物)、生态旅游业(生态农业观光、湿地公园、滨海渔村、水族馆等)、生态文化业(生态水文化长廊、青少年生态科普教育基地、生态科普展示馆、瀛洲古文化村、古瀛饭庄)、生态科技业(国家和上海市在前卫村实施了 10 多项生态科技实验,如生态新能源、生态人居、生态养殖业的新技术研发等)、生态人居业。

前卫村始终坚持科技与生态相结合,实现了科技生态双丰收,在科技为种、养、能量应用领域创造更多价值的同时,也为村里的旅游业增添了独特的魅力,全方位促进了村里各项产业的发展。

(3)合资创新乡村旅游业态的江苏省苏州市国家级生态村树山村

苏州市高新区树山村位于大阳山北麓,总面积约 5.2 平方公里,区域内现有 12 个村小组,462 户农户,总人口 1669 人。从一个名不见经传的小山村,到如今大众熟知的"乐活谷",树山村乡村旅游历经农业观光旅游、温泉旅游和如今的乐活旅游,业态不断升级蕴藏着如何因地制宜利用资源优势创新乡村生态产业的逻辑。

树山生态环境优美,历史底蕴深厚,文物古迹众多,"大石山十八景"更为览胜佳境。得天独厚的地理环境和良好的生态环境为树山村发展生态旅游业奠定了坚实基础,树山村先后被评为苏州市十大生态旅游乡村、江苏省四星级乡村旅游区、国家级生态村。树山村于 1999 年被苏州市列为"苏州市生态农业示范村",2000年被苏州市评为加快农村现代化建设示范村,2001 年被苏州市列为科普教育基地,2003—2004 年度江苏省文明村,2005 年度区村民自治模范村。2006 年起,因为有"外援"的有序支持,树山这个地处山坞里的小村庄在保持好原生态风貌的同时,也悄然焕发出了新貌。

树山三宝"翠冠梨、云泉茶、红白杨梅"成为村民主要收入来源。2000 年至今,生态观光农业很热门,树山村当然也紧跟潮流发展起了生态旅游产业,"树山梨花节"已成为江浙地区一大旅游盛事,千亩梨花竞相怒放的景象每年都吸引众多的游客前来观赏。此外,树山村还形成了以摩崖石刻、廉石、云泉寺为主的历史文化体验游;以大石山十八景、生态果园为主的自然生态观光游;以温泉养生、野外拓展为主的养生乐活休闲游于一体的生态旅游村。特色的生态旅游也带动了周边农家乐、采摘游等相关旅游产业。

推动树山村稳步向前的是苏州新灏农业旅游发展有限公司,这家公司由苏高新集团、通安镇政府、树山村三方共同出资组建。2006 年,新灏公司在开发建设树山村时,发现了温泉,并于 2007 年 12 月打出了苏州第一井,该井深达地下 1299 米。经过规划建设,在 2009 年正式推出了继春秋观光旅游后的又一项目——温泉度假。2008 年,随着树山温泉井的开采及树山新农村建设任务的完成,树山村全面进入旅游开发进程中。在保护自然生态环境的原则下,确定了以养生、乐活为主题的旅游开发规划,2010 年,树山村的乐活旅游基础建设已经完成,建成了一个集温泉养生、药材养生、食疗养生、中医养生、健康休闲、自在生活等于一体的乐活养生街。

三方共同出资组建苏州新灏农业旅游发展有限公司,整体负责树山村生态旅游度假的规划与实施,既充分发掘生态资源、历史文化资源,又引入"乐活"的旅游规划理念,提倡有机环保生活,为市民提供一个规范、优越的生态休闲旅游场所。树山村从普通乡村春秋观光旅游,到树山梨花节与摄影大赛,到温泉 SPA 主导的乐活养生度假,成就了树山生态旅游产业,成就了树山国家级生态示范村。

1.3　东南沿海村镇生态建设的问题

1.3.1　村镇生态建设的本土化意识薄弱

快速工业化与城市化进程中,富裕起来的东南沿海乡村居民各自率先建造起乡村别墅,未经村域整体规划的村镇建筑群体往往呈现"走了一村又一村,村村像城镇;跑了一镇又一镇,镇镇像农村"的特点。这既是东南沿海村镇景观的形象写照,又是呼吁村镇生态建设过程要注重规划的引领性。东南沿海地区村镇生态建设本土化意识薄弱突出表现在:(1)村镇生态产业选择与产业发展模式薄弱。发展地方特色生态农业产业是村镇生态建设的经济基础,东南沿海地区普遍推广农业龙头企业引领发展绿色农副产品精深加工业,采取了"龙头企业＋农户""合作组织＋农户""村级组织＋农户"等模式,实行技术指导、生产管理、质量检测、收购和销售"五统一"标准化生产。但是,如何统筹江南平原水乡"稻作—养殖—都市农业",江南丘陵山地"茶叶、蔬菜、水果、畜禽、水产、林竹、花卉苗木"与"民宿、农家乐等乡村旅游",因地探索村镇生态产业的业态与商业模式桎梏地方生态经济发展。

(2)村镇生态设施建设简单复制或推广城市各种生态设施,如在村镇生态设施规划与施工设计过程中简单推广集中式饮用水源地防护设施、水源地污染源治理设施、集中式污水处理设施、垃圾箱(池)、垃圾收集转运车、非规模化畜禽养殖集中处理设施等,缺乏接地气的低成本生态技术。(3)村镇生态建设管理机制普遍推行城市社区操作理念,过度依赖由政府包办村镇的基础设施与公共服务设施,未能依据分散、小型、多元、循环的特征给予村镇财政补助支持,充分发挥村民自主、自力更生建设家园的积极性。尤其是采用的政策条文、规划设计往往使村民难以理解,未能将村镇规划设计的政策、目标和法规转变为村民容易解读的形体远景图。

东南沿海地区村镇生态建设本土化意识薄弱的主因在于:(1)快速城市化诱发乡村居民对城市生活的向往,导致一座座在岁月风雨中伫立百年的传统民居被越来越多的现代化楼宇所替代、包围和蚕食,传统文化特色在推土机的轰鸣声中逐渐消失。如苏南、杭嘉湖平原等地古村落纷纷被 4～5 层独栋高楼包围,古镇民居建筑技术与村镇风貌未能得到有效保护。(2)一些村镇在建设过程中,不少干部群众把生态建设简单等同于环保设施标准化配套工作,没有因地制宜把握民众需求和地方已有的相关环境应急或处置习俗。(3)对村镇生态建设居民参与性认识不够,建设生态文明和生态村镇是上级政府提出的发展理念与方略,在落地过程中村委会、村民既缺乏充分的知识储备,又没有足够的规划话语权,导致东南沿海村镇生态建设过程缺失村民参与基础。(4)对村镇生态建设中的地方产业选择未长远考量。在错误的发展观和政绩观影响下,村镇领导班子和村民向往富裕,往往忽视了人对发展经济和保护生态环境关系的正确认识和把握,认为要发展就少不了污染,重发展、轻环保观念比较严重,抛弃地方资源禀赋,选择短平快的产业项目。

1.3.2　村镇生态建设的要素集成化程度低

村镇生态建设是运用生态经济学原理和系统工程的方法,从当地自然环境和资源条件实际出发,按生态规律进行生态农业的总体设计,合理安排农林牧副渔及工、商、服务等各业的比例,促进社会、经济、环境效益协调发展而建设和形成的一种具有高产、优质、低耗,结构合理,综合效益最佳的村级社会、经济和自然环境的复合生态系统或新型的农村居民点。发达国家居民创建生态村目的有三:生态化、宗教精神化、社会化,强调生态村是可持续居住地及经济发展应该为生态村本身造福,农业生产有机方式和自给自足,文化传统及决策的多样性并重视现代科技的作用。中国政府推行村镇生态概念及内涵建设则更侧重于生产内容,如生态工程建设(种植工程、养殖工程、物质能量合理循环工程),强调经济、生态、社会效益的统一,这也是中国的特殊国情所决定的。东南沿海地区村镇生态建设过程中分阶段推进相关"不生态"的要素治理,首先是由表及里的村镇污染物的收集、处置和长效管护,在这其中更注重河网水系的"水环境"整治;其次是村民居住环境的门前屋后等小环境治理,缺乏统筹村域、镇域全貌和家庭院落之间的有机性、整体性;再次是从污染减量化处置转入村内公共设施的建设,注重国家规定的硬件配置却不问村民的需求迫切程度等。最后是受制于财政投入的导向性,村镇相关建设要素主导权在上不在下,导致村镇生态建设的各种要素不同步现象频发。

当然,村镇生态建设水平与经济发展速度、居民对美好生活的诉求未能同步增长,是导致村镇生态建设技术集成滞后、混乱的病根。例如东南沿海各村镇乡村工业用地和住宅用地比重偏高,而环卫设施、"五水共治"设施往往短缺,许多村镇在大规模扩建过程中未能前瞻性地统筹规划垃圾、给排水、雨污分流、消防、文化设施、村民活动中心等配套设施建设。当然,这与中国村镇生态建设的规划、施工、管理人才短缺有关。中国高等教育主导的土木工程、建筑学、城市规划与设计等专业人才培养在 2008 年之前以城市为核心构建课程、实践体系,伴随 2007 年国家修改出台《中华人民共和国城乡规划法》(中华人民共和国第十届全国人民代表大会常务委员会第三十次会议于 2007 年 10 月 28 日通过),高等规划、建设等专业人才培养才重视城乡统筹、重视乡村的认知与规划理论探索,同期出版了大量的乡村规划与建筑设计本科教材。于是,中国村镇生态建设推进过程中绿色建筑咨询、规划、设计、建设、评估、测评等专业人才和机构储备严重不足,绿色建筑、生态农业、低成本乡村给排水设施研究基础相当薄弱、技术人才与专利储备不足,村镇生态建设技术支持能力较弱,以生态人居为核心的技术研发尚待突破,更别提符合地域特色的适宜性乡土生态技术体系。当然,同期国内各省级住建部门直属城乡规划设计院、建筑设计研究院也因地制宜探索了村镇生态规划、设计、配套施工技术及装备的关键核心技术,但是要么对中国成熟城市生态规划与设计技术进行转化,要么借鉴国外相关案例。例如住房和城乡建设部城乡规划司于 2016 年还在面向国内学界、规划设计业界征求《生态城市规划技术导则》的相关意见[1],浙江省住房和城乡建设厅 2015 年 8 月 3 日发布了《浙江省村庄规划编制导则》与《浙江省村庄设计导则》,同时停止执行 2003 年印发的《浙江省村庄规划编制导则(试行)》(浙建村〔2003〕116 号)[2]。其中,对村镇生态建设的相关规划设计导则缺乏原则性指导与具体类型的规划设计要求。

东南沿海地区村镇总体可分为城市近郊区、工业主导型、自然生态型、传统农业型和历史古村型等不同的村庄性质类型,再结合村镇所处地貌状态可以进一步细分为平原河网型、丘陵型、山地型。结合各省份城镇体系规划和县城乡体系规

---

① 住房和城乡建设部城乡规划司,中国城市科学研究会.关于征求对《生态城市规划技术导则》(征求意见稿)意见的通知. http://www.cityup.org/2010/zuixindongtai/wyhdt/20160426/115184.shtml,2016 年 4 月 26 日。

② 浙江省住房和城乡建设厅.关于印发《浙江省村庄规划编制导则》和《浙江省村庄设计导则》的通知. http://www.zjjs.com.cn/n71/n72/c260976/content.html,2015 年 8 月 11 日。

划,又将村镇区分为"保护、利用、改造、发展"等行政管制(投资)类型。因此,东南沿海村镇生态建设缺少有效集成的相关生态技术,不能制定出针对性的村镇生态建设政策、规划导则与建设标准、村民自治管理规范纲要等。

1.3.3　村镇生态建设的关键技术体系匮乏

我国正处在城镇化快速发展时期,"健康城镇化"和"新农村建设"双轮驱动成为党和国家应对我国经济社会发展转型、推进城镇化进程的重要战略措施,在推进城镇化和新农村建设过程中,村镇规划是一项重要的内容及指导依据。"十二五"以来,随着我国农村经济的不断发展壮大,农民收入稳步增长,村镇建设经历着新一轮的高峰期。但由于我国村镇区域空间规划相关理论和实践经验还较为欠缺,规划技术存在着部分空缺,在具体操作过程中尚缺乏必要的技术支撑,村镇区域通常存在建房无序、基础设施建设落后、布局混乱、产业发展落后、土地资源利用结构不合理等现实问题。

东南沿海地区编制了大量的村镇规划,规划任务主要集中于改善基础设施、进行道路硬化、安装太阳能路灯、统建住宅等,但从村镇规划实施现状效果看,普遍存在村镇规划覆盖率低、管理滞后,基础设施规划对农业现代化和农村发展支撑力不足,村镇体系规划重居民点轻农村产业和生态、生产空间等实际问题。其主要原因是村镇规划仍简单使用城市规划体系与方法技术,尚未形成自己完整的规划理论和技术体系,规划理念集中在居民点的控制上,而在农村地域完整的生产、生活系统层面上所做的规划和研究尚显不足。(1)我国村镇雨污水技术研究起步较晚,存在建设、运行费用高,维护管理复杂,截污和资源化水平低等问题,且小型或微型的水污染治理技术研究相对滞后。现有技术多针对村镇的污水治理的达标技术,缺少基于地下水补给、养殖、农灌、景观等多功能回用的村镇雨污水深度处理与资源回用的技术。生态处理系统是解决村镇雨污水资源化利用的有效途径,但村镇雨污水具有颗粒物含量高、粒径范围广、峰值流量大等特征,给生态技术应用带来了巨大的挑战,往往一场大雨过后生态处理设施就会发生致命性的堵塞,系统功能完全失效。(2)我国"厕所革命"自 2005 年以来始终备受各界关注,但是村镇厕所涉及厕所规划、设计及施工,以及相关材料、工艺与管护非常复杂(表 1-5),对于东南沿海地区村镇生态厕所而言,所选生态技术尚需要因地制宜地进行论证与创新,更重要的是培养村民良好的生活卫生习惯和建立日常管理制度。(3)东南沿海地区分散污染源的拦截净化工艺与控制技术,受村镇经济发达、流动人口密集、水质型缺水等严重制约,如何根据村镇居住和生产的分散式污染源特点,研发好氧/厌氧/好氧三段式基质水生蔬菜型人工湿地水质净化工艺,以及植物修复的水体岸线、生态修复多孔载体与亲水景观构建等,亟待系统创建规划设计与施工指南。

表 1-5　厕所相关技术与管理模式

类型	内容
环保类厕所	微生物公厕、生态厕所、智能厕所、全自动厕所等环卫设施;移动厕所、车载厕所、移动环保厕所、移动公厕、移动卫生间、移动洗手间、免水冲公共厕所、工地便携式厕所、泡沫厕所、原生态厕所、玻璃钢水冲厕所、拖挂式移动厕所、免水打包环保厕所、移动淋浴房等;环保免冲便器、无水卫生马桶、厕具、厕卫产品等。
生态处理技术及设施	各类环保厕所发泡液、可降解塑料打包袋、尿激酶活性提高剂、厕所污水处理设备、粪便处理设备、玻璃钢化粪池、生物化粪池、粪便处理固液分离机、过滤设备、净化设备等。
除臭技术与空气净化设备	公共卫生间除臭净化设备、卫生间除臭系统、杀菌除臭机、环保新风系统、通风设备、排气扇、空气幕、监测系统、空气净化设备、卫生间清洗剂、自动除味器、洁净消毒技术产品、自动飘香机、芳香除臭产品等。
厕所配套设备	各类蹲便器与坐便器、免冲小便器、打包便器、感应节水器具、感应烘干机、自助售货机、整体洗手柜、一次性卫洁等。
第三卫生间设施	坐便位、儿童坐便位、儿童小便位、洗手盆、儿童洗手盆、儿童安全座椅、安全抓杆、挂衣钩、呼叫器、无障碍设施、残疾人马桶坐便器、移动马桶折叠椅、残疾人专用安全扶手、无障碍坐便器、残疾人洗脸盆、残疾人小便器等。
厕所供给养护模式	(1)PPP 模式。政府与社会资本合作,通过授予特许经营权等方式,形成一种伙伴式合作关系,利益共享和风险分担。厕所由企业出资建设,政府分期回购,建成后政府委托企业经营管理,自负盈亏,并负责厕所的日常养护维修,政府对其经营厕所的管理情况进行监督考核。典型代表如青岛崂山。 (2)以商养厕模式。运用市场经济手段,采取以商养厕方式,推进厕所建设管理。具体做法是厕所与相应的商业门面"捆绑"起来,公开向社会招标,鼓励社会资本承包经营。典型代表如桂林。 (3)委托模式。业主通过购买服务,委托专业保洁公司承担厕所管理,提高厕所专业化、规模化管理水平。典型代表为蓝洁士。 (4)认养模式。由机关、企业、学校、社会团体等提供经费或人力,协助厕所管理单位对其认养的厕所进行维护与管理。典型代表如保定野三坡。 (5)厕所＋综合开发模式。充分发挥厕所集聚人流的功能,拓展厕所配套服务功能,建设城乡公共卫生综合体,使厕所成为微型商业中心,培育厕所产业链。典型代表如中国光大集团生态厕所＋驿站模式、北京环卫集团"第 5 空间"、广东梅州市等。

　　东南沿海村镇生态建设缺乏技术体系集成的地理信息基础数据和公共平台,未能形成以村镇区域空间规划编制为主体,人—机结合,定性与定量结合的途径,更无法将专家体系、信息与知识体系以及计算机体系与区域空间规划有机融合为

一体。也就是说,东南沿海村镇生态建设的空间规划环节未能形成技术集成的主线和平台体系,不能建立"数据快速获取—数据标准化—数据整合处理—数据质量检查—数据库构架"规划技术集成、运用、反馈主线。尤其是未能构筑统一的数据标准,以及多源异构数据的融合,非空间数据的编码、分类管理等。

中国规划人才培养以城市为主导,尚未培养出"既有能力仰望天空,又有条件脚踏实地"的乡村规划师。"我们需要这样的乡村规划师,他们有良好的专业素养,长期生活在乡村,能够在乡村地区担当起协调政府与社会、理论与实践、城市与乡村的历史责任。"在第三届中国城乡规划实施学术研讨会上,中国城市规划学会城乡规划实施学术委员会、中国人民大学城乡发展与规划研究中心、成都市规划管理局等单位共同发起倡议,呼吁创建中国乡村规划师制度。科学的乡村规划是实现城乡一体化规划的前提和基础。我国乡村规划人才匮乏,没有健全的乡村规划专业人才培训制度,导致乡村规划缺乏科学性、规范性和可实施性,乡村规划建设与管理杂乱无序。同时,乡村规划的公共政策效应不够显著,甚至在有些地方的大量规划资金沉淀在图纸上,没有很好地引领农村现代化进程。业内人士认为,为了确保"身份上接地气、技术上有高度",乡村规划师应由县一级政府按照统一标准选拔、任命,成为专职的乡镇规划技术负责人,也可通过社会招聘、机构志愿者、个人志愿者、选调任职和选派挂职等多种途径选拔。要安排财政年度专项资金用于乡村规划师年薪补贴和人员培训。建立市、县、乡(镇)三级管理机制,市级规划部门负责归口管理,县级政府负责乡村规划师选拔、任免、考核等方面的统筹管理,乡镇政府负责乡村规划师的日常管理。同时,为确保能够充分发挥乡村规划师队伍的作用,应制订乡村规划师管理办法及实施细则,并配套村镇规划管理技术规定、乡村规划建设技术导则、乡村规划编制办法等一系列技术标准,形成一套与农村规划管理相衔接的乡村规划师工作流程和工作标准。

1.3.4　村镇生态建设的规范化政策管理有待提高

乡村地区的很多问题仅在村庄规划层面是无法解决的。城市规划的体系是非常清晰的:总规+控规,虽然城市规划编制过程中会产生各种问题,但是至少这个体系是基本清楚的。然而现在村庄规划的体系很难分清,有时甚至连村庄规划的对象都不清楚。到底是村域、村庄还是县域?是近期规划还是远期规划?在规划内容上也是不明确的,区域层面该解决的问题没有解决,导致村庄层面的规划编制无所适从。其次,规划管理机制的缺位。《中华人民共和国城乡规划法》(以下简称《城乡规划法》)第二十二条"乡、镇人民政府组织编制乡规划、村庄规划,报上一级人民政府审批。村庄规划在报送审批前,应当经村民会议或者村民代表会议讨论同意"。但这一条在现实中的操作性往往大打折扣。村民是以自身利益出发点为主的,那么从规划管理的角度来看,其与规划管控的需求是有很大冲突的,政府主导的村庄规划要得到村民的同意通过,如果没有巨大的投入做后盾,往往是很难的。在这样内容不清晰、体系不健全的情况下,村庄规划编制就变得非常困难。比如《城乡规划法》中所提到的"乡规划"究竟是什么?按照《城乡规划法》的说法,它是乡村规划的一部分,但是现实中,它又是小城镇规划的一部分。这样的矛盾非常明显。再如《中华人民共和国土地管理法》中关于农民宅基地的权利关系、买卖关系、集体经营性建设用地的交易等,与乡村规划息息相关。但是,这些相关改革还处在试点进程中。目前,国家对于宅基地有偿转让,进城农民宅基地试点有偿转让,以及集体经营性建设用地的交易等,仅局限在试点区域当中,还没有完全推广,且限制较为刚性。在没有明确这方面的改革之前,乡村规划工作的切实开展是很困难的。

我国东南沿海村镇生态建设起步晚,发展中存在许多不足,结合我国《国家级生态村创建标准(2006)》(以下简称《标准》)以及当前村镇生态建设的状况可以发现,问题主要体现在四个方面:一是生态建设内涵不足,在《标准》的评价体系中,经济评价仅关注了"人均年纯收入",环境卫生评价侧重"饮用水卫生合格率、户用卫生厕所普及率",未涉及社会生态等评估指标,生态建设内容覆盖面有所欠缺,内涵建设较弱。二是村镇生态建设缺乏从顶层统筹到因地制宜的操作程序,各地仅仅通过行政引导与强制推广进行操作,难免上下衔接乏力。三是村镇生态建设,注重资本投入分配指标、注重硬件建设、注重考核量化指标的建设,忽视了村民参与、村落生态化发展的自组织能力培育。四是村镇生态建设的理念推广严重滞后于政府实践行动。

乡村地区从某种程度上讲,与城市一样,包括生活、生产、生态环境等等,"五脏六腑"一应俱全,乡村规划工作同时涉及农学、社会学、环境学、地理学、人类学、心理学等等。但是,乡村规划工作主要还是涉及建筑学、城乡规划、地理学科。而学科建设中关于乡村空间规划的内容关注不足,相关的知识也可能更为欠缺了,所以在学科和知识的储备方面,面临的挑战也非常大。村镇生态建设管理主线在于按照生态理念,超前谋划、管理引领、弹性适应覆盖村镇等全域范围的基础设施和基本公共服务体系,提高建设标准和服务能力,提升社会事业发展水平,构建绿色生产生活方式,打造更具魅力的生态人居环境。东南沿海地区在"十一五"、"十二五"期间补了农村生活垃圾收集、生活用水供给、污水处理、公共文化中心等基础设施与日常管护的短板,"十三五"期间亟待深化"家园清洁"行动、水土流失区综合治理、风水林和古树名木的保护,以及山水田林、水乡风韵和山村风貌保护,使村庄整体风貌与自然环境相协调。同时,必须着力调整能源结构,提高智能电网、燃料电池、节能汽车、节能建筑和绿色物流等能源的效率化与低碳化消费,大力发展低碳产业,构建符合生态文明要求的生产方式和消费模式。

1.4　东南沿海村镇生态建设问题的根源分析

村镇生态建设滞后源于经济社会发展滞后,村镇生态建设的技术创新不足、资金投入短缺、制度指引与规范滞后是关键成因,村民不断上升的各类理性或非理性消费活动是核心诱因。

1.4.1　村民生活生产快速发展需求与制度供给短缺制约

东南沿海地区农村生活水平提高的同时,农村生活产生的污染物质数量和种类都大幅度增加了。东南沿海地区居民能源消费已由生物能转变为颇有同煤、天然气、电能、太阳能,虽然对森林及地表植被破坏大幅度降低,但是农村地区将要面临旷日持久的分散式生活污水、生活垃圾的威胁。农村居民食物结构的变化、耐用消费品的拥有量增加,特别是电子产品大幅度增加,预示着农村在污染物数量增加的同时,污染物结构也将发生重大变化,而且这些污染物质将以最原始方式排放或堆积在自然界中,对农村环境质量将产生严重的威胁。农村家庭规模的缩小,家庭中老年人地位上升对农村环境改善并没有产生积极的作用,相反有可能由于支付意愿与支付能力降低导致农村环境的污染和破坏。

与此同时,我国城乡规划缺乏有效的分类指导和区域协调政策措施,各类村镇的职能和目标定位不清,发展重点不突出,存在着基础设施、公用设施建设各自为政,小而全的局面。一些地方的村庄布局缺乏规划指导和制约,农民建房缺乏科学规划和设计,有新房无新村,环境脏乱差等现象普遍存在,农村精神文明建设、社会发展事业相对落后。规划管理存在着薄弱地带和环节,农村违法、违章建筑在一定程度上存在着失控现象。缺乏有效的分类指导政策和措施,村镇的职能和目标定位不够明确,发展重点不突出。小村镇建设相互攀比、重复建设、产业同构的问题比较严重。小村镇建设的管理机制也不能适应各地实际发展和城镇化的要求。此外在以经济建设为中心的指导下,基层政府把招商引资放在头等重要的位置,同时GDP 的增长也成为官员考核、晋升的重要依据。在这种体制下一些小微制造企业纷纷向农村聚集,将加重农村生态环境压力。这给农民生存和发展带来了潜在的风险,致使农村生态危机成为美丽中国的农村建设焦点和难点。

为此,村镇生态建设亟待通过健全村镇规划管理的规范化与制度化、村民参与村镇规划建设的民主化、公共财政支持村镇建设的统筹化与时序化,构建长期稳定的以奖代拨的村镇生态建设财政转移支付投入机制,全面应对村民快速变化与日益增长的对美好生活、生产、生态环境的需求。实施途径在于:(1)完善城乡规划法,转变村镇规划编制理念,研制分区分类指导的编制技术导则,创新规划编制技术与方法,健全乡村规划建设管理制度。(2)创新基层村镇规划建设管理与服务机制,推行推进分局管理制,如大乡镇设分局、中等乡镇联片设分局、小乡镇巡回管理等,鼓励和引导专业化社会组织为农村建设提供规划、建筑设计、施工、建材、竣工验收、适用技术与设备等全方位服务,寓管理于服务。(3)建立和完善村镇规划建设管理农民参与制度,充分保障农民知情权、参与权、表达权、监督权,尊重农民的主体地位。遵循"从各地实际出发,尊重农民意愿"和"通过农民辛勤劳动和国家政策扶持"的原则,建立政府引导和农民自主参与的机制,突出农民主体地位,积极引导农民对直接受益的公益设施投资投劳。推进农民自我管理、自我服务,教育和引导农民,通过辛勤劳动建设生态家园。(4)创新城乡公共服务均等化公共财政支持乡镇建设制度,尤其是村庄内部和村庄之间的给排水、道路、燃气、供电、环卫、公共活动场所、垃圾与雨污水处理等设施,一般都属于公共品或准公共品,需要政府的直接干预或通过其他公共组织提供,必须建立城乡统一的公共设施建设公共财政投入制度,以国家专项税收、国债、土地出让收入等资金为支撑,保障农村人居环境公共设施建设有稳定、可靠的资金来源。对村庄建设资金进行捆绑,引入竞争机制,奖勤罚懒,奖廉罚贪,以奖代拨,以补促投,发挥"四两拨千斤"的作用。

1.4.2　缺乏适宜村镇地域文化与民众管护操作的生态技术制约

村镇生态建设离不开科技的投入,尤其是生态文明对于规划运用的相关知识的科学普及、宣传和参与式运用。由于我国农村科技投入机制尚不完善,投入远远跟不上发展的需要。尤其是涉及农业、农村发展相关研发的科研规模较小、创新能力弱,使得农业和农村科技事业举步维艰。在东南沿海地区,各类农村环境整治项目都依靠中央财政的试点、引导,以及地方财政的配套,由此导致许多治理污染和循环利用等新环境问题的解决缺乏有效的科技产业的支撑。各级财政用于农村环保技术与管理的资金不足,导致我国农村生态环保工作缺乏配套的科学技术支撑体系。另外,县级部门从事环保工作的专业技术人员不足,直接影响农村环保技术的宣传和推广。适宜村镇地域文化与民众管护操作的生态技术集中表现在三方面:(1)东南沿海地区各省、市制定的《江苏省村庄规划导则2008版》《浙江省村庄设计导则》《福建省村庄规划导则2011》未能针对性地提出村镇生态规划的分类指导,虽然注重县域统筹居民点、生态保护、永久性农田保护、基础设施与公共设施、环境保护、产业集聚区等的规划原则与底线或上限,却未能针对性地确定省域内村镇生态类型分区,尤其是生态产业选择、水源供给与雨污水处理设施、垃圾收处设施等的技术工艺适宜性。(2)村镇规划的适用性技术遴选与推广不足。村镇生态的循环链、生活与生产混合等特点必须完整细致地保护。在农村,应尽可能应用小规模、微动力、与原有生态循环链相符合的"适用性"环境保护技术和能源供应方式,而不能盲目照搬城市大型污水垃圾处理设施或盲目追求所谓的"高新技术"。

尤其是在太阳能、地热能、生物质能源(压缩秸秆)、沼气、小型风能、小水电等再生能源利用,以及村镇给排水与雨污水分流、生态厕所、生态农业等方面需要引入低成本生态技术,并给予村民使用和管护培训指导。(3)扭转新农村政策以来统一发放"农宅标准图册、村庄规划设计典范图册"等懒政思维,强调多方互动参与协商达成适应地方文化和村民管护满意的低成本生态技术及其集成模式。尤其应该尽可能地保留村镇原有的资源、地貌、自然的形态,尊重生物的多样性及人与自然之间紧密不可分离的共生共存关系,不宜推广"规模化"的单一生态农作物种植和"工厂化"的机械化、电气化处理各种供排水、污水治理,等等。

1.4.3　公共财政投入不足与统筹性欠缺和规划建设人才知识储备短板的双重制约

村镇生态建设问题的核心根源在于资金投入不足。各级政府和有关部门支持小城镇发展的积极性很高,但是扶植的政策措施协调性不够,扶植的资金分散,没有形成推动小城镇协调发展的合力。村镇生态建设需要大量的资金投入,但投入生态建设的资金远不能满足村镇生态建设的发展需要;建设资金支撑和保障能力低都在一定程度上制约了生态县创建的顺利开展。一些想要转型为生态模式的村镇财力有限,投入生态建设的资金严重不足。国家实行代账制或以奖代补政策,没有自主资金用于生态建设;村集体经济十分薄弱,资金缺口较大,建设资金支撑和保障能力低。按照国家规定的每年环保投入不低于 GDP 的 1.5% 的要求,预算安排远不能满足生态建设的需要,这在一定程度上制约了生态村镇创建的顺利开展。其次是由于部分村落分散,村庄环境整治主要是在比较集中的村落,村级其他配套设施数量有限,达不到全覆盖,创建面不够。"十一五"以来中央财政和省级公共财政投入村镇生态环境建设的各类资金,仍然是由政出多门的土地资源、发改(投资)、规划以及水利建设等各主管部门分管,呈现出很大的碎片化状态,使村镇生态建设无法从规划到投资做出统一的协调规划,以至于部门间盲目安排村镇生态环境整治或建设的时序与项目。当然,2018 年 3 月成立的农业农村部在一定程度上整合了相关职能,有望统筹乡村振兴的职能和资源。

中国的乡村规划涉及部门很多,但是乡村规划的人才却由住建部主导的城乡规划和建筑学科培养,形成以城市为中心、建设性规划为主线的空间规划,尽管一些规划也涉及农村产业和社区发展,但研究比较浅,而且总的来说都是以物质环境建设为中心的。东南沿海地区村镇生态建设的主体、农村的土地政策、中央政府和地方政府的权力、乡村规划的作用和地位,以及对"三农"的认识和态度等方面存在较大差异。就乡村规划的从业者与管理者而言,不拘泥于固定的模式,提倡具有针对性的规划内容和多样的组织形式十分重要。这就需要规划人才培养既要坚持功能和空间的有机混合,认识和理解乡村生活与生产在土地和空间使用上的混合是一种有效率的存在,例如尊重种植业空间、时间与目的规律,所有农作物的栽培都发生在特定的空间(农田、水源和作物)、特定的时间(气候类型、季节、害虫周期),为了特定的目的(有自我需求或特定的交易对象);又要传承乡村生态循环与乡土文化,乡村居民的生理健康在很大程度上依赖于周边良好的环境,维持干净的水、土壤,良好的生态系统应成为村镇生态建设的主要目的,必须更加重视村域"生态的承载力"保留、保护的办法来维护村民与农田生态系统共生的生态环境;此外还应规划、建设、整治农民熟悉的应该保留和传承的传统文化场景,要尽可能地向历史学习,尊重与保护村庄的文化遗产、地域文化特征以及与自然特征的混合布局相吻合的文化脉络。

参考文献

[1] 马仁锋,窦思敏,候勃.中国东南沿海村镇生态建设现状与问题辨识[J].
　　上海国土资源,2018,39(3):38-44.

第2章 东南沿海村镇生态建设的总体思路

新时期村镇生态建设是实现乡村全面振兴的关键步骤。村镇建设与全面振兴是一个长期性的任务,不仅需要健全城乡融合发展的顶层体制设计,也需要面向具体问题的有效实施策略。由于村镇建设涉及面广、影响因素多、地区差异明显、科技支撑不足,广大农村地区仍存在建设规划滞后、配套设施缺乏、环境污染严峻等问题。总体上,村镇地区的基础设施建设、生态环境建设和社会经济发展明显滞后于城市地区,城乡差距依然呈现扩大趋势。我国城乡经济转型与跨越式发展已成为理论和实践的前沿问题。我国村镇建设与发展存在较显著的地理空间差异。在此背景下,借鉴我国相对发达地区的村镇建设经验,能为其他乡村地区的振兴提供有效的借鉴。由于自然地理和区位条件优越,一直以来,我国东南沿海地区就呈现社会经济发展水平较高、农村工业化程度高、农业特色化专业化明显、村镇建设管理水平相对较高等优势。立足东南沿海地区地域条件和社会、经济发展特点,分析东南沿海地区村镇生态建设的优势、劣势、机遇与挑战,明确村镇生态建设的目标与核心理念,探究东南沿海村镇生态建设模式,提炼村镇生态建设的成功经验,形成东南沿海村镇生态建设的理论框架和技术体系,对促进东南沿海地区乡村振兴和可持续发展具有重要意义,也能为全国美丽乡村建设提供示范案例。

2.1 东南沿海村镇生态建设的基础分析

2.1.1 东南沿海村镇生态建设的优势

2.1.1.1 区位优势明显,为村镇发展提供了充足的外部动力

东南沿海地区在地域上主要包括上海、江苏、浙江、福建等省市,地理区位上北承京津冀,南接珠三角,东邻太平洋与欧美国家隔洋相望,西靠广阔的内陆腹地,地理位置十分优越。总体上,东南沿海地区经济基础雄厚,发展速度快,是国家经济增长的主要引擎。东南沿海地区交通条件十分便利,高速公路通达度高,铁路网线密集,内河航道繁忙,海岸线曲折漫长,优良深港众多,国内外航空航运发达。境内有京沪高速、沪昆高速、沈海高速等多条国家级重要高速公路,有京沪线、陇海线、沪杭线等重要铁路干线。区域内高铁网络的不断完善,进一步促进了各种经济生

产要素(资源、人力、物力、信息)的流通和集聚。优越的区位条件不仅促进东南沿海区域内外交通的便利,使其成为紧邻国际航运的战略通道,同时深化了国内外区域合作和交流,实现与发达国家技术与资源的交流和合作。

2.1.1.2　自然资源丰富,为村镇多层次产业发展奠定坚实基础

东南沿海地区自然资源种类较多,储量丰富,呈现多样性,从而对产业和环境的承载力较强,对于吸引要素聚集、开发高效生态经济形成了独特优势。东南治海地区主要为亚热带季风气候,四季分明、光照充足、热量丰富、降水充沛、空气湿润,是全国光、热和水资源最丰富的地区之一。地形主要以平原、丘陵为主,河流冲积平原、沿海平原面积较广,地形起伏较小;土壤以红壤、黄壤、棕壤为主,适于生物生长繁殖;植被覆盖率高,森林资源丰富,主要植被为落叶阔叶林、常绿阔叶林;河湖众多,有着丰富的湿地资源;生物多样而丰富,多特色鱼类、两栖类、爬行类和珍稀鸟类等动物;海岸线曲折绵长、海域面积广,海洋资源丰富,主要包括深水海岸线资源、海洋生物资源、油气资源等。

2.1.1.3　经济基础雄厚,产业结构合理,区域内外经济联系紧密

由于自然条件和地理位置的优越性,东南沿海地区自古以来都是经济活跃的区域。在近代,多个沿海城市作为通商口岸对外开放,发展步伐早,经济基础十分深厚。随着改革开放政策的实施,东南沿海城市作为经济开发区,在全国率先开启了经济试点改革,并取得卓越的成绩。东南沿海地区经济快速发展,国内生产总值年均水平居全国前列,人均生产总值逐年增加,产业结构进一步优化,第三产业发展加快,综合实力不断增强,增长质量和效益进一步提高。该地区 2016 年实现地区生产总值 18.16 万亿元,占全国地区生产总值的比例达 23.28%。类似地,2016年东南沿海地区人均地区生产总值为 9.13 万元,是全国人均地区生产总值的1.62倍。此外,作为我国面向国际社会的前沿阵地,东南沿海地区对外交通联系(海运、航运、航空)便利,国际资源、信息交流频繁,学习国外发达国家先进的高新技术的条件十分便利。对内承接广阔的腹地,技术、资金、人力、物力、资源都在此积聚,科研技术综合实力强,新兴产业和高新产业在此大量发展,不断推动经济的可持续和高速发展。

2.1.1.4　村镇建设规划编制规范,资金投入充足,村镇类型不断完善

东南沿海地区一直是我国改革开放的前沿地区,在外商投资和自身增长动力的作用下,乡村城市化的规模和进程均较为显著,不断加速村镇地区的乡村转型和重构。测度乡村地区的发展现状和水平可以从政治、经济、社会、文化、环境等多视角展开。受自然条件、原有经济基础差异的影响,再加上区位与交通条件、历史文化背景等因素的作用,东南沿海地区村镇发展的区域差异也非常明显。根据产业

发展现状,村镇可以分为农业主导、工业主导、商旅服务、均衡发展等类型[①]。此外,由于东南沿海地区地形多样,多平原和山间丘陵,加上降水丰富,河流湖泊众多,临海面积广阔,多种自然要素交汇,自然条件差异大,经济发展水平有别,村镇类型也随之发生不同形态的变化。总体而言,无论是山村、水乡、平原乡村,还是临海渔村,多样性的生态系统为村镇生态建设提供了适宜的发展条件。

另一方面,高水平的村镇规划也在很大程度上保障了村镇建设与社会经济的可持续发展。浙江省在"十二五"期间为全省约 2 万个规划保留村编制了全域范围的村庄布点规划,并结合不同村庄类型的差异,编制了不同战略导向的规划,包括村庄整治规划、历史文化名村保护规划、传统村落保护发展规划、美丽宜居示范村规划、美丽乡村建设规划等。随着村镇地区多层次规划体系的建立,浙江省村镇地区规划质量不断提高,使得村镇地区公共服务设施不断完善,村镇人居环境也大幅度改善。例如,根据《浙江省美丽宜居村镇建设"十三五"发展规划》,在"十二五"期间全省 65% 的乡镇完成整乡、整镇的环境治理,95% 以上的行政村实现生活垃圾的集中处置,65% 以上的村庄完成了生活污水处理。

2.1.2　东南沿海村镇生态建设的劣势

2.1.2.1　村镇污染问题严重,人居环境仍有待进一步改善

由于沿海地区经济发达,制造业比重较高,导致环境污染严重。污染主要表现在水环境污染、大气污染、土壤污染等方面。大量陆源工农业废水、城市生活垃圾以及旅游污水的排放,直接或间接导致饮用水源质量下降,水安全堪忧。人为围垦造成的养殖过度和密度过大,以及人类对海洋鱼类的过度捕捞,都引发了沿海地区养殖污染。同时,近海、河口污染严重,赤潮和绿潮现象频发,滨海湿地退化,沿海石化工业园区带来的三废污染,沿海滩涂地区重金属污染和近海富营养化问题也十分严峻。区域性灰霾天气日益严重,大气复合污染突出,高度发达的工业以及发达城市地区汽车保有量的增长,一定程度上加剧了东南沿海农村地区的空气污染程度,威胁人体健康。另外,区域土壤复合污染加剧,工业场地和矿区土壤污染更加突出。农村地区农田化肥和农药施用量较大的问题依然突出[②],这不仅使得土壤质量下降,还对水生态的安全构成一定威胁。此外,尽管东南沿海地区开展了大量的村镇规划和配套公共设施建设,但由于村镇建设缺乏明确的融资模式和运营维护机制,影响了生态、环卫、污水处理等设施的政策适用,在很大程度上阻碍了村

---

① 龙花楼,刘彦随,邹健.中国东部沿海地区乡村发展类型及其乡村性评价[J].地理学报,2009,64(4):426-434.

② 董占峰,袁增伟,葛察忠,等.中国省级环境绩效评估(2006—2010)[M].北京:中国环境出版社,2016.

镇地区人居环境的改善。总体上,区域性环境问题和村镇建设机制的不健全增加了东南沿海地区村镇生态建设的压力,与其他地区相比,村镇生态建设尤为迫切。

2.1.2.2 人均自然资源紧缺,村镇地区用地集约程度仍然不高

丰富的自然资源和良好的生态环境是人类生存的基础,也是社会经济可持续发展的必要条件。但是,东南沿海地区人口基数庞大且人口不断增加,经济高速发展导致生态消耗加剧,凸显了生态环境形势的严峻性。主要表现为水资源严重短缺、生物多样性不断减少、人地矛盾与日俱增。东南沿海地区水体质量总体状况堪忧,主要表现为水质性缺水,这些问题表明当前对水资源可持续保护力度还不足。同时,受环境恶化威胁,不少珍贵动植物数量和分布区明显减少,水域中受外来入侵物种和污染的双重影响,某些珍贵水生物种和敏感物种逐步减少甚至消失,生物多样性问题日益严峻。此外,农村人口流失和局部地区人口收缩,加剧了"空心村"等问题,导致土地资源的集约节约利用程度低,土地闲置浪费较为严重,增加生态建设的平均成本,阻碍村镇地区生态建设和人居环境的改善。

2.1.2.3 与城市地区相比,村镇居民生态保护意识薄弱,缺乏村镇生态建设的联动发展

公众的生态建设意识是区域生态建设的重要组成部分。尽管东南沿海地区农村居民的生态意识远高于西部内陆地区,但相对于城市居民,公众的生态建设意识仍显薄弱。原因如下:一是相关部门及部分非政府组织的培训和宣传活动推广度较小,公众尚未形成独立的环保立场,自发的生态环境保护意识较弱。二是人口规模过大且外来人口不断增加,老龄化问题日益显现,人口素质整体不高,高素质人才总体占比较小,不利于公众生态意识的提高。三是公众对生态文明的总体认同度、知晓度、践行度呈现出"高认同、低认知、践行度不够"的特点[①],公众参与缺乏系统性和持续性。当政府决定实施某一环保政策时,公众就会被组织起来进行参与;一旦政府没有动力或资金实施该政策时,这种公众参与马上处于"瘫痪状态"[②]。四是全社会未能形成勤俭节约、绿色低碳、文明健康的生活方式和消费模式,在生产、生活中缺乏爱护自然、保护环境的实践经历,新思想观念的传播推广阻力较大。

2.1.2.4 与城市地区相比,科学技术贡献不大

东南沿海地区村镇产业发展主要依靠国内外市场扩张,以及劳动力和土地、能源、原材料的消耗。这种"高投入、高排放、高污染、低效益"的粗放型发展,加剧了

---

① 郝清杰,杨瑞,韩秋明.中国特色社会主义生态文明建设研究[M].北京:中国人民大学出版社,2016.

② 《环保公众参与的实践与探索》编写组.环保公众参与的实践与探索[M].北京:中国环境出版社,2015.

村镇生态建设与综合治理的难度。相比城市产业,高新技术对村镇经济增长贡献度不高。并且,受限于企业本身规模与实力,村镇地区企业对高新技术的研发投入仍然有限。尽管东南沿海地区已经形成了"水、气、土、固、废"等环境污染治理的技术体系,但在村镇地区的应用仍面临成本过高等问题,难以有效推广实施。并且,生态环境保护领域的创新主体与行业的污染控制结合不紧密,缺乏企业和科研院所的有效对接。此外,政府在推动有关环境技术成果的转化力度上也显不足,难以把实验室技术真正转化为解决环境污染的适用技术[①]。

2.1.3　东南沿海村镇生态建设的机遇

2.1.3.1　全球化带动下村镇建设的转型升级

在经济全球化持续发展的当今,世界各国的联系越来越密切,环境污染导致的自然生态破坏成为全球性问题,这使得解决生态危机成为关系国际社会前途命运的时代挑战,保护全球生态环境成为世界各国共同努力解决的时代课题。如今,世界多极化、经济全球化深入发展,文化多样化、社会信息化持续推进,各国相互联系、相互依存的程度空前加深。面对影响日益加剧的生态危机,没有哪个国家可以单独应对,国际社会越来越成为一个命运共同体。随着世界各国对生态环境保护和建设的重视,国际社会也做出了各种努力与合作。1972 年,联合国人类环境会议通过了《联合国人类环境宣言》;1987 年,联合国世界环境与发展委员会发布《我们共同的未来》,提出"可持续发展"概念;2012 年,联合国可持续发展委员会重申"促进以可持续的方式统筹管理自然资源和生态系统,支持经济、社会和人类发展"。这些重要思想,对确立全球可持续发展方向具有重要意义[②],也为我国东南沿海地区村镇生态建设确立了时代使命。另一方面,由于东南沿海地区的工业化、城镇化、市场化和国际化程度较高,一些村镇呈现"外向型经济"的特征,其部分生产产品是直接面向全球的,这也意味着在全球化的背景下,日益紧密的国际联系有助于提升东南沿海地区村镇建设的标准,挖掘其生态建设的潜力。

2.1.3.2　新时代国家政策对乡村振兴的新要求

党的十八届五中全会明确提出了"创新、协调、绿色、开放、共享"的新发展理念。在建设美丽中国、实现乡村振兴的背景下,新时期国家政策对村镇建设提出新的理念和任务,"十三五"期间将成为东南沿海村镇建设转型发展的关键期。随着新型城镇化的不断推进,提升村镇地区的宜居建设和发展的可持续性是新型城镇化的重要内容。党的十九大报告明确指出,实施乡村振兴战略,并要求建设人与自

---

① 中国科学院.东南沿海发达地区环境质量演变与可持续发展[M].北京:科学出版社,2014.

② 郝清杰,杨瑞,韩秋明.中国特色社会主义生态文明建设研究[M].北京:中国人民大学出版社,2016.

然和谐共生的现代化,既要创造更多物质财富和精神财富以满足人民日益增长的美好生活需要,也要提供更多优质生态产品以满足人民日益增长的优美生态环境需要。总体上,推动村镇地区经济建设,构建新型的城乡关系,促进社会经济要素在城乡之间的自由流动,构建更合理的城乡区域关系和更美丽的生态宜居环境,将为村镇建设和振兴提供新的发展机遇。为了实现这一目标,必须坚持节约优先、保护优先、自然恢复为主的方针,形成节约资源和保护环境的空间格局、产业结构、生产方式、生活方式,还自然以宁静、和谐、美丽。并且,积极推进绿色发展,着力解决突出的环境问题,加大生态系统保护力度,改革生态环境监管体制。

2.1.3.3　美丽乡村建设效果逐渐纳入地方政府考核体系

长期以来,东南沿海各省、直辖市高度重视生态文明建设。紧紧围绕"美丽中国"建设,不断深化生态文明体制改革,加快建立生态文明制度体系。具体表现为:健全自然资源资产产权制度和用途管制制度,划定生态保护红线;实行资源有偿使用制度、生态文明考核评价制度、生态补偿制度、责任追究和赔偿制度等;改革和创新生态环境保护管理体制,推进环境保护和生态建设。这些制度的建设与实施切实提升了生态环境保护的效果。其中,上海市以"改善生态环境质量、促进绿色转型发展"为主线,坚持"四个更加注重",设立环境保护重点工程,实施最严格的环境执法。江苏省发布"一办法两体系",首次提出对各设区市党委、政府生态文明建设目标实行"一年一评价、五年一考核"机制,用生态环境指标量化考核政绩,将"绿色GDP"正式纳入干部考核体系。浙江省走出了一条从"绿色浙江""生态浙江"到"美丽浙江"的特色生态文明科学发展之路,实施"五水共治"综合整治水环境、"三改一拆"整合社区空间、"四边三化"推进产业转型与绿色发展。福建省是全国首个生态文明先行示范区,一直坚持"生态省"战略,特别是建立了绿色金融体系,发挥价格机制作用,稳步推进生态文明建设。

2.1.4　东南沿海村镇生态建设的挑战

2.1.4.1　不健全的体制机制约束村镇的可持续建设

新制度经济学强调了产权和制度安排对社会经济的作用[1][2]。体制机制也成为东南沿海村镇生态建设的约束因素,且主要体现在四个方面:一是地区性的相关法律法规以及各类环境标准体系仍不够健全,环保信息公开尚不到位,环境执法力度亟待加强,环境管理仍偏粗放,缺乏严格管理。特别是随着不同性质的环境新问题的出现,很多现行的环境质量标准和监测评估制度难以满足日益复杂的环境问

---

① Coase R. The problem of social cost [J]. Journal of Law and Economics. 1960, 3: 1-44.

② North D. Institutions, Institutional Change and Economic Performance [M]. Cambridge: Cambridge University Press, 1990.

题的需求。二是各地区之间、各相关部门之间，缺乏统一协调的管理机制。具体来说，生态保护和建设工作交叉混杂，在各相关部门分工和责权不明确的背景下，互相推诿的问题仍然突出，降低了村镇地区生态建设的效率。三是人才引进和管理机制亟待创新，外地高素质、高技能人才进不来，本地优秀人才留不住，生态建设活力有待增强。四是生态经济建设的持续性不足，由于用地不集约，村镇地区生态建设的资金投入较大，对政府资金和政策的依赖性过大，未能有效发挥社会主义市场经济中市场对资源配置的决定性作用。资金不足仍是制约村镇地区基础设施建设和公共服务供给的难题，一些村镇缺乏集体经济，难以满足村镇建设需要。一旦政府缺乏动力或资金而无法继续提供支持时，村镇生态建设便难以继续运转。这表明，利用市场经济的价格机制作用促进绿色经济发展的"造血式"发展模式，还亟待进一步成长成熟。

2.1.4.2 人口增长与建设用地扩张加剧生态环境的脆弱性

生态环境是一个地区经济和社会各项事业发展的基础性因素，良好的生态环境对于一个地区实现可持续发展具有至关重要的意义。我国东南沿海地区生态环境脆弱的原因有三：一是由于人口过快增长和建设用地的快速扩张，显著加剧了人类社会经济活动对生态环境的损耗，如野生动植物栖息地分布破碎化程度加剧，滩涂湿地面积持续减少，生态环境脆弱性增加等。例如，浙江省 1999 年建设用地规模为 76.70 万公顷，建设用地比重为 7.28%；而 2011 年建设用地规模达 120 万公顷，平均每年增加约 4 万公顷的建设用地[①]。二是生态系统自身恢复能力较弱且不够稳定，导致生态系统功能不断退化，致使生物物种丰富度和数量减少，物种多样性未得到有效保护。三是气候异常导致生态灾害频繁发生，再加上人类缺乏节制性的开发活动，使得生态系统的敏感性进一步加大，加大了生态环境自身恢复的难度和负荷。上述因素都可能加剧人类活动对生态环境的干扰，减弱东南沿海地区环境承载能力。因此，在生态村镇建设过程中必须注重生态系统的保护，以及环境问题的综合防治。

2.1.4.3 关键技术集成程度低，未能有效发挥村镇生态建设的潜力

村镇污水治理、垃圾处理、土壤改造等一系列生态环境治理技术过于分散，科技创新能力和技术集成应用度均较低，导致综合效益难以提升。其主要原因之一是随着东南沿海地区的经济发展，很多村镇生产方式发生转变，由纯粹的传统农业耕作渐渐转变为乡镇工业，垃圾种类增加，但传统的废弃物处理技术十分滞后；同时在原有农业耕种方式中，塑料薄膜、化肥、农药的使用率仍在不断增加。此外，畜禽养殖规模逐渐扩大，但缺乏必要的污染治理措施。二是随着村镇生活水平的提高，农民的生活方式也发生了变化，垃圾产生量和污水排放量不断增加。再加上农

---

① 吴玮珉. 浙江省建设用地扩展与经济发展的关系研究[D]. 杭州：浙江大学，2013.

村地区污水、垃圾处理设施缺失,环境保护教育落后,环境保护意识薄弱,增加了村镇生态建设的难度。三是生产经营模式过度分散,农村环境治理和监管困难,政府资金投入有限,对环境治理的力度不足[①]。总体上,农业循环经济、农村垃圾专项治理、农村污水处理、厕所改造、化肥农药水土污染防治等技术难以实现集成利用。

2.2　东南沿海村镇生态建设的构建思路

2.2.1　总体要求

美丽乡村是美丽中国建设不可或缺的组成部分。2013 年中共中央、国务院《关于加快发展现代农业、进一步增强农村发展活力的若干意见》的中央一号文件,第一次从国家层面提出了建设美丽乡村的奋斗目标。加强农村生态建设、环境保护和综合治理是建设美丽乡村的重要落脚点。事实上,农村地域和农村人口占了中国的绝大部分,实现美丽中国的目标,就必须加快美丽乡村建设的步伐。加快农村地区基础设施建设,加大环境治理和保护力度,营造良好的生态环境,大力提升农村地区经济收入,促进农业增效、农民增收。统筹做好城乡协调发展、同步发展,切实提高广大农村地区群众的幸福感和满意度。习近平总书记对生态建设非常重视,在主政浙江工作时就提出"绿水青山就是金山银山"的发展理念。十九大报告首次提出实施乡村振兴战略,进一步把农业农村农民问题作为关系国计民生的根本性问题,把解决好"三农"问题作为全党工作的重中之重,把农业农村摆上优先发展的位置。促进村镇地区的生态建设要抓好美丽乡村规划、建设和管理"三个环节",以多样化手段保持农村自然风貌,做到"看得见山、望得见水、记得住乡愁"。此外,要强化以产业支撑美丽乡村建设,发展乡村旅游等生态特色经济,让农业更强、农村更美、农民更富。

东南沿海地区是我国社会经济发展水平最高的区域之一,其村镇生态建设对全国而言具有典型示范意义。因此,基于"美丽中国"建设的要求,以及东南沿海地区村镇建设现状和特点,东南沿海村镇生态建设的总体要求为:贯彻"创新、协调、绿色、开放、共享"的新发展理念,以生态经济繁荣、生态环境优美、生态社区和谐为目标,以生态经济社会效益相结合、政府企业公众相结合、生态建设和因地制宜相结合、重点突破与协调推进相结合、人本导向和自然保护相结合为原则,围绕打造村镇地区生态建设升级版,遵循村镇生态建设基本规律,创新村镇地区生态规划编制与管理机制,建立政府投资与市场共同参与的村镇生态设施融资渠道,落实村镇

---

① 中国科学院. 东南沿海发达地区环境质量演变与可持续发展[M]. 北京:科学出版社,2014.

地区生态建设关键技术,优化城乡社会经济要素自由流动格局,形成多方参与的村镇建设决策体制,推动实现东南沿海地区生态建设新局面,实现社会经济环境的可持续发展。

2.2.2　建设目标

2.2.2.1　生态经济繁荣

村镇生态设施完善,生态经济繁荣,生态型经济充分发展。切实遵循生态学原理、系统工程学方法和循环经济发展理念,充分转变经济增长方式,坚持村镇规划的合理分区,引领村镇生态化建设,发展生态效益型经济。从根本上整合和重新配置有限的环境资源,坚持村镇环境的宜居化,优化村镇产业布局,不断提升产业层次和经济质量。坚持村镇生态治理的科学化、本土化和特色化,实现多主体协同治理的新格局,以美丽乡村建设为指引,建设美丽、生态、和谐的村镇新家园。不断改善和优化生态环境,坚持村镇资源的循环化,以绿色发展理念引领自然资源高效利用[①],实现村镇物质能量的多层次分级循环利用,促进村镇地区经济和社会持续、健康、协调发展。

2.2.2.2　生态环境优美

保护和改善村镇生态环境,生态文明建设取得重大进展。加快经济结构调整和产业布局优化,减少环境污染和生态破坏,确保大气、水体和近海海域等重点区域生态环境质量保持全国领先水平;资源能源综合利用效率大幅提升,生态优势得到充分发挥,节能减排任务全面完成;持续开展生态环境整治,有效控制农村地区环境污染趋势,针对性解决生活垃圾污染、水环境污染、土壤污染、禽畜养殖污染以及工业企业污染等问题;优化国土空间开发格局,村镇环境面貌变化显著,全面实施生态修复,森林覆盖率稳步提高。为创建优美环境村镇、全面建设小康社会、提前基本实现东南沿海现代化,打造山清水秀的生态宜居环境。

2.2.2.3　生态社区和谐

村镇生活环境宜业、宜居,生态社区和谐美好。村镇地区村民的生产方式和生活方式不断转变,生态保护意识增强,生态文化不断发展,生态文明建设稳步推进;村镇人居环境优美舒适,自然资源循环利用率大幅提高,绿色产品生产安全可靠;创新村镇规划编制和管理体制,实现村镇规划全覆盖,土地整治日趋合理,农村危房改造和村庄整治取得有效进展,基本实现农民适度集中居住;村镇布局合理、特色鲜明、设施配套、环境整洁的新型农村社区基本建成,实现村镇居民生活质量的有效改善与提升。

---

① 沈满洪.村镇生态化治理的问题、经验及对策[J].中国环境管理,2018,10(1):15-19.

2.2.3 基本原则

2.2.3.1 坚持生态效益、经济效益、社会效益相结合

东南沿海村镇生态建设,应充分统筹生态、经济、社会三大效益。妥善处理生态建设、经济社会发展与人民群众增收的关系,改善民生,坚持"既要金山银山,也要绿水青山",坚持走可持续发展的道路,修复生态,再造秀美山川,建设美丽乡村。以人本导向和改善人居环境为中心,在评估资源环境承载能力的基础上,加强基础设施建设,提高资源利用率,统筹环境污染防治与生态保护性开发,建设城乡一体化的生态良好循环系统。大力发展绿色经济、循环经济、低碳经济,发展高科技产业、现代服务业等对资源依赖程度较低、对环境破坏性较小的产业,在保护好生态环境的前提下谋崛起,进一步增强东南沿海地区村镇可持续发展的能力。在资源高效循环利用、生态环境严格保护的基础上,坚持把绿色发展、循环发展、低碳发展作为基本途径,形成资源节约和环境友好的空间格局、产业结构、生产生活方式[①]。

2.2.3.2 坚持政府引领、企业参与、公众主体相结合

东南沿海村镇生态建设,应充分发挥政府引导作用。与经济建设相比,生态建设的公共物品属性和生态破坏的负外部效应都决定了市场机制在生态环境问题上的固有缺陷,从而导致"市场失灵"。因此政府在生态环境建设中必须发挥主导作用[②]。《中共中央关于全面深化改革若干重大问题的决定》指出:"科学的宏观调控,有效的政府治理,是发挥社会主义市场经济体制优势的内在要求。必须切实转变政府职能,深化行政体制改革,创新行政管理方式,增强政府公信力和执行力,建设法治政府和服务型政府。"着眼于中国村镇地区经济健康可持续发展的远景,需要站在更高的层面统筹经济发展和环境治理的问题。尤其需要充分发挥政府在生态基础设施建设、产业转型升级引导、生态规划建设管理等方面的作用[③]。国内外研究表明,村镇生态治理往往属于俱乐部物品属性,因此必须发挥社区居民的作用。

2.2.3.3 坚持村镇生态化建设一般规律与因地制宜相结合

东南沿海村镇生态建设,应充分遵循因地制宜原则。村镇生态建设具有明显的地域特色,不同的村镇有不同的生态内涵、空间形态和优化路径。因地制宜原则就是结合村镇自身生态建设特点,充分利用本土丰富的自然资源和人文资源,发展比较优势产业,因势利导、切实可行地建立科学的、完整的生态建设体系。在发展

---

① 《中共中央国务院关于加快推进生态文明建设的意见》,中华人民共和国国务院办公室 2015 年 4 月 25 日.

② 沈满洪,等.绿色浙江——生态省建设创新之路[M].杭州:浙江人民出版社,2006.

③ 郝清杰,杨瑞,韩秋明.中国特色社会主义生态文明建设研究[M].北京:中国人民大学出版社,2016.

中要形成清晰定位,不应过度模仿,贪大求全,应充分利用自然生态基础,融入特色内涵,发展优势产业,扩大资源价值。在增长方式、发展重心、产业结构、住房设计等方面,要将设计落实到项目,将布局落实到地点,科学合理,避免与实际脱节。值得注意的是,需要将生态建设作为一项长期工作,在现有基础上循序渐进,不断提高。例如,浙江省安吉县村镇规划建设中,就根据地形地貌和村民生活习惯特点,将公共服务设施的布局分为平原网络供给区、山地分散供给区、川谷带状供给区等类型,制定相应的基本服务设施空间布局和网络,既保障了村镇地区公共服务供给,又降低了投入成本。

2.2.3.4　坚持村镇建设重点突破与全面协调推进相结合

东南沿海村镇生态建设,应以重点设施建设为突破口,实现整体利益协调推进。在推进生态文明建设过程中,应着力关注对经济社会可持续发展制约较强的地区,打好生态文明建设攻坚战。同时,加强顶层设计与基层激励措施探索,全面推进生态文明建设。村镇生态建设和环境治理要以解决损害群众健康的突出问题为重点,坚持预防为主,强化水、大气、土壤等污染的综合防治,着力推进重点流域和区域水污染防治,以及重点行业和重点区域的大气污染治理。

2.2.3.5　坚持人本导向与自然生态保护相结合的原则

东南沿海村镇生态建设应充分发挥公众在推进生态文明建设中的作用。应不断完善公众参与制度,及时公开各类环境信息,保障公众知情权,维护公众环境权益;健全举报、听证、舆论和公众监督等制度,发扬民主,尊重民意。要充分认识到生态环境保护是功在当代、利在千秋的事业,要清醒认识保护生态环境、治理环境污染的紧迫性和艰巨性,清醒认识加强生态文明建设的重要性和必要性,以对人民群众、对子孙后代高度负责的态度和责任心,真正下决心把环境污染治理好、把生态环境建设好,努力走向社会主义生态文明新时代,为人民创造良好生产生活环境。本着便民利民的原则,符合区域特点,符合群众意愿,符合客观实际,尽可能满足人民意愿,构建人与社会的和谐。本着以人为本的原则,注重乡村人文环境构建,延续村落的历史文脉;合理布局公共活动场所,满足居民对乡村人文氛围和社区功能的要求。

2.3　东南沿海村镇生态建设的核心理念

2.3.1　遵循村镇生态系统运行的基本规律

生态系统的内在性质(如规模、布局、质量等)往往就能决定生态的总体价值。在生产者、多级消费者、分解者的有机组合和相互作用下,一个完整、健康的自然生态系统能形成生态物种和自然物质的更新、演替和再生。这种自然形成的良性循环，能通过生产或再生产机制维系生态系统的相对稳定性，也能为生命有机体的生存、繁衍提供必要的物质能量。与此同时，生态系统的稳定性也为人类的生存和发展提供了特殊的生态功能或生态屏障作用，如森林生态系统的水源涵养与水土保持功能，湿地生态系统的水质净化功能等。

生态系统价值包含生态系统服务价值和功能价值两方面，是整个地球生命系统的重要支撑[1]。随着社会生产力的发展，以及人类社会经济活动对自然生态系统资源索取强度的增加，自然再生产的资源难以满足人类的需要。这使得人类需要投入必要的劳动，实现自然生态系统的合理保护和再生产，在这种背景下，自然物质资源便具有了商品的属性，可以在市场中进行流通和交换，因此生态系统的经济价值就得以体现。

合理利用生态系统价值需要客观遵循生态系统运行的基本规律，正确处理人类社会经济生产需求与生态系统发育和有机增长的关系。对自然资源的过度开发，容易破坏生态系统的平衡和稳定性，会导致各种各样的生态问题。随着人类社会经济生产活动的大幅度增加，对自然资源开发利用的强度也显著增强，应更稳妥地处理人与自然的协调关系，避免竭泽而渔式地开采，保障生态系统的平衡稳定性。

类似地，村镇生态建设也需要认识和掌握村镇生态系统运行的基本规律，正确处理居民各类活动与村镇生态系统的互馈关系。作为典型的复合生态系统，村镇生态系统的运行同时受限于自然培育、经济生产和社会发展的规律。村镇生态建设的核心就是实现村镇社会经济增长与附属于村镇地域的生态系统的高效协调。为此，建立形成合适的方法，正确评估不同村镇发展模式的生态效率，能认识其中的不足，提出有效的改善措施。张妍等提出了村镇物质代谢模型，来识别和综合评价不同发展模式下的村镇生态效率[2]。村镇地区生态效率提升的本质是实现环境效率和资源效率的共同提升（图2-1）。A区域表征"资源—产品—污染排放"传统低生态效率的发展模式，区域无害化、减量化水平也较低。随着工业化发展、生产规模的扩大和人口的增长，在缺乏有效约束和管理的机制下，人类对自然资源的过度开发，以及不加节制地排放废弃物，降低环境自净能力，导致环境问题和资源短缺问题日益严重。B区域表征末端治理模式，生态效率中等，区域无害化水平较高。C区域表征源头削减模式，生态效率中等，区域减量化水平较高。D区域表征循环经济发展模式，生态效率较高，区域内实现较高水平的无害化、减量化和资源

---

① 于书霞,尚金城,郭怀成.基于生态价值核算的土地利用政策环境评价[J].地理科学,2004(6):727-732.

② 张妍,杨志峰.城市物质代谢的生态效率——以深圳市为例[J].生态学报,2007(8):3124-3131.

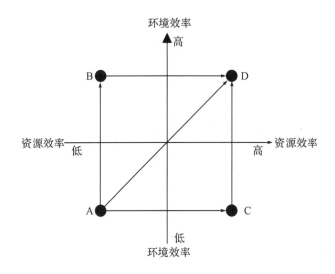

图 2-1　基于物质代谢的村镇生态效率测度

再生化。该模式提倡合理利用自然资源和环境容量,在物质不断循环利用的基础上发展经济,使经济系统和谐地纳入自然生态系统的物质循环中。总体上,ABD是无害化→减量化的发展轨迹,符合环境库兹涅茨曲线轨迹。该轨迹反映了中国一般区域的发展状况,表征区域环境污染已成为急需解决的问题,当务之急是提高环境效率和废物再生资源化水平。ACD属于减量化→无害化发展轨迹,表明区域在发展初期就注重资源消耗问题,尽量少利用资源以产生较少的污染物。ABD轨迹是村镇生态建设过程应尽量避免的模式。在中国部分地区实现 ACD 轨迹具有较大难度。因为,中国快速城市化、工业化和人口增长进程中,在保持社会经济增长的同时,很难实现资源消耗的稳态。AD 是城市村镇循环经济发展的资源化轨迹,村镇地区通过加强无害化、减量化的协调,实现再生资源化水平的明显提高。总体上,AD 是东南沿海地区村镇发展应追求的主要目标,以提升资源使用效率为突破口,不断提升环境效率。

对于村镇生态建设而言,村镇土地利用变化,如土地利用方式、土地利用强度及土地利用格局等,直接影响了村镇物质代谢效应[①]。首先,从村镇土地利用方式上,从用地转化为建设用地的进程中,与建设用地增长相对应的物质投入增加,如水泥、钢材、木材等,同时也将带来一定规模的污染物、废弃物的排放。与此同时,农用地减少会降低化肥、农药等投入,相应地,农业面源污染和农业生产废弃物也降低和减少。其次,从村镇土地利用强度看,随着土地利用强度增加,土地利用节

---

① 黄贤金,于术桐,马其芳.区域土地利用变化的物质代谢响应初步研究[J].自然资源学报,2006(1):1-8.

约集约水平也会提升。最后,从村镇土地利用格局来看,不同的土地利用结构及功能布局,需要相应的物质投入来适应。例如,工业园区的分散布局,将造成污染治理成本上升,降低污染治理的效果;工业园区产业的单一性,难以实现废弃物在各产业链节上的循环利用,从而增加废弃物处理的用地需求。

村镇物质流动过程是考察村镇生态系统属性的重要维度。受限于村镇物质流动的指标体系、数据集成、管理应用等困境,产业生态学理论难以直接指导村镇地区物质流动和生态建设。基于生态学组织层次理论建构的村镇物质流动与互馈模式(图2-2),能对村镇生态建设的空间过程和行为管理形成启示。尤其对村镇地区地表景观物质流动的有效管理,能促进物质流动的合理分布和良性循环,实现物质的减害化、循环化,增强物质流动过程的社会经济效益。

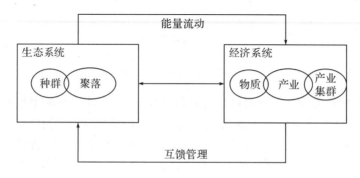

图 2-2　村镇生态建设向经济系统流动与互馈管理

村镇地区的经济活动与自然生态系统物质、能量代谢过程的有机融合,是村镇生态建设的新理念,是实现人与自然和谐发展的重要表现,也能充分体现人与自然和谐的生态观。此外,充分发挥政府管理与市场机制的比较优势,建立合理高效的生态经济运行体制是提升生态价值的重要保障。首先,应当建立清晰的生态产权和生态补偿制度。生态系统具有资源和商品的双重属性。为了对生态资产进行公共管理,就需要建立一套包含生态产权界定、配置、流转、保护的现代产权制度。在这一产权制度的基础上,政府或市场就能以生态定价、生态税收、生态补偿等手段,强化生态资源的调控和配置。尤其能约束和规范生产者行为,将资源利用、废弃物排放纳入生产成本统筹核算,通过生态补偿等形式实现外部成本内部化。同时,鼓励消费者适度消费,激励相关企业从事废物再生利用,以实现节约资源、生态培育等目的。其次,建立科学的 GDP 核算体系,建立经济与环境之间的联系,将其纳为反映可持续发展的重要指标之一。具体的实现路径是将环境污染经济核算、生态破坏成本等从传统 GDP 中扣除,形成广义的绿色 GDP 核算体系。

总之,村镇生态建设是一个复杂的工程,不仅要理解和把握村镇物质代谢的规律,还要建立基于政府管理和市场机制调节的综合管理体系,干预社会经济生产行为,提升村镇地区生态效率。

2.3.2　构筑村镇生态建设的逻辑框架及规划体系

我国城市生态规划起步于 20 世纪 80 年代,主要在天津、唐山、深圳、长沙、扬州等城市进行了大量规划实践。然而,生态规划和生态修复迄今主要集中在城市地区,村镇地区的规划仍强调物质空间提升和优化,缺乏生态规划的内涵和实现路径①。在国家政策的引导下,各级政府先后开展了新农村建设、美丽乡村规划、乡村人居环境改善等研究实践,形成了《国家级生态乡镇申报及管理规定(试行)》(环发[2010]75 号)、《国家生态建设示范区管理规程》(环发[2012]48 号)、《美丽乡村建设指南》(GB32000—2015)等政策或标准。但综合来看,首先,村镇生态规划多从环境保护和污染防御角度出发,未能从村镇自然环境与产业结构演进、整体功能提升等互动关系出发,降低了城乡规划对村镇生态建设的积极作用。其次,尽管村镇规划包含了生态运行和提升等内容,但未能将生态培育和建设形成规划实施考核指标,也缺乏生态规划建设的融资渠道,降低了村镇生态规划的效力。再次,已有生态规划的控制指标、管理指标和评价指标并没有被很好地纳入城市规划指标体系,也缺乏集成应用技术②。城乡规划对村镇生态发展缺乏后评价机制,使村镇生态规划的科学性受到影响。最后,国外生态规划技术(如弹性城市、增长边界管理、雨污管理技术等)在中国的应用具有一定局限性,难以直接嵌入中国城乡规划体系中。鉴于此,本节重点解析村镇生态规划的管理与技术体系,从技术与管理维度、时间维度、空间维度建构村镇生态建设的全流程框架(图 2-3)。

2.3.2.1　技术与管理维度

村镇生态建设应基于本土化特征选取适宜的生态技术和管理体制。在技术上,根据村镇生态规划所需的技术要点,进行各层面的技术汇总,在此基础上实施技术攻关、技术应用和设施建设。为了实现生态技术的综合利用,还应在规划设计各环节,包括村镇规划现状调研、村镇规划编制与审批、村镇规划建设等,对生态技术应用进行统筹安排和管理。在技术和管理维度上,应重点实现村镇空间布局、村镇功能分区、村镇生态技术的统一。例如,将生态技术纳入空间体系,根据单体建筑、建筑群、村镇社区、村镇层面等类型,采用不同的生态技术。在功能分区上,将生态规划和支撑技术有针对性地用于交通、居住、绿化、公建、商业等用地类型,实现"能、水、物、气、地"等生态要素的协调。总体上,根据各村镇不同的气候、地形地貌、人口分布、产业类型等特点,开展村镇适宜性生态技术评价、遴选和配置。

---

① 丁蕾,陈思南.基于美丽乡村建设的乡村生态规划设计思考[J].江苏城市规划,2016(10):32-37.

② 张泉,叶兴平.城市生态规划研究动态与展望[J].城市规划,2009(7):51-58.

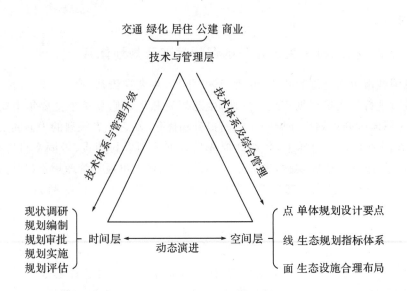

图 2-3　村镇生态建设的技术逻辑框架

2.3.2.2　时间维度

村镇生态建设是从前期现状调研、规划编制、规划审批、规划实施到规划评估等全过程,分别制定相应的生态规划与建设标准。在村镇规划的不同阶段,明确村镇生态建设的要点(图 2-4)。例如,在前期现状调研阶段,明确村镇区域生态建设的基本情况与面临的主要问题;在规划编制阶段,在村镇区域规划的技术标准和导则下,确定解决生态建设问题的主要方法和规划方案;在规划审批阶段,评估生态建设方案的合理性和相关设施建设的资金来源;在规划实施阶段,进一步明确和落实生态规划和修复技术;在规划评估阶段,检验生态技术应用后的实施效果,明确进一步改善的方向。

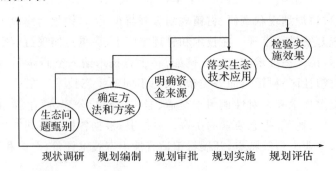

图 2-4　村镇生态建设全流程管控逻辑

2.3.2.3　空间维度

村镇地区空间规划往往需要通过不同层级的空间规划（如村镇总体规划、生态建设专项规划等）予以落实。因此，村镇生态规划需要和其他规划实现良好衔接，并且在不同空间层面中，采用更有针对性的技术手段。在增量型村镇生态规划建设中，在总体规划层面，主要针对县域或镇域生态要素系统进行生态基础设施的布局和调配；在镇域控制性详细规划层面，研究确定并落实镇域规划控制指标体系；在村庄修建性详细规划层面，针对重要功能地块或建筑（群）的生态功能空间布局、形态、道路系统、绿地系统等提出特定的设计要求和管理方案。

2.3.3　对共性单元技术进行本地化创新集成应用

村镇生态建设包括能、水、物、气、土、行等六大要素。同时，村镇生态建设过程还涉及大规模外界物质系统的输入。村镇生态设施的规划设计与建造，需要和生态要素系统形成良好的互动。通过在空间中对生态设施的布局，来校核各项生态设施之间的空间相互关系。在村镇生态设施建设过程中，可通过村镇地区的风环境、气候、日照辐射等要素实现模拟，进而优化建筑（群）空间布局，优化能源系统，减少村镇地区的能耗和碳排放。

村镇生态建设六大要素均有核心指标，构成了村镇生态建设的共性单元，分别为清洁能源使用率、再生水利用率、生活垃圾回收利用率、人均绿地（生态空间）与绿色建筑比例、区内环境空间质量达标率、绿色出行比率。村镇生态建设共性单元技术的应用需要符合国家、地方政府的标准，包括：《农村住区空间结构规划导则》《农村基础设施规划技术导则（含能源导则部分）》《农村住区公共服务设施配置导则》《农村住区景观规划导则》《农村住区环境规划导则》，以及适用于县级人民政府驻地以外的乡镇、村庄及农村社区的《农村基础设施规划标准》。通过满足道路交通规划、给水工程规划、排水工程规划、供电工程规划、通信工程规划、供热工程规划、燃气工程规划、工程管线综合规划、环境卫生规划、生态景观规划以及防灾减灾工程规划等要求，落实村镇地区的生态化建设。

在符合共性指标的基础上，各要素系统应根据本土化特点，因地制宜地选择施工工艺、施工材料和辅助性指标。例如，从能源系统看，村镇生态建设规划需要考虑利用本地再生能源比率、节能效率、能源运输转换效率、能源系统布局原则等辅助性指标；交通建设需考虑公共交通出行比例、公共交通布局等辅助性指标；市政建设应考虑可再生能源与新能源使用、多渠道能源供应、储存和收集可再生能源等指标；建筑设计需考虑建筑体形系数、建筑窗墙比、透明屋顶比、外墙气密性、太阳能屋顶比率、节能照明系统、节能电梯系统、节能空调系统、电器系统和节能给排水系统等指标。在选择本地规划理念、施工工艺和材料时，应重点考察地方生产和农民生活相关的基础设施规划方法及建设技术，包括村庄安全与防灾减灾，给水设施与水质处理,村镇生活垃圾处理,农村户厕改造,排水设施与污水处理,村内道路,坑塘河道改造,农村住宅改造,村庄绿化,公共环境整治,家庭节能与新型能源应用等。

针对存量型生态(整治)建设,应加强如下功能的规划和建设①:建筑结构、形态、功能的生态整合技术;村镇地区空间开发的生态恢复与补偿技术;废弃物就地处理、循环再生技术;可再生资源、能源、水源的节约技术;健康建材的研制、开发与推广技术;绿体景观的改造技术;室内外生命空间的活化、美化、自然化技术;小区环境的适应性生态管理技术。

在选择本地技术与材料时,需遵循村镇生态建设的地域分区和地方分类原则。比如,根据建筑气候区划、地形地貌、行政区划、经济发展水平和农村村庄数量密度等因子,我国农村住宅可划分为 116 个住区类型谱系。因此,面向不同建筑气候区划、地形特征等条件,各地区农村住宅规划设计与建设应采取适合的分类指导标准②。这既能适应农民生产生活方式、突出乡村特色、保持田园风貌、体现地域文化风格、注重农村文化传承,又能符合东南沿海地区村镇生态建设的特点,有效防止村镇建设对生态系统的损耗。

2.3.4　形成公众参与式的治理决策机制

随着现代城乡规划程序的规范化,公众参与成为城乡规划成功和实现村镇生态化的必要条件。城乡规划的公众参与具有不同的形式,如公告、公开展览、新闻报纸、广播、电视、互联网、问卷调查、访谈、协调会、座谈会等。在村镇生态规划的各个阶段,应以不同的方式实现公众参与。规划前,调查村镇地区民众对经济增长、生态建设和环境保护的需求;在规划设计过程中,充分征求民众意见,论证方案的合理性;在规划后,鼓励民众参与环境评估与监管。其中,规划工作坊(Workshop)是常被使用的方式。在参与式决策过程中,专业者与公共部门扮演着设计工作的沟通与协调的角色,且参与式设计师应尝试站在民众共同意义的角度规划事务。

---

① 王如松. 系统化、自然化、经济化、人性化——城市人居环境规划方法的生态转型[J]. 城市环境与城市生态,2001,14(3):1-5.

② 杨贵庆,庞磊,宋代军,等. 我国农村住区空间样本类型区划谱系研究[J]. 城市规划学刊,2010(1):78-84.

2.4　以宁波市北仑区河头村为例的村镇生态网络化建设与治理技术

2.4.1　宁波市北仑区河头村生态建设基础分析

宁波市北仑区河头村位于柴桥街道西南侧,坐落于九峰山南麓,距北仑中心城区 10.3 公里,它南北均靠山,穿咸线依村而过(通往九峰山旅游区的道路穿村而过,交通便利)。河头村因瑞岩山大溪坑穿村汇入芦江河,故名"河头"(即瑞岩寺河头为名);河头原有田坪、长池头、庙跟三个自然村。新中国成立前河头有三个保甲制——田坪为下三保、长池头为四保、庙跟为五保,新中国成立后以保改为村。1956 年 4 月起,合称河头高级社;1964 年 10 月起,改称紫石公社河头大队;1983 年 10 月,改称紫石乡河头村;1992 年 5 月,扩镇并乡改称为柴桥镇河头村。全村耕地 1257 亩,山地 1281 余亩。

河头村曾先后获得"浙江省农房改造建设示范村优秀单位""省级全面小康建设示范村""宁波市十年村庄整治建设十佳村""市级园林式村庄""全国文明村镇"等称号。河头村的主要产业是花卉种植和营销,全村有花卉从业人员 1985 人,拥有 20 亩以上面积的花卉种植大户 100 余户。河头村的花卉种植已覆盖全区各个乡镇,并且向外省、市发展,总种植面积已超过万亩。在村庄整治建设过程中,村民居住环境发生了翻天覆地的变化。河头村注重乡村特色的保护和营造,建成了全长 11 公里的云雯山游步道,并在游步道周围开辟云雯山果园,种植蓝莓、樱桃、橘子、西瓜等水果,在入口处建造云雯山森林农庄,餐饮、田园采摘、体验、休闲绿吧一应俱全,真正实现了在发展生态农业、增进村级经济收入的同时提升土地的附加值,使河头村的荒山变成了乡村休闲游的好去处。继 2005 年创建新农村建设示范村之后,河头村在原有基础上对大池塘等进行整治美化,铺设洗衣板、安装避雨棚;并将长达 1000 多米的大溪坑进行整治改造,使其成为集观光、健身散步、村民洗涮等多功能于一体的溪坑。此后,又相继建造了古色古香的竹山公园和民俗文化陈列馆、樱花道、大池塘公园,整治了大溪坑。在整治危旧房过程中,坚持修旧如旧原则,乡土风情体验馆便是在云雯庙后大殿基础上修复改造而来。

2.4.2　生态河头村建设总体思路

农业农村农民问题是关系国计民生的根本性问题。乡村作为生态文明建设的主要载体之一,其生态发展是实现乡村现代化水平的必然选择,也是提升我国生态文明建设质量的重要支撑。在国家"四化同步"等战略指引下,河头村提出了"生态环境综合化整治、生态环境网络化建设、生态环境多元化治理"的总体思路,以改变乡村生态建设的单一化环境整治,完善乡村美化生态价值观,落实乡村振兴战略。

2.4.2.1　村镇生态建设的指导思想

按照"统一规划、合理布局、因地制宜、保护耕地、优化环境、综合开发、配套建设"的方针,用循环经济理念指导生态型村镇建设。其总体思路可以概括为:"实现一个目标,促进两个转变,强化三大功能,构建四个体系,搞好五项设计。"

实现一个目标,即打造"产业兴旺、生态宜居、乡风文明、治理有效、生活富裕"的"内外兼修"生态乡村。

促进两个转变:一是依靠技术进步来转变以花卉产业为支柱的经济增长方式,二是强化生态建设理念,着力构建生态和谐社区。

强化三大功能:其一,优化生态环境,使之为村镇居民提供生态服务的功能进一步强化;其二,保护自然生态系统和资源,使之对河头经济社会发展的支撑功能进一步强化;其三,强化循环经济能力建设,确保上述两大功能具有可持续性。

构建四个体系:一是形成循环经济产业体系。大力推进花卉产业技术引进与创新,拓展花卉消费市场;努力发展乡村生态旅游及其配套设施;大力发展无公害农产品、绿色食品、有机食品。二是完善村镇基础设施体系。重点是水系统、能源系统、交通系统和建筑系统。水系统主要是解决花卉产业所带来的水土流失与面源污染问题,提升芦江河流域水质,保护好生活饮用水水源;能源系统主要是推行可再生能源,大力发展风能、太阳能和生物质能。交通系统主要是加快各级路网建设,提高道路的通达性及道路等级,同时做好道路周边的绿化保护工作。建筑系统主要是发展具有地方风格的绿色建筑,做到与周边自然环境相协调。三是生态环保体系。要加强生态建设、环境污染治理、自然灾害预防,发展低碳能源。四是社会事业体系。即对村镇建设规划所涉及的科技、教育、文化、卫生、体育事业等进行统筹规划,加大投入,整体推进。

搞好五项设计:总体规划设计、环境设计、住宅设计、产业设计、景观设计。一体化生态规划设计与实施方案是村镇地区生态建设的重要支撑。北仑区河头村确定了"总体规划设计、环境设计、住宅设计、产业设计、景观设计"的生态建设思路,并取得了显著的社会经济与生态效应,先后获得"浙江省农房改造建设示范村优秀单位""省级全面小康建设示范村""宁波市十年村庄整治建设十佳村""市级园林式村庄"等称号。在总体规划设计环节,确定河头村社会、经济、空间、产业、生态和景观等整体发展思路,并为村镇地区经济增长和生态基础设施建设提供资金和政策支持。在环境设计上,利用整体自然环境特点,以花卉为核心开展整体环境设计,充分实现河头村的环境与生态产业融合。在住宅设计上,河头村坚持乡土风情体验和修旧如旧的原则,引导新建及重建住宅的规划设计要素和景观。在产业设计上,河头村将生态产业作为产业核心,并与村庄整体生态、环境和景观格局实现协调。在景观设计上,河头村将樱花、杜鹃、茶梅、紫薇、桂花、凌霄等花卉作为景观要素,充分融入河头村竹山公园、大池塘公园、风水塘公园等景观节点,以及家家户户的住宅设计中。

2.4.2.2　村镇生态建设的主要内容

河头村生态建设依据循环经济理论,发挥自身资源优势,基于"整体、协调、循环、再生"的原则,运用系统工程方法,强化生态功能,开展绿色建筑建设、生态园林建设、生态水系与污水治理、低碳能源开发、垃圾资源化利用与无害化处理、村镇社区综合治理,不断促进村镇空间与产业、生态的有机结合,发展多元化经济,促进生态与经济系统的良性循环,实现经济、生态、社会三大效益的统一。

(1)绿色建筑建设

绿色建筑具有节能性、环保性、地域性、宜居性等特点。建设绿色建筑包括新建建筑及既有建筑节能化改造。北仑区农村绿色建筑发展以既有建筑的节能改造为主。一方面,北仑区绿色建筑发展充分运用高性能建筑节能新技术,主要包括超低能耗建筑技术体系,以及可再生能源与分布式能源高效应用,如高性能节能门窗和新型保温产品的应用;另一方面,发展基于物联网和大数据的建筑用能系统监测评估技术。

(2)生态园林建设

构建村镇生态园林是美丽乡村建设的重要组成部分,也是农村可持续发展的基础。随着村民生活水平的不断提高,村镇生态园林构建已成为农村建设的重要内容。河头村地处九峰山区,村镇生态园林建设具有较好的基质条件,同时依托瑞岩景区,已建立比较完善的林业生态体系。整个河头村纳入瑞岩社区生态园林体系,加强河头村外围与内部空间的园林绿化,并通过各级生态廊道构建村镇生态园林体系。

(3)生态水系与污水治理

河网水系是农村生态系统的重要组成部分,直接决定了农村社会经济的可持续发展。河头村处于芦江河水系的上游地带,流经村庄的溪坑约有 2.3 公里。"五水共治"以来,河头村的溪坑整治与污水处理极大地提高了水环境质量。河头村的生态水系与污水治理充分利用了村里地势的自然落差,利用垂直流和人工湿地实现垂直充氧,去除污水中的氮、磷等污染物质,再通过湿地中植物、微生物、人工介质的共同作用,有效去除污水中的污染物质,而在地势较平坦处采用生态塘等方式实现污水处理。

(4)低碳能源开发

农村地区由于能源消耗大,能源结构不合理,利用效率不高,给我国的能源供给带来巨大压力。因此,扩大低碳能源在农村的生产和使用,对改善我国的能源构成和实现低碳化发展具有重要意义。结合河头村所在的地理区位及资源禀赋,重视低碳能源开发,加强技术创新,通过政府财政大力扶持生态能源,提高太阳能开发利用水平,积极开发生物质能,加快低碳能源的开发和应用。

（5）垃圾资源化利用与无害化处理

农村生活方式的改变导致生活垃圾的剧增,对农村生态环境产生了重大冲击。垃圾资源化与无害化是农村垃圾综合利用的重要任务。北仑区村镇为了实现垃圾资源化与无害化,不断制定和完善生活垃圾分类处理方法与分类标准,建立生活垃圾处理管理机制,提高垃圾处理工艺和技术水平。同时,不断完善垃圾处理设施的空间布局,根据村镇的特点实施分类投放、固定垃圾桶（箱）、垃圾车上门收取、中转站、垃圾处理场等设施。

（6）村镇社区治理

村镇社区治理是社会治理的基础工程,也是国家治理的基层体现。推进国家治理体系和治理能力现代化的重要目标是建立和完善村镇地区的现代化治理体系。北仑村镇社区建设初步形成了以"属地化管理、社会化服务"为主要特征的社区治理体制。河头村的社区治理在已有经验的基础上,推广并示范"一核多元、两级政府、三级管理、四级网络"的社区治理经验与模式。

2.4.3　北仑区河头村生态化建设的制约瓶颈与破解路径

2.4.3.1　正确认识绿色建筑内涵,加快既有建筑的节能改造

（1）制约瓶颈

与全国的绿色建筑发展趋势类似,北仑区河头村绿色建筑总体上处于自发发展的起步阶段,对绿色建筑的重要性认识不足,尚未形成标准化建设体系和系统性工程。具体表现为对绿色建筑内涵的认识存在误区,认为"绿色建筑就是高科技建筑、高成本建筑",限制了绿色建筑的普及和推广。此外,可再生能源建筑的应用也不高,建筑用材消耗过高,建筑垃圾回收再生利用率过低,资源利用水平偏低,各种浪费现象十分突出。缺乏有效的建筑节材新技术、新产品研发及推广平台,缺乏创新的设计和管理模式;尚未形成建筑节材的标准规范和行政监管体系;推动绿色建筑发展的财政、税收、金融等经济激励政策还不健全,相关主体发展绿色建筑的内生动力不足。

（2）破解路径

村镇地区的住宅是我国住宅建设的重要部分,实现建筑绿色化具有必要性。村镇地区既有住宅总量占到全国总量的78.1%,且全国每年新建住宅总量的50%是农村新建的住宅。对北仑区河头村而言,绿色建筑建设的破解路径是实现既有建筑的节能改造。地方政府应建立和完善引导和扶持工作。首先,提高群众利用绿色建筑的意识,普及绿色建筑技术、产品的宣传、引导和推广。其次,加大政策支持力度,积极推行低碳建筑的激励政策及补贴性政策。再次,科学规划绿色建筑发

展,合理布局、因地制宜,通过绿色建筑试点和示范工程,推动绿色建筑发展。最后,建立健全绿色建筑政策法律体系,统筹绿色建筑规划、建设、运行等环节的发展,确保节能减排,提高绿色建筑比重及实现可持续发展目标。同时,严格把关绿色建筑质量,加强绿色建筑的监管和审查工作。

具体而言,民居建筑生态化改造与太阳能光伏建筑一体化模式值得在北仑区河头村应用。民居建筑生态化改造主要从屋顶、墙体、地面、门窗、设备、室外环境等方面,采用技术手段进行既有建筑绿色改造,制定包括围护结构保温隔热技术、太阳能热水利用等的综合节能方案。在保留原有风貌的基础上,采用保温装饰一体化的低能耗围护结构建筑节能新技术,进行既有民居建筑低能耗外围护墙体与高效节能型门窗的改造应用,提高外围结构的保温隔热性能。总体上,能使既有民居建筑达到节能 50% 的目标。太阳能光伏建筑一体化模式将太阳能利用设施与建筑有机结合。该模式能实现建筑物与光伏发电设备的高度集成,减少建筑物的能源消耗。北仑区河头村建筑以连体别墅和低层建筑为主,一般都是坐北朝南布置,日照间距较大,屋顶采光面积充足,不存在建筑遮挡的困扰,具有足够的可利用空间,不必考虑太阳能建筑南立面整合的问题,技术难度相对较低。此外,村镇地区以农业和产品粗加工为经济支柱,污染源相对较少,灰尘粒子密度较小,太阳光线透射率高,大气透明度较高,有利于太阳能利用。

2.4.3.2　利用自然生态环境优势,构筑村镇全域生态园林系统

(1)制约瓶颈

村镇生态园林由城市园林的概念延伸而来。村镇生态园林建设最重要的目的是改善村镇的环境状况,使村镇生态系统能够良性运转。河头村生态园林建设的主要瓶颈是园林建设活动过度关注美化,忽视了实际生态效益,使得生态园林难以形成多层次、复杂的结构系统。在村镇规划中,仍缺乏由生态学、经济学、美学等理论指导的生态园林系统整体规划,缺乏对生态园林各系统间生态关系的考虑。此外,园林建设未能做到以植物生态学为根本,科学合理配置具有生物多样性的人工植物群落,以摆脱因树种选择不当或树种种类单调而产生的园林系统脆弱性的问题。

(2)破解路径

全域生态园林系统对村镇地区的生态宜居环境建设具有重要意义。河头村生态园林建设应该充分利用地处九峰山区的优势,依托瑞岩景区建设,利用生态园林建设良好的基质条件,构筑村镇全域生态园林系统。以生态系统平衡为主导,构建生态园林系统;按物种生态位原理,做好生态园林植物配置;利用"互惠共生""相互抑制"原理,协调生态园林的生物多样性;传承自然、历史与文化,突出生态园林本土特色;充分利用村镇的异质性,建设多样化的生态园林。

具体而言,河头村生态园林建设应统一纳入瑞岩社区生态园林建设中。在宏

观尺度上,遵从景观生态学原理,将柴桥街道瑞岩社区不同的生态功能区有机相连,将瑞岩社区划分为社区生活集聚区、花卉产业区、观光休闲区、旅游服务区等4大功能区块,通过建设生态廊道将各功能区的生态园林有机地连接,形成生态网络,发挥园林生态功能。在中观尺度上,根据河头村生态建设的自然基底及以花木种植为特色产业的特点,考虑将花木景观扩充,形成该区的生态园林特色"名片",建成生态经济型园林。在微观尺度上,注重村镇绿色空间环境构建,强调生态园林系统整体性,注重绿地系统的结构、布局形式与自然地形地貌、河湖水系的协调。首先,在村镇外围绿色空间,可营造防护林等生态公益林、农田地埂造林等,形成村镇绿色大背景。其次,实现村镇内部园林绿化,在公共用地、居民庭院、街巷等地开展绿化建设,改善小环境。最后,建立村内村外绿色生态廊道。依托各级道路,形成高等级道路绿化廊道,在生态园林村范围内形成动态绿色景观,达到步移景变的目的。通过生态廊道,将整个村镇绿地连接成有机、完整的生态系统。

2.4.3.3　加强水系生态环境保护,推广污水生态治理技术体系

(1)制约瓶颈

村镇自然水系是维护和提升村镇生态系统稳定性的重要支撑。长期以来,村镇自然水系普遍受到污染破坏,部分地区的水道严重淤塞,水质恶化严重,生态系统功能大幅度退化。受芦江流域花卉产业发展的影响及农村污染处理技术手段落后的制约,流经河头村的自然水系——芦江水质曾经严重恶化。随着生活垃圾及污染处理技术的提高,芦江水质基本能达到三类以上。影响河头村水系生态环境质量提高的主要问题是资金投入不足,技术手段匮乏,对化肥流失等面源污染治理控制不足。

(2)破解路径

2012年5月,住建部发布的《中国城镇排水与污水处理状况公报》显示,我国60余万个行政村中,对生活污水进行处理的仅占6.7%。村镇地区生活污水处理主要有"厌氧+生态""好氧+生态""厌氧+好氧""厌氧+好氧+生态"等工艺形式。北仑区河头村在开展村镇生态水系建设和污水治理的过程中,充分利用自身经济优势,积极争取各级资金资助,采用全局统筹、系统治理的指导理念,扎实有序地推进河网水系建设,通过对点源、面源污染的防治,减少入河污染量。同时,加强对水环境的修复,恢复其生态功能,增强对污染物的削减能力,完成"源头—途径—末端"的全过程污染控制。

具体而言,河头村对于农业面源污染应通过抓源头防污,提高对花卉产业等农业面源污染的防治力,保障水生态健康,构建水质保护屏障,强化原生态"护水"。同时,重视河道水环境与水生态的修复与保护,提高水质,强化生态"治水"。进一步强化河岸景观绿化带功能,提升人居水环境质量。村镇生活污水治理技术方案要充分考虑技术合理性和成本有效性,通过外源污染控制、底泥疏浚、引水稀释、除

藻、水生植被恢复以及改变水体鱼类和底栖动物群落结构等方法,降低氮、磷等营养盐含量,提高水生动植物的种类和数量,逐步恢复生态服务功能,使生态系统达到自我维持的平衡状态。在工程技术上,采用厌氧池—垂直流人工湿地、厌氧池—跌水充氧接触氧化—潜流人工湿地、生态塘等污水处理技术,建立明确的责任分担机制,形成全面实时的水环境监测体系。

2.4.3.4　提高低碳能源开发水平,形成多能互补能源发展模式

(1)制约瓶颈

村镇低碳能源的开发利用对节能减排具有重要意义。影响低碳能源在河头村推广利用的主要问题是农民低碳环保意识不强。为了节约成本往往采用低成本、高污染的传统能源。低碳能源消费市场没有被带动起来,更难以促进产业成本的降低。这使得低碳能源发展陷入瓶颈,难以进行市场拓展。

(2)破解路径

因地制宜地开展农村清洁能源建设是实现农村、农业生态化的路径之一。北仑区河头村低碳能源开发需充分利用其身处东南沿海,拥有风能、太阳能、生物质能等可再生能源的资源优势,利用宁波市在低碳能源产业发展中的优势,如宁波东力机械制造有限公司、永冠能源科技集团、宁波风神风电科技有限公司、宁波太阳能电源有限公司、杉杉尤利卡太阳能科技发展有限公司等的技术优势,发展包括太阳能、风能、生物质能等多能源共同使用、互补发展的模式。

具体而言,一是大力扶持风力发电。切实解决风力发电用地审批难、土地补偿标准高等的政策约束问题,加速相关部门对风电项目用地的审批进度,引进先进技术,确保风电示范基地的进展。二是努力提高太阳能开发利用水平。太阳能可作为宁波市可再生能源开发利用的重要方向,河头村应该加强与相关企业合作,鼓励相关企业进入河头村进行产品示范推广,使得太阳能开发利用成为农村居民生活的一种时尚。三是积极开发生物质能。通过调查研究,结合垃圾处理,合理规划布局新建垃圾发电站。从政府角度,积极开展能源综合利用的科普及惠农政策宣传,提高群众节约常规能源和利用新能源的意识。逐步加大农村能源建设的资金支持,增加财政投入,支持企业节能技术改造,提高可再生能源补助比重。在相关政府项目中,积极推广低碳新能源产品,并作为政府试点示范工程予以推广应用。

2.4.3.5　强化垃圾资源化利用理念,推广垃圾处理组合模式

(1)制约瓶颈

随着新农村建设的持续推进,村镇垃圾种类逐步向城市垃圾发展,变得丰富多样。这使得原有的村镇自然环境、基础设施等农村垃圾消化系统难以满足不断增长的垃圾处理需求,间接污染水环境、土壤环境和大气环境。在村镇生态建设过程中,河头村在垃圾处理方面已有不少成功经验,但垃圾资源化利用仍存在以下不足。一是垃圾分类处理政策未得到很好执行,由于分类标准与实施要求不明确等

原因,最终分类效果并不理想。二是现有法规约束力较差。现有的法律法规比较空泛,对人们处理垃圾的具体行为缺乏约束力,导致村民不愿意付出自己的时间和金钱成本来践行环保活动。三是垃圾处置方式过于粗放。北仑区相关村镇的垃圾处置仍为混合丢弃再运到垃圾焚烧厂,降低了资源化利用水平和无害化处理效率。四是垃圾处置方式过于单一,缺乏有效的垃圾资源化利用和无害化处理的辅助模式。

(2)破解路径

"十三五"规划建议明确提出,要坚持城乡环境治理并重,将在未来5年完成90%的村庄生活垃圾的无害化处理。要实现北仑区河头村垃圾资源化利用、无害化处理,需制定合理的垃圾分类标准,选择合适的垃圾处置方法,研发、配备合格的垃圾处置设施,进行垃圾资源化、无害化处理的示范应用。

具体而言,一是制定生活垃圾处理方法与分类标准。将村镇工业垃圾和农业垃圾另做特殊处理,将生活垃圾分成四类:厨余垃圾、其他垃圾、可回收垃圾和有害垃圾。二是要完善农村生活垃圾处理管理机制,健全农村生活垃圾处理的监管机制。三是提高垃圾处理工艺和技术水平。在采用焚烧发电模式处置垃圾的同时,根据具体情况配套使用堆肥和填埋模式,提高垃圾资源化利用和无害化处理效率。特别是对于生活垃圾,可采用分类投放+固定垃圾桶(箱)+中转(站)+垃圾处理场、分类投放+垃圾车上门收取+中转(站)+垃圾处理场、分类投放+固定垃圾桶(箱)+垃圾处理场、分类投放+垃圾车上门收取+垃圾处理场等模式。

2.4.3.6　认清村镇社区治理发展趋势,推广多元网络治理模式

(1)制约瓶颈

村镇社区治理对推进经济建设具有重要意义。河头村是瑞岩社区示范村及宁波市美丽乡村建设的模范村。自2003年浙江省委、省政府做出实施"千村示范万村整治"工程的重大战略决策,以及2010年实施美丽乡村建设以来,瑞岩社区始终是现代新农村建设的一个样板。站在新的起点上,河头村在从村治迈上社区治理的过程中,采取了村镇集体经济集约化发展、村镇事务自治化管理等模式,使得其发展焕然一新。但是从河头村的探索实践来看,在村镇发展、生态管理中还存在各种问题,主要表现为村镇"空心村"现象严重、村镇自我造血功能不足、生态建设"乡土特色"不明显、村镇发展综合治理能力弱等问题。

(2)破解路径

农村生态建设涉及面较广,而且涉及问题较为复杂,这需要建立基于协作的网络化治理途径。首先,构建基于合作网络的沟通渠道,实现重要生态环境信息在村镇地区的自由传达和流动,及时促进政府、社会和村民的多方沟通。其次,协调村镇地区生态环境建设和治理的各种活动,及时认识、跟踪、预测和处理生态环境问题,并加强各个主体之间的监督协作。再次,通过刺激机制的构建,建立各个主体

之间的信任关系,促进生态建设治理网络的可持续运行。最后,尊重文化差异,建立共享式的决策机制。

对于河头村而言,社区治理推广并示范"一核多元""两级政府、三级管理、四级网络""四位一体"等多元主体网格化治理模式,不断提升村镇生态建设的效率。一是推广并示范"一核多元"混合型社区治理模式,强调村镇生态建设中社区治理主体的职能关系、社区融合与多元共治、社区服务的社会化运行、社区治理的民主协商、社区党建区域化。二是推广并示范"两级政府、三级管理、四级网络"的社区治理模式,在市、区、街道和居委会共同构成四级管理网络的基础上,构建社区管理领导系统、社区管理执行系统和社区管理支持系统,共同致力于社区建设和发展。三是推广并示范"四位一体"的多元主体网格化治理模式,规划社区网格化管理边界,实现社区管理无缝覆盖,构建多元协同的工作机制,制定社区网格化服务的标准流程,并实现社区网格化管理的智慧化。

2.4.3.7　明确村镇生态建设评价体系,强化村镇生态考核机制

(1)制约瓶颈

生态村是典型的开放系统,是一个多性质、多层次、多侧面交融的复杂系统。生态与经济协调发展,经济效益、社会效益和生态效益的统一,是生态村建设的根本目标。河头村生态村建设标准和评价体系还不够完善,对乡村中生态建筑、生态社区、人文环境等关注不够。基于此,北仑区仍亟须建立符合自身状况的考核体系。

(2)破解路径

加强村镇地区生态化建设效果,有必要建立合理的生态建设评价体系和考核机制。我国一些村镇地区建立了乡镇生态建设和环境保护工作机制,成立以乡镇政府领导为组长,部门负责人为成员的乡镇生态建设工作领导小组,并建立了相应的工作制度。

参考生态示范区建设相关标准,如《国家生态文明建设试点示范区指标(试行)》《生态县、生态市、生态省建设指标》《全国环境优美乡镇考核标准(试行)》《国家级生态村创建标准(试行)》和《农业部"美丽乡村"创建目标体系》,结合东南沿海村镇发展实际基础,构建"定性与定量指标相结合,特性与共性评价指标相结合"的生态村镇建设评价指标体系。该指标体系包括"目标层,分目标层和指标层",其中分目标层分为"生态农业、生态环境、生态文明、生态人居、生活富裕、生态支撑、生态特色"等7个方面,共计29个指标。在指标及其权重确定的基础上,运用综合评价法对东南沿海村镇建设水平进行评价。

村镇生态建设考核应纳入政绩考核,参照生态建设各项评价指标的完成情况,做出相应等级判定的考核。河头村在村镇生态建设考核方面形成一定的经验,包括提高认识、加强组织领导、坚持标准、编制规划体系、引导群众参与、加大生态村

创建工程实施力度等。

2.4.3.8 加快村镇生态建设技术集成,形成技术创新制度保障

(1)制约瓶颈

快速城镇化与乡村工业化进程中,东南沿海乡村生态环境受到严重影响。从北仑区村镇生态建设实践看,仍存在村镇生态建设本土化意识薄弱,村镇生态规划建设缺乏地方性特色等问题。村镇生态建设的要素集成化程度低,缺乏从当地自然环境和资源条件出发,按生态规律进行生态农业的总体设计,忽视垃圾、污水、排水、消防、地方文化设施、村民活动中心等配套设施建设。缺乏实现村镇生态建设的弹性市场机制,缺乏多层次的融资体系。此外,各参与主体的强制性责任有待于提高,村镇生态建设的理念较为滞后。

(2)破解路径

生态建设和修复技术应用能显著提升村镇地区的健康宜居水平。生态建设技术在村镇地区的使用也存在着成本高、应用难度大的问题,为此,应通过制度创新解决存在的问题。首先,通过财政支持或市场资金引入,建立各层级政府的生态建设技术的创新机制,因地制宜地将生态建设技术应用于农村地区。其次,鼓励村镇地区各个主体的技术创新,建立低成本的生态建设技术。例如,基于低影响开发理念,建立雨污分离、渗蓄滞留减排、生态净化回用等处理和资源化技术。

对于北仑区河头村而言,亟须加强的工作有:村镇水环境治理技术创新,加强村镇水环境保护基础和应用研究;搭建水环境治理科研成果转化平台,加强实用技术推广力度;村镇垃圾治理技术创新,加快推动村镇生活垃圾分类,提升村镇垃圾收集转运效率,探索政企合作新模式,推动社会力量开展村镇垃圾治理;村镇生态建筑技术创新,将建筑本体融入自然环境循环体系,使建筑成为自然环境的一部分,应用高新技术手段创造人工自然环境,将自然引入建筑内部;村镇生态环境治理模式创新,探索"村民自治、村镇督查、县市监管"的农村环境管理模式,加快推动环保机构向下延伸,鼓励农村水环境管理模式创新;村镇生态建设投入机制创新,创新投入方式,因地制宜选取管护模式,培育农村环保产业发展,在此基础上进行技术集成,形成政府直接管理、市场参与管理的模式,为村镇地区生态技术创新提供制度保障。

参考文献

[1] 沈满洪.环境经济手段研究[M].北京:中国环境科学出版社,2001.

[2] 严岩,孙宇飞,董正举,等.美国农村污水管理经验及对我国的启示[J].环境保护,2008,1(15):65-67.

[3] 蔡鲁祥.我国农村生活污水治理长效机制研究[J].农业经济,2015(5):55-56.

[4] 童志锋.中国农村水污染防治政策的发展与挑战[J].南京工业大学学报（社会科学版）,2016,15(1):89-96.

[5] 张铁亮,赵玉杰,周其文.农村水污染控制体制框架分析与改革策略[J].中国农村水利水电,2013(4):24-27.

[6] 常敏,朱明芬.乡镇污水治理的市场化改革模式及推进路径研究[J].浙江学刊,2014(6).

[7] 孙兴旺,马友华,王桂苓,等.中国重点流域农村生活污水处理现状及其技术研究[J].中国农学通报,2010,26(18):384-388.

[8] H. Degaard. The Influence of Wastewater Characteristics on Choice of Wastewater Treatment Method [C]. Proc Nordic Conference on Nitrogen Removal and Biological Phosphate Removal. Oslo, Norway, 1999:2-4.

[9] 杨卫兵,丰景春,张可.农村居民水环境治理支付意愿及影响因素研究——基于江苏省的问卷调查[J].中南财经政法大学学报,2015(4):58-65.

[10] 王夏晖,王波,吕文魁.我国农村水环境管理体制机制改革创新的若干建议[J].环境保护,2014,42(15):20-24.

[11] 于潇,孙小霞,郑逸芳,等.农村水环境网络治理思路分析[J].生态经济,2015,31(5):150-154.

[12] 宋国君,冯时,王资峰,等.中国农村水环境管理体制建设[J].环境保护,2009(9):26-29.

[13] 吴波,吴萍.村庄环境整治规划思路与思考——以无锡市西前头村为例[J].规划师,2012,28(S2):249-252.

[14] 李宪法,许京骐.北京市农村污水处理设施普遍闲置的反思(Ⅱ)——美国污水就地生态处理技术的经验及启示[J].给水排水,2015(10):50-54.

[15] 嵇欣.国外农村生活污水分散治理管理经验的启示[J].中国环保产业,2010(2):57-61.

[16] 邵立明,吕凡,章骅.村镇垃圾治理模式与规范的现状及展望[J].小城镇建设,2016,(8):12-15,19.

第3章 东南沿海村镇绿色建筑
建设的模式与示范

　　绿色建筑是世界建筑业发展的趋势。发展绿色建筑事业是推动我国节能减排、加强环境保护、应对气候变化的重大举措。中央领导曾多次就推动绿色建筑发展做出重要批示,认为我国现在是在工业化、城镇化、新农村建设的重要战略机遇期,要最大限度地发展绿色建筑[①]。在国务院发布的《节能减排"十三五"规划》以及《建筑节能与绿色建筑发展"十三五"规划》中,把强化建筑节能作为重点节能减排领域,提出到 2020 年,城镇新建建筑中绿色建筑面积比重超过 50%,绿色建材应用比重超过 40%。经济发达地区及重点发展区域农村建筑节能取得突破,推进节能及绿色农房建设,结合农村危房改造稳步推进农房节能及绿色化改造,采用节能措施比例超过 10%。发展村镇绿色建筑,改善广大农民的居住条件是社会主义新农村建设的重要任务之一。由于村镇市场经济不发达,村镇绿色建筑发展面临很多难题,研究适合我国国情的绿色村镇绿色建筑建设的模式,对于促进绿色建筑发展和实现社会主义新农村建设的目标意义重大。本章将重点阐述(村镇)绿色建筑建设的基本理论,总结国内外村镇绿色建筑建设的基本模式,分析我国东南沿海村镇绿色建筑发展的现状和面临的挑战,并提出保障措施,最后论及宁波市北仑区村镇绿色建筑建设的模式选择、具体实践和示范作用。

3.1　绿色建筑建设的基本理论

3.1.1　绿色建筑的历程与目标

3.1.1.1　绿色建筑的源起

　　随着欧洲工业革命的发展,人类有了对工业化社会的思考,并将这种思考转化成一种后工业化的探索实践。20 世纪 60 年代,美籍意大利建筑师保罗·索勒瑞将生态学(Ecology)与建筑学(Architecture)结合,提出了著名的"Arology"——"生态建筑"(绿色建筑或可持续建筑)。这是一个影响经济社会发展的新概念。

---

① 张建国,谷立静.我国绿色建筑发展现状、挑战及政策建议[J].中国能源,2013,34(12):19-24.

进入 20 世纪 70、80 年代，绿色建筑在发达国家，诸如英、法、德、加、澳、日等国，得到了推崇并迅速发展，提高了发达国家城市宜居性质量、品质、效率和效益，增强了可持续发展的实力与能力。

我国《绿色建筑评价标准》(GB/T5037—2006)将绿色建筑定义为：在建筑全寿命周期(物料生产、建筑规划设计、施工、运营管理及拆除过程)中，以最节约能源、最有效利用资源的方式，尽量降低环境负荷，同时为人们提供安全、健康、舒适的工作与生活空间，以及与自然和谐共生的建筑。其目标是达到人、建筑与环境三者的平衡优化和持续发展。

3.1.1.2　绿色建筑的内涵

绿色建筑的内涵和目标原则是针对生态人居系统建设与运行的。首先是选择适宜的生态系统空间，进行人居系统受限的空间管制、功能组织、容量调控和资源配置，建立人与自然之间和谐、安全、健康的共生关系，以最小消耗地球资源、最优高效使用资源、最大限度地满足人类宜居、舒适生存需求为目的。

绿色建筑，欧洲称之为生态建筑或可持续建筑，美国则称之为绿色建筑。中国根据住房和城乡建设部的定义，称其为绿色建筑[①]。其在建筑设计、建筑技术、建筑材料、建筑建造、建筑功能和建筑运行管理以及建筑拆除等建筑全寿命周期中的内容，无一不体现建筑的意义与作用。但是绿色建筑与传统建筑无论是从学科理论体系上，还是技术路线和方法上，又存在着一些内在质的差异性。首先，绿色建筑不仅关注建筑与人的关系，同时也关注资源消耗与资源使用效率的关系，但最为关键的是建筑与人居系统安全、和谐的共生优化关系。由于建筑在人类社会中被赋予越来越多的内涵，也被赋予越来越丰富的外在形式表达，所以绿色建筑自然也就成为承载着人类社会、历史、哲学、文化、经济综合生态观的产物。可以看到，绿色建筑在当今社会中是社会意志与道德的载体，也是政策法规的载体，还是科学与技术的载体，是人类行为与自然共生的目标载体。

对于绿色建筑来说，在设计过程中应当遵循生态环保、可持续发展的原则。同时，还要体现绿色平衡之理念。它主要是利用先进的技术和科学合理的设计规划，将自然通风、雨水收集、门窗节能、墙体节能、可再生资源综合利用等绿色建筑技术进行优化和整合，来实现与自然生态的和谐统一。因此，绿色建筑有以下几个特征：

(1)节能性。绿色建筑的设计应用，能将自然资源的浪费程度降到最小。在整个设计过程中，尽可能地利用风能、太阳能、地热以及生物能等自然可再生能源，结合现代绿色高科技技术，便可有效防范有害气体、固体垃圾的产生。

(2)环保性。合理地应用土地资源，利用没有污染、可二次重复利用的建筑材

---

① 张伟.国际绿色建筑评估体系及与我国评估体系的对比研究[D].天津:天津大学,2012.

料,并在此基础上形成一个类似于生物链的循环系统。绿色建筑设计所强调的是从原始材料生产、加工以及运输再到应用,甚至到该建筑结构被废弃或拆除,整个过程都要本着对生态环境负责的态度,这是建筑设计环保性特点的重要体现。

(3)地域性与宜居性兼顾。绿色建筑设计强调的是建筑工程的实用性与舒适性,要考虑当地资源的主要类型及其结构,尊重本土人文和地理风貌,结合当地经济发展水平等,合理运用资源,突显出地域性;同时也要注重人们的使用效果,绿色建筑设计要融入以人为本的设计理念,强调人的舒适性,避免建筑设计出现华而不实的问题,只有结合地域性,因地制宜、以人为本的设计理念才能建设出健康、宜居的绿色建筑。

3.1.1.3　绿色建筑等相关概念辨析

绿色建筑和节能建筑是可持续发展思想的两个不同着眼点的概念。绿色建筑侧重点是建筑全寿命周期内对环境的整体影响最小,强调建筑在整个生命周期中对能源和资源的节约以及对环境的保护。节能建筑的侧重点是建筑在生命周期中消耗的资源和能源要最少,着眼点是建筑的低能耗性,偏重对能耗指标的考察,关注范围比绿色建筑更加具体,是可持续发展思想的另一种表现形式。

低碳建筑强调在建造建设和使用的周期中二氧化碳等温室气体排放量低的建筑,用碳排放量来评价建筑对环境的影响。如果说绿色建筑是可持续建筑的微观表达,那么低碳建筑就是绿色建筑的概念延伸。从这个意义上讲,低碳建筑是绿色建筑的一部分,但不是全部。

可持续建筑是"可持续发展"理念在建筑领域的具体诠释形式。其核心理念是降低环境荷载,使建筑融于环境,和谐相处,给人类提供舒适健康的人工环境,而且要实现能源和资源的低消耗,节能减排,追求环境友好,促进自然和社会的可持续发展。可持续发展建筑囊括了绿色建筑、低碳建筑和节能建筑的定义范围,定义的广度要超过后三者,可见,绿色建筑,低碳建筑和节能建筑是可持续建筑的组成部分。综上所述,以上四个相关概念的关系可通过图 3-1 得以形象直观的表达。

3.1.2　绿色建筑的设计理念、原则与评估体系

3.1.2.1　绿色建筑设计理念

1993 年,国际建协第 18 次大会是"绿色建筑"发展史上带有里程碑意义的大会,在可持续发展理论的推动下,这次大会以"处于十字路口的建筑——建设可持续发展的未来"为主题,大会发表的《芝加哥宣言》指出:"建筑及其建筑环境在人类对自然环境的影响方面扮演着重要角色;符合可持续发展原理的设计需要对资源和能源的使用效率、对健康的影响、对材料的选择方面进行综合思考。"

K.丹尼尔斯在他的专著《生态建筑技术》中指出:"绿色建筑是建筑学领域的一次运动,它通过有效地管理自然资源,创造对环境友善、节约能源的建筑。它必

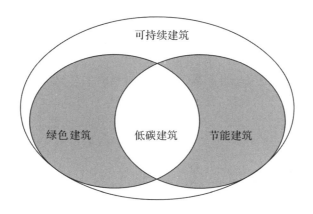

图 3-1　绿色建筑、节能建筑、低碳建筑与可持续建筑的关系示意图

须主动或被动地利用太阳能,并在生产、应用和处理材料的过程中,尽可能减少对自然资源(如水、空气等)的危害。"①

阿莫里·B. 洛文斯在他的文章《东西方的融合:为可持续发展建筑而进行的整体设计》中指出:"绿色建筑是将人们生理上、精神上的现状和其理想状态结合起来,是一个完全整体的设计,一个包含先进技术的工具。绿色建筑关注的不仅仅是物质上的创造,而且还包括经济、文化交流和精神上的创造。""绿色设计远远超过能量得失的平衡、自然采光、通风等因素。绿色设计力图使人类与自然亲密地结合,它必须是无害的,能再生和积累。绿色设计能带来丰富的能源、供水和食物,创造健康、安宁和美。"②

《21 世纪议程》,涉及了绿色建筑的理念,议程将"促进人类住区的可持续发展"单列章节,重点论述了改善住区规划和管理,提供综合环境基础设施,实现住区可持续发展的能源与运输系统等目标的行动依据和实施手段。可持续发展理论一经提出,即通过绿色建筑予以实现。建筑师们提出 3R 原则,即减少不可再生能源和资源的使用(reduce),尽量重复使用建筑构件或建筑产品(recycle),加强对老旧建筑的修复和某些构成材料的重复使用(reuse),并通过各种方式节能或减小对环境的影响③。建筑绿色化规划与设计应秉承与兼顾多个方面的理念,主要包括:

(1)健康、适用的理念

健康、适用的理念是指建筑要尽可能减少对人类健康的危害,满足人类身心健康、高效工作、充分放松休息的需要。也就是说,绿色建筑设计首先应树立真正"以人为本"的理念,满足人类健康的生活需要,在设计过程中应合理组织自然通风,合

①　孙哲.绿色建筑全寿命周期技术分析[D].赣州:江西理工大学,2008.

②　谭歆瀚.绿色生态建筑与中国的可持续发展[J].山西建筑,2004,30(20):4-5.

③　饶戎,董翔.科学规划保障绿色建筑发展[J].建设科技,2006(7):35-37.

理进行自然采光,选用环保材料,保证室内环境质量,使人们在舒适健康的环境中高效工作、充分休息。

（2）保护环境的理念

保护环境理念是指应尽可能减少因建筑材料的生产、运输、使用以及建筑的施工、运行和拆除所产生的废气、废水和废旧固体,减少对自然环境的破坏与污染,目的是降低环境负荷。资料显示,在环境总体污染中,与建筑业有关的环境污染占34％,包括空气污染、光污染、电磁污染等,建筑垃圾则占人类活动产出垃圾总量的40％。① 因此,保护环境是绿色建筑规划与设计时应考虑的一个重要问题。

（3）节约能源与资源的理念

节约能源与资源的理念是指在建筑材料的生产与运输、建筑施工与运行的过程中尽可能降低能源与资源的消耗,减少不可再生能源与资源的使用,优先采用可再生的能源与资源,节约材料,尽可能选择可再生、可回收的材料。我国的建筑耗能已与工业耗能、交通耗能并列,成为我国三大"耗能大户"之一。伴随着建筑总量的不断攀升和居住舒适度的提升,建筑耗能呈极具上扬之势。与发达国家相比,我国建筑材料与其他资源的使用效率比较低。从能源与资源的供给看,我国虽然能源与资源总量丰富,但由于人口众多,人均能源可采储量远低于世界平均水平。因此,绿色建筑在设计与规划时应考虑通过合理的通风系统、建筑围护结构的设计,减少采暖和空调的使用;尽可能充分利用太阳能、风能、生物能、地热能等可再生能源,替代不可再生的能源与资源;在满足建筑的使用功能和结构安全的前提下,应尽可能地选用生产能耗低、回收利用率较高的建筑材料,选用低能耗可再生环保型材料,尽可能选用地方性材料,充分利用废旧建筑资源,进行合理的节水节地等方面的设计。

（4）和谐共生与融合的理念

和谐共生与融合的理念要求建筑实现与人、自然环境、周围的其他建筑,以及当地的社会文化、政治、经济相和谐、相融合,成为当地社会大系统中一个不可分割的有机组成部分。对于和谐共生与融合的理念,周晓艳等在《地域性绿色建筑:建筑与当地自然环境和谐共生》一文中做了浅显的阐述。文章认为,"地域性绿色建筑"源自于对"绿色建筑"与"地域建筑"设计理念的综合思考,两种设计理念均突出了"可持续发展"的思想。相比较而言,"绿色建筑"更注重利用绿色技术实现建筑与自然的和谐,"地域建筑"则更加注重自然与文化的因素,而这些都是当代建筑设计应该考虑的因素。文章还指出,20世纪的建筑设计在形式表现和构造上取得了辉煌的成绩,但以"绿色建筑"的标准来衡量,它们大多数是"逆生态"的。"地域性"是建筑的固有属性之一。建筑营造如果不能满足地域气候及其基本要求,不但丧

---

① 侯红霞.低碳建筑:绿色城市的守望[M].天津:天津人民出版社,2012.

失了独特的建筑文化风格,还会对生态环境造成极大的破坏,从而影响自然环境的可持续发展。从这层意义上来看,"地域建筑"与"绿色建筑"的思想精髓是一脉相承的。[①]

(5)整体设计与全寿命周期的理念

整体设计与全寿命周期的理念要求站在全局的高度,从长远的角度考虑建筑的规划与设计,从建筑的整体布局上、在建筑寿命周期的各个阶段都体现生态与可持续发展的理念。建筑本身是一个复杂的项目,由若干部分组成,各部分在结构上、功能上、形式上各有差异,但它们应构成一个完整的体系。因而在建筑设计与规划时,应从建筑整体角度对各部分进行合理规划与设计,使它们之间相互协调、相互补充、相互呼应,共成一体。在设计过程中,不能因为某块局部、某个细节、某项技术而牺牲整体布局与功能。建筑从最初的规划设计到之后的建造、装修、运行、改造及最终拆除、垃圾处理,环环相扣,形成了一个全寿命周期。绿色、可持续的概念应体现在全寿命周期的各个阶段。在这些阶段中,规划与设计阶段是关键时期,影响并决定着其他阶段,在该阶段就应对整个建筑寿命周期的相关理念的运用做充分考虑,使得各阶段都有绿色建筑理念的应用与体现,这也要求设计者、施工方以及相关部门的通力合作,以实现建筑物全寿命周期的绿色体验[②]。

3.1.2.2　绿色建筑的设计原则

从本质上讲,绿色建筑设计是一种由生态伦理观、生态美学观共同驾驭的建筑发展观。在实践中的绿色建筑设计应当遵循以下原则:

(1)和谐共生原则

建筑作为人类行为的一种影响存在结果,由于其空间选择、建造过程和使用拆除的全寿命过程存在着消耗、扰动以及影响的实际作用,其体系和谐、系统和谐、关系和谐便成为绿色建筑特别强调的重要和谐原则。绿色建筑是其与外界环境共同构成的系统,具有一定的功能和特征,构成系统的各相关要素需要关联耦合、协同作用以实现高效、可持续、最优化的实施和运营。同时也要注意与生态系统的协调、共生,促进可持续发展。

(2)适地原则

任何一个区域规划、城市建设或者单体建筑项目,都必须建立在对特定地方条件的分析和评价的基础上,其中包括地域气候特征、地理因素、地方文化与风俗、建筑机理特征、有利于环境持续性的各种能源分布,如地方建筑材料的利用强度和持久性,以及当地的各种限制条件等等。应密切结合所在地域的自然地理气候资源、经济状况和人文特质等来分析、总结和吸纳地域传统建筑应对资源和环境的设计、

---

① 周晓艳,刘敏.地域性绿色建筑:建筑与当地自然环境和谐共生[J].生态经济,2010(8):188-192.
② 刘敏.绿色建筑发展与推广研究[M].北京:经济管理出版社,2012.

建设和运行策略,因地制宜地制订与地域特征紧密相关的绿色建筑评价标准、设计标准和技术导则,选择匹配的技术。

(3)节约高效原则

重点突出"节能省地"原则。省地就要从规划阶段入手,合理分配生产、生活、绿化、景观、交通等各种用地之间的比例关系,提高土地使用率。节能的技术原理是通过蓄热等措施减少能源消耗,提高能源的使用效率,并充分利用可再生的自然资源,包括太阳能、风能、水利能、海洋能、生物能等,减少对不可再生资源的使用。在建筑设计中结合不同的气候特点,依据太阳的运行规律和风的形成规律,利用太阳光和通风等节能措施达到减少能耗的目的。

绿色建筑设计应着力提高在建筑全寿命周期中对资源和能源的利用效率,以减少对土地资源、水资源及不可再生资源和能源的消耗,减少污染排放和垃圾生成量,降低环境干扰。

(4)舒适健康原则

舒适要求与资源占用及能量消耗在建筑建造、使用维护管理中一直是一个矛盾体。在绿色建筑中强调舒适原则不是以牺牲建筑的舒适度为前提,而是以满足人类居所舒适要求为设定条件,应用材料的蓄热和绝热性能,提高维护结构的保温和隔热性能,利用太阳能冬季取暖,夏季降温,通过遮阳设施来防止夏季过热,最终提高室内环境的舒适性。

绿色建筑设计应通过对建筑室外环境营造和室内环境调控,构建有益于人的生理舒适健康的建筑热、声、光和空气质量环境,以及有益于人的心理健康空间场所和氛围。

(5)经济性原则

绿色建筑的建造、使用、维护是一个复杂的技术系统问题,更是一个社会组织体系问题。高投入、高技术的极致绿色建筑虽然可以反映出人类科学技术发展的高端水平,但是并非只有高技术才能够实现绿色建筑的功能、效率与品质,适宜的技术与地方化材料及地域特点的建造经验同样是绿色建筑的发展途径。基于对建筑全寿命周期运行费用的估算,以及评估设计方案投入和产出,绿色建筑设计应提出有利于成本控制、具有现实可操作性的优化方案,进而根据具体项目的经济条件和要求选用技术措施,在优先采用被动式技术的前提下,实现主动式技术与被动式技术的相互补偿和协同运行。

3.1.3　绿色建筑的综合评估体系

(1)体系构架

一般来说,绿色建筑评估体系主要是一种用来综合考察建筑环境表现的工具,它所涉及的考察范围包括能源消耗、污染物的排放、建筑维护结构的性能、建筑材料的生产和加工等,也囊括了一些社会人文要素,比如城市布局、城市交通、室内环境以及运营使用等。当今世界主流绿色建筑评估体系对环境的考察主要依托分项指标评分的方法,通过制定各种评估指标选项,来反映建筑的环境表现。各个指标选项又分成不同层次、不同范畴,总的来说,绿色建筑评估体系的指标体系的建立应包括以下方面:能源与资源利用、环境荷载、室内环境质量、建设过程、运行管理、建筑生命周期、建筑的人文特征等。其中,能源与资源利用、环境荷载是判定一个绿色建筑的前提条件。以上这些要素都是相互联系的统一体,这个体系不是一成不变的,会随某时期内技术经济水平以及人类对建筑环境性能的要求而不断发展完善。

(2)评估方法

"绿色建筑"的最终追求是建筑的环境影响不超过自然的承受能力,实现可持续发展,故绿色建筑评估体系是为了衡量建筑与环境的和谐程度而制定的评判标准,如此看来,绿色建筑评估体系是一个度量评判工具。绿色建筑的核心价值是建筑对整体环境的保护,基于此概念,这种"整体性"具有两层含义,自然地,绿色建筑评估体系也包括两大类评价方法:一个是基于"建筑环境基准代码"来评估建筑的环境表现的评估方法,这是基于权重与专家决策的评估方法。这种方法将绿色建筑的各种表象特点进行权重分级,通过一定的数学手段进行计算权衡,列出一系列评价指标进行比较和分析,最终给予判定和分级。另一个是基于"自然的清单考察"的评估方法,是一种衡量人类对自然资源的利用程度及自然界为人类提供的生命支持服务能力的方法[①]。

(3)我国绿色建筑评价标准

2006年,我国颁布了《绿色建筑评价标准》(GB/T50378-2006)。随着我国经济的快速发展,该标准已渐渐不能满足新常态下绿色建筑日新月异的变化,为应对这一问题,住建部于2015年发布了新版《绿色建筑评价标准》(GB/T50378-2014)。新版标准在旧版标准的基础上,进行了一定修正。

在评价指标上,除了节地与室外环境利用、节能与能源利用、节材与材料资源利用、节水与水资源利用、室内环境质量、运营管理等指标,新标准还加入了施工管理这一新指标,体现了绿色施工在绿色建筑中的作用。

除了增加施工管理这一新指标,新标准还对旧标准每个指标进行了调整,经统计,总共保留了18项,修改了48项,新增了73项。新标准中还引进了加分项,加分项最大得分为10分,超过10分的按10分记。加分项分为性能提高和创新两大类,性能提高包括7项8分,创新包括5项8分[②]。

在等级评定上,旧标准采用项数计数法,而新标准采用与LEED("能源与环境

① 张伟.国际绿色建筑评估体系及与我国评估体系的对比研究[D].天津:天津大学,2012.

② 刘思青.绿色建筑评价标准纵向对比分析[J].山西建筑,2017,43(7):197-198.

设计领袖",一个评价绿色建筑的工具)等标准类似的分数计数法判定级别。在旧标准中,绿色建筑评价指标由节地与室外环境、节能与能源利用、节水与水资源利用、节材与材料资源利用、室内环境质量和运营管理(住宅建筑)或全寿命周期综合性能(公共建筑)六类指标组成。每类指标包括控制项、一般项与优选项,其中控制项为必须达到的项目。新标准中,绿色建筑也分为一星级、二星级和三星级三个等级。其中每个单项的得分不得小于 40 分,当加权得到的总分达到 50 分时,为一星级;当加权得到的总分达到 60 分时,为二星级;当加权得到的总分达到 80 分时,为三星级[①]。

表 3-1　绿色建筑评价新旧标准对比分析

对比因素	纵向对比	
	旧标准(GB/T50378-2006)	新标准(GB/T50378-2014)
评价对象	住宅建筑;公共建筑中的办公建筑、商场建筑和旅馆建筑	居住建筑;公共建筑(不再限定范围)
评价阶段	2008 年后修订版区分"设计评价"和"运行评价"	已竣工并投入使用(参评运行标识)
评价指标	节地与室外环境利用; 节能与能源利用; 节材与材料资源; 节水与水资源利用; 室内环境质量; 运营管理或全寿命周期综合性能。	节地与室外环境利用; 节能与能源利用; 节材与材料资源; 节水与水资源利用; 室内环境质量; 运营管理; 施工管理。
等级评定	项数计数法定级(各指标无权重)即满足一定项数达到某项等级	分数计数法定级 ★(一星级)50≤ΣQ<60 ★★(二星级)60≤ΣQ<80 ★★★(三星级)80≤ΣQ
附加项	无附加项	独立在评分项之外,单独设置加分项"性能提高与创新",得分上限 10 分。"性能提高"大部分有具体的指标要求,侧重于节能和环保等技术性能上的提高。而"创新"没有具体指标要求,只提供方向,鼓励采用具有创新性的技术或管理。

资料来源:王敏,张行道,秦旋.我国新版《绿色建筑评价标准》纵横比较研究[J].工程管理学报,2016(1):1-6.

---

① 王敏,张行道,秦旋.我国新版《绿色建筑评价标准》纵横比较研究[J].工程管理学报,2016(1):1-6.

3.2　村镇绿色建筑的基本理论及建设模式

3.2.1　村镇绿色建筑的内涵

村镇绿色建筑是绿色建筑在村镇建设中的实践,应符合绿色建筑的基本要求(节能、节地、节水、节材、环境保护),还应与农村及乡镇的建设能力、建设水平相适应,更重要的是应满足村民对住房的生产、生活需求。因此,村镇绿色建筑建设需要综合考虑当地的资源环境、经济条件,因地制宜,最大限度地节约资源(节能、节地、节水、节材)、保护环境、减少污染,为农民提供健康、适用、高效的使用空间,并与自然和谐共生。村镇绿色建筑不同于城镇绿色建筑,也不同于一般村镇建筑,具有自身的独特性,其内涵上主要有以下特点:

第一,以村镇为对象。位于农村、村镇区域,不同于城市的绿色建筑,其实施的主体一般是村镇集体或农民个人。要结合村镇居民的思维特点和生活模式,充分尊重广大农民的意愿。

第二,经济适用原则。农村经济基础较为薄弱,农民经济能力较为有限,需要在技术、成本、标准几个方面综合考虑。

第三,以因地制宜为原则。充分考虑农村不同地形(山地、平原)、区位条件(城中型、近郊型、远郊型)、本地资源等,采用适宜技术、融资方式、建设模式,建成后的使用管理上也要适应村镇的情况,应因地制宜地进行选择。

3.2.2　村镇绿色建筑的影响因素

3.2.2.1　自然因素

自然因素主要指地理位置、气候水文环境、资源分布等,这些因素都将影响到村镇绿色建筑建设的规划设计、绿色环保材料的选择、"四节"设施及手段的可实现性。地理位置的不同指村镇所处的经纬度和地形地貌环境不同。我国幅员辽阔,地貌特征差异大,地处平原的村镇绿色建筑与地处山区丘陵的村镇绿色建筑会有较大差异。

气候水文环境的影响主要表现为不同气候带地区,村镇绿色建筑节能的控制重点的不同。我国主要有严寒、寒冷、夏热冬冷、夏热冬暖、温和 5 个热工分区,节能、绿色建筑相关的标准规范均将现行热工设计区划作为基础性依据。夏热冬暖地区村镇住宅侧重于夏季的通风散热,夏季制冷能耗是建筑节能控制的重点。夏热冬冷地区,是南北之间的过渡地带,建筑节能控制不但要考虑夏季散热功能,还需考虑住宅冬季的保温性能。寒冷和严寒地区村镇住宅能耗控制的重点都是建筑物冬季的采暖保温效果,不同的是寒冷地区采暖期短,严寒地区采暖期长,采暖期的不同直接影响建筑墙体设计和供暖设备的选择。

资源分布对村镇绿色建筑的制约表现为新能源的可开发利用性,如东南沿海的风能、潮汐能等。但这些新能源也集中在局部地区,能进行大范围开发形成规模经济效益的很少,真正能投入开发的项目更少。因此,资源的局部性与村镇分布的分散性的矛盾,以及能源开发潜力与现有开发技术的矛盾均将成为村镇绿色建筑的制约因素。

3.2.2.2　技术因素

村镇绿色建筑相关技术要求较高,特定地区住宅规划、设计、建造的技术水平和技术成熟度等影响着村镇绿色建筑建设成果的好坏,直接决定村镇绿色建筑建设的成败。绿色技术因素对村镇绿色建筑建设的影响主要表现在节地、节能、节水、节材等方面的实际效果。由于村镇绿色建筑对绿色技术有较高要求,技术人才决定了村镇绿色建筑建设水平,影响绿色技术的成熟度。因此,绿色住宅建设的相关技术人才也是绿色村镇住宅建设技术因素的组成之一。

3.2.2.3　经济因素

我国东西、南北经济水平差异大,且相同地域内的不同区域发展也不平衡,由此造成不同地区农民经济收入差异,生活水平和质量的不同。村镇绿色建筑的建设,必须考虑当地农民的经济承受能力,分层实施,否则村镇绿色建筑的实施就成为一句空话。东部沿海地区的村镇经济条件好,尤其东南沿海地区村镇村民收入高,这些地区具有建设村镇绿色建筑的优势,应充分发挥政府主导作用,大力推广。中部地区经济虽不比沿海地区,但具备一定经济基础,可通过选择适宜技术找到村镇住宅建设"绿色"与"经济"的平衡点,适度开展村镇绿色建筑建设。西部欠发达地区发展水平相对较低,应视情况在局部经济较发达且地理气候环境条件适宜的地区开展村镇绿色建筑的示范建设,地处高原、经济水平低、交通地理条件复杂、现代化水平低、污染不严重的村镇地区应逐渐开展建设。

3.2.2.4　社会因素

村镇绿色建筑能否得以实施并推广,除了是否具备建设的自然条件及经济保障外,当地的社会环境是否成熟也是重要的影响因素。社会成熟度主要指三方面:政府政策的完善性及政府推广的意愿;建设相关企业参与建设的积极性;农民对于村镇绿色建筑建设的支持响应情况。在村镇绿色建筑的建设中,政府应发挥其主导作用,出台政策,制定激励手段,充分做好调研及宣传前期工作;建设企业、金融机构、绿色材料设备生产企业需具有参与的积极性;农民需接受并愿意进行村镇绿色建筑建设。只有这样才能形成有利于村镇绿色建筑建设的良好社会氛围。①

---

①　容咏勤.绿色村镇住宅建设模式研究[D].天津:天津城市建设学院,2012.

3.2.3　村镇绿色建筑建设模式的基本理论

3.2.3.1　村镇绿色建筑建设模式的内涵

根据主体的不同、对象的不同、方法的不同,模式有多种分类。村镇绿色建筑建设模式就是以绿色村镇建筑为对象,在农村、乡镇地区建设所采取的有效手段与方法的组合。

村镇绿色建筑建设具有以下几方面的内涵:

第一,村镇绿色建筑建设模式具有广泛适用性。村镇绿色建筑建设模式是在特定条件下根据环境特征和要素禀赋,分析得到的适宜当地绿色建筑建设的方法的理论总结与归纳。因此,其不是单一的局限于某栋住宅或某个地区的模式,而普遍适用于同类地区村镇绿色建筑的建设与推广模式。

第二,村镇绿色建筑建设模式具有可仿效性。村镇绿色建筑建设模式作为一种可参照的建设方法,具有其自身的特点和适用的环境特征,因此环境要素相似的地区和村镇,可以效仿其他地区同类条件下村镇绿色建筑的建设模式。

第三,村镇绿色建筑建设模式具有动态变化性。任何事物都是不断发展的,事物在向前发展的过程中,当环境变化到达一定程度时,事物将突破原有的状态发生质的变化,基于原状态和环境下的模式也要随之发生变化。所以,村镇绿色建筑建设模式也不是一个固定的结构形式或方法,其建设相关因素和作用方式是不断改变的,从而适宜的建设模式也是在不断改变、不断提升的。

3.2.3.2　村镇绿色建筑建设过程分析

村镇绿色建筑的建设过程如图 3-2 所示。这是个不断有要素加入,也不断地有要素退出的过程,包括前期策划、规划设计、施工建造、使用与管理等阶段。村镇绿色建筑建设过程是一个多阶段、多目标、多主体参与,相互关联、相互贯通的系统。

前期策划阶段,主要是对村镇绿色建筑建设的可行性进行分析,根据实际发展情况、建设需求、条件成熟度、建设资金来源等方面进行分析,研究村镇绿色建筑是否建设,何时、何地建设等问题。这个阶段,参与主体包括政府、建设企业、金融投资机构、咨询机构和村民等。

规划设计阶段,主要解决村镇绿色建筑怎样建设的问题,如何通过规划实现村镇绿色建筑与自然环境相融合,如何保障节地效果,如何实现住宅本身的节能、节水、节材能效。最重要的是,如何将这些绿色要求与生活功能要求相结合、与当地条件相适应等。这个阶段,涉及的主体包括政府、建设单位、投资企业、规划设计单位、村镇村民等。

施工建造阶段,是一个将规划设计方案变成现实的过程。主要任务是实现村镇绿色建筑的建筑设计目标,保证村镇绿色建筑的建设质量。这个阶段涉及的主

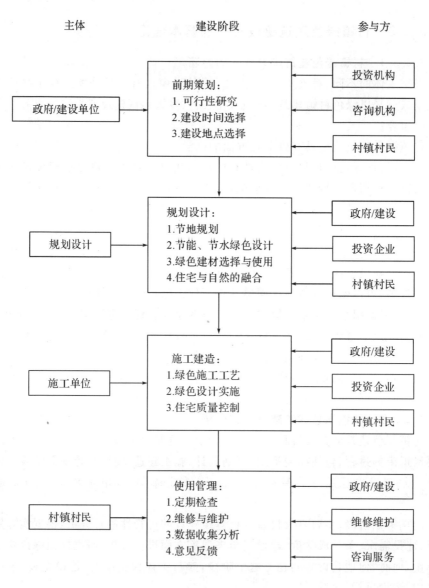

图 3-2　村镇绿色建筑建设过程图(以民用住宅为例)

体主要包括施工企业、规划设计单位、工程监理单位、工程咨询单位、材料供应商、村镇村民等。

　　使用与管理阶段,主要是建成后村民的使用和节能环保设备的定期检查、维修维护阶段。政府在使用与管理阶段,还应进行建成后绿色能效调查,通过专业咨询评价机构对检测数据的分析,对村民反馈意见进行整理,对村镇绿色建筑建设实践经验进行总结。这个阶段住宅的主要使用者是村镇村民,还涉及政府、建设单位、维修维护单位、咨询服务机构等。

3.2.3.3　村镇绿色建筑建设模式的主体及行为分析

村镇绿色建筑建设主体的组成、主体的行为、主体之间的关系,是决定建设项目如何进行、项目实施效果的关键因素,对村镇绿色建筑建设模式的构建意义重大。

(1)政府及政府行为

我国村镇绿色建筑建设正处于探索阶段,全国范围内村镇绿色建筑、住宅项目屈指可数。政府是推进建设的关键因素,也是引导和推进村镇绿色建筑建设的重要主体。

政府作为行政管理机构,推进村镇绿色建筑建设的实施是其应尽的工作职责。不同层次的政府部门由于工作目标和职责的不同,在推进村镇绿色建筑建设中将表现出不同的行为方式。中央政府是村镇绿色建筑发展的方向把握者,其通过制定政策明确发展目标,引导村镇绿色建筑的建设;省市政府是村镇绿色建筑建设的推动者,其根据中央政策,制定适宜当地的实施性规章与政策;区县政府和乡镇政府是村镇绿色建筑建设的组织者,其按照上级政策实施管理,负责落实。从上到下不同层级的政府行为活动表现为,从宏观到微观逐渐具体化、可执行化和可实施化,参与深度不断增加。

从宏观的角度来看,不同层级的政府部门在建设村镇绿色建筑方面具有一致、共同的目标,即建设社会主义新农村、改善民生、解决"三农"问题等。但从微观的角度来看,由于不同层级的政府的责任不同,不同层级政府部门之间在建设村镇绿色建筑时又会表现出目标和行为的差异性,存在局部利益与整体利益的冲突,即存在博弈关系。克服不同层级政府直接的矛盾与冲突,才能理顺关系、提高工作效率。

(2)企业及企业行为

企业是村镇绿色建筑建设的实施者,其思想观念、行为方式对村镇绿色建筑建设目标的实现具有重要影响。企业参与村镇绿色建筑建设的动因是多方面的,但企业作为经济组织,最大的动力便是利益。虽然参与村镇绿色建筑建设的直接利润有限,但是村镇绿色建筑市场潜力巨大、后期利益可观、长期需求量多。因此,企业应从战略的高度看待村镇绿色建筑的建设,自觉、主动地参与村镇绿色建筑的开发建设。

与村镇绿色建筑建设相关的企业较多,诸如:投资企业、规划设计单位、施工企业、金融信贷企业、监理与咨询企业、材料供应企业等。这些企业在村镇绿色建筑建设的不同阶段进入,直接参与村镇绿色建筑的建设过程,村镇绿色建筑是各类企业共同发挥作用的结果。因此,企业的行为和能力直接影响建设成果的好坏,决定项目的成败。

企业与村民之间是供给与需求的关系,不同企业处于建筑产业链的不同位置,具有各自的利益,发挥政府的引导、协调能力,通过"两只手"并用的方式,协调处理好企业与村民之间、企业与企业之间的利益冲突和矛盾,是实现村镇绿色建筑建设目标的重要保障。

(3)村民及村民行为

村民是村镇绿色建筑的使用者,即建成后的建筑供给对象是村民,是村镇绿色建筑建设最重要的相关方之一。村民参与村镇绿色建筑建设的直接动力是村民的住房需求。随着广大村镇经济发展水平的提高,尤其是随着沿海地区村镇企业的发展、进城务工人员增加,村镇经济日益发达。富裕起来的广大农民迫切需要改善居住条件,一方面希望住进新房,住房面积不断扩大;另一方面,生活质量提高的村民也希望获得与城市人相同舒适水平的居住条件。随着"资源节约型、环境友好型"社会建设、社会主义新农村建设,可持续发展理念日益深入人心,广大农民的思想观念也发生了巨大变化,节能环保意识普遍增强。因此,他们对绿色村镇建筑(住宅)的需求增强。村民在村镇绿色建筑建设过程中的行为主要包括:拆迁配合、对规划设计方案提出建议、信息反馈、建设过程监督等。在开建前政府进行可行性研究调查时,村民的建设意愿与需求是决策的关键信息,建设过程中村民的各种反馈意见和建议可作为政府过程控制行为的出发点。满足村民的现实需求,改善民生是村镇绿色建筑建设的出发点和落脚点,是否得到当地村民的支持与配合是村镇绿色建筑(住宅)建设能否成功的关键。

3.2.4　国内外村镇及绿色建筑发展模式

3.2.4.1　德国村镇和绿色住宅建设

德国在农村建设取得的成果受到全世界的关注和学习。德国村镇建设以"城乡一体化模式"和"村镇企业带动模式"为主要模式。德国的村镇面积占全国土地面积的一半,德国村镇的居住环境条件毫不逊色于城市居住条件,这都得益于德国对城乡一体化发展的重视。要实现城乡一体化的目标,就需要提高农村土地利用价值。为了促进土地规模化经营,德国出台了《农业法》鼓励农地合并,调整零星小块土地,以形成可综合开发利用的大片土地。德国还大力推进农业产业发展,提出了资助农村综合发展的思路,并出台了《联邦—州改善农业结构和沿海地区保护共同任务法》以资助并支持农业及村镇的发展。其包括:投资促进方案、生产管理促进方案、农民收入渠道多样化促进方案等。并提出了资助农村村镇综合发展的新思路:将一个地区视为一个整体,把各种资助措施有机地结合起来,使其达到有效促进有关地区综合发展的目的。德国是一个村镇工业发达的国家,许多工业生产企业位于村镇地区。据统计全国范围内有 40 多万个村镇企业,这些村镇企业多为中小型企业,平均每个企业占地面积为 38 万平方米。村镇工业的发展提高了农民的收入水平,对村镇住宅质量也有了新的需求,从而促进了德国在绿色村镇住宅建设方面的发展。我国东南沿海地区的村镇工业也很发达,德国村镇建设过程中的经验值得借鉴。

3.2.4.2　韩国村镇建设

自 1970 年起,在政府的领导带动下,韩国开展了新农村建设的系列活动。其中最著名的是韩国的新村运动,韩国的新村运动是一场政府与民众共同参与的农村新建运动。从作用主体的角度,可分为两大阶段:建设初期,从 1970 年到 1980 年,采用"政府引导模式",这 10 年的发展都是政府强力引导下的发展。建设后期,自 1980 年到 1997 年,主要是"村民自建模式",这个阶段农村住宅建设已经达到一定水平,由村民自行提高建设质量,完善村镇发展[①]。韩国的"新村运动"建设模式是政府起主导作用的典型,政府在整个建设历程中,扮演了很重要的角色,很好地激发了村民建设家园的热情。"勤勉、自助、合作"精神在这次运动中得到最好的体现,从官员到村民都团结一致,促使"新村运动"取得成功。

3.2.4.3　日本村镇建设

日本进行农村建设的背景跟韩国类似,二战后日本经济受到严重打击,在政府的有效领导下,经济快速发展,城市开始恢复建设,但农村生活条件却没有改善,导致城乡发展越来越不平衡。为此,日本政府提出了"新农村建设构想"方案,发起了提高农村居住环境,改善农村住宅条件的"造村运动"。日本在"造村运动"中,主要通过"村镇综合示范工程建设"的模式,带动村民进行村镇住宅建设的积极性。建设资金的 50% 来自政府投资,40% 来源于地方政府税收或发行的债券,10% 采用其他融资形式。示范项目多通过统一规划设计,由于土地资源紧缺,村镇住宅以小高层建筑为主;融入新型高效的抗震防灾技术,采用节能环保材料,为改善村民居住条件起到了很好的带领作用。日本农村建设及村镇住宅建设的成功不仅仅是政府资金和技术支持的结果,村镇居民建设家园的需求、积极性、参与度也是其成功的重要因素。

3.2.4.4　英国的绿色建筑发展

英国是最先开始绿色建筑领域研究的国家之一。英国的绿色建筑以住宅建筑为主,绿色建筑建设实践呈现出"自然化、简单化、低科技化、低成本化、庶民化、建造本土化、因地制宜化"的新趋势。这种趋势与绿色村镇住宅的内涵不谋而合。

英国为推动绿色建筑的发展采取了以下措施:第一,出台相关法律法规,并强制实施;第二,积极推广示范项目的建设和前沿设计理念;第三,采用经济和政策相结合的手段扶持绿色建筑的发展;第四,重视绿色建筑的推广教育,在建筑学院开设绿色建筑和可持续发展相关课程,并注重教育的实践性。其绿色建筑的发展也

---

① 李建桥.我国社会主义新农村建设模式研究[D].北京:中国农业科学院,2009.

呈现出三种趋势：设计范围正从单体绿色建筑向绿色城区的绿色规划转变；绿色建筑思潮正从高科技（high-technology）向生态科技（eco-technology）转变；绿色化的重点从技术绿化向关注人文绿色转变。

3.2.4.5　美国村镇建设

美国农村及村镇建设是以农场主家庭为单位的"农业生产模式"，并以农业经济为发展的主要支撑点，提供政策支持与保护。这种模式最大的特点就是"科技带动"，通过高科技投入，农村产业及村镇建设实现全面的科技化、工业化、现代化。美国"农业生产模式"是工业反哺农业的典型，其模式的成功与美国政府采取的农业保护政策和农村经济支持政策密不可分。1916年出台的《联邦农业贷款法》规定由联邦政府成立联邦银行，对农场主提供中、小额的长期贷款服务；1941年出台的《合作推广法》要求联邦政府向各州政府提供财政资金支持，保障农产品价格。此外，还出台了一系列减免农业税收和财政补贴的法律条例，确保对农业发展提供强有力的支持。政策法律支持、信贷资金补贴、科技发展农业是美国农村建设"农业生产模式"的主要手段，使美国农村经济水平得到有效提高。

3.2.4.6　我国村镇及绿色建筑建设模式

（1）旅游产业带动模式

现代城市的快节奏生活使人们渴望接触大自然而越来越频繁地走入乡村。北京、上海、广州等大城市周边的特色村镇，成为黄金假期和周末短期出游的热点，如山西的平遥、浙江的乌镇、云南的丽江、安徽的宏村、江西的婺源等。城市腹地的普通村镇也有"农家乐"的旅游资源。在这种背景和需求下，出现了以旅游业带动村镇建设的模式，这种建设实践遍布全国各地并取得了不错的成效。胡延辉[1]曾提到白洋淀的旅游建设模式。白洋淀位于河北省，是北京、石家庄、天津这三大城市的腹地，也是华北区最大的淡水湖和国家5A级风景区，自然景观资源丰富。市区政府改扩建并完善了交通网络及其他基础设施，区县及村镇政府投资配建了娱乐、餐饮、住宿等设施，建设了具有旅游住宿条件的村镇住宅区。白洋淀辖区内的王家寨村投资250万元，通过对村镇住宅集中整理与规划，建设了水乡民俗观光度假村，占地4995平方米，区内住宅设计成多层建筑，兼具住宅与商业度假建筑的特点，在旅游高峰期可开放作为旅社，并配建游乐区、观赏区等，既可作为公园也可作为旅游景点的公共产品。旅游产业带动模式的特点主要表现为：第一，应具备旅游资源，即能以自然资源为依托或者后期开发出旅游资源；第二，已具有一定旅游流量，即一定数量且相对稳定的游客资源；第三，当地村民有改建村镇的愿望并有建设积极性；第四，政府有开发建设的带动意识，并进行了早期建设投资。

---

① 胡延辉. 白洋淀淀区新农村建设模式与对策研究[D]. 保定：河北农业大学，2008.

（2）房地产综合开发模式

房地产综合开发模式是将房地产开发住宅小区的手段和方法用于村镇住宅的建设之中。许彩芳[1]提到浙江省台州市蓬街镇的建设实践项目。蓬街镇乡镇企业发达，有一定规模的工业园区。离城市中心仅半个小时的车程，由于工业园的发展，具有较多的潜在住宅需求。在此情况下，蓬街镇建设了第一个商品住宅项目，满足了周边村民及工业园区人员的需求。一方面，相对传统村镇住宅建设模式，房地产开发的建设模式有较明显的综合效益。第一，房地产综合开发建设模式能为村镇建设提供强有力的资金保证，能加快村镇建设速度；第二，综合开发、土地集中利用率提高，有利于村镇建设的统一规划与设计，能有效改变传统村镇脏乱差的面貌；第三，能在一定程度上形成规模效益，对比村民自建模式，能更快、更省、更好地进行村镇住宅建设。最重要的是，采用房地产综合开发的建设模式能更好地推广村镇绿色建筑建设，政府主要与房地产公司沟通协调，减少了政府推广和监管的工作量。房地产综合开发模式是实施"小城镇、大战略"的有效举措。另一方面，房地产综合开发的建设模式风险性较高。需要加强对地方政府和房地产公司的监管，以避免为改善民生的村镇住宅变相为商品房开发。就目前我国村镇发展状况而言，房地产开发模式的局限性很大，必须具备一定的条件。该模式适宜于城乡接合部，适宜与城市交通方便且通勤时间较短，民营经济发达的村镇。村镇企业多、经济条件好是建设的重要前提，同时村镇的商业化程度高、市场成熟，是能通过市场机制进行调节控制的保证。

（3）政企合作制模式

政企合作制模式属于合作制建设的模式之一。合作制模式是指各机构、部门、主体之间共同合作建设村镇住宅的方式，除政企合作制模式外，还有以农民合作组织为主要形式的农业合作制模式和基于资本联合的股份合作制模式等。武汉市东西湖柏泉农场的村镇建设就采用了这种政企合作制模式。柏泉农场位于武汉市西北近郊。当地政府招募了有实力的社会企业，采用由政府统筹规划、整合资源，由企业配合、联合建设的方式，建成了农产品生产区与居民住区相结合的新型农场村镇。不但调整了农场产业区结构，还提高了村民的居住水平，改善了居住环境。政企合作制模式有其特殊优势，通过政府的公共管理职能可以减少建设开发中的许多复杂的协调管理工作，企业以其自身的资金优势、技术优势、专业优势可以提高建设的效率和质量。然而，这种模式下，如何防止有关政府部门或个人与企业相互串通，保障村民利益，实现村镇建设的真正目的与意义，这既是难点也是重点。

---

[1]　许彩芳，王颖. 村镇住宅开发模式的趋势探讨[J]. 黑龙江科技信息，2011(5)：302-302.

3.3 东南沿海村镇绿色建筑建设的可能模式

3.3.1 示范带动模式

我国村镇面积占全国土地面积比重大,很多地区仍然是典型的传统农村,经济发展水平较低,城镇化速度慢。这些村镇地区,应采用示范带动的模式进行绿色村镇住宅的建设。

(1)模式含义

示范带动模式是指政府通过村镇绿色建筑示范项目,推动本地区村镇绿色建筑建设的发展方式。其目的是通过示范项目,给村镇居民提供直接的可供认知绿色建筑的对象,提升村镇居民对绿色建筑、绿色住宅的认识,普及相关的技术知识,激发广大农民建设村镇绿色建筑的积极性和主动性。据统计,2009 年以来,我国已在 143 个村镇地区启动了可再生能源建筑的应用示范县[①],这些地区具备了示范带动模式的基本条件。

(2)参建主体

示范带动模式是以政府为主导,多方参与的建设方式。由于村镇绿色建筑建设在村镇地区仍属新兴事物,经济发展相对落后地区的村镇对建设绿色建筑的积极性不高,村民的积极性、主动性也不高,因此需要以政府为主体来建设示范项目带动发展。此种模式下,市县政府是核心主体,负责统筹安排,集中管理。其他参与方包括金融机构、投资单位、设计单位、施工企业等,并需要村民的支持和参与。

(3)实现路径

市县政府负责建设的主要工作,通过招投标选择具有绿色设计及施工能力和经验的设计及施工单位来实施、建造。同时还应积极拓宽资金来源,争取银行及其他投资机构的资金支持,并积极推动其他相关方,如上级政府、村镇政府、施工企业及村镇居民的支持。

上级政府(中央或省政府)是建设的倡导者,制定激励政策及方针;市县政府是主要实施者;村镇政府需要积极配合市县政府的工作,作为市县政府和村民之间沟通协调的重要桥梁。投资、设计、施工等单位是建设项目的具体实施者,负责建造和设计。银行和金融机构是政府拓宽资金来源的主要渠道。示范工程项目最重要的就是向村民介绍绿色村镇住宅,只有加大村民参与建设的深度才能起到加强认

---

① 王保安.大力推进村能源建设,中华人民共和国财政部门户网站.http://www.mof.gov.cn/zheng wnxinxi/caizhengxinwen/201107/t20110720-578464.html,2011 年 7 月 20 日.

知,推广建设的作用。

在建设过程中,开展多种宣传活动,组织村镇居民参观示范项目,并对村镇居民进行绿色村镇住宅相关知识的培训,让村民了解绿色村镇住宅的内涵。示范建设项目应根据当地的经济条件来确定建设规模。政府工作做得好,有实力的地区可建设示范居住区,甚至可以进行示范小城镇建设;条件能力有限的地区,可以先从示范民居开始建设单栋或几栋样板房,并坚持长期建设逐渐形成规模。

建成的示范项目可以用于出售,也可用于展示或作为村镇的公共设施,如作为村镇文化中心、村镇活动中心,定期组织集体活动,慢慢向村民推广绿色村镇住宅理念。

(4)适用条件及特点

示范带动模式适用于社会经济相对不发达的村镇地区。这些地区主要有如下特点:第一,村镇传统农村特征明显,村镇以第一产业为主要产业;第二,村镇经济发展水平不高,村民人均纯收入相对较低;第三,村镇处于非城镇化区域,远离城市,交通不便利;第四,资源条件适宜于建设村镇绿色建筑的地区,即虽然经济水平不高,但拥有能源、资源优势(如高原地区日照时间长、风能资源丰富等)。

3.3.2　政策引导模式

经济发达地区的市县正在大力进行撤村并镇的新型小城镇建设,对于这些地区,可以充分利用小城镇建设平台,推广村镇绿色建筑的建设。

(1)模式含义

政策引导模式即利用当地发展小城镇的时机和小城镇建设的平台,通过制定相关政策对小城镇中新建的住宅提出建设村镇绿色建筑的要求和规定,以此推动当地村镇绿色建筑的建设。

(2)参与主体

政策引导的建设模式,以小城镇建设地区的区县政府为建设主体,其他参与方包括上级政府、参与实施的建设施工单位、银行和投资企业等。政府通过制定鼓励绿色村镇住宅建设的政策来引导,并利用市场机制,引进房地产开发商,在建设绿色村镇住宅的前提下,进行一定程度的房地产开发建设。

(3)实现路径

在城镇化建设中,区县政府通过绿色村镇住宅的政策约束,将绿色村镇住宅建设列入工作计划,明确绿色村镇住宅建设的目标、责任和建设标准,并将绿色村镇住宅的建设工作作为考核政府工作绩效的重要内容。

建设方式可以是非营利性质的集体建设,也可以由房地产企业采用房地产开发模式建设。因为,进行城镇化建设的村镇地区一般经济较发达,也靠近城市,村镇居民对绿色住房的需求更加迫切,具有良好的市场条件。为确保广大农民的利益,应在政策的引导下实行"统一规划、统一建设、统一管理"的制度,规划、标准、制度先行,制订包括补贴、税收、增加容积率等方式在内的激励政策,引导市场行为,并通过过程控制,确保预期目标的实现。

(4)适用条件及特点

政策引导的建设模式适宜于城镇化区域的村镇住宅建设,特别是地处城市周边,离城市较近且能源、资源丰富的村镇。这些村镇的传统农村特征不明显,并为城市提供农副产品的供给,作为城市的腹地,与城市的联系密切。与示范带动模式相比,该种模式具有一定的优势。首先,通过政策强化建设能保障实施力度,更能落实村镇绿色建筑的建设;其次,利用城镇建设规划,可以更好地使村镇绿色建筑的建设标准统一化;最后,在城镇化背景下,通过统一规划与实施,可实现村镇绿色建筑的规模化建设,能积累更多的工程实践经验,提升建设水平。

3.3.3 产业驱动模式

一方面我国东部沿海经济发达地区的乡镇企业发展势态良好,上海市、江苏省、浙江省、福建省等地的乡镇企业也向工业园区集中,乡村人口并未大规模向城镇迁移而实现了就地转型,即所谓的"就地城镇化(insitu urbanization)"现象[①]。另一方面,我国乡镇企业正在加速转变经济发展方式,稳固第一产业、升级第二产业、发展第三产业。休闲农业的增长为村镇第三产业的发展做了重要贡献,这些经济水平高的村镇,可以通过产业驱动模式来建设绿色村镇住宅。

(1)模式含义

产业驱动模式,即发挥村镇企业优势,在建设村镇绿色建筑过程中,实现产业发展与建设事业的互动,促进当地村镇产业升级,带动发展循环产业、绿色建材产业等新兴产业发展的模式。

(2)参与主体

产业驱动模式以当地村镇政府为推进建设的主体,其他相关企业及机构共同参与。一方面,绿色村镇住宅在我国村镇中的建设实践案例不多,其建设发展仍处于初期阶段,需要政府的领导;另一方面,村镇政府是联系村镇企业和村民的桥梁和纽带,也更了解当地的情况,绿色村镇住宅的建设推广工作在村镇政府的主持下能更顺利地实施。

(3)实现路径

村镇政府依据区域经济发展规划,结合当地的资源环境条件,明确与绿色村镇住宅建设相关的产业发展目标。制订产业升级的发展规划,拓展融资渠道,引进适

---

① 祁新华,朱宇,周燕萍.乡村劳动力迁移的"双拉力"模型及其就地城镇化效应——基于中国东南沿海三个地区的实证研究[J].地理科学,2012,32(1):25-30.

宜的产品和技术,发展以可再生能源利用、循环经济为特点的绿色村镇住宅相关产业。以建设绿色村镇住宅为契机,形成产品消费市场,作为村镇绿色循环企业的展示样板,形成良性促进,并获得进行绿色村镇住宅建设所需的物质和财力支持。同时,通过绿色村镇住宅的建设也可以推动村镇旅游业的发展。如靠近大中城市,发展"农家乐"的村镇,绿色村镇住宅的建设既能改善农民住房条件,又能作为"农家乐"宣传的亮点,吸引游客。

(4)适用条件及特点

产业驱动模式,适宜于有一定经济实力、村镇企业较多、村镇产业发达,且在快速进行经济转型,有发展绿色建材、循环经济等新兴产业需求的地区。我国东南部沿海的江苏省、浙江省、福建省和广东省地区,有很多经济发达、生活水平高、村民意识超前的村镇,这些地区的村镇均具备建设村镇绿色建筑的条件。

3.3.4　东南沿海地区适宜的村镇绿色建筑建设模式选择依据

东南沿海不同地区具有不同的自然、经济、资源、环境、社会条件,同一地区在不同发展阶段具有不同的居住需求和开发建设能力。因此,特定的地区有其特定的适宜模式,科学地选择建设模式对村镇绿色建筑的建设具有十分重要的意义。

示范带动、政策引导、产业驱动等三种建设模式有其各自的特点及适用条件。示范带动模式适用于农村特征明显、经济发展水平不高、村镇人均收入相对较低、交通不方便的非城镇化区域,即适用于经济水平不发达,社会条件不成熟的地区。政策引导模式适用于资源丰富、城镇化区域、传统农村特征不明显、作为城市的腹地、与城市联系密切的村镇,具有这些特征的村镇在资源条件、经济水平、社会条件等方面较优。产业驱动模式适用于经济实力强、村镇企业多、村镇产业发达、处于经济转型期、环保健康意识强、有发展绿色建材等新兴产业需求、村民对村镇绿色建筑需求旺盛的村镇。这类村镇的经济水平最好,社会条件、绿色建筑消费意愿最成熟,因此,需综合考虑影响绿色村镇住宅建设的自然因素、技术因素、经济因素、社会因素、需求因素等方面的条件。

容咏勤[①]利用基于层次分析的模糊综合评价模型来选择合适的村镇绿色住宅建设模式,得出当评分结果判定为"中"或"差"时,应该选用示范带动的模式;当评分结果判定为"良"时,应选择政策引导模式;当评判结果为"优"时,应选择产业驱动模式建设绿色村镇住宅。本章参考了容咏勤提出的评估方法和指标体系,根据前期研究以及东南沿海地区绿色建筑问卷调查结果进行了修改,建立了村镇绿色建筑建设模式选择指标体系。

---

① 容咏勤.绿色村镇住宅建设模式研究[D].天津:天津城市建设学院,2012.

表 3-2　村镇绿色建筑建设模式选择指标体系

目标层	准则层	指标层
村镇绿色建筑建设条件	自然因素	地形和区位因素
		气候条件
		能源利用情况
		低碳能源利用潜力
		土地可利用度
		水资源开发潜力
	技术因素	节能、节水技术成熟度
		绿色建材产业发展水平
		绿色建筑建造水平(含规划、设计、施工技术)
	经济因素	人均 GDP
		二、三产业比重值
		村民收入增长率
		绿色建筑建设价格
	社会因素	基础设施完善度
		政府支持力度(激励政策、宣传普及教育)
	需求因素	村民住房需求量
		绿色建筑的消费认知(低碳环保意识,健康意识)
		绿色建筑的消费意愿

在具体针对某一地区选择村镇绿色建筑建设模式时,可根据影响绿色建筑建设模式的指标体系,选择适合的方法(或定性或定量)进行评估,从而判定何种模式更为适合。

3.3.5　东南沿海村镇绿色建筑建设存在的问题

在中国节能节地建筑研究中,"适当技术"的出发点是适宜技术的利用,体现的是舒马赫倡导的"中间技术"思想,与追随这种思想的设计实践存在类似之处。中国节能节地建筑研究中,倾向于"少输入"的能量和物质材料的流动模式。中国的节能节地建筑研究对土地资源的关注,是由中国自身的国情决定的,这是研究中的一个关键性问题。

但是,我国绿色建筑发展总体还处于自愿发展的起步阶段。2010 年城镇新建建筑中绿色建筑的比例不到 1%,总体数量少,呈点状、分散态势,近两年发展较快,但地域发展不平衡,绿色建筑的发展存在南方快、北方慢,东部沿海快、西部地区慢等问题。我国每年的建设项目中,既包含大量的住宅、办公建筑、商业建筑等项目,也包括园区或组团开发的建筑群项目,同时还有绿色性能改造项目,而且各地气候、地理环境、自然资源、地域文化等环境因素差别很大,经济发展也不平衡,如何因地制宜地发展低成本的绿色建筑技术和产品,如何提升技术的集成水平是有待解决的问题。

3.3.5.1　对绿色建筑的认识存在偏差

对推动绿色建筑事业的重要性认识不足,缺乏国家层面的战略规划,未形成一个系统工程,一个多管齐下推进的格局。社会上对绿色建筑内涵的认识有误区,存在"绿色建筑就是高科技建筑、高成本建筑"的观点,限制了绿色建筑的普及和推广。一些地方政府未将绿色建筑工作放到转变城乡建设模式和改善民生的战略高度来认识,缺乏紧迫感和主动性。作为推进绿色建筑中坚力量的建筑师、规划师、业主、房地产开发商等,多数人还没有转变观念,对绿色建筑的认识只停留在概念或贴标签的层面上。开发商对投资开发绿色建筑的市场回报预期不清楚,影响项目决策。消费者对绿色建筑的效果体会不深刻,影响市场需求。此外,对如何推进绿色建筑的发展也尚未形成统一的认识,存在一些误区,例如:盲目照搬西方发达国家一些绿色建筑的设计理念和评价标准,盲目堆砌一些高新技术,国内有些单位不考虑国情差异,盲目应用美国的 LEED 标准,导致有些通过 LEED 认证的建筑实际上比普通建筑的能耗和造价都高;未从建筑全寿命周期来综合考虑,未强调投入产出效益,对一些技术应用缺乏科学定量的论证,对绿色建筑的投入产出效益尚未做到心中有数。

3.3.5.2　建筑的资源利用水平较低

我国城乡建设很大程度上还是粗放式、低效率的增长模式,重数量、轻质量,重外观、轻品质,重建设、轻维护,土地利用效率低,可再生能源建筑应用程度不高,水资源再生利用效率差,生态环境保障能力不足,建筑使用寿命远低于设计寿命,建筑用材消耗过高,污水和建筑垃圾回收再生利用率过低,资源利用水平偏低,各种浪费现象十分突出。据有关资料,我国每平方米建筑面积用钢量约 55 千克,比发达国家高出 10%～25%;水泥用量为每立方米混凝土约 221.5 千克,比发达国家多出 80 千克;2010 年我国城镇污水再生利用率平均仅为 8%;每万平方米建筑的施工过程会产生 500～600 吨建筑垃圾,每万平方米拆除的旧建筑将产生 7000～12000 吨建筑垃圾,建筑垃圾已占城市垃圾总量的 30%～40%,但资源化率不足 5%[①]。造成我国建筑业材料消耗过高的原因是多方面的,建筑节材需要节材新技术体系做保障,但我国还缺乏有效的建筑节材新技术、新产品研发及推广平台,缺乏设计和管理模式的创新;有关建筑节材的标准规范体系尚未形成;缺乏有效的建筑节材激励政策和法律法规体系,对材料浪费约束不够;缺乏有效的建筑节材行政监管体系,缺乏有效的宣传机制,尚未形成全民关注建筑节材的局面。高消耗、高污染、高投入、低效益的建设模式阻碍了城乡综合质量的提高和可持续发展。我国

---

① 能源基金乡.同济大学绿色生态城区建设模式研究[R].2013.

正处于工业化、城镇化和新农村建设加快发展的关键时期,《中华人民共和国国民经济和社会发展第十二个五年规划纲要》指出 2010 年我国城镇化率为 47.5%,"十二五"期间仍将保持每年 0.8% 的增长趋势,到"十二五"末期,城镇化率将达到 51.5%。城镇化高速推进,时间上高度浓缩,空间上快速扩张,建设规模巨大,目前我国每年新增建筑面积约 20 亿平方米,接近全球每年新增建筑总量的一半,而粗放的城乡建设模式和较低的资源利用水平,给我国造成了很大的资源环境压力。我国绿色建筑发展仍处于起步阶段,总体发展速度较慢,与发达国家相比差距较大,尽管近年来有加速趋势,但与全面推进绿色建筑发展要求还不相适应。

3.3.5.3 激励政策不健全

推动绿色建筑发展的财政、税收、金融等经济激励政策不健全,相关主体发展绿色建筑的内生动力不足。我国虽有一些与建筑节能、节水、环保等相关的财税激励政策,但政策种类分散、力度很弱,还没有专门针对绿色建筑的税收、金融优惠政策。公共财政对绿色建筑的支撑力度不足,尚缺乏系统、配套的政策措施。虽然 2012 年国家出台了高星级绿色建筑财政奖励政策,但缺乏具体实施细则,开发商并没有真正享受到奖励政策带来的实惠。一些地方政府虽然创新了地方财政配套资金奖励、容积率优惠、减免城市建设配套费等政策措施,但大部分出台时间不长或正在制定中,政策覆盖范围有限,政策效果还没有充分显现。有利于绿色建筑发展的体制、机制有待建立和完善,特别是绿色建筑评价监管机制不完善。我国目前尚未建立科学的区域建筑能源规划体系,特别是在一些大规模的区域开发项目中,区域能源规划往往被忽略。开发商开发绿色建筑在土地获取、项目审批、融资等方面也没有激励措施。现行的绿色建筑设计取费办法对设计者缺乏激励,由于绿色建筑设计强调因地制宜,要多花心思、多花时间,绿色建筑设计成本相应有所增加,但如果设计取费标准与其他普通建筑相同,设计单位自然缺乏积极性。对消费者购买绿色建筑尚缺乏鼓励措施,没有购房贷款利率优惠或优先贷款的相应政策,也没有差别化的用能、用水价格政策,对消费者激励不足,影响了绿色建筑消费市场的形成,进而影响了对绿色建筑开发的拉动。

3.3.5.4 法规制度不完善

《中华人民共和国建筑法》和《中华人民共和国城乡规划法》均未对建筑的节能、节水、节地、节材和环境保护等做出规定;《民用建筑节能条例》《公共建筑节能条例》对建筑节能提出了要求,但缺少节地、节水、节材和保护环境相关内容;多数地方尚未出台促进绿色建筑发展的行政法规,符合各地特点的绿色建筑法规体系还不健全。我国绿色建筑规划、设计、施工、运行、拆除的全寿命周期建设管理制度尚未健全。

3.3.5.5 基础能力不足

一是绿色建筑标准体系尚不完善;绿色建筑评价标准覆盖面不足,部分指标设置还不合理。二是绿色建筑咨询、规划、设计、建设、评估、测评等专业人才和机构不足;开发商、设计单位、施工单位等存在不同程度的技术支撑不足问题。一些开发商缺乏科学流程化的绿色建筑开发建设管理工具,项目全过程的控制水平不足,绿色建筑设计缺乏一体化综合设计的理念。一些施工单位人员流动性大,又缺乏绿色建筑的相关培训,实施绿色建筑项目难度较大。三是绿色建筑基础研究相当薄弱,技术储备不足,技术支持能力较弱,绿色建筑重点和难点技术尚待突破,尚未形成符合地域特色和建筑功能的适宜技术体系,相关规划、设计、配套施工技术及装备的关键核心技术对国外的依存度较高。四是产业科技支撑明显不足,绿色建材发展缓慢,建材与建筑产业融合度偏低,存在各类建材产品质量良莠不齐、部品连接接口配套性差等问题;建筑工业化刚刚起步,资源能源综合开发利用水平明显偏低,产业支撑能力建设有待加强。

开展绿色建筑行动,按照"全面推进、突出重点,因地制宜、分类指导,政府引导、市场推动,立足当前、着眼长远"基本原则进行,树立全寿命周期理念,强调因地制宜,选择适宜技术,针对不同地区、不同类型建筑采取强制性和自愿性相结合的方式推进绿色建筑发展。一方面要抓好新建建筑,重视绿色规划,新建建筑严格执行建筑节能强制性标准,对政府投资的新建建筑逐步强制执行绿色建筑标准,积极引导房地产开发企业建设绿色建筑;另一方面也要抓好既有建筑改造,重点是北方采暖地区城镇既有居住建筑供热计量和节能改造。同时还要积极推进可再生能源建筑规模化应用、发展绿色建材、推进建筑工业化、开展城镇供热系统改造、加强公共建筑节能管理、加快技术产品研发推广、严格建筑拆除管理、推进建筑废弃物资源化利用等。

我国的绿色建筑工程的体制问题是提高绿色建筑工程管理水平首先要解决的问题。我国的绿色建筑工程管理发展晚,在理论基础上缺少系统化、专业化、深入化研究,对我国建筑管理水平的提高有很大的影响,所以,理当有针对性的理论方面的知识和完善的绿色建筑工程管理体制以及健全的制度,只有这样我国绿色建筑工程管理水平才能得以提高。应当积极地学习国外绿色建筑工程管理方面成功的经验,再按照我国绿色建筑工程管理的真实情况进行科学有效地实践,全面综合地提升我国绿色建筑工程管理的水平,保证我国绿色建筑工程管理事业能科学有效地执行。

3.3.6　东南沿海村镇绿色建筑建设的保障措施

法律法规是依据。2007 年修订的《中华人民共和国节约能源法》和 2008 年出台的《民用建筑节能条例》《公共机构节能条例》,奠定了我国建筑节能法规的基础;各地积极制定适合本地区的节能行政法规(如河北、陕西等省出台了建筑节能条例),完善了建筑节能法规体系。

　　资金投入是保障。"十一五"期间,中央财政共计安排资金152亿元,用于支持北方采暖地区既有居住建筑供热计量及节能改造、可再生能源建筑应用等工作;地方政府财政安排投入82亿元;中央和地方财政投入带动社会资金投入793亿元;使建筑领域能效资金投入总额达1027亿元,财政资金投入与带动的社会资金投入比值为1:3.4,为建筑节能提供了财力保障。

　　随着绿色建筑在我国兴起,绿色建筑标准化工作开始得到重视,一批直接服务于绿色建筑的国家标准和行业标准相继立项编制或发布实施。在总结我国绿色建筑的实践经验和研究成果、借鉴国际先进经验基础上,2006年颁布的《绿色建筑评价标准》(GB/T 50378—2006),是我国第一部绿色建筑综合评价国家标准,适用于居住建筑和办公建筑、商场、宾馆三类公共建筑。为应对新常态下绿色建筑日新月异的变化,住建部于2015年发布了新版《绿色建筑评价标准》(GB/T 50378—2014)。新版标准在旧版标准的基础上,进行了一定修订,具体参见本章3.1.3绿色建筑的综合评估体系。

　　我国已初步形成了绿色建筑评价的技术标准体系,先后发布了《绿色建筑评价技术细则(试行)》(建科〔2007〕205号)、《绿色建筑评价技术细则补充说明(规划设计部分)》(建科〔2008〕113号)、《绿色建筑评价技术细则补充说明(运行使用部分)》(建科〔2009〕235号)等规范性文件。2010年8月发布的《绿色工业建筑评价导则》,将绿色建筑的标识评价工作进一步拓展到了工业建筑领域,标志着我国绿色建筑评价工作正式走向细分化。该导则包括总则、术语、基本规定、可持续发展的建设场地、节能与能源利用、节水与水资源利用、节材与材料资源利用、室外环境与污染物控制、室内环境与职业健康、运行管理、技术进步与创新和相关附录共12部分。在绿色建筑"四节一环保"基础上,充分结合工业建筑的自身特点,从多方面对绿色工业建筑的评价标准进行了明确阐述和规定,为指导现阶段我国工业建筑规划设计、施工验收、运行管理,规范绿色工业建筑评价工作提供了重要的技术依据,也为国家《绿色工业建筑评价标准》的编制打好基础。

　　在中央财政奖励基础上,一些地方也出台了地方性的奖励政策,加大激励力度。上海市2012年拟从上海市节能减排专项资金中专门划拨资金支持建筑节能工作,对新建建筑中达到三星级绿色建筑设计评价标识且建筑面积达25000平方米的项目给予60元/平方米的补贴扶持;对利用太阳能、浅层地热能等可再生能源建筑一体化应用项目,利用墙体、屋面等建筑空间开展各类立体绿化的项目,以及整体装配式住宅项目分别进行不同程度的补贴。在税收政策方面,我国还没有专门针对绿色建筑的税收优惠政策,但有一些节能、节水、环保及资源综合利用等方面的税收优惠政策。现行企业所得税法中对于采用环保设备、采用资源综合利用及从事环保、节能节水项目的企业和项目等,给予了一些优惠政策:对企业购置并实际使用《环境保护专用设备企业所得税优惠目录》《节能节水专用设备企业所得税优惠目录》和《安全生产专用设备企业所得税优惠目录》规定的专用设备的,该专用设备投资额的 10% 可以从企业当年的应纳税额中抵免;企业从事符合条件的环保、节能节水项目的所得,自项目取得第一笔生产经营收入所属纳税年度起,适用企业所得税"三免三减半"优惠,即第一年至第三年免征收企业所得税,第四年至第六年减半征收企业所得税;企业以《资源综合利用企业所得税优惠目录》规定的资源作为主要原材料,生产国家非限制和禁止并符合国家和行业相关标准的产品取得的收入,减按 90% 计入收入总额;对企业销售自产的生产原料中掺兑废渣比例不低于 30% 的特定建材产品实行免征增值税政策;对销售采用旋窑法工艺生产并且生产原料中掺兑废渣比例不低于 30% 的水泥(包括水泥熟料)实行即征即退增值税政策;对销售自产的部分新型墙体材料产品,实行增值税即征即退 50% 的政策;等等。这些政策旨在推动保护生态环境、促进绿色节能、发展循环经济,在一定程度上引导企业向环保、节能节水、资源综合利用等方向发展,这些税收优惠政策也应适用于房地产商开发绿色建筑项目。

一方面,为了激励绿色建筑更好地发展,2011 年 5 月,住房和城乡建设部发布了《中国绿色建筑行动纲要》,表示将全面推行绿色建筑"以奖代补"的经济激励政策,但具体的政策措施尚未出台。另一方面,地方针对绿色建筑所推出的奖励和专项资金政策已有一定的具体政策措施:2007 年,天津市发布了《天津市绿色建筑试点建设项目管理办法》,实施绿色建筑建设标准工程将有资格获得建筑节能专项基金补助 5 万元;江苏省苏州市工业园区对获得国家三星级、二星级和一星级绿色建筑评价标识的项目分别奖励 100 万元、20 万元和 5 万元,对获得美国绿色建筑协会 LEED 认证铂金奖、金奖和银奖的项目分别奖励 20 万元、10 万元和 5 万元;深圳市宝安区政府推出了《宝安区绿色建筑试点工程补助资金使用计划》,补贴资金主要用于宝安区绿色建筑试点工程的建设,平均每个项目补贴 50 万元;上海市从 2011 年起,对获得绿色建筑评价标识二星级及以上的建筑,最高奖励 500 万元;武汉市规定,自 2010 年 11 月起,对获得绿色建筑评价标识二星级和三星级的建筑,建设单位可以向市建委申请奖励,同时武汉市出台的《武汉市绿色建筑管理试行办法》也列出了奖惩分明的措施。

3.4 东南沿海村镇绿色建筑建设示范应用

3.4.1 东南沿海地区绿色建筑技术的应用情况及评价

东南沿海地区在建筑热工设计区中属于夏热冬冷地区,因此本部分主要针对夏热冬冷地区的绿色建筑技术的应用情况及评价进行阐述。

我国的《绿色建筑评价标准》对绿色建筑提出了若干控制性的技术要求,在此共性技术基础之上,再结合建筑功用、当地气候、资源、经济、社会等条件选用不同的适宜技术。程志军等[①]通过对中国城市科学研究会绿色建筑研究中心 2008—2010 年 3 年间所评审的 57 个绿色建筑项目的统计分析,得到了如表 3-3 所示主要侧重于规划设计阶段的绿色建筑技术应用情况。

表 3-3 夏热冬冷地区绿色建筑适宜技术应用情况汇总

序号	绿色建筑适宜技术	住宅建筑	公共建筑	备注
1	室外风环境模拟优化	◆	★	
2	立体绿化	○	◆	主要包括屋顶绿化、墙面绿化等
3	乡土植物绿化及复层绿化	★	★	
4	透水地面	★	◆	
5	地下空间开发	★	★	
6	既有建筑改造	△	△	不适用于新建项目
7	能耗分户/分项计量	★	★	
8	高气密性外窗	★	★	
9	高效照明及节能控制	★	★	
10	高效冷热源和输配系统	△	★	不适用于非集中空调/采暖的住宅
11	节能电梯	△	◆	不适用于多层及以下住宅
12	蓄冷蓄热	—	○	
13	能量回收	△	◆	不适用于非集中空调/采暖的住宅
14	分布式热电冷联供	—	△	不适用于夏热冬暖地区
15	可再生能源	▲	◆	
16	能效模拟优化	▲	▲	含围护结构热工性能计算
17	非传统水源利用	★	★	
18	高效节水灌溉	◆	◆	
19	预拌混凝土	★	★	
20	高性能建筑结构材料	△	△	不适用于多层及以下住宅和公建
21	3R 建筑材料	◆	★	包括可再利用材料、可再循环材料和利废材料
22	结构体系优化	○	▲	
23	土建装修一体化	▲	◆	

---

① 程志军,叶凌,陈乐端.我国夏热冬冷地区绿色建筑发展及技术应用[J].施工技术,2012,41(3):22-26.

序号	绿色建筑适宜技术	住宅建筑	公共建筑	备注
24	隔声减噪	★	★	含模拟优化
25	自然通风	★	◆	
26	天然采光	★	★	
27	室内微气候营造	▲	★	
28	通风及室内空气质量监测	▲	◆	
29	可调节外遮阳	○	▲	
30	建筑智能化	◆	★	

注："★"——全部或基本全部应用；"◆"——大多数应用；"▲"——有一定应用；"△"——在一定前提条件下应用；"○"——较少应用。

资料来源：程志军,叶凌,陈乐端.我国夏热冬冷地区绿色建筑发展及技术应用[J].施工技术,2012(03)：22-26.

　　熊小萌从"建筑绿色设计技术的现实应用策略""屋面绿色建筑技术现实应用策略""墙体绿色建筑技术现实应用策略""门窗绿色建筑技术现实应用策略""绿色湿热环境控制技术现实应用策略"绿色能源技术现实应用策略""基于绿色建筑技术地域适应性的系统综合策略"中为夏热冬冷地区绿色建筑建设提供了策略保障[1]。

　　高洪双对夏热冬冷地区绿色建筑建造技术适宜性进行研究,并以宁波市象山沃尔玛广场基础建造为例进行了绿色建筑适宜技术应用研究,主要技术包括主体结构保温材料选用及保温体系选择、墙体保温与结构一体化技术施工、热桥构造保温处理技术、屋面保温与绿化一体化施工、建筑的遮阳与通风构造处理技术、太阳能集热系统与建筑一体化、太阳能光伏技术与建筑一体化[2]。

　　中国的绿色建筑技术应用发展时间不过 20 年,经验与技术都还很缺乏,但同时开展建筑节能与绿色建筑技术的国际合作与发展的市场非常广阔。世界银行、联合国开发计划署、德国政府、美国能源基金会、法国全球环境基金和企业等相继进入了中国建筑节能和绿色建筑相关领域,并取得了不错的业绩。

　　已有一些适用夏热冬冷地区的新兴适宜技术,其特点是技术含量较高、技术成熟、与夏热冬冷地区地域适应性匹配好、现实应用条件恰当；这部分技术具有较高的精确性与高效性,通过精心的设计,对提高能源的利用效率,开发利用可再生新能源,提高人居环境舒适度及保护生态环境有良好综合效益。

① 熊小萌.中国夏热冬冷地区绿色建筑技术应用问题研究[D].武汉:华中科技大学,2006.
② 高洪双.夏热冬冷地区绿色建筑建造技术研究——以象山沃尔玛广场为例[D].宁波:宁波大学,2015.

总体来说,夏热冬冷地区的绿色建筑技术应用发展表现出以下特点:

(1)应用发展具有严重的被迫性,并且发展时间不长。

(2)在严峻现实形势下,更多表现出一种很初级的发展,即普及应用满足基本人居舒适环境需求的节能技术,对技术全程绿色关注较少,但逐渐开始重视。

(3)现行绿色建筑技术的应用模式是:政府扮演了一个规则制定者的角色,对最终建筑性能进行把关,而具体技术应用权则基本全部由开发商自由掌控,因此技术使用规范系统而全面,技术应用过程则混乱无序。

3.4.2　北仑区村镇绿色建筑建设的可能模式选择及具体实践

3.4.2.1　北仑区村镇绿色建筑建设的可能模式选择

根据村镇绿色建筑建设模式选择指标体系,采用半定性半定量的方法,综合考虑影响宁波市或北仑区村镇绿色建筑建设的自然、技术、经济、社会以及需求方面的因素。北仑区地处夏热冬冷地区,地形多平坦,总体而言,能源较高程度上依赖于外部调入,但绿色能源利用多样化,包括风力发电、太阳能、生物质能和地热能等,低碳能源利用的潜力较大;村镇土地供给相对充足;乡镇经济较为发达,乡镇企业、花卉业和休闲农业发展势头较好,2015 年底,全区有市级示范性家庭农场 5家,区级以上农业龙头企业 28 家,其中省级 2 家,市级 13 家;规范性农民专业合作社 129 家,市级规范性农民专业合作社 31 家,注册家庭农场 45 家;按户籍人口计算,2015 年北仑区人均地区生产总值达到 288831 元(按年平均汇率折算为 46373美元),全区居民人均可支配收入 43595 元,比上年增长 8.5%[1];北仑区于 2017 年12 月当选中国工业百强县区,经济基础发达,在绿色建筑技术投资和引进方面有较好的基础,区内基础设施日益完善;政府重视绿色发展,编制了《宁波市北仑区绿色发展报告(2016)》。本研究设计了关于绿色建筑的调查问卷,浙江地区受访者对绿色建筑特点认知的调查结果表明,受访者对低碳节能、三废排放少这一特点的支持度高达95.4%,而对外表绿化这一特点的认同度只有 20.4%,小区绿化好这个特点的认同度是 20.4%。在"绿色建筑"概念还不普及的时候,大部分民众对"绿色建筑"的特点认知还停留在外表绿色的层面上,调查发现民众对绿色建筑特点的认知有了很大的变化,说明绿色建筑正在逐渐深入人心,进入民众的生活。75%的受访者表示如果花费小将乐意对自家住宅进行绿色智能化改造,有 43.1%的受访者表示花费如果在 5 万元以下将愿意重建住宅,有 31.8%的受访者表示花费如果在 5 万~10 万元也愿意重建住宅,甚至还有 2.27%的受访者表示花费在 40 万元以上也愿意重建住宅,但也有 18%的受访者不愿意对自家住宅进行绿色智能化改造。

---

① 北仑统计局.2015 年北仑区国民经济和社会发展统计公报[R].2015.

所以综合上述条件判断,北仑区村镇绿色建筑建设的条件较好,可综合采用政策引导模式和产业驱动模式。

3.4.2.2　北仑区村镇绿色建筑建设的具体实践

绿色建筑发展包括新建建筑以及既有建筑节能改造,北仑区农村绿色建筑发展主要方向为既有建筑的节能改造。

(1)民居建筑生态化改造

学者们以瀛东村(也是本研究考察点)农民建筑为案例(表 3-4),研究出一套既能改善居室舒适性、保持原有的地域风格,又能实现节能降耗目标且经济合理(每户的改造成本在 10 万元左右)的农村既有民居生态化改造建造工法,为国家推广农村民居生态节能改造探索了一条可行之路。另外,瀛东村还实施新建建筑节能与太阳能光热一体化集成示范工程,三幢典型建筑节能率达到 65%。[①]

表 3-4　瀛东村示范项目:建筑绿色改造内容

项目名称	类型	数量	绿色改造主要内容
瀛东村民居建筑生态改造技术研究	农村居住建筑	50 幢民房	从屋顶、墙体、地面、门窗、设备、室外环境等方面采用技术手段进行既有建筑绿色改造,制定围护结构保温隔热技术、太阳能热水利用等的综合节能改造设计方案,在保留原有风貌的基础上,采用保温装饰一体化的低能耗围护结构建筑节能新技术进行既有民居建筑低能耗外围护墙体以及高效节能型门窗的改造与应用,来提高外围护结构的保温隔热性能,使既有民居建筑达到节能 50% 的目标。

资料来源:杜佳军,唐国庆.农村既有民居生态化改造建造工法研究——瀛东村既有民居建筑节能改造案例[J].绿色建筑,2013(4):19-21.

(2)太阳能建筑一体化(新建或改造)模式

所谓太阳能光伏建筑一体化是将太阳能利用设施与建筑有机结合。光伏建筑一体化(BIPV)即建筑物与光伏发电设备高度结合集成,不仅能减少建筑物的能源消耗,还使"建筑物产生能源",光伏发电不用单独占用地方。BIPV 应用还具有美观、绿色、环保、节能的效果,为现代建筑提供了一种全新的概念。对于一个完整的 BIPV 系统,还应该有另外一些设备:负载、蓄电池、逆变器、系统控制、滤波保护等装置。当 BIPV 系统参与并网时,则不需要蓄电池,但需有与电网的联入装置。

光伏与建筑的结合有两种方式:一种是光伏系统以附加的形式与建筑相结合;另外一种是光伏器件以建材的形式与建筑相结合,即光伏器件与建筑材料集成一体,既可以当建材,又能利用绿色太阳能资源发电。适用于城建较严格,要求安装

---

① 杜佳军,唐国庆.农村既有民居生态化改造建造工法研究——瀛东村既有民居建筑节能改造案例[J].绿色建筑,2013(4):19-21.

规范、美观、不损害市容市貌的单位、集体、小区等；在建筑设计之初，就将太阳能作为建筑的一部分考虑在内，与建筑一同设计；适用于各种形式的建筑，例如住宅小区、高层楼群、别墅等等。

村镇建筑在太阳能建筑一体化技术使用方面具有独特的优势。一是规划优势：传统村镇建筑大多数为独门独院的单层建筑，院落稀疏。现代新农村建筑统一规划，以连体别墅和低层建筑为主，一般都是坐北朝南布置，日照间距较大，屋顶采光面积充足，不存在建筑遮挡的困扰，具有足够的可利用空间，不必考虑太阳能建筑南立面整合的问题，技术难度相对较低。二是环境优势：村镇地区以农业和产品粗加工为经济支柱，污染源相对较少，灰尘粒子密度较小，太阳光线透射率高，大气透明度较高，有利于太阳能的利用。

2006 年我国制定了《绿色建筑评价标准》和《绿色建筑评价技术细则》，并于 2015 年进行了修正。与新建建筑相比，我国既有建筑的绿色改造工作的相关标准、技术、政策、产品、机制等各方面都还有待于进一步完善。住房和城乡建设部发布第 997 号公告，批准《既有建筑绿色改造评价标准》为国家标准，编号为 GB/T51141-2015，自 2016 年 8 月 1 日起实施，标准主要从规划与建筑、结构与材料、暖通空调、给水排水、建筑电气、施工管理和运营管理等方面引导既有建筑经改造后实现绿色建筑所要求的社会效益、环境效益和经济效益。

《既有建筑改造年鉴》、中国建筑改造网提供的内容主要包括政策法规、标准规范、科研项目、技术成果、论文选编、工程案例、统计资料、大事记等，力求全面系统地展现我国既有建筑改造取得的进展。

总体而言，我国既有建筑绿色改造的政策机制仍不完善，标准体系仍未健全，可大规模推广复制的技术体系尚未形成，产业化发展还未呈现，仍处于探索积累的阶段。

3.4.3　北仑区村镇绿色建筑模式的示范应用及保障举措

国务院印发的《"十三五"节能减排综合工作方案》，明确了"十三五"节能减排工作的主要目标和重点任务，对全国节能减排工作进行全面部署，其中强化建筑节能。实施建筑节能先进标准领跑行动，开展超低能耗及近零能耗建筑建设试点，推广建筑屋顶分布式光伏发电。编制绿色建筑建设标准，开展绿色生态城区建设示范，到 2020 年，城镇绿色建筑面积占新建建筑面积比重提高到 50%。实施绿色建筑全产业链发展计划，推行绿色施工方式，推广节能绿色建材、装配式和钢结构建筑。强化既有居住建筑节能改造，实施改造面积 5 亿平方米以上，2020 年前基本完成北方采暖地区有改造价值城镇居住建筑的节能改造。推动建筑节能宜居综合改造试点城市建设，鼓励老旧住宅节能改造与抗震加固改造、加装电梯等适老化改造同步实施，完成公共建筑节能改造面积 1 亿平方米以上。利用太阳能、浅层地热能、空气热能、工业余热等解决建筑用能需求问题。

在这样的背景下,北仑区可采用民居建筑生态化改造模式以及太阳能建筑一体化(新建或改造)模式,可根据瀛东村的改造模式和《绿色建筑行动方案》中既有建筑节能改造的重点,首先明确下龙泉村居住建筑节能改造的重点为建筑墙体围护结构、门窗、外遮阳、自然通风等。参考瀛东村模式的同时,需结合下龙泉村既有建筑种类、建造年代、结构形式、用能设备等的实际情况来具体确定绿色建筑改造内容,因地制宜地选择经济上可行、技术上适宜的改造设计方案。在推动新农村建设过程中,国家既有政策项目支持,又有资金补贴,北仑村需抓住机会推动绿色建筑改造。

本研究前期通过东南沿海村镇绿色建筑利用现状和消费意愿的问卷调查发现:第一,由于宣传不够,政府的支持力度太低,公众对绿色建筑的了解程度普遍不高,只有5%左右的受访者对绿色建筑评价标准比较熟悉。公众认为要推进绿色建筑,首先要加大宣传,要政府各部门的大力扶持、补贴,出台相应的政策,其次科研单位要加强对建筑材料、技术方面的投入,最后政府要加强绿色建筑的监管、审查。第二,公众认为绿色建筑不仅要注意室内设计的舒适度,还要重视绿色建筑小区环境的质量和基础设施的健全度。第三,大部分人只愿意花少量的钱对自己的住宅绿色智能化,和普通建筑相比,绿色建筑价格在不高出正常价格10%左右,才会有人购买,而且公众在购买绿色建筑时比较重视政府的补贴和贷款利率的折扣。第四,全国各地政府出台了一些绿色建筑激励政策,但是政策的执行和后续推进做得不到位。

同时研究还发现,不同群体的公众对绿色建筑的需求存在差异。不同性别、不同年龄、不同学历水平、不同职业和不同地区的人群对绿色建筑的设计、质量、技术的要求存在一定差别。针对不同群体的不同需求,设计师应当注意个性化的设计、绿色建筑技术应用的多元化;研究学者要拓宽视野,从多角度、不同层面进行对绿色建筑的研究;政府应当严格把关,进一步细化各星级绿色建筑的评价标准,从而保证绿色建筑的质量问题。

据此提出以下保障措施:首先,提高群众利用绿色建筑的意识,加大绿色建筑技术、产品等的宣传、引导和推广力度;第二,加大政策支持力度,积极推行低碳建筑激励政策及补贴性政策,如价格优惠政策、贴息贷款政策、减免税收政策等,综合应用税收、补贴等经济手段降低其绿色建筑的改造和使用成本;第三,科学规划绿色建筑发展,合理布局、因地制宜,注意搞好试点和示范,做好宣传推广,以点带面,形成规模;因地制宜地结合农户绿色建筑消费的阶段性特征来引导农民;第四,加强建立健全的绿色建筑政策法律体系,对规划、建设、运行等环节更高效地统筹发展,确保节能减排,提高绿色建筑比重及实现可持续发展目标,同时,严格把关绿色建筑质量、加强绿色建筑的监管和审查工作。

第4章　东南沿海村镇生态园林
建设的模式与示范

随着中国经济社会的发展和城市化水平的不断提高,居住在城市中的人会越来越多,但仍有相当一部分的人口居住在村镇之中。我国无论从村镇的地域面积,还是村镇居民点数量所占的比重来看,村镇数量都远远超过城市。随着社会主义新农村建设工作的深入推进,开展村镇生态园林建设,能够积极改善农村生态环境,促进农业产业结构调整,增强农业综合生产发展能力,美化村容村貌,促进人与自然和谐共存,构筑和谐农村,为开展生态、民俗、观光旅游和农民通过生态建设扩大就业奠定基础。村镇生态园林建设是社会主义新农村建设的重要内容,是缩小城乡差异的主要途径,对全面推进城乡绿化美化一体化,构建社会主义和谐社会,统筹城乡和谐发展具有重要意义。

4.1　村镇生态园林建设的基本理论

4.1.1　村镇生态园林的历程

4.1.1.1　村镇生态园林的源起

村镇起源于人类群居的基本需求,是人类选择生存环境、控制并在一定程度上改造生存环境所形成的实际状态。在长期的发展中,村镇居民适应当地的自然环境,并依次衍生出不同的文化与社会形态,影响人们的行为活动和组织方式。人们所处的自然环境不同,塑造出的村镇生态园林化也各具特色。村镇的人居环境不仅反映出人与人沟通作用的影响,更是人与自然环境互动的结果,反映人与环境的协调程度。

20世纪60年代以来,人们逐渐认识到在高度工业化的社会,改善周围环境的最好办法是运用生态学原理来进行园林绿化建设,充分发挥绿色植物的生态功能。20世纪90年代中期生态园林的理论与实践在全国得到迅猛发展。进入21世纪,我国学者对生态园林建设的认识更加深刻。李景奇在《中国园林》发表了"21世纪我国风景园林领域若干前沿问题探讨"。[①]

4.1.1.2　村镇生态园林的内涵

村镇生态园林是在一定地域内运用工程技术和艺术手段,通过因地制宜地改造地形、整治水系、栽种植物、营造建筑和布局园路等方法创作而成的优美的游憩境域。[②]遵循生态学、景观生态学和美学原理,以人为本,建设多层次、多结构、多功能的植物群落,修复生态系统,使其良性循环,保护生物多样性,谋求可持续发展,以体现在功能、环境文化性、结构和布局、形式和内容方面的科学性;并以生态经济学原理为指导,使生态效益、社会效益和经济效益得以协调发展,建成具有园林绿化面貌,提高人类健康水平,创造出清洁、优美、舒适、安全的现代化生态环境,又有自然与植物的美学价值,能够提高人们生活质量与水平的区域性、连续性的绿色生态网络。[③]

由于生态园林设计思想基于生态学理论,在园林规划设计和建设、日常维护过程中都具有相应的特征:一是生物多样性和稳定性。这是生态园林建设水平的一个重要标志,物种多样性不仅反映了某个群落中物种的丰富度或者均匀度,也反映了群落的动态平衡关系与稳定性水平以及不同的生态环境条件与群落之间的相互关系。二是调节性。生态园林通过绿色植物的生态功能调节周边环境,发挥园林绿化的立体功能和环境效益,利用植物净化能力改善局地气候,提高植物的防尘、防风、减噪功能,保护土壤、水系等自然景观,从而为人们创造安静、舒适、优美、有益健康的生活环境。三是观赏性。从园林景观学的角度看,观赏性指生态园林设计不仅要考虑园林生态效果,还要优化生态园林的外部形势,应该符合美学园林,以提高观赏价值。四是整体性。生态园林不是仅追求环境优美或自身的繁荣,而是通过发挥绿地系统的功能,兼顾社会、经济、环境三者的整体效益,在整体系统的新秩序下寻求发展,生态园林的建设不仅重视经济发展与生态环境协调,更注重人类生活质量的提高。

4.1.1.3　村镇生态园林建设的进展

(1)国外生态园林建设

20 世纪 20 年代,欧美就已经出现了自然景观式园林,其建设的主要目的是保护原野上的自然景观。最具代表性的是 1925 年荷兰生物学家蒂济(Jaques P. Thijsse)和园艺师西普克斯(C. Sipkes)按照造园师斯普令格(Leonard Springer)的设计在哈勒姆(Haarlem)附近布罗门代尔(Bloemendaal)2 万平方米的土地上建造了一座自然景观的园林,其中包括树林、池塘、沼泽地等景观。美国的詹森

①　李景奇.21 世纪我国风景园林领域若干前沿问题探讨[J].中国园林,2001,17(4):18-21.

②　李金路,王磐岩.关于《园林基本术语标准》的探讨[J].中国园林,2004,20(1):65-67.

③　程绪珂,胡运骅.生态园林的理论与实践[M].北京:北京林业出版社,2005:53.

(Jensen)首次提出以自然生态学的方法替代以往单纯从视觉景象出发设计的园林建设,并设计了模拟植物自然演变的景观式园林。[①] 从 20 世纪 60 年代开始,生态园林建设才逐渐被世界各国广泛重视。随着工业社会快速发展,人们意识到需要尽快改变周边环境,而改善生态环境最有效的方式就是将生态学相关的理论和方法运用到园林绿化建设中,发挥绿色植物的生态功能。20 世纪 70 年代以来,《景观生态学》相关的理论和方法引入,使生态园林建设的指导思想和理论得到进一步的提升。1978 年,美国风景园林专家 J. O. Simonds 在其著作《大地景观》中提出在城市植被、乡村农田和城市土地框架下建立"全新景观",成为城市绿地规划和风景设计的指南。[②] 进入 20 世纪 80 年代,由于生态学和地理学的引入,园林规划的理论和方法更趋于科学完善。人们的视野从城市区域开始扩展到郊区、行政辖区或者更大区域,推动村镇生态园林建设[③]。

(2)我国生态园林的发展

从园林发展的历程看,其经历了"古代园林—古典园林—近代园林—生态园林(现代园林)"的发展历程,且村镇生态园林是在城市生态园林发展成熟的基础上逐渐建立起来的。[④] 处于古代园林和古典园林建设时期,园林的主要功能和作用是供权贵人士游览和观赏,因此早期的园林建设偏重于游乐和观赏功能,服务面较窄。近代园林是处于园林发展历程的过渡期,其在建设过程中注重游览和观赏功能的同时,逐渐考虑其改善周边环境的功能和作用。然而,随着社会经济快速发展,生态环境不断恶化,过去传统园林建设模式已不能有效改善生态环境,因此人们在思考如何通过改变原有园林建设方式创造优美舒适的生活环境的同时,也把改善生态环境作为村镇园林建设的一个重要目标进行研究实践,并提出了"生态园林"的概念和理论。

相对于欧美国家而言,我国村镇生态园林建设起步较晚。城乡环境规划应与生态园林规划相结合,评价村镇发展水平标准也应由过去的"技术、工业和现代建筑"转换为"文化、绿野和传统建筑",并明确提出我国需从"维持生态健全,村镇须与自然和谐共处"角度出发建设村镇生态园林。[⑤]

随着村镇经济的快速发展,村镇居民对生活环境的要求也越来越高,继而提出应按照生态学的原则进行村镇园林绿化规划和种植管理,同时进行城乡一体化的绿化规划建设,并指出随着村镇园林应用范围的扩大,其作为一门涉及多技术的交

① 樊国盛,段晓梅,魏云开.园林理论与实践[M].北京:中国电力出版社,2007:97.
② J. O. 西蒙兹.大地景观——环境规划指南[M].程里尧,译.北京:中国建筑工业出版社,1990:121.
③ 李晓蕾,郭俊杰,孙博.触手可及的绿色——国外生态村实践[J].资源节约与环保,2006,22(6):49-52.
④ 鲁敏,李英杰.城市生态绿地系统建设[M].北京:中国林业出版社,2005:36-38.
⑤ 王惠民.加深对生态园林的理解——指导园林规划设计[J].东北园林,1992(2):38-41.

叉学科的特征更为突出,后期要积极把科学技术引入村镇生态园林建设中。① 随着全国各地社会主义新农村建设的步伐加快,设计者们逐渐完善村镇生态园林理论体系,并不断丰富其建设的方法。②

4.1.2　村镇生态园林建设理念、原则与方法

4.1.2.1　村镇生态园林的建设理念

随着经济的发展。人民生活水平的提高,改善生态与环境,保护和利用自然资源,创造优美舒适的人居环境,建设美好的绿色家园,实现村镇生态园林可持续发展,已成为我国社会主义新农村建设的重要内容。创建村镇生态园林的要求主要有:一是政府部门要高度重视,科学规划,落实资金,制定措施,高效管理,更需要广泛发动社会公众共同参与;二是珍惜人类赖以生存的生态环境,保护和利用有限的自然资源,要求有效保护、合理利用、优化配置不可再生的自然资源;三是保护生物多样性,"生物多样性导致稳定性"是最基本的生态学原理,维护自然山水的整体布局,建立多样化的乡土生态系统,建设可持续发展的生态环境;四是抢救和保护历史园林、历史街区、名胜古迹和古树名木等文化资源,弘扬中国传统园林文化;五是以生态平衡为原理,建立布局合理、结果稳定、功能高效、系统完善、种群协调的园林绿化系统,让广大农村居民能够平等分享绿色空间,体验绿色生活。

根据东南沿海的不同村镇特色,在现有园林建设的基础上,制定生态经济型、文化旅游型、城市服务型等村镇建设目标,着力打造山水绿村,依水建园,洲中塑景,村中造绿,山上披林,构建大片公共绿地与小处环境相结合的村镇绿地系统,形成山、水、洲、城交相辉映的独特村镇景观。具体包括以下建设内容:第一,绿色通道建设,按照绿化与道路建设同步进行的原则,实施新建、改建和扩建村镇道路四季有景的生态景观道路工程,突出"景观多样性和稳定性"。第二,江河湖海防护林建设,做好水体、海岸绿化防护工程,突出"生态防洪、防台、防汛"。第三,农林产业建设,发展花卉苗木、茶叶、鲜果、商品林等经济作物种植,实现"兴林富民"。第四,村镇外围公园建设,加大森林公园、生态湿地公园、滨海(滨河、滨江、滨湖)生态公园、森林公园(自然景观部分)等郊野公园的道路、基础设施以及绿化等工程建设。根据现有资源条件,建设一批森林公园,突出"森林围村"。第五,村镇建成区绿化建设,重点建设风景林、绿化带、防护林以及山体植被恢复、居住区绿化达标等,突出"绿林进村"。第六,荒山绿化造林建设,村镇行政范围内,对绿地条件差、进行绿化难度大的山地实施造林,突出"青山尽收眼底"。第七,村镇产业园区绿化建设,对重点村镇和产业园区,按照绿化覆盖率不低于30%的要求,开展绿化造林,改善

① 陈自新.城市园林植物生态学研究动向及发展趋势[J].中国园林,1991(7):42-45.
② 王云才.景观生态规划原理[M].北京:中国建筑工业出版社,2007.

农村人居环境,突出"景观生态"。第八,村镇边角地绿化建设,重点对村镇范围内闲置的边角地进行绿化提升,突出"生态提升"。第九,绿化资源建设,进一步完善森林防火公益性基础设施建设,建设林区防火通道,突出"生态安全"。

4.1.2.2　村镇生态园林的建设原则

村镇生态园林与城市生态园林都是以园林建设为中心内容,即构建一个理想优美的环境。但是由于农村和城市的现实基本情况差异明显,不能以城市生态园林建设规划设计原则来生搬硬套。在实现农村生态园林化的过程中,怎样才能使园林风格与农村的自然生态基质相一致、与农业现代化相合拍,反映现代农村特有的风貌,是村镇生态园林规划设计过程中必须考虑的问题。在新农村自然生态园林规划中提出以下建设原则:

一是宏观人本化原则。以人为本,处理好人与自然环境之间的关系,构建宜人的活动空间、休闲场所和聚居生活氛围。应按照"人—自然—园林—人"的设计策略建设生态园林,研究人与园林绿地关系的行为心理,使自然生态园林景观同时具有景观、生态和游憩等多种功能。与此同时,坚持人本原则就是要注重人的精神层面需求。

二是区域生态化原则。根据东南沿海各村镇的特点,在生态园林建设中尊重并强化原有的自然景观特征,尽可能地保留村落、庭院以及行政区域内的原有树木。可将农村农作物的景观融入园林规划设计中,作为园林的背景基质或补充,为生态园林建设提供新思路。东南沿海地区的广大村镇经济较为发达,整体土地利用紧张。所以,在生态园林建设过程中要牢记"寸土寸金"的理念,因地制宜,借景造景,充分珍惜农田,高效用地,可从农田以外的村镇闲散土地、公共用地、荒地、道路、河渠、湖泊以及庭院处着手,最佳的生态园林建设便是园林、农田和庭院的有机结合,相得益彰。

三是村域经济性原则。在进行村镇生态园林规划设计时一定要注重经济合理性,以绿化为主,精选绿化植物,科学搭配,酌情配置简单水景和园林小品。选择绿化植物时,借鉴本地自然环境条件,合理选配植物种类,避免种间竞争和引入种群不适应本地气候和土壤条件等情况,综合考虑"三优先"原则,即乡土植物优先,耐粗放管理植物优先,既经济又美观植物优先。在为农民创造良好的生态景观,满足他们观赏游憩需求的同时,降低其经济负担。

4.1.2.3　村镇生态园林的建设方法

根据东南沿海村镇特点,可按照"点、线、面"三种类型划分现有村镇基质类型,并建设生态园林。

(1)"点"上农村自然生态园林规划建设。一是集镇的生态园林建设。按照村镇规划要求建成现代化新型小城镇,体现街道整洁、环境优美,积极建设镇级公园、镇中广场,并配备园林小品,实现生态园林化。二是中心村的生态园林建设。部分新建村庄都是先规划后建设,其表现为交通和自然条件好,基础设施也比较完善,已经达到城市中的居民新村要求,生态园林建设可参考城市生态园林建设标准实施。中心村住宅区基本上表现为一家一幢的独立式别墅建筑,在建设时均包含附属花园和中心花园等生态园林设施。三是自然村的生态园林建设。东南沿海大部分村镇是在长期的自然经济基础上形成和发展起来的,分散凌乱,基础设施建设较差,生态园林建设水平低。主要有两种类型:一类是农民住宅成排布局,该类村庄环境整洁,只要修建道路和厕所等公共设施,以及做好绿化,即可实现生态园林建设,该类村庄通常在房前屋后栽种各种园景树或梨、桃、杏、葡萄等果树,也可在住房周围统一规划花坛、菜圃等,由农民自行栽种。如在村头或中间空地利用原有疏林地等营造富有乡村情调的景点或游园。另一类是农村住宅分布不规则的旧自然村,这类村庄的环境往往脏、乱、差,基本没有公共设施。可将其合并改造成中心村,拆除危旧房,治理环境,增加公共设施,进行绿化,实现生态园林化。围绕村中心广场,进行重点绿化,利用一些废弃宅基地开辟绿地。

(2)"线"上农村自然生态园林建设。一是一般性路段的生态园林建设。所谓一般性路段,指公路旁边没有村庄和居民住宅的公路绿化地带及其旁边的区域。公路发挥主要的通勤作用,其旁边行人较多且行人不可能长时间地逗留,所以公路要呈现一种动态的视觉效果。故可抛开原来"一条路,两行树"的园林化建设模式,采用色彩丰富的花木品种和高低错落的绿化树木,增加道路绿化的色彩和层次;同时,尽量利用路旁原有的树丛、树林和自然景物,美化公路走廊,展现本地区的最佳特征。二是特殊性路段的生态园林建设。所谓特殊性路段,指公路与镇村、工业小区以及农户住宅相交的路段。生态园林建设,不单单要与一般性路段上的建设衔接,还要注意美化"公路走廊"。在公路与临街建筑的地带内布置花坛,行道树、树丛以及点缀的园林小品,使得该区域混乱的交通、建筑变成令人赏心悦目的街景。同时增加一些具有芳香味的乔灌花木,为居民休息、游憩创造良好的环境氛围。结合道路设置相应绿化带,树种主要选择实用、经济林木。

(3)"面"上农村自然生态园林建设。即农田自然生态园林化建设。在完成农田现代化基础设施建设的基础上,结合农田林网化,沿田间主干道种植阔叶树种(如杨树)或其他适合作农田林网的树种,结合区域经济特色,增加农民收入的同时,因地制宜形成规模化自然生态园林。在居民庭院、房前屋后绿化,进而形成面状发展。公路旁尽量少建住房,其用地可为造林、绿化之用,既可利用树木降噪,又美化了村庄及公路环境。

4.1.3　村镇生态园林构建的理论基础

4.1.3.1　村镇生态园林建设的思路

(1)以生态系统平衡为主导,构建生态园林系统。生态系统平衡是指生态系统处于顶级、稳定状态,系统内的结构和功能相互适应与协调,物质与能量的输入和输出之间达到相对平衡,系统的整体功能、效益最佳。植物群落是生态园林的主体结构,是生态园林发挥其生态、环境与社会效益的基础,通过合理地调节和改变生态园林中植物群落的组成、结构与分布格局,就能形成结构与功能相统一的良性生态系统"生态园林"。在村镇生态园林的建设过程中,应强调生态园林系统整体性,注重绿地系统的结构、布局形式与自然地形地貌、河湖水系的协调性。

(2)按物种生态位原理,做好生态园林植物配置。能否贯彻好生态位原则,直接关系到生态园林景观审美价值的高低和综合功能的发挥,关系到植物可否正常生长、发育、定植等。在村镇生态园林构建中,应充分考虑物种的生态位特征,利用不同物种在空间、时间和营养生态位上的分异,按生态园林建设的需要,合理选配植物种类,避免种间竞争,形成结构合理、功能健全、色泽丰富、种群稳定的群落结构,以利于种间互相补充,充分利用环境资源,形成优美景观。

(3)利用"互惠共生""相互抑制"原理,协调生态园林的生物多样性。[①] 互惠共生指两个物种长期共生,彼此相互依存,双方获利。比如豆科、兰科、杜鹃花科中的不少植物与真菌共生,在生态园林绿化时,这类植物就必须带土移栽,以保持原植物共生的菌群,确保植物移栽成活。但生态园林中的植物间存在相互制约的现象,一些植物的分泌物会抑制其他植物的生长,因此,在构建园林时要注意选择好相关的搭配植物。

(4)传承自然、历史与文化,突出生态园林本土特色。本地的自然植被与生态是植物适应当地气候、地质演变、生物进化的产物,其能适应当地的环境、气候变化,体现生态园林本土特色。在构建生态园林时,应充分利用乡土植物资源、地带性植物区系分布,通过引种和培育,形成各地区具有地域特色的生态园林植物群落。生态园林与历史文化虽属不同形态范畴但两者却有着相互融合的密切关系。所以,在生态园林的规划和建设中,要注入历史文化理念,遵循当地特征规律,加强对自然遗产、文物古迹等的保护。围绕当地历史文化特色特质进行建设发展,体现历史文化内涵,从而提高村镇生态园林文化品位。

(5)充分利用村镇的异质性,建设多样化的生态园林。异质性是景观的一个根本属性,或者说景观的本质是异质的。景观异质性是生态园林建设和后续发展的主要动力,也能更好地满足人们的心理需求。

4.1.3.2　村镇生态园林建设的类型

依据东南沿海村镇的空间异质性可建设不同类型的生态园林:

(1)生产型生态园林建设。充分利用各种庭院、村镇空地等闲置土地,建成果、药、木、花、草等有较高经济价值的生态园林景观,其结构主要依生产需要来安排。

---

① 杨清,许再富,易国南,等.生态园林的特征及构建原则综述[J].广西农业科学,2004(1):11-14.

(2)观赏型生态园林建设。利用东南沿海丰富的观赏植物资源,满足景观、生态和人的心理需求。

(3)环保型生态园林建设。充分利用村镇被污染区域的生态环境,引进抗逆性强的植物种类,发挥其抗污染、净化环境的功能。

(4)文化型生态园林建设。在创建不同的文化环境植物群落时,加大对各种文化环境的保护与修复(如风景名胜地、寺庙等古树名木)。

(5)珍稀濒危植物园。将当地的珍稀植物引入园内,开展珍稀植物保护与繁殖研究,以扩大种群数量、保护生物多样性。

(6)保健型生态园林建设。构建生态园林时,可栽植如银杏、广玉兰、香樟以及月季等物种,以达到增进人体健康、防病治病的效果。

(7)生物专类园建设。以自然分类为基础,模拟自然生态群落,将丰富的专类植物配置在一起,便于集中管理。例如可创建花卉园、竹园、经济作物品种园、果树品种园、乡土植物园、中草药园和抗逆植物园等各类生物专类园。

(8)防护型生态园林建设。一般为防御减轻自然灾害或工业交通等污染而营建的用于隔离、卫生、安全防护等目的的园林或绿地。如防风林、水土保持林、海岸防护林等。

4.1.3.3　村镇生态园林建设的指导原则

一是生态适宜性分析原则。将生态学理论和园林建设理论相结合,以自然生态要素和相关社会要素为制约条件,建立有利于生态保护的土地利用格局。

二是合理配置植物群落,营造有区域特色的植物景观原则。植物群落是生态园林构建的重中之重。植物群落具有调节作用,是园林生态化的具体体现特征,对植物的群落建设应遵循地域的艺术和功能相结合的原则,构建合理的人工植物群落。

三是综合评价体系原则。将生态学评价理论中关于量化分析的部分引入生态园林建设中,建立分项指标,并进行综合评价。在运用景观元素、形态和分布等原理的基础上,结合景观格局指数作定量化分析,并在分析基础上,选取评价指标,进行综合评价。

四是人工基础设施建设原则。在道路铺装以及园林小品建设方面,尽量选取环保型材料,节约资源和能源,积极应用景观生态学原理,避开生态脆弱区域,尽可能利用现存的基础设施,在现有基础设施基础上实施生态更新。

五是多样性生态环境原则。园林景观要素中林地、水体以及草地等人工景观,对生物多样性具有重要的意义。这些要素为生物生存提供生态环境。在生态园林建设过程中要利用仿生学原理,模拟恢复生物生态环境的自然状态,并在此基础上通过人工干预,为物种提供更为适宜的环境,维持物种多样性,达到稳定有序状态的演进过程①。

4.1.3.4　村镇生态园林构建的生态学基础

园林科学虽在不断地充实和发展,但我国学者对生态园林的研究还处于起步阶段,尚未形成完善的理论体系。生态园林在其形成和发展过程中,以生态学为基础,融合了景观学、景观生态学和植物生态学等其他学科的理论,主要如下:

竞争原理。竞争是生物间相互作用最常见的表现形式之一。由于生物生长所需的生态因子,如光、温、水等供应不足,植物的生长就会受到抑制,此时植物之间便产生了适者生存的激烈竞争。

共生原理。共生是自然生态系统中不同的植物体或者系统之间合作共存、互惠互利、共同生存的结果,使得所有共生植物之间都能够节约物质和能量,从而使自然生态系统在资源有限的情况下获得多种效益。

养分循环原理。生态系统养分物质循环,是自然生态系统维持自我生态功能的基础。生态园林属于人工植物群落的一部分,通过人为干预,园林系统能够根据循环原理,使物质循环往复,充分利用,形成良性循环,促进生态园林可持续化发展。

生态位原理。生态位指的是自然生态系统中某一植物种群所要求的生活条件。一个生态位只能容纳一个特定规模的植物群落。

他感作用原理。植物通过向体外分泌出特定化学物质,从而对邻近植物产生有害或有利的影响,这种种间相互作用被称为他感作用。熟知植物种间的这一现象,对生态园林建设具有重要的指导作用。

植物种群生态学原理。植物种群生态学主要研究植物种群数量、空间、年龄结构动态,探索植物种群本身量与质的动态发展过程的规律,了解自然地理环境和其他植物对植物种群动态变化的影响方式和效应。

景观斑块尺度原理。景观尺度内,若斑块越大,其内部异质性差异就会越大,而异质性景观在一定程度上有利于涵养水源,维持物种生存,保持种群数量,小型斑块内部异质性较弱,可以成为植物的避难所。

景观廊道连通性原理。景观破碎化使景观功能流受阻,景观廊道就是各个孤立斑块之间的联系,廊道有利于景观功能的发挥,廊道的连通性决定自然生态系统的物质循环和能量流动。

---

① 邵森,等.生态园林若干问题的探讨[J].山东林业科技,2005(1):82-83.

4.2　村镇生态园林建设的主要模式

4.2.1　宏观层面生态园林建设模式

宏观层面生态园林建设,指在景观尺度上基于总体的思想,从整体出发规划建设生态园林。尺度问题,是景观生态学的核心问题。以景观生态学"斑块—廊道—基质"为基础理论,应用生态网络体系"点—线—面"布局理念为指导[1],结合村庄内现有的各类园林以及绿地,充分利用村庄地形地貌,建立以村庄范围内绿地为基质,以环绕村镇的园林绿地为屏障,以村镇区域的水系网和路网绿化为廊道,以点状和块状园林绿地为镶嵌斑块的"一质、一环、二廊、多斑"为一体的绿色园林生态网络系统[2],实现绿色资源在空间上的合理生态分布,体现"村在林中、路在绿中、房在园中、人在景中"的园林基本结构与布局(图 4-1)。[3]

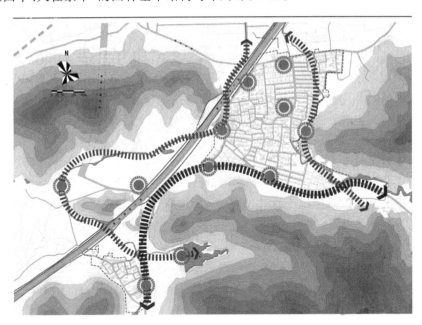

图 4-1　宏观层面生态园林建设"点—线—面"布局示例

① 傅伯杰,陈利顶,马克明,等.景观生态学原理及应用[M].北京:科学出版社,2001.

② 范宁.苏南新农村乡村聚落绿化模式研究——以苏锡常地区为例[M].南京:南京林业大学,2009.

③ 肖笃宁.景观生态学[M].北京:科学出版社,2005.

（1）一质——主体

对于自然村而言，"一质"指的是构成整个村庄的区域。而对于由多个自然村组成的行政村而言，"一质"则指的是行政村的行政区域。东南沿海地区村庄"一质"生态园林建设，实现"村村绿"和"村村美"能够为加快社会主义新农村建设提供良好的生态背景。以村镇生态建设、历史文化名村保护等为出发点，与村庄整治、"美丽乡村"建设、"安居、宜居、美居"建设、生态示范村建设和"森林村庄"建设等有机结合，根据东南沿海村镇独特的景观特点，构建具有多种功能（生态保护、历史文化保护和休闲旅游等）的社会主义新农村生态园林建设模式。努力实现生态园林的合理分布格局，以乡土乔木为主，乔灌草分层布置，常绿林、落叶阔叶林以及花木草等相互搭配，丰富园林群落结构，营造具有东南沿海特色的生态园林景观。

（2）一环——防护

"一环"主要指围绕村庄的林带（或山林），能够起到防护村庄，减少台风影响的作用。在东南沿海村镇区域，特别是水网密布地区的村镇，可加强水系驳岸的生态防护林建设。沿江以及沿海地区村庄需加强外围防风林的建设，而山区丘陵地带，地质灾害频发（山体滑坡）地区，其生态防护林建设尤为重要。围庄林带并不仅仅指环绕村庄的园林及绿化种植，而是根据地形地貌以及自然基底，在其需要采取防护措施的地方进行防护林的合理构建。在构建环绕村庄防护林时，可形式多样，灵活多变。同时，沿河和沿湖类型防护林带可在其发挥现有功能的基础上，因地制宜地设计一些游步道、凉亭以及分散的座椅等设施，提高村镇居民生活水平。

（3）二廊——通道

"二廊"指村庄内外的道路绿化廊道和村庄内外的水系绿化廊道。

村庄的道路廊道：村庄内外的路网绿化廊道包括主干道、次要道路和支路，以及兼具历史文化和村庄特色的景观路网等。根据村庄道路的位置、性质和功能，以道路网络为脉络通道，在村庄道路两侧栽植"乔—灌—草"相结合且层次清晰的植被，形成以落叶林为主体伴生常绿林的道路林网系统。对于东南沿海村镇而言，路网的绿色构建是展示村庄生态园林建设效果最直接的表现形式；丘陵区的村庄路网绿化是连接丘陵山地和村庄内外最重要的生态廊道。因此，村庄内外道路在生态园林建设过程中至关重要。

村庄的水系廊道：包括村庄内水系和其周围水系，在村镇河流、湖泊、沿海、沿江和沟渠水系等沿岸进行绿化建设（可结合区域特点进行防护林建设）。同时，充分利用现有水体的多种形态（水网、河、湖等），因地制宜地构建多层次、多结构和多功能的水网景观格局，并配置种植水生、半水生等绿色植物，起到涵养水源、净化水质，以及美化环境等作用。针对具有典型的江南丘陵水乡特点的东南沿海村镇而言，生态功能显著。

(4)多斑——基质镶嵌

"多斑"主要指村镇行政范围内的各类园林绿地、游园小品,以及庭院绿地等呈镶嵌点状分布的绿地景观布局。由于园林绿地的建设品质与村民的日常生活密切相关,最能体现园林生态以人为本的本质内涵,故需综合考虑绿地镶嵌体的空间格局、位置、生态功能与其景观特色等方面内容。随着东南沿海村镇经济的快速发展,村民对自身生活品质、周边居住环境,以及精神文化需求不断提高。基于"多斑"的村镇生态园林构建是该区域社会主义新农村建设的关键景观要素之一。

4.2.2　中观层面生态园林建设模式

通过对东南沿海地区村镇园林建设现状分析总结,包括其自然条件、动植物、水资源状况、人文历史等,根据村镇分类,将该区村庄生态园林建设模式划分为滨海防护型、生态经济型、平原生态型、山区休憩型、丘陵景观型等。在此基础上按照村庄定位进一步探讨东南沿海村镇生态园林构建模式。

(1)滨海防护型村镇生态园林

该类村镇生态园林主要分布在江浙闽沿海地区的广大村镇。沿海岸线自然环境优越,海洋资源丰富,是沿海广大村镇经济发展的重要基础。但工业发展带来的污染,使得这些地区的园林绿化跟不上经济发展的步伐。与此同时,台风和海啸等自然灾害以及沿海局部地区海域水体污染等,严重影响了村镇居民的生产和生活,且沿海滩涂盐碱地分布较广也在一定程度上制约了村镇生态园林建设进程。因此,东南沿海村镇的生态园林建设模式首先应以多层次防风林建设和滩涂地绿化改良建设为主要内容,积极构建"滨海多层次防护型"廊道,连镇通村,形成整体防护网络,同时,应加强培育和引进耐盐碱性较强的植物,以减少滨海地区的生态园林建设成本(图 4-2)。

建设策略:滨海防护型生态园林应注意在结构上具有多层次性、网络连通性、方向性和规模性等特点。条件许可情况下可配置引风林,其设置需结合挡风林的布局,充分发挥引风林组织气流的作用,引导台风安全穿越村镇,提高防护效果。构建村镇生态园林,需加强村镇周边的生物栖息地和河流水源地的保护,还需重视沿海滩涂湿地保护及生物多样性的保护与恢复。加强选育耐盐碱植物和抗风植物的推广栽植,提高滨海地区园林的防护效果。同时,在构建滨海区域生态园林时,可结合游憩绿地设置,充分体现滨海景观格局。

(2)生态经济型村镇生态园林

该类村镇生态园林主要依靠地域优势,因地制宜,建设具有特色的生态园林。一般情况下,这些村镇工业经济相对落后,农林业经济较为发达,生态环境比较优越(图 4-3)。村镇依据所在地区独特的优势,围绕一个特色产品或者产业链,实行专门化生产经营,实现一村一业发展。利用特色产业发展带动生态园林建设,形成

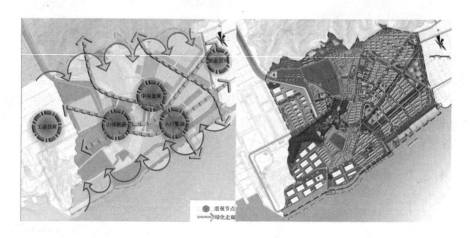

图 4-2　滨海防护型村镇生态园林建设示例

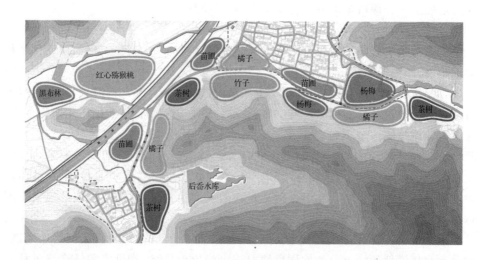

图 4-3　生态经济型村镇生态园林建设示例

富有地方特色的生态园林景观。村镇生态园林建设可围绕"生产发展,农民致富"的目标,结合村镇环境美化,利用家前屋后,场边隙地栽植乡土乔木、经济林果等,改善居住条件,增加林业收入。丘陵山地是村镇园林建设重要的生态面,多建设经济果木林、生态公益林、水土保持林,以提高生态园林建设进程。亦可结合"农家乐、渔家乐和旅游观光"等乡村休闲旅游项目发展特色园林建设。

　　建设策略:以该生态园林建设模式为主的村镇,以休闲旅游功能为主导,保留以往传统村庄的空间布局,容积率较低,具有绿化覆被的面积较广(农田土地范围宽广)。村庄范围内种植大量的经济林木,如:桃树、梨树、葡萄、猕猴桃、茶叶等。在构建生态园林时需突出源远流长的农耕文化和林木文化,可紧密结合农民种植的一些果园、菜圃等,开展乡村民俗旅游和农产品采摘活动,以增加村庄农民经济收入。在园林构建的树种、作物选择上,应以乡土树种、经济树种、特色农作物为主。在植物配置上,一般基于自然基底植物,采取粗放式管护,突出传统村庄的乡土气息。

(3)平原生态型村镇生态园林

东南沿海诸多村镇分布于平原地区,这些地区开发的历史较早,土地肥沃,湖塘和河道密布,是全国著名的鱼米之乡。随着工商业的快速发展,该区村庄人口密集,土地变更频繁,工业发达,大量园林绿化土地被占用,水系面积小,水体环境污染较为严重,这些现状限制了农村生态园林建设事业的发展。因此,平原生态型村镇生态园林建设模式以恢复村镇的生态环境为主旨,结合产业经济,加强工业区与农村社区的生态防护林带建设,营造"现代新型农村"的园林景观,从而形成生态修复、环境保护、区域景观特色的综合生态园林建设模式(图4-4)。

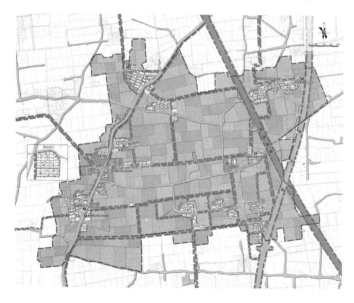

图 4-4　平原生态型村镇生态园林建设示例

平原生态型生态园林模式主要突出其居住功能,基本上保留传统典型的农村空间分布格局,房屋容积率较高,园林绿化面积较少,生态系统较为脆弱。村庄内部园林绿化可采取"见缝插绿"的方式,开辟游园小品。村庄外部的农田和空地面积宽广,结合村庄内部道路廊道和水系廊道构建防护林带体系,充分开发村庄特色景观斑块,使村庄园林建设达到以生态为主,兼具景观文化的目的,在规划设计时充分考虑水乡区域景观格局的稳定性和完整性。

在注重村镇生态园林建设的同时,加强对水乡区域景观整体的保护和对古镇的维护。在东南沿海经济快速发展的形势下,一方面需制止村域内破坏古镇景观,保护区域内特色景观斑块,构成生态园林的基底风格,体现村域特色。另一方面对于那些受到污染的村庄区域和水体,需要按照生态修复和防污抗污的标准,有计划地采取措施,加强生态园林建设,加速园林生态系统的恢复(包括受污染地的周围防护林带建设、河流廊道建设、田园风光基质建设、社区斑块等,并形成园林系统)。在形式上注重以线状绿地廊道为主,点状园林建设为辅。在建设风格上注重水乡景观格局的特色和保护,加强保护性湿地和防护林带建设,加强生态园林栽种植物的选择与应用。

建设策略:在河道生态化建设中可大力提倡生态驳岸建设,恢复和充分挖掘河道自净功能,提高河道的泄洪能力;在滨海滨河防护林建设过程中,靠近村庄居住区地段,注意建设生态园林斑块或者生态游园,设置休闲游憩场所或者沿河游步道(滨海游步道),满足游憩需求。同时注重水生植物和盐生植物以及防护抗污植物的配置,充分体现生物多样性和景观多样性特征。同时,生态园林建设形式可为村镇滨海、滨河多功能型绿带、工业区防护林带、湿地等。

(4)山区休憩型村镇生态园林

山区休憩型生态园林构建主要适用于东南沿海的山区村镇。由于区位因素,该类型的村镇工业经济相对落后,农林业经济较为发达,生态环境优越,其生态园林可围绕"生产——林业经济"的模式发展,突出"生产发展,农民致富"的中心目标,重点提高农林业的经济效益。该类型村镇生态园林建设可结合绿色一体化,将现有的速生经济林和果园的绿色背景与村庄园林绿化有机结合起来,突出经济果林建设,选择经济效益良好、观赏价值较高的经济林木果树等,形成规模种植(成带、成片),保证在获得林业经济效益基础上,增强其生态防护作用。

山区休憩型生态园林建设需充分尊重并结合行政区域内的自然基底格局,重点营造适宜的生态环境。保护水土保持林和生态公益林,发展经济果木林。要积极做好山区防护工程,减少该区域内的自然危害(如山体滑坡),为山区村镇生产、生活和生态奠定安全的景观格局空间,使生产、生活和生态三功能协调发展,促进宜居村镇建设。在上述景观基质建设的基础上,可利用山水相依或低丘缓坡的优越旅游环境条件,结合村镇周边的山体,构建景观风景林带,配置山体游憩园林和相关配套设施(小品、游步道等)。根据地方的特色农业和林业资源优势,大力发展当地特色的农林业和"农家乐"休闲旅游等产业,并在此基础上充分利用农村小城镇人居环境的优越性,多方位开展以农林业观光为主的休闲旅游形式(图4-5)。

建设策略:以山区简朴、原生态的生活方式作为旅游资源,建设山区村庄观光旅游项目,提高当地农民的经济收入,进而改善生活环境。加强诸如果木园等生态园林景点和建筑小品设置,增添游憩气息。其园林景点及建筑小品可就地取材,体现自然和简朴,如竹园竹亭、驳岸、竹廊长廊或花架等。加强村镇的山体公益防护

图 4-5　山区休憩型村镇生态园林建设示范

林保护工作,部分人工林改造成风景园林,在山体的裸露地带加强防止水土流失的垂直绿化工作。加强乡土文化遗产的保护工作,如古村落保护,其可结合农林业旅游观光项目,开辟乡村旅游通道,促进旅游业在村镇的纵深发展。园林建设形式可为林业观光果园、水土保持林、景观林、山体公园、地方特色风情园。

(5)丘陵景观型村镇生态园林

东南沿海大部分行政区域有较多丘陵地貌。这些地区地势变化显著,周围山体森林覆被茂密,具有良好的自然环境和怡人的气候条件。一般情况下,这些地区多数位于东南沿海的平原和山区丘陵过渡地带(市郊村镇),区位条件较好,便于人口集聚、产业集聚和基础服务设施建设,是周边城市居民节假日短途自驾游的热点地区,发展区域休闲度假具有优越的基底条件。与滨海防护型、山区休憩型相比,丘陵景观型村镇对自然资源的要求较低,更多侧重于工农业生产。由于地处东南沿海区域,经济发达,工业生产发展的速度远超过农业生产的发展速度,环境污染、耕地转化为建设用地状况较为突出。因此,在上述背景下,丘陵景观型生态园林建设重点在于首先要做好村庄规划,划定不同的功能区,按照规划要求有序进行园林绿化建设。其次,加强村镇周边和工业区周围的防护林带建设(可形成生态廊道),充分利用山水相依、丘陵缓坡、河谷等地形条件,按照景观生态学原理,依地势而建,营造景观功能齐全,环境优美的良好生态居住环境,积极发展旅游休闲度假项目(图 4-6)。

图 4-6 丘陵景观型村镇生态园林建设示例

建设策略：以突出地方乡土气息为主，营造农家特色景观，发挥植物物候季相特性，突出四季特色，注重香花植物群落和保健群落植物配置，实现春季赏花（群植海棠、晚樱、紫叶李等）、夏季避暑（取其幽美，林茂径深）、秋冬游园（鸡爪槭、红枫、马褂木、南天竹或蜡梅等）的旅游景观。在生态农业和农家乐、渔家乐的基础条件上，突出绿色农产品，以及突出以富有农业知识性、趣味性和参与性项目为地方特色，以休闲度假为主要内容的生态园林建设。通过村镇园林生态化建设，加强村镇区域环境卫生的治理工作，提升人居环境。同时，突出工业生产区的防护林带建设，加强防污染植物的配置选择。

4.2.3 微观层面生态园林建设模式

参考村镇的景观类型，从微观尺度将东南沿海村镇生态园林建设模式总结为公园绿地园林模式、道路绿化模式、水域绿化模式、居住绿地园林模式、单位绿地园林模式、生产绿地园林模式、防护园林模式和其他园林模式。

（1）公园绿地园林模式

在东南沿海村镇生态园林调研的基础上，从地域位置、生态景观基质以及交通便利条件、园林位置、规模以及服务人群等条件出发，划定主导类型为休闲型绿地生态园林和风景旅游型生态园林。

　　休闲型绿地生态园林建设服务群体主要是村庄内部及其周围地区的居民,应具备生态、村庄美化、休闲、聚集等功能,满足居民日常生活需求(图 4-7)。第一,普通型的村庄小园林分布最为广泛,其规模和分布范围主要受当地经济水平、居住人口数量、土地利用以及村庄规划等因素影响。因此,该类型园林通常以较小的游园或广场的形式构筑。园林建设秉承空间布置合理,层次明显和实用的原则。第二,市郊村镇园林主要分布于城乡交接地带,由于其特殊的区位因素,可起到分流市区园林压力的作用,其规划设计可参考城市生态园林建设标准,同时需突出村庄园林的地方特色。第三,新建小区化村庄园林建设,由于国家建设新农村政策的实施,东南沿海许多村镇都在进行小区化建设,故其自身的生态园林的规划设计可参考城市园林标准,同时可体现新农村政策下的乡村特色。

图 4-7　休闲型绿地生态园林建设示例

　　风景旅游型生态园林,该类型的园林主要是围绕村庄行政区域内的风景旅游区、历史文化古迹和产业经济等为主建设而成的生态园林。此类园林在为本村居民提供基本职能(生态、休闲、娱乐等)的基础上,其更多地偏向于对外提供风景旅游资源,为村庄居民提供更好的经济收益和就业机会(图 4-8)。第一,以风景旅游、文化遗产和古迹建筑等为主题的生态园林,在修复和保护性开发的基础上,充分利用遗留古树和乡土树种等优势,营造历史植物景象,使生态园林能够发挥其生态功能,让游人感受到优美的自然景观的同时,也能体会到悠久的人文历史文化气息。第二,经济果木型生态园林,其果蔬采摘、田园农耕等旅游实践活动是该类园林的特色。由于村庄规模的差异,可利用的耕地和林地相差明显。所以,一般园林面积不大,不能形成规模,但该类园林的种植品种较多,再加上合理的村庄规划,可形成分布合理,功能完善的生态园林。同时,可重点发展"农家乐",并结合生产型绿地园林进行布局建设。

图 4-8　风景旅游型生态园林建设示例

建设策略：在建设村庄园林绿地时，还应充分考虑老人和儿童的需求，比如增加休闲设施（落叶大乔木下设置座椅、长廊和石桌等），为老人设置聊天、打牌、象棋等设施，以及在周边适地放置健身设施，为儿童设置滑梯、栏杆和沙坑等。铺装一定面积的小广场硬质地面（广场砖或水泥地），便于儿童游憩。同时，还应配置一些夜晚照明设施，方便村庄居民晚间使用。此外，还可设置历史名人、传奇故事、雕塑和墙绘等，增加园林的文化气息。对于经济基础较好的村庄，可在村口或者中心区域设置园林广场和商业建筑，形成休闲集聚中心。

（2）道路绿化模式

东南沿海地区的区域差异明显，村镇道路条件复杂，各道路由于其区位因素造成功能和景观要求也存在差异，结合村镇区域特色和村庄实际用地可能性，划分为以下两大类型：生态交通道路型绿化模式和景观生活街道型绿化模式。

生态交通道路型指村镇中承担内外交通的主要道路，该类型道路除满足基本通勤功能外，还应具有视觉美感和环境保护的功能，其绿化方式以建设生态环保林为主，并兼顾景观功能（图 4-9）。其主要绿化内容包括道路隔离带绿化、道路两侧绿化等，针对进村道路和村庄内部道路区。进村道路主要处于村镇居民活动区的外围部分，有的连接城市干道，有的连接国道、省道等，其周边多为农田、菜园、果园、苗圃、林带等，故绿化应选择树干分支点较高、冠幅适宜的树种，避免绿化树种冠幅影响农作物的生长。而不与农田毗邻的主干道，可栽植冠幅较大的树木。乔

图 4-9　生态交通道路型生态园林建设示例

木下可配置灌木、草本等,进行分层设计,构建绿色生态廊道。一般道路可在其两侧栽植高大乔木,为增加绿化和生态廊道功能,可在乔木间种植大叶女贞、香樟等常绿小乔木,或者紫薇、茶梅等花灌木;针对较窄进村道路,为了保持通勤过程中能够看到田园风光,需要对乔灌木进行修剪,或保持一定间距种植灌木丛;自然村的乡间小路绿化可灵活布置,设置高大乔木或形成竹林相映景观等。村庄内主要道路,主要指村内各条与村庄内部干道连接起来的道路,具有车辆通行、村民步行等基本功能。该类型道路的使用频率较高,无须设置隔离带,只需要对道路两侧进行绿化,在不妨碍村内通行的前提下可适宜地种植落叶阔叶树种,起到遮阴、纳凉和美化等作用。人行道绿化应栽植行道树,充分考虑株距和树种搭配。在人行道较宽、行人不多的路段,行道树下可种植灌木和草本,以减少下垫面裸露,形成适宜的绿化带景观。村镇原始形成的主要商贸街道,由于路面较窄,行人通勤量较大,应结合种植灌木和草本等地被。道路两侧可种植分支点高的乡土乔木树种,也可栽植经济果木花灌木等,降低其树种单一性。

景观生活街道型,一般指村庄中的次要道路或支路,包括村内住宅间的街道、巷道等,属于连接道路,具有通勤集散功能,是村民步行、进行人际交流的主要承载空间。该类型道路是最接近村民日常生活的道路,对于住宅门口的绿化,可布置得温馨随意,作为庭院绿化的延续和补充。由于住宅周边道路宽度较窄,外加村镇建筑排列不整齐,住宅间距也不一致,道路延伸也不规则,其绿化具有一定的局限性。在植物布置时需具有针对性,在村庄环境整治的基础上,改善绿化和卫生条件差异的现状,以保证绿化实施的效果(图 4-10)。

图 4-10　景观生活街道型生态园林建设示例

(3)水域绿化模式

　　水域是村镇景观重要的组成部分,对村庄所属水域周边进行园林绿化工程,可提升河湖的引排功能、景观生态功能。一般来说,村镇水域主要包含湖泊、江河、小溪、水库、沟渠、池塘等。就东南沿海地区而言,河流、小溪、沟渠以及池塘等分布广泛,是村镇水域的重要组成部分,也是村镇水域绿化的重点。按水域所处位置可划分为村镇外部功能型水域和村镇内部景观型水域。

村镇外部功能型水域的绿化模式以防护为主题,兼顾景观和经济效益。村镇周边水域直接影响进村水质状况和村民生活整体环境。可通过科学配置植物群落,构建具有东南沿海村镇特色的景观生态屏障,净化水体,提升环境质量(图 4-11)。

图 4-11　水域绿化模式示例

河流,平原地区的村镇河流一般为小支流,河床较平,水量较小,故绿化时重点进行生态修复措施:靠近堤岸的缓坡,可配置具有发达根系的地被植物以保持水土;堤岸上方可栽植经济果木,在构建良好河堤景观的同时,为当地村民带来一定的经济收益;对人为破坏较为严重的滨水植物,参考自然水岸植物配置,对其进行修复;针对水流较小、河道较为曲折的小溪,在进行绿化操作时,应尽量保持其原始状态,适当在两侧种植野生花灌木;靠近村庄的河道绿化可选择树干较直、树形美观、长势良好、生存能力较强、防病虫害的树木。

沟渠,村庄周边人工挖掘的供水、排水沟渠(分为泥土质河床和水泥硬质河床),其中水泥硬质河床阻碍土壤水气交换和水分渗透,破坏了生态环境,在进行水域绿化时应注重生态修复;对于较宽阔的沟渠,可建设缓坡近自然河岸,堤岸上栽植成排树种的林带,形成"两岸绿树并一水"的园林景观模式;对于水域面积较窄的沟渠,在其两边列植较低矮的果树,减少水分渗透和水土流失。

池塘湖泊,一般情况下,村镇外围的湖泊面积较大,其周围自然基底较好,只需稍微进行绿化布置即可;对于那些人工砌筑的驳岸池塘湖泊环境,以恢复为主,进行堤岸植树种草,形成友好型边缘绿化景观。

村镇内部景观型水域,其人为构建痕迹明显(主要以构建景观为主),在此基础上具有一定的生态功能。村庄内部水域应尽量保持其原有状态,其更新绿化主要为种植小乔木和花灌木,水岸交错地带配置水生植物。

河流,村内河流一般处于较为原始的状态,适当进行园林绿化操作,即可为村民休闲游憩提供场所;当河流距离村民房屋建筑较远时,可在保护堤岸原有植被基础上进行生态园林配置;在河流较宽、经济基础较好的村镇河道园林绿化建设中,可适当预留一定空间,用以配置园林小品等,可进行园林式滨水生态公园建设,提升园林绿地档次;村镇内部河流(在满足生活水质的前提下)多修有方便村民洗衣洗菜的台阶,在台阶附近配置高大乔木,提供遮阴且营造良好的生活交往空间;村内河流一般岸边裸土较多,以地被植物为主,兼有乔木,进行改良后,恢复其自然景观。

沟渠,村镇内部沟渠较为少见,通常出现在村庄的菜园周边;自然缓坡沟渠种植需水量较大的蔬菜品种,人工沟渠则是种植乔木进行绿化(图4-12)。

图 4-12   村庄水域绿化模式示例

池塘湖泊,村镇内部较少存在湖泊,以池塘为主,但池塘很少有地面入水口,其主要补给水源为地下水,绿化整治工作主要对池塘水边坡进行适当修复绿化;边坡绿化可建设生态护岸,配置能够保持水土的地被植物;池塘周边一般不会有开阔的绿化范围,以常绿灌木沿岸绿化为主,零星种植树形美观的观赏树种为辅;对于周边较开阔的水塘,可配置围合的防护林带,用于排除外界对水域的干扰。

（4）居住绿地园林模式

村镇居住区绿地主要指房前屋后、房屋院墙的院落绿化。居住区绿地是村镇内分布最广、与广大村民生活最直接相关的部分；从满足村民生活需求和休闲的功能出发，在对庭院类型和环境基础条件分析的基础上，把村镇居住绿地绿化园林划分为以下两类：

新建居住区园林绿化模式，这类农村居住区园林绿化参考城市居住小区绿化建设标准，一般都是经过合理的规划与设计，并结合地方特色（区域环境、村民生活娱乐需求等），其中城乡交错带的居住小区园林绿化往往体现城乡一体化的景观生态园林风格；山区和水网密布区域主要体现丘陵山冈和水网乡土景观，通过营造植物群落尽量还原村庄田园生活（图 4-13）。植物配置应该注重地方乡土树种，与彩叶树种、花灌木进行合理复层配置种植。对于面积较小的村庄庭院，可采取"见缝插绿"、垂直绿化等方法，通常采用景观意向较好的植物群落，在垂直墙面配置爬墙藤本植物，有条件的村庄可在屋顶种植小乔木和灌木以及花草；面积较大的庭院，首先在对空间合理规划设计的基础上，采用传统绿化和农业经营相结合的方式，合理配置植物、果园和菜园等，打破传统城市化园林庭院绿化模式，还原生产生活，增添农家文化。

传统村庄庭院绿化模式，该类庭院是保留村庄居住形式最多的，由于其建设时间较早，故庭院没有经过任何的规划设计，绿化出现极端化（要么绿地面积过大，要么没有任何绿化），并且绿化多是村民根据自己的偏好选择花木和果蔬。这种庭院绿化模式应遵从生态性、适用性以及居民习惯进行规划设计。根据庭院面积、家庭经济条件等，可将该类型庭院划分为以下几种庭院园林绿化模式：

一是果蔬型庭院绿化模式，主要指在庭院内栽植果树和蔬菜，在绿化庭院的同时，还可带来一定的经济效益。该类型的园林绿化模式适用于具有果木管理经验的村庄，农户可根据自己的喜好，在庭院内小规模种植各类果树和蔬菜。在东南沿海村镇，可发展"一村一品"工程，选择一些果树如柑橘、枇杷、金橘、杨梅等树种，既形成统一的村庄绿化格局，又可获得可观的经济效益。经济果木需根据当地情况选择适生本土果树，可采用 1～2 种作为优势树种，根据果树的生物学特性和生态习性进行科学合理的搭配。在路边、墙角下可开辟菜地，栽植辣椒、西红柿、豆角等蔬菜。可在院里角落棚架上栽植丝瓜、葡萄等攀缘植物来覆盖，在形成别致景观的同时，又具有遮阴和纳凉功能。

二是林木型庭院绿化模式，主要指庭院内栽植经济林木，促进庭院绿化，其可充分利用空地，栽植高产的经济林木以获取经济效益。庭院绿化宜选用乡土树种，以高大乔木为主，树种选择上应尽量以速生用材树种为主。针对屋前空间较大的庭院，园林绿化需要同时满足夏季遮阴和冬季采光的要求，以落叶阔叶为主，但植树规模不宜过大；对于屋前空间较小的庭院，可在较小空间隙地栽植树形优美、树

图 4-13　居住绿地园林模式建设示例

冠相对较窄的本土树种。对于较老宅基地,在保留原有树种的基础上,可适当栽植速生用材树种(水杉、池杉等);清理原有密度过大树种,但尽可能多地保留乡土树种,如桂花树、银杏等。在庭院内部栽植树木需要考虑分支高度,选择较高分支树种,并确定合理的株行间距。

　　三是花草型庭院绿化模式,旨在结合庭院改造,以绿化和美化环境为目标的园林绿化模式。该类型园林绿化模式通常在房前屋后就势取景,灵活设计。可选择村庄常见的观叶、观花、观果等乔灌木作为绿化材料,绿化形式以花坛和盆景为主。花草型庭院多出现于房屋密布、地面硬化程度高、经济条件较好但是可绿化面积有限的村镇。房前一般布置花坛、廊架、绿篱、盆景等,为了不影响居民房屋采光,一般不宜栽植高大乔木,主要以花灌木为主,有时为夏季遮阴也会布置树形优美的乔木,如香樟等。屋后庭院一般配置竹、花池或者苗圃,以竹园、银杏、水杉、池杉等乔木为主。由于屋后不涉及居民采光问题,故可配置一些常绿树种,如松树、扁柏、广玉兰等。花草可选择一些可粗放管理的一年生或者两年生草本花卉,并合理搭配。东南沿海村镇常见栽植的园林植物有茶梅、鸡爪槭、木槿、石楠等;常见绿篱植物有小叶女贞、金钟花、黄杨、连翘等。

四是综合型庭院绿化模式,该类型园林绿化主要是上述几种模式的不同组合,也是东南沿海村镇最常见的村庄庭院绿化模式,表现为以绿化和果树林木为主,以灌木、花卉和草皮为辅。庭院绿化形式可依个人喜好,一般采用林木、果木、花卉、灌木以及常绿和落叶乔木等植物合理配置的方式,在绿化时因地制宜,针对实际条件(根据建筑布置形式、庭院空间大小)等,选择不同的园林绿化方案进行组合。植物配置在满足庭院基本生活要求的同时,更需要兼顾庭院美观,体现农家整齐、简洁的生活格调。庭院可采用栅栏式墙体,以灌木作为基底植物,修剪成近似等高的绿篱,在体现生态、美观的同时,具有一定的实用性。农户可根据自己的需要和爱好选择植物配置,自主规划设计,实行乔灌草三层结构。综合型庭院绿化将花卉、果蔬和林木有机组合在庭院中,构建出丰富的景观效果。

(5)单位绿地园林模式

在东南沿海地区村镇范围内,企事业单位较多(村委会、学校、企业、工厂、卫生院等)。这些单位的生态园林构建非常重要,是对外展示宣传的重要窗口,其生态园林规划设计需结合单位的性质、区位、功能以及现有条件等进行综合考虑。根据东南沿海地区村镇生态园林建设的调查和分析,在综合考虑地域特色、绿化风格和村庄整体绿化景观的基础上,建议村镇级企事业单位采用"花园式"生态园林构建模式。

针对各单位不同的可用绿地面积,分为以下几种情况:一是单位内外绿化面积均较为充裕。可在外围设置一定宽度的绿色屏障(起到隔绝内外的作用),其内部根据建筑的类型和分布,合理规划,采用不同的绿化方式,注重美观和谐和生态环保。同时,可考虑垂直绿化和屋顶绿化,丰富单位内部绿化层次。二是单位内部绿化面积较小,外围充裕。主要加强外围绿化,可形成包围式绿化围墙,补充由于内部绿化用地较少的短板;内部绿化主要采用"见缝插绿"的方式,配置小型植物,形成丰富的绿化景观。三是单位内部绿化面积充裕,外围绿化面积较小。针对这种情况,可在单位内部和外围相连接的地段设置一定宽度的绿化廊道,内部除必要建筑外,其他空间可合理配置乔灌草等植被。基于单位性质,根据建筑物的功能差异,进行绿化的合理规划布局。四是单位内部和外围绿化面积均欠缺。首先在考虑单位是否有必要建设"花园式"绿化格局,是否需要考虑标准绿地率的基础上,其绿化配置模式可灵活,通过"见缝插绿"、墙体垂直绿化和屋顶绿化等方式,尽可能配置绿化,提高单位绿化率。

针对村镇的行政中心镇政府和村委会,院门内外和主楼前应是园林绿化的重点。单位内部绿化注重增加空间层次和植物配置季相变化,院内空间除配置停车位外,其他区域均可成为绿化空间(可铺设草坪、栽植花灌木和乔木等)。建筑附近可设置座椅等设施,旁边栽植防虫遮阴的落叶乔木,方便前来办事的人员的短暂休息,也可根据实际情况适当布置花坛,栽植草本或木本花卉。可选择较为鲜艳、花期较长的花卉,按照中间高、四周低的形式布局。针对有围墙的单位进行绿化时,在外围栽植柳树、法国梧桐等高大乔木,林下可散布一些观赏性灌木,如:石榴、茶梅等。对于村委会是多年的老房子,其建筑周边也没有规划好的绿化用地,绿化时要注意保留原有树木,在适宜的地方栽植乡土植物。

针对企业、工厂等单位,绿化的主要功能导向为卫生防护、遮阴、降温、隔热和防风等。根据当地自然环境条件栽植适宜树种,并选择有抗性的植物。规划布局要简洁统一,一般采用规则式布局,植物配置不能影响建筑物和管线合理使用。针对企业和工厂的具体情况,因地制宜地进行绿化布置。工厂内部绿化在满足其基本功能的同时,还需保证交通运输的通畅,道路两旁不宜种植高密林带,避免污浊气体滞留,建议配置疏林地和草坪。

(6)生产绿地园林模式

随着城市化的快速发展,部分农村生产活动减少,生产绿地也逐渐减少。绿地建设规划时需尽可能地保留这些绿地用地。生产绿地在形式上属于村镇绿化内容的补充,在发挥生态功能和景观效果的同时,更多的是获取经济效益。结合村镇的区位和村庄产业的主要作物,把生产绿地划分为农田绿地模式和经济林绿地模式。

农田绿地模式,该类型主要适用于平原地区的村镇,通常以种植蔬菜、农作物和苗木等为主,如:村民日常生活所需的瓜果蔬菜。这种绿化模式既保证了农村土地的合理使用,又为村镇生态环境添加更多绿意(图4-14)。

经济林绿地模式,此类绿地模式主要针对地处丘陵山区的村镇,以种植果树和苗木等为主。一方面村民可以自产自足,还可以开展果园采摘项目;另一方面,种植桃树、柑橘、杨梅、梨树、茶园和竹园等可提高村民经济收入。与此同时,栽植的苗木品种可多样化。

(7)防护园林模式

村庄的防护园林主要指村庄内部的防护林带,对于较小的自然村而言,只需建设围绕村庄的林带,不仅具有防护功能,还可以充分利用空间提供居民休闲游憩场

图 4-14　农田绿地模式建设示例

所；对于较大村庄而言，可根据村庄的大小和内部结构布局合理布置绿化防护林。根据防护园林的功能差异，将园林绿化模式划分为单一防护林带模式和休憩防护林带模式。

单一防护林带模式，该模式主要针对较大村庄的防护林带建设，通常结合城市防护绿地的规划方法，配置道路防护林带、防护隔离带、围庄防风林带等综合防护林，其中防护隔离带和围庄防风林带可配置相应娱乐休憩设施。

休憩防护林带模式，该模式一般针对较小的村庄防护林建设，主要在村庄周围建设围庄林带。由于村庄面积较小，围庄的防护林很靠近村民生活区，村民可充分利用周边环境条件。在具有防护功能基础上，修建一定的娱乐休憩设施，如：座椅、步行栈道、建筑小品等，可发挥景观美学和生态功能的双重效果。

建设村镇防护林带应考虑村庄外缘地形和现有植被基底等因素，因地制宜地合理配置。配置林带需要与村庄所处的盛行风向垂直分布（或呈 30 度以内偏角），并尽可能保持防护林带的连续性，以提高防护功能。防护林带的种植方式一般采用规则式，株距因树种差异而设，也可进行混交林栽植。园林防护林的绿化采用乔灌草相互搭配的形式，种植树形高大、树冠枝叶繁茂的乔木，应偏向选择速生树种，以便尽早发挥林带的防护作用，也可栽植经济林木，如：银杏、榉树、柑橘、梨树、杉木、板栗、核桃、毛竹等，在起到防护村庄作用的同时取得一定的经济效益。

（8）其他园林模式

村庄中除上述庭院、道路、河流以及单位绿地外，还会存在一些可绿化的零碎隙地，如公共基础设施旁边。由于这些公共基础设施较为分散，是否能够充分加以利用,对能否提升一个村庄的整体生态园林建设水平有重要意义。由于空隙地分布较为分散,通常采取"见缝插绿"的建设模式。

针对村庄垃圾收集点附近空地,可采用小叶女贞、冬青、毛竹等枝叶茂密植物遮挡的方式进行美化。村庄公共厕所设施使用频率较高且不宜隐藏,其周边绿化采用半遮挡的方式进行处理,一侧种植略微高大一点的小乔木(枝干分支较低),墙体使用攀缘植物垂直绿化,使绿化的同时兼具净化空气、安全性和遮蔽功能。村庄菜园周边的绿化一般采取散植和围合两种方式。散植绿化是指菜园内栽植一株或散种几株小乔木(主干明显、冠幅较小),如水杉、池杉、梨树、杨梅等枝下高在 2m以上的树木,这种配置方式可避免高大树木的遮阴,影响到地面的蔬菜生长。菜地的边角处空间较大,可栽植冠幅较大的落叶乔木,方便夏日劳作休息。围合绿化是指大片种植的菜园的外围进行的绿化。通常选择低矮的灌木,成排成带种植,形成绿篱。小乔木的种植与菜园地的距离不宜太小,需要考虑林木间隙,保证菜园蔬菜的良好采光。树种选用树冠整齐、形态美观、具有观赏价值的经济林木。针对住宅旁边的小块菜地绿化时,可在菜园四周栽植绿篱等。

4.3 村镇生态园林建设的保障措施

东南沿海村镇生态园林建设过程中存在许多不科学经营、技术、管理措施等问题,使村庄的生态环境遭到了破坏,应引起高度重视。因此,需要采取措施从根本上改变村庄的园林绿化现状。首先,政府的大力扶持和正确引导是村镇生态园林发展的基础,政府资金的投入以及必要制度保障必不可少。其次,充分考虑村庄的基底特色,因地制宜,彰显区域特色,避免东南沿海村镇生态园林建设千篇一律。此外,生态园林建设配套的管理和服务措施也是村镇生态园林建设的重要保障。

(1)明确职责,各主体各司其职

村庄生态园林类型多样,涉及村庄住户较多,村民与村庄道路、水系、宜林绿地之间的绿化建设可能产生矛盾。因此,对于村庄生态园林建设,其主导是政府统筹。政府相关部门在村庄绿化建设中,应做好协调工作,避免矛盾的发生。在政府部门的推动引导下,充分发挥各级职能部门(林业、交通、水利、城建等)的作用,积极做好组织工作,将责任落实到各家各户,甚至可具体到某个地块种植点,切实做好管护责任制。完成生态园林建设后,还需落实到管理队伍、责任到人,全面推动村镇生态园林建设工作的有序开展,从而达到预期效果。

在村镇生态园林建设过程中,政府相关部门始终扮演着重要的角色。东南沿海村镇相对于大中城市还比较落后,生态园林建设比较薄弱,再加之农民生态意识较弱,这就更加体现政府引导的重要性。

（2）加强宣传，提高村民园林生态意识

对于东南沿海村镇生态园林建设，当地广大居民不仅是最直接的受益者，更应该是生态园林建设的参与者。村镇居民是生态园林建设的主体，政府相关部门需要参考当地群众的意见，以便更好地了解当地情况，制定适合当地生态园林建设发展的政策。此外，东南沿海村镇生态园林建设，更需要村镇居民的参与和支持，居民在居住区内部及周边配置"树、花、草"意识以及居住生态环境美化意识的加强，都有利于生态园林建设在东南沿海地区全面铺开。政府相关部门加强宣传，提高村镇居民生态建设的自觉性，使村镇居民积极地参与到村镇生态园林建设中。村民通过自觉绿化、主动美化周边环境和积极配合实施生态园林建设政策，成为促进村镇生态园林可持续发展的中坚力量，这将大大促进东南沿海村镇生态园林建设进程。

因此，政府相关部门需要广泛宣传村镇生态园林建设工作在新农村建设和绿化美化工作中的重要作用和意义，切实提高广大村民的义务植树、绿化和环保意识。引导村民充分认识到改善周围居住环境不仅仅是各级政府的事，也是每一个人的义务和责任，从而自觉地在庭院内外、房前屋后栽植花木。

（3）顶层设计，加强规划约束

村镇生态园林建设受不同层次规划的指导和制约。一般情况下，城镇体系的园林系统的规划编制包括行政范围内的村庄园林规划。国家城乡规划法的出台，促进了控制性规划的范围从城市环境到农村环境，其内容从道路、房屋建筑等领域发展到村镇生态园林领域。对村镇规划的重视，能更好地促进村庄生态园林建设的健康发展。

因此，需完善各级部门规划建设管理制度。据调研表明，东南沿海地区村庄的基层行政单位暂无专门建设管理机构或负责人，需设立专门的建设管理负责人，负责村庄园林规划建设的落实与后期管理。借鉴许多国内外村庄生态园林绿化建设长期实践中形成的园林建设的程序，结合东南沿海地区村镇实际情况，可实行"参与式规划"：由规划设计师提出规划草案，再组织民主评议，同时邀请专家论证，在此基础上再修改，再评再议，直到满意为止，最后批准实施建设。

（4）因地制宜，多种园林构建模式结合

东南沿海地区村镇区域广阔，各村庄经济发展水平、地理条件、社会人文等方面差异明显，村镇的建设也存在快慢和高低之分，相应的生态园林建设水平也参差不齐。因此，在探讨东南沿海村镇生态园林建设过程中，不宜强调同一个模式、方法或者标准。应从村庄自身实际出发，注重实效，避免形式主义和形象工程，摆脱"千村一面"的尴尬境地。

本章所提出的不同类型的村镇生态园林建设模式，是为不同类型及特点的村镇提出相对较为可行的生态园林建设思路。很多村镇并非单纯属于所列的其中的一类,而是两者或多者的结合。因此,东南沿海村镇生态园林建设在综合评价相关要求和内容后,可进行混合型的生态园林模式建设。

(5)改革创新,形成公共治理格局

东南沿海村镇生态园林建设规划意识还较为淡薄。政府相关部门可广泛发动和组织各科研院所、设计和施工单位开展村镇生态园林建设技术进村服务,制定政策来鼓励和引导设计单位和技术人员根据实地调查分析,结合村镇居民意愿,提出适合当地发展和特色的村镇生态园林建设方案。对于村镇生态园林建设,还存在很多不完善的地方,而其监督、管理的欠缺更是急需解决的问题。这些监督管理工作尚需园林绿化管理人员的参与。因此,相关专业人才队伍的建设对推动村镇生态园林建设事业有重大影响。

4.4 村镇生态园林建设的北仑示范

4.4.1 东南沿海村镇生态园林建设模式的技术关键

村镇生态园林充分发挥其在生态系统中的还原功能,实现其定位作用,须满足两个技术关键:一是合理的村镇园林结构布局;二是充足的分布绿量。合理的生态园林布局,可使绿色空间渗透到村镇的每一个角落,从而控制住村镇的生态脉络,提高其生态功能;足够的分布绿量可释放充足的氧气,提供美学享受,发挥园林在村镇中的生态位作用。为了保证村镇有足够的绿量,就得结合村镇的具体情况合理地配置园林技术。要实现这些园林技术,关键需要大量的园林植物,因此苗木提供的保障体系建构也就显得非常重要。实现上述体系构建需要经济政策的保障、各种培育技术的提高和管理技术的科学化等[①]。

(1)布局构建

传统的村镇园林系统布局是在前期村镇总体规划之后的补充,对村镇的生态机理影响不明显,也无法实现生态园林在村镇生态系统中的定位作用。生态园林的布局构建应参与到村镇的总体规划中,宏观控制村镇绿色生态脉络,其核心内容是顺从村镇的生态机理,将村镇生态园林进行系统化布局,生成生态廊道,连接各廊道和生态节点,从而形成村镇绿色生态网络,最大限度地发挥其生态功能。

(2)指标构建

在合理的园林布局的基础上,还需要充足的绿量,才能真正实现村镇生态环境的改善,因此指标规划是村镇园林系统生态构建中的必要环节。绿地指标是村镇

---

① 姜基利.小城镇园林绿化存在的问题与发展对策[J].吉林农业,2010(10):146.

园林生态化水平的基本标准,其反映一段时间内的经济水平、村镇环境质量及文化生活水平。

在一定行政范围内,绿化覆盖率达 50% 以上,才能起到改善局地气候、衬托村镇景观、美化城市的作用。但对于东南沿海区域村镇,各村庄人口差异明显、村镇发展不平衡、村镇之间自然社会条件差别大的特殊情况而言,该类指标只能作为参考或者是村镇生态园林发展的理想目标。指标规定必须切合当地实际,既不能太过保守,又不能盲目追高。一般情况下,根据村镇的性质、人口数量规模等来确定,规划部门可根据相关指标公式计算每一村镇所需的人均生态园林面积。根据不同村镇具体情况制定好人均绿地面积,再根据此指标确定村镇园林建设的其他指标等。在具体制定村镇绿地指标时不能"一刀切",需切合实际情况,确定相应的规划指标。

(3)苗木保障体系构建

苗木保障体系包括树种规划和生产绿地规划等。树种规划为村镇生态园林建设苗木培育提供引导方向;随着苗木培育范围的不断扩大,选择培育的结构将不断丰富村镇园林树种,这也促进了树种规划的不断更新。根据生态学上"物种多样性导致稳定性"的原理,村镇生物群落及其多样性对于村镇景观的长期稳定协调至关重要。

树种规划是村镇生态园林系统规划的重要组成部分,是园林绿地的主要构成要素。树种选择和规划是在遵从生态学原理的基础上,对村镇绿化树种做全面的、系统的安排,发挥植物的光合效能,维持种群的稳定性,适应村镇的具体生态环境,保证物质循环和能量流动的正常运行。因此,配置园林时选择适合当地的自然条件,能很好地保护环境和结合生产,充分发挥生态园林的多种功能,反映生物多样性效应和地方特色及传统历史文化的树种。

生产绿地是村镇生态园林建设的重要保障,生产绿地提供的苗木的质量、数量将直接影响到村镇生态园林建设的成效。苗圃是苗木生产基地,是村镇园林生态化的物质基础。遵从绿色网络规划理念,在保证苗木生长所必需的立地条件前提下,尽可能与当地实际情况相结合。建议东南沿海村镇从生态和美学角度出发,实现生产绿地苗木品种乡土化和多样化。

(4)生物多样性保护体系规划

生物多样性是指自然界广泛存在的动物、植物和微生物,其每一个体所拥有的基因以及由此所组成的错综复杂的生态系统。从层次上可分为遗传多样性、物种多样性和生态系统多样性等三个层次[①]。对于村镇水平而言,村镇尺度生物多样性是区域内生物间、生物与生态环境间、生态环境与人类之间的复杂关系的综合,

---

① 俞孔坚.生物保护的景观生态安全格局[J].生态学报,1999(1):8-15.

是村镇中自然生态环境系统的生态平衡状态的简明概括。根据生态学上多样性导致稳定性的原理,村镇生物群落及其多样性对于村镇景观的长期稳定协调至关重要。一方面,村镇生物的存在,丰富与充实了村镇景观的生态学内涵,增加了村镇景观的自然度;另一方面,生物多样性的丰富和异质性的增加使得村镇生态系统的物质循环、能量流动的渠道和方式多样化、复杂化,进而增加其抗干扰的能力。

针对有基底条件的村镇,通过建立自然保护区或者森林公园,来规划、重建和维护本地原生生态群落、次生生态群落,从而在村镇外围形成多层次、规模型、复合型的稳定的园林生态系统,为野生动物提供一个良好的栖息地和避难所,为昆虫、鸟类等野生动物的引入创造良好条件,使整个园林空间更加异质化,极大丰富物种多样性。

(5)经济技术及政策保障体系构建

生态园林建设并非一次性投资建设,而是一种长期不断投入的建设事业。为了保障东南沿海村镇生态园林按质、按量地顺利推进,需要大量的技术投入,政策、法规的加强,专业人员技能的提高以及村镇居民环保意识的增强等①。

技术管理措施方面,主要从几个方面实施:首先,引进地理信息系统技术,强化"科技兴绿"。东南沿海地区村镇较多,管理范围较大。村镇生态园林建设是一个动态发展的过程。随着村镇的发展,对园林绿地提出生态、景观及功能的不同需求,只有借助 GIS(地理信息系统)技术,才能及时反映园林网络的细微变化,进而实行相应措施。其次,引入"绿线"管制。参考村镇规划中常用的用地细分和属性管理办法,通过细致、深入、全面的规划研究,在统筹分析、平衡利益、解决矛盾的基础上研究相应的村镇绿线管理园林,为生态园林的规划、建设和管理提供依据。再次,建设园林绿化科研机构。园林绿化应用植物的科学研究是村镇园林绿化建设的基础工作之一,建立、健全园林绿化科研机构,开展园林植物的育种和引进试验,加强村镇园林绿地系统生物多样性的研究。最后,加强专业队伍素质建设。生态园林建设是一项系统工程,涉及的专业广泛,知识更新快,适地应变概率大,技术要求高。因此,有必要对专业人员进行定期培训和业务素质考核。相关管理部门应该培养一支门类齐全、敬业高效的专业队伍。

行政性措施方面,主要通过完善管理结构、行政干预和强化生态环保意识教育这几个方面内容实施。进一步建立、健全村镇绿化管理结构,保证村镇园林绿化工作的正常开展,相关部门要加强技术指导,针对村镇园林绿化工作中出现的问题,拟定有关政策、措施,指导村镇园林绿化健康发展;村镇园林绿化建设应与村镇其他各项建设同步发展,由归口部门统一管理,各建设项目审批中应包括园林绿地建

---

① 陈晓华,张小林,马远军.快速城市化背景下我国乡村的空间转型[J].南京师范大学学报,2008(3):125-129.

设的相关内容;宣传村镇生态环保的重要性,向村民公布村镇园林绿地规划的内容及其对生态环保的宏观作用,对居民进行村镇生态环保的知识教育,组织居民参与各项绿化活动,提高其园林绿化意识。

经济性措施方面,从以下几个方面实施:在项目基本建设投资中应包括配套的园林绿化建设资金,须专款专用;根据各村庄自身特点,可制定相应措施,多方集资用于园林绿地建设及维护管理;村庄公共园林绿地,可划分出一定比例面积作为园林部门多种经营用地,增加园林部门收益,保证园林绿地的日常维护和管理。

法规性措施方面,坚持贯彻执行相关的政策及法规,使村镇园林绿化有法可依,有章可循。贯彻执行上级规划部门颁发的相关园林绿地管理条例,可根据各县市区自身条件将土地的绿地率列入法规内容。在村镇规划时,保证村镇园林绿地建设用地供给。调整农业产业结构,保证绿色通道、隔离带和森林公园建设用地,鼓励和支持农民调整产业结构,兴建观光苗圃、经济林和生态林,加快村镇生态园林建设进程。

4.4.2　北仑区村镇生态园林建设可能模式选择

柴桥街道在村镇生态园林建设中已经取得了显著的成果,其生态园林建设规划编制工作基本完成,并积极开展了一系列生态园林创建工作。如"柴桥添绿我参加"启动仪式,其后在辖区内的河头和穿山等村开展了创森植树基地义务植树活动,免费发放数千棵银杏、杨梅、红豆杉等珍贵树苗给辖区居民。柴桥万景山公园也投入使用。配合北仑区森林游步道建设,柴桥街道经过合理规划,精心设计路线,严格施工,建成 17 公里长的游步道,并根据各村庄特色,沿着游步道设计建设不同类型森林小品。在村镇的立体绿化方面,下辖的河头村对村内建筑物的立面、屋顶、地下和上部空间进行多层次、多功能的绿化和美化,在沿溪坑路旁种植了爬山虎、竹柏、墙挂常青藤等。

同时,北仑区柴桥街道瑞岩社区下各村庄是在长期自然经济基础上形成和发展起来的。该区集体经济迅速发展,以花木种植为主,道路以及河道绿化率较高,生态园林建设基质较好。因此,该区以花木种植为特色产业,生态园林建设可考虑将花木景观扩充,形成该区的生态特色"名片"。

在宏观尺度上,可遵从景观生态学原理,将柴桥街道瑞岩社区不同的生态功能区有机相连,形成生态功能较好的区块。如已经完成编制的《瑞岩农村社区建设规划》,将瑞岩社区划分为社区生活集聚区、花卉产业区、观光休闲区、旅游服务区 4 大功能区块。后期可通过建设生态廊道将各功能区的生态园林有机地连接起来,形成生态网络,发挥园林生态功能。

在中观尺度上,根据瑞岩社区现有自然基底,以及各村庄实际情况,可选择生态经济型村镇生态园林、山区休憩型村镇生态园林、平原生态型村镇生态园林建设模式,有些村庄可综合三种模式中两种或三种模式进行生态园林建设。

在微观尺度上,可根据村庄现有建设状况,在生态园林建设的同时,需注重村镇绿色空间环境构建。首先,村镇外围绿色空间。村镇行政界线内山水田林是最主要空间,其对调节村镇气候,改善农业生产环境和生态环境有直接效果,可营造防护林等生态公益林、农田地埂造林等,形成村镇绿色大背景。其次,村镇内部园林绿化。居住区绿化是村镇生态园林化的核心和焦点,对改善村镇居民生活环境有直接意义。可在公共用地、居民庭院、街巷等地开展绿化建设,改善小环境。最后,村内村外绿色生态廊道。依托各级道路,形成高等级道路绿化廊道,在生态园林村范围内形成动态绿色景观,达到步移景变的目的。通过生态廊道,将整个村镇绿地连接成有机、完整的生态系统。

4.4.3 北仑区村镇生态园林建设的示范应用与保障举措

随着北仑区城乡一体化进程的不断推进,从生活、生产、生态角度出发,探索村镇生态园林建设模式,对于解决"三农"问题,实现十八大提出的建设"美丽乡村"目标,是一条可行之路。与此同时,北仑区村镇生态园林建设中需要加强下列工作:

一是加大经费投入力度。政府对社区的生态园林建设和运行经费要给予一定支持,保障生态园林实施资金投入。政府的资金投入是村镇生态园林顺利建设的重要保障。虽地处东南沿海经济发达地区,但其自身的发展非常有限。东南沿海村镇在生态园林建设方面与城市的差距较为悬殊,各级政府应制定相关政策,为村镇生态园林建设提供资金援助,包括直接投资、财政补贴等形式,扶持生态园林绿化景观的构建,进一步改善村庄居民的生活环境,为东南沿海区域村镇的整体发展创造良好的外部条件。

二是加强苗木选择的技术指导。村镇生态园林建设过程中,栽种苗木质量的好坏是园林建设成败的重要环节。在东南沿海村镇区域内,时常会出现苗木供不应求情况,且不少工程要求采用大规格苗木造林,进而导致长途贩运苗木现象时有发生。长途贩运苗木容易导致苗木脱水,栽种成活率低;再者,引入外地物种可能会导致检疫不合格,易引入有病虫害的苗木。因此,东南沿海地区村镇生态园林建设过程中要保证苗木供应,应尽量减少长途贩运,严格按照设计要求进行栽植,杜绝偷工减料现象的发生。首先,要充分把好苗木质量关。所采用的苗木都要严格按照标准规格选购,严格按照检疫规程,对所有绿化苗木进行病虫害检测,确保苗木质量。其次,认真对待苗木栽植。严格按照标准的"三埋两踩一提苗"的方法进行栽植。再次是把好维护关。政府部门应引导建立专业苗圃,积极引进先进的育苗技术和管理技术,通过规范化管理和标准化生产,为村镇生态园林建设提供苗木保证。

三是加强生态园林技术队伍建设。需强化人才的培养和管理,生态园林的建设应秉承"规划先行"的思想,生态园林建设需要规划方面的专业知识和技能贯彻始终,但东南沿海村镇范围较大,许多村镇地区的建设中缺乏园林绿化方面相关的人才。无论是指导还是管理方面的人才都是村镇生态园林建设中的重要环节,也是影响村镇生态园林发展的关键因素。加强管理人才的培养,根据村镇的特性,促使相关单位领导和工作人员进行知识和技能的学习和提高,充分掌握建设村镇生态园林建设所需要的理论知识和实践技能。引进和培养相关专业人才,包括规划、建设施工、运行维护等方面的专业技术人员,为东南沿海村镇生态园林建设提供专业的理论和技术指导。

参考文献

[1] 潘仰轩,范义荣. 杭州市村庄绿化建设探析[D]. 杭州:浙江农林大学,2012.

[2] 李景奇. 21 世纪我国风景园林领域若干前沿问题探讨[J]. 中国园林,2001,4:18-21.

[3] 李金路,王磐岩. 关于《园林基本术语标准》的探讨[J]. 中国园林,2004:65-67.

[4] 李晓蕾,郭俊杰,孙博. 触手可及的绿色——国外生态村实践[J]. 资源节约与环保,2006(6):49-52.

[5] 程绪珂,胡运骅. 生态园林的理论与实践[M]. 北京:北京林业出版社,2006:53.

[6] 陈晓华,张小林,马远军. 快速城市化背景下我国乡村的空间转型[J]. 南京师范大学学报,2008(3):125-129.

[7] 樊国盛,段晓梅,魏云开. 园林理论与实践[M]. 北京:中国电力出版社,2007:97.

[8] J. O. 西蒙兹. 大地景观——环境规划指南[M]. 程里尧,译. 北京:中国建筑工业出版社,1990:121.

[9] 鲁敏,李英杰. 城市生态绿地系统建设[M]. 北京:中国林业出版社,2005:36-38.

[10] 邵森,等. 生态园林若干问题的探讨[J]. 山东林业科技,2005(1):82-83.

[11] 王惠民. 加深对生态园林的理解——指导园林规划设计[J]. 东北园林,1992(2):38-41.

[12] 王云才. 景观生态规划原理[M]. 北京:中国建筑工业出版社,2007.

[13] 李洪远. 生态恢复的原理与实践[M]. 北京:化学工业出版社,2004.

[14] 李洪远. 对区域性生态园林建设的认识与思考[J]. 中国园林,2000.

[15] 姜基利. 小城镇园林绿化存在的问题与发展对策[J]. 吉林农业,2010

(10):146.

[16] 王蕾.生态园林及其构建方法研究[J].中国农学通报,2006,22(7):407-410.

[17] 杨清,许再富,易国南,等.生态园林的特征及构建原则综述[J].广西农业科学,2004(1):11-14.

[18] 傅伯杰,陈利顶,马克明,王仰麟,等.景观生态学原理及应用[M].北京:科学出版社,2001.

[19] 俞孔坚.生物保护的景观生态安全格局[J].生态学报,1999(1):8-15.

[20] 范宁.苏南新农村乡村聚落绿化模式研究——以苏锡常地区为例[D].南京:南京林业大学,2009.

[21] 肖笃宁.景观生态学[M].北京:科学出版社,2005.

第5章 东南沿海村镇生态水系建设及污水治理的模式与示范

水系往往是村镇的灵魂。建设生态宜居村镇是乡村振兴战略中的重要一环，抓好生态水系建设及污水治理对于有序推进生态宜居村镇建设具有关键意义。本章对东南沿海地区村镇在生态水系建设及污水治理领域的主要做法进行了全面梳理，总结分析了各地区取得的经验以及存在的问题，在此基础上，结合宁波市北仑区的实践，从总体思路、技术选择、制度保障等方面提炼出了东南沿海村镇生态水系建设及污水治理模式示范。

5.1 东南沿海村镇生态水系建设模式

东南沿海村镇水系普遍受到环境污染，部分地区的水道严重淤塞，水质恶化严重，生态系统功能大幅度退化。东南沿海村镇生态水系建设主要是通过外源污染控制、底泥疏浚、引水稀释、除藻、水生植被恢复以及改变水体鱼类和底栖动物群落结构等方法，降低氮、磷等营养盐含量，提高水生动植物的种类和数量，恢复其生态服务功能，改善水质，并使生态系统达到自我维持的平衡状态[①]。村镇生态水系建设包括自然水系建设和饮用水供给两大部分。

5.1.1 东南沿海村镇自然水系建设模式

5.1.1.1 东南沿海村镇水系建设的主要工程

村镇自然水系建设是一项系统工程，各地区在建设过程中主要采用了河道疏浚、水草清污、垃圾清理、河岸绿化等措施。

（1）河道疏浚

河道疏浚是东南沿海村镇水系建设的主要内容。疏浚整治村镇河道，有利于确保河道通畅，切实解决水患，保障村镇的社会经济安全。河道疏浚整治是一个综合型、立体化的工程，通过统筹兼顾，把村镇河道疏浚与上下游、左右岸联系起来，把村镇河道疏浚与村镇农田水利建设、土地整理、道路建设、环境整治、植树造林和

---

① 沙鲁生.农村饮用水水源地安全保障与水污染防治[J].中国水利，2009(11)：26-28.

发展水产养殖等有机结合起来,统筹解决好水安全、水资源、水环境问题,充分发挥村镇河道疏浚整治的经济效益、社会效益和生态效益,营造良好的村镇发展环境和人居环境[①]。

（2）水草清污

通过种植人工水草来恢复和提升河道自净能力是东南沿海村镇水系建设中广泛采用的一大措施。东南沿海地区部分村镇的河道污染较重,存在低透明度、低溶解氧等问题,从而对多种生物修复技术的适用性造成了限制。而人工水草技术在河道中的运用并不受透明度、不可预见污染因子等因素的限制,具有投资少、见效快、不造成二次污染等优点,从而在东南沿海村镇自然水系建设中得到广泛运用。

（3）垃圾清理

东南沿海地区是我国制造业的高密度聚集区,许多村镇人口密集,产生了大量生活垃圾,成为村镇环境"脏乱差"的突出表现之一。生活垃圾常常被随意倾倒到河里,为浮游生物提供了充足的培养基,加剧河道水质恶化,不少河段已丧失了饮用、清洁、灌溉、养殖等功能[②]。东南沿海各地区在村镇河道综合整治过程中,普遍对村镇道路两侧、河塘坡坎长年积存的垃圾进行全面清除,集中收集处理。并配备专门人员,持续开展河道垃圾治理。

（4）河岸绿化

河岸绿化工程是东南沿海村镇自然水系建设的又一重要措施,与河道疏浚整治相得益彰。通过在沿岸植树、种草、种花,构建与景观公园相结合的防护林体系,形成绿色屏障,既可美化环境、提高景观价值,又能保持水土、净化水质。生态砌块挡墙、格栅式护坡、护绿混凝土生态护坡等生态护岸,可以促进地表水和地下水的交换,有效地恢复河中生物的生长,恢复河道水生动植物系统,进而利用生物自身的功能净化水体,提升河道的自养能力。

5.1.1.2　东南沿海村镇水系建设的保护机制

（1）推行"河长制"

在开展村镇生态水系建设的过程中,东南沿海地区形成了由河长直接负责、各级政府部门联动开展工作的机制。以浙江省桐庐县为例,县政府成立由分管领导为组长,县水利局、财政局、建设局等单位为成员的河道长效管理领导小组。各村镇成立相应责任体系,组建河道保洁队伍,持续推进本辖区内河道管理工作。其突出特点是区域联动,多部门分工协作,统一规划和部署。

---

① 王红,贾仁甫,李章林,等.扬州市农村河道现状及综合整治措施[J].中国农村水利水电,2010(2):99-101.

② 王红,贾仁甫,李章林,等.扬州市农村河道现状及综合整治措施[J].中国农村水利水电,2010(2):99-101.

（2）鼓励企业认养河道

以宁波市鄞州区东吴镇为例，企业和镇政府签订目标河道的认养认管协议，共同制订养管方案。由企业聘请专职河道保洁员，定时定点对认养河道进行养护管理，同时根据水质情况，企业不定期开展河水治理。企业认养河道进行后期养护在东吴镇已成为一种常态。全镇河道实行认养制度，调动了全镇力量监督、排查及参与"五水共治"，实现"治水"长效管理。明确各工会小组长为河道段长，定期巡查河道保洁情况，一旦发现问题，及时上报并组织会员处理。东吴镇工贸办统计数据显示，自"五水共治"活动开展以来，东吴镇企业累计捐资千万余元用于治水。当地企业还积极发动企业员工义务参与到治水活动中来。

（3）探索"市场化保洁"

以宁波市鄞州区塘溪镇为例，为防止污水反弹，从 2015 年 4 月开始，该镇投入60 余万元，将全镇 54 公里河道纳入市场化保洁范围，并签订了责任书。此外，对保洁合同外的小部分溪流，该镇明确由相关村做好垃圾清理工作。全镇已实现山区、平原溪流河道养护保洁全覆盖。

（4）实行上下联动监管

将"五水共治"列入年度村镇领导干部的考核内容，配合"清爽行动"，开展河道周边环境整治，形成农办工作人员定期检查、领导班子不定期抽查、百姓监督举报的"三位一体"监管制度。主要溪流均配备了"治水工作班子"，由一名镇班子成员、所在村主要负责人、联村挂职干部组成。

（5）发动全民治水

注重发动群众力量是东南沿海村镇开展治水工作的重要特色。以宁波市鄞州区东吴镇为例，工会、妇联、团委等群团组织纷纷展开行动，在全镇范围内开展"保护母亲河"系列志愿活动。该镇对河道进行分类定级，量身出台治理方案，并通过安装照明灯、摄像头，24 小时监控企业排污。东吴镇还举行了"净美东吴"环保志愿服务活动，百余名"五水共治"志愿者向全镇民众发出倡议，成为一场全民参与的治水攻坚行动。

5.1.1.3　东南沿海村镇水系建设的主要缺陷

东南沿海村镇水系建设相比国内其他地区起步较早，但仍处于探索阶段，现有建设过程中存在以下几方面缺陷：

（1）认识不到位

有的地方还仅把村镇水利工作局限在防汛抗旱上，仍未对生态水系建设给予足够重视。部分地区虽然意识到了生态水系建设的重要性，但对于其功能作用、重要地位仍理解不深，在实际推动中缺乏清晰思路和有效措施。

（2）缺乏系统性规划

东南沿海村镇现有的生态水系建设主要关注景观美化，建设手段偏重于绿化、造景和设施建设,对于与水系生态相关的因素如生物保护栖息环境的改善等考虑较少。多数地方未将水利建设、栖息地保护和景观文化开发有机结合起来,没有从恢复整个水系的功能上来通盘考虑,缺乏流域或水系层面上的统一规划设计。

(3)城乡分割

现有生态水系建设大多仅限定在城市,而很少兼顾到村镇,不仅不利于城乡统筹发展,而且也造成同一水域得不到系统治理,生态功能得不到有效恢复。

(4)技术支撑不足

村镇生态水系建设是个新课题,还没有形成一套完善和成熟的技术支撑体系。同时,由于投入需求比较大,尚没有稳定的投资来源,建设的实际需求和资金投入之间的矛盾比较突出[①]。

(5)长效机制不健全

多数村镇的生态水系建设工作过于依靠专项整治,该模式虽然短期效果较好,但由于长效支持不足,容易造成反弹。大部分地区主要是不同部门根据自身需要和资金情况开展一些临时性的村镇河道治理工作。这些措施由多部门领导,缺乏统一规划和协调,无法形成统一的合力,整治效果不佳,并且因为缺乏长效管理机制而极易反弹[②]。

5.1.2　东南沿海村镇饮用水供给模式

从全国来看,村镇饮用水达标率仍然较低。2014年,环境保护部在全国31个省(自治区、直辖市)选取典型村镇检测环境质量,典型村庄饮用水源地水质总体达标比例为67.1%,地表水和地下水饮用水源地水质达标比例分别为89.8%和52.6%。地表水水质监测断面中,Ⅰ~Ⅲ类水质断面601个,占72.7%;Ⅳ、Ⅴ类水质断面156个,占18.9%;劣Ⅴ类水质断面70个,占8.5%[③]。2016年,环境保护部开展的地级及以上城市集中式饮用水水源中,地表水源达标率93.4%,地下水源达标率84.6%。截至2015年年底,抽样调查的3685个农村水源中,80.7%水质达标。环境保护部数据显示,2016年全国897个地级及以上城市在用集中式生活饮用水水源监测断面(点位)中,有811个全年均达标,占90.4%[④]。2016年,全国地表水国控断面中,Ⅰ~Ⅲ类水质断面占67.8%,同比增加1.8百分点;劣Ⅴ类

①　刘长军.山东省生态水系建设模式探讨[J].山东水利,2011(2):3-4.

②　贾俊香,李春晖,王亦宁,等.我国典型地区农村河道整治模式及经验[J].人民珠江,2013,34(1):5-8.

③　马广文,王晓斐,王业耀,等.我国典型村庄农村环境质量监测与评价[J].中国环境监测,2016,32(1).

④　中华人民共和国环境保护部.2016中国环境状况公报[R].2017.

水质断面占 8.6%,同比减少 1.1 百分点。[1] 根据浙江省水利厅对全省村镇饮用水
水源地的基本情况的调查,浙江省村镇饮用水水源主要为地表水,占供水人口的
88.6%。其中水源属山塘(水库、池塘)类的有 4578 处,供水人口 1014.2 万人,占
47.1%;属河道(溪流、湖泊)类的有 12540 处,供水人口 895 万人,占 41.5%;属地
下水类的有 3279 处,供水人口 244.8 万人,占 11.4%。从水源数量分析看,全省
河道类水源地占绝对数量,达到 61.5%[2]。

5.1.2.1　东南沿海村镇饮用水供求矛盾分析

东南沿海地区降雨量大,水系发达,但工业化、城市化进程较快,造成水环境污
染严重,导致普遍存在水质型缺水的情况。再加上人口密集,在一定程度上也存在
资源型缺水的情况。

表 5-1　浙江省农村饮用水工程现状调查

地市	农业人口/万人	供水工程数量/处	受益人口/万人	自来水覆盖率/%		2012 年水质合格率/%
				2002 年	2012 年	
杭州市	320	4909	306	66	98	43.19
宁波市	368	1231	368	88	98.8	43.56
温州市	627	6249	612	62	97.1	28.88
嘉兴市	187	25	187	59	98.3	96.21
湖州市	176	878	161	52	97.9	72.08
绍兴市	288	5496	274	77	97.7	35.56
金华市	359	2979	351	58	96.4	32.33
衢州市	199	3107	183	28	95.6	35.75
舟山市	60	64	59	75	98	89.38
台州市	480	4957	465	41	97	38.53
丽水市	216	4939	212	57	95.4	31.5
合　计	3280	34834	3178	62	97	41.97

资料来源:王邓红,姜海军,殷芳芳.浙江农村饮用水提升工程研究[J].给水排水,2014(8):19-23.

在"五水共治"实施之前,浙江省村镇饮用水水质合格率普遍较低。浙江省卫
生部门监测情况报告显示,按照国家监测点数进行统计,浙江省 2010 年、2011 年、
2012 年的村镇饮用水水质卫生合格率分别为 41.26%、46.72%、41.97%,三年监
测一直徘徊在低水平,其中温州、台州、丽水、衢州等山区问题尤为突出。若按监测
点的受益人口进行统计,则"合格率"达 82.7%,这反映出一大批小而散的村级供

① 引用自:中国环保在线 http://www.hbzhan.com/news/detail/115883.html.
② 颜成贵,陈晓东.浙江省农村饮用水源地现状调查分析[J].中国农村水利水电,2012(3):137-139.

水设施的水质卫生保障情况堪忧,影响人口 467 万人[①]。

郑浩等根据水源类型、水处理方式、消毒方式等水厂信息对江苏省村镇集中式供水水厂进行分层抽样,在全省 16 个县(市、区)共选择 72 座村镇集中式供水水厂,对出厂水进行 106 项水质全分析,结果显示,72 份水样合格率为 62.50%,主要不合格指标共 14 项,其中常规指标 11 项,非常规指标 3 项,微生物不合格水样中未消毒水厂占 52.38%。结论表明,江苏省村镇饮用水以微生物污染为主,同时存在化学性污染[②]。何智敏等对江苏省南通市 2009 年至 2013 年村镇饮用水水质状况及变化趋势进行了调查分析,发现 2009—2013 年集中式供水水质合格率依次为 61.45%、68.20%、74.63%、80.04%、87.62%;不同年份枯水期和丰水期水质合格率依次为 67.56%、69.50%、75.40%、79.90%、81.50% 和 55.34%、66.90%、73.90%、78.60%、95.30%,枯水期水质合格率和丰水期水质合格率均逐年增高,氨氮和氯化物是影响村镇水质的主要原因[③]。

5.1.2.2　东南沿海村镇饮用水供给模式

东南沿海地区村镇的地貌以丘陵和山地为主,村镇饮用水供给模式主要是分散式供水。以福建省泉州市为例,在开展村镇环境卫生监测的 40 个村(有 38191 户,143924 人,其中常住人口 123080 人)中,13 个村有集中式供水,覆盖 25229 人,占 17.5%;39 个村有分散式供水,覆盖 113304 人,占 78.7%。监测村的集中供水覆盖率低,分散式供水占人口的 78.7%,而分散式供水水质基本未经过消毒处理,水质合格率低。集中式供水水质合格率要明显高于分散式供水水质合格率,村镇集中式供水覆盖率亟待提高[④]。污水乱排放导致水质污染,分散式供水水质消毒率低、覆盖人口多,这些因素对村镇饮用水安全构成了严峻挑战。

5.1.2.3　东南沿海村镇饮用水保护机制

(1)水源地保护

东南沿海村镇普遍通过设立水源地保护区的方式来加强饮用水保障。以福建省莆田市为例,该市通过制定重点流域和饮用水源保护(区)生态环境综合整治规划,加强木兰溪、萩芦溪等重点流域和延寿溪等重点支流以及金钟水库、双溪口水库、东圳水库、外度水库等饮用水源保护区的强制性保护和整治,推进水库水源地水资源监测及保护管理。2009 年以来该市投资上亿元进行东圳库区畜禽养殖场

---

① 王邓红,姜海军,殷芳芳.浙江农村饮用水提升工程研究[J].给水排水,2014(8):19-23.

② 郑浩,于洋,费娟,等.江苏省 72 份农村饮用水水质全分析[J].现代预防医学,2015,42(12):2263-2265.

③ 何智敏,黄建萍,陈刚,等.2009—2013 年南通市农村饮用水水质状况分析[J].环境卫生学杂志,2014(4):372-376.

④ 吴基福,吕景佳,吴永标.2012 年泉州市农村环境卫生监测结果分析[J].现代预防医学,2014,41(13):2476-2478.

取缔和搬迁,实行上游整治、下游补偿措施,建立上下游生态补偿机制,确保全市集中式饮用水水源地水质达标率达 100％和城市供水标准达到国家饮用水卫生标准①。

(2)城乡供水一体化

东南沿海村镇饮用水水质长期得不到有效保证,为了解决该问题,部分人口集中的地区开始逐步推行城乡供水一体化。如福建省莆田市以城乡一体化综合配套改革试点为契机,重组市水务集团,实行水务一体化投资建设经营管理,全力构建城乡供水一张网。通过萩芦溪流域水库群建设,提高了水资源供给能力。整合村镇饮水安全工程建设,整体推进饮水安全工程②。

5.1.2.4　东南沿海村镇饮用水建设缺陷分析

东南沿海村镇饮用水建设存在较多问题,情况较为严峻。主要存在如下问题:

(1)建设标准低

东南沿海地区现有村镇供水工程大多建成于 2000 年前后,大部分村镇供水工程设计标准低,制水工艺落后,管网老化腐蚀、净水设备陈旧,二次污染时有发生,严重影响了水质安全。村镇供水工程采用常规水处理工艺或一体化设备处理的仅占少数,大多属于简易处理或未处理,无法保障水质达标。

(2)水源地保护区建立滞后

东南沿海各地对村镇饮用水水源地保护区的划分工作进展较慢。2014 年,浙江省人大对村镇饮用水安全以及水源地保护进行了调研,全省村镇饮用水地表水源有山塘、水库、河渠共 19245 处,其他小微型水源有 14730 处,采取水源保护措施的有 5213 处,仅占 15％,制定水源及工程应急预案的仅 14％③。由于缺乏统一、科学的划分标准,各地保护区划分工作随意性较大,在一定程度上制约了保护区作用的发挥。④

(3)管理水平低下

东南沿海各地在村镇饮用水安全工作上,存在不同程度的政府责任不明、部门职责不清、管护主体缺位等问题。大多数的村镇饮水工程,特别是中小型村镇供水工程运行效益差,人员的管理素质有待提高。东南沿海地区村镇供水工程自身大都不具备水质检测能力,浙江省 34834 处村镇供水工程中,开展水质检测的有14556 处,占 42％,其中规模以上即设计供水规模 200m³/d 以上的工程 1659 处,检测率89.2％。即有 20278 处(占总数 58％)供水工程没有实行水质检测,其中

---

①　林国富.福建莆田构建生态水系的措施分析[J].黑龙江水利科技,2013,41(11):133-135.
②　林国富.福建莆田构建生态水系的措施分析[J].黑龙江水利科技,2013,41(11):133-135.
③　王邓红,姜海军,殷芳芳.浙江农村饮用水提升工程研究[J].给水排水,2014(8):19-23.
④　陈海雄.浙江省农村饮用水水源管护问题[J].中国农村水利水电,2014(12):75-76.

99％为规模以下不具备自检能力的村镇小水厂。不能及时掌握村镇饮用水水质状况，便意味着不能及时发现并消除饮用水安全隐患[1]。

5.1.3 东南沿海村镇生态水系建设提升策略

村镇生态水系建设是一项复杂的系统工程，需要从环保监测、法律制定、工程建设、生态补偿等多个维度协同开展工作。

5.1.3.1 构建村镇水源地环境监测体系

加强村镇饮用水水源地水质检测能力建设，逐步建立和完善村镇饮用水水源地预警监控体系及应急处置体系。以县域为监测单位，从点到面全面掌握村镇环境质量状况，评估潜在的生态环境风险，为有效开展村镇水源地保护提供数据支撑。针对村镇饮水安全工程特点，合理布局建设村镇供水水质检测中心，成立县级村镇供水水质检测中心或分片建立水质检测室，全面提升村镇供水水质检测能力，促进村镇饮用水水源地环境监测能力建设，提高预警预报能力。通过村镇饮用水水源地应急处置预案制定等措施，建立和完善预警监控体系及应急处置体系[2]。

5.1.3.2 制订村镇饮用水保护标准和法规

村镇饮用水水源的法律保护仍然滞后，应总结国内外的饮用水水源地管理经验，颁布不同类型水水源地保护区划分和管理办法、水源地监测信息管理和发布规定，分层次建立保障村镇饮用水水源地安全的监管体系。通过建立和完善村镇饮用水水源地法规体系，为保护和合理开发村镇饮用水资源、防治水污染提供法律保障。

5.1.3.3 加强村镇饮用水水源地生态保护补偿

制订村镇饮用水水源保护规划，推进水源地保护区划定和监管工作。对于适宜划定饮用水水源保护区的，则划定水源保护区并进行相应的管理；对于不适宜划定饮用水水源保护区的，则划定适当的保护区域，并根据实际的水量保护和水质保护需要建立保护制度，进行规范管理。

5.2 东南沿海村镇污水治理模式

东南沿海地区的村镇主要分布在丘陵、平原、河谷等几种地形上，村镇之间的经济发展水平存在较大差距，社会治理水平也存在显著差异，因此不同区域的污水治理模式各不相同。村镇污水治理是一项系统性工程，涉及设计建造、运营维护、

① 王邓红，姜海军，殷芳芳. 浙江农村饮用水提升工程研究[J]. 给水排水，2014(8)：19-23.
② 陈海雄. 浙江省农村饮用水水源管护问题[J]. 中国农村水利水电，2014(12)：75-76.

监督管理等多个环节。下面将从污水治理运营模式、污水治理布局模式、污水治理技术模式等几个方面展开,对东南沿海村镇污水治理模式进行分析。

5.2.1　东南沿海村镇污水治理运营模式

浙江省村镇生活污水处理设施的运营模式包括村委会自管、政府负责、第三方运营等模式。运维经费渠道来源单一,仅有财政和自筹 2 种形式,且以行政村自筹经费为主,约占 60%;其次是"财政＋自筹"的方式,约占 30%;而完全由财政负担的约占 10%(含生态补偿)[①]。从市场化的运作主体、运作机制等特征来区分,可初步划分出三种模式:

5.2.1.1　政府投入政府运营

由村镇政府投资建造污水治理设施并负责运营,污水处理设施的所有权和经营权都属于村镇政府。该模式的典型案例有浙江省杭州市桐庐县分水镇,该镇政府于 2008 年投资建设日处理能力 5000 吨的污水处理厂。这种模式的优点仅在于责任主体十分明确,但缺陷较为严重。政府通常要同时承担污水治理设施的建造成本和运营费用,财政压力大,并且无法有效控制运营成本。东南沿海村镇的污水处理设施建设资金来源以财政补贴和村集体经济或村民自筹资金为主。调研显示,在浙江省绍兴、上虞、诸暨等县市中的村镇,只有 11.1% 的村民有缴纳污水处理费,而近 55.56% 则没有缴纳,甚至有 22.2% 的村民并不了解污水处理费[②]。这种状况在东南沿海地区的广大村镇中普遍存在,因此"政府投入政府运营"的模式必然会导致村镇财政难以为继,最终使大批污水治理工程沦为"晒太阳"工程。

5.2.1.2　政府投入企业运营

由村镇政府投资建造污水治理设施并拥有其所有权,村镇政府通过与企业签订合同的方式,将污水治理设施的经营和维护工作委托民营企业完成,这种制度安排属于政府购买公共服务。该模式的典型案例也是浙江省杭州市桐庐县分水镇,该镇政府于 2008 年投资建设日处理能力 5000 吨的污水处理厂,最初自行雇佣管理人员运营,但运行技术缺乏、管理水平低下,导致污水厂难以正常运行。2011 年以后,分水镇政府将污水厂的运营和维护服务委托桐庐富春江紫光水务有限公司运作,每年由镇政府向该公司支付 140 万～160 万元费用。改革运营模式之后,污水厂运作正常,处理后的污水达到 I 级 A 标准排放。这种模式的优势在于,解决了乡镇相关专业技术和管理人员缺乏的问题,实现了乡镇污水厂的正常运营,第三

---

① 徐志荣,叶红玉,卓明,等.浙江省农村生活污水处理现状及其对策[J].生态与农村环境学报,2015,31(4):473-477.

② 朱加悦,施丹丹,杨凯瑞,等.绍兴市农村生活污水来源及处理现状分析[J].经济研究导刊,2015(20):55-57.

方企业几乎没有资金风险。但同时也存在劣势,由于建造主体和运营主体分离,当出现排水水质不达标问题时,存在一定的建、管责任分歧①。

5.2.1.3 企业投入企业运营

政府授予企业一定期限的特许经营权,由企业全程负责污水治理设施的建造和运营,企业在特许经营期内按照法定标准向用户收取污水处理费,期满后将污水治理设施产权转交给政府。该模式在浙江省杭州市桐庐县横村镇得到了应用,2008 年,该镇政府由于缺乏足够资金建设乡镇污水处理厂,采用特许经营的方式引入浙江长荣集团,由该集团投资两千多万元建成日处理能力 10000 吨的 I 期污水处理厂。横村镇政府将污水处理厂 26 年的所有权和经营权授予长荣集团,长荣集团按污水处理量向镇政府收费,并规定每年收取费用不低于 360 万元,特许期满后产权移交镇政府。再如江苏省无锡市锡山区村镇污水建管一体化项目,该区共有农村污水站点 700 余座,80% 由商达公司统一设计与建设,并采用标准的一体化物联微动力设施,用商达智能农村污水管理云平台进行远程统一集中管理。区政府统一支付 700 万元的运营资金,比传统村级管理模式下 1200 万元的年费节省了40%。这种模式的优势在于,能够充分吸引民间资本进入村镇水环境治理领域,由民营企业投资建设和运营,产权清晰,管理专业;乡镇政府减轻了资金压力,实现了管办分离,可提升监管效力②。但由于企业尚未根据实际排污量直接向用户收取污水处理费,而是全部由村镇财政买单,导致无法有效激励用户减少排污量,并且给村镇财政带来较大压力。

5.2.2 东南沿海村镇污水治理布局模式

由于东南沿海村镇自然条件、人口经济及社会环境等因素差异大,单一的污水处理布局模式难以实现污水达标处理的目的,因此东南沿海村镇形成了三种生活污水治理布局模式,即分散处理模式、村落集中处理模式和纳入城镇污水管网模式。

5.2.2.1 家户分散式治理模式

分散处理模式,即单户或几户,采用小型污水处理设备或自然处理形式处理生活污水,其适用于人口密度稀少、地形条件复杂、污水不易集中收集的村庄污水处理。

5.2.2.2 村落集中式治理模式

如下 3 种治理形式:第一种,对地域空间相连的多个村庄,通过采取措施实施综合治理。第二种,围绕同类环境问题或相同环境敏感目标,对地域上互不相连的

---

① 常敏,朱明芬.乡镇污水治理的市场化改革模式及推进路径研究[J].浙江学刊,2014(6):185-191.

② 常敏,朱明芬.乡镇污水治理的市场化改革模式及推进路径研究[J].浙江学刊,2014(6):185-191.

多个村庄进行同步治理。第三种,通过建设集中的大型污染防治设施,利用其辐射作用,解决周边村庄的环境问题。该模式适用于污水排放量较大、人口密度大、远离城镇的地区。

5.2.2.3　纳入城镇污水管网模式

城镇近郊区的农村,经济条件较好,能直接接入市政污水管道的生活污水,可选择纳入城镇污水管网,进行统一集中处理。该模式具有投资少、施工周期短、见效快和统一管理方便等优点。

5.2.3　东南沿海村镇污水治理技术模式

根据对上海市、苏南地区、福建省的多个农村生活污水治理示范工程所进行的实地考察来看,农村生活污水的处理技术主要分为人工湿地处理技术和一体化成套设备处理技术两大类。

5.2.3.1　人工湿地处理技术

人工湿地作为一种生态型污水处理技术,与传统污水生化处理技术相比,具有建设成本与运行成本低、处理效果好、兼有生态修复功能与营造生态景观等特点,在我国得到了广泛的应用与发展。人工湿地系统可以分为以下几种类型:

(1)表面流人工湿地系统

该人工湿地使水体在人工湿地介质层表面流动,依靠表层介质、植物根茎的拦截及其上的生物膜降解作用,从而实现水体净化。

(2)水平潜流人工湿地系统

该人工湿地使水体从人工湿地池体一端进入,水平流经人工湿地介质,通过介质的拦截、植物根部及生物膜的降解作用,实现水体净化。

(3)垂直流人工湿地系统

该人工湿地使水体从人工湿地表面垂直流过人工湿地介质床而从底部排出,或从人工湿地底部进入垂直流向介质表层并排出,使水体得以净化。垂直流人工湿地分单向垂直流人工湿地和复合垂直流人工湿地两种。

由于农村生活污水的水质普遍超过人工湿地的进水水质要求,为确保人工湿地生态系统的稳定性,增加湿地处理系统的寿命及处理能力,因此污水在进入人工湿地或生态塘处理前要先进行预处理工艺,防止污水在贮存、输送过程中发生臭气或堵塞,防止未处理的污水污染土壤及地下水或污染植物,同时降低污水处理负荷,保证人工湿地出水水质。

5.2.3.2　一体化成套设备处理技术

一体化技术是将传统生物处理工艺中的反应、沉淀和污泥回流集中于一个反应器中完成,不但减少占地面积,提高反应器耐受水质和水量冲击的能力,还可根据要求实现脱氮除磷。[①] 由于村镇生活污水有机物含量相对偏高,有毒有害物质含量少,故处理工艺常常以生物处理为核心。生物处理技术包括厌氧处理、好氧处理两大类。

(1)厌氧生物处理技术

该技术无须曝气充氧,产泥量少,是一种低成本、易管理的污水处理技术,能够满足村镇生活污水处理的技术要求。其常见工艺有厌氧生物滤池。厌氧生物滤池是密封的水池,池内放置填料,污水从池底进入,从池顶排出。该工艺能耗少,操作简便,处理能力较强,滤池内可以保持很高的微生物浓度,不需另设泥水分离设备。存在问题是滤料费用高,滤料容易堵塞,生物膜很厚,须严格控制进水悬浮固体浓度。

(2)好氧生物处理技术

好氧生物处理技术是在有氧条件下,利用好氧微生物(包括兼性微生物)的作用对污染物进行处理的方法。该技术去除率高,适合经济条件较好或对出水要求较高的村镇。

序批式活性污泥法(SBR),也称间歇性活性污泥法,集调节池、曝气池、沉淀池为一体,不需设污泥回流系统。该工艺操作方便、节省投资、效果稳定,污泥不易膨胀,耐冲击负荷强及具有脱氮除磷能力,适于经济较为发达、用地紧张、水量变化大和需要较高出水水质的农村中小型生活污水处理。

生物滤池(BAF),是集生物膜法与活性污泥法两者优点于一身的第3代生物滤池。BAF能有效去除有机物、有害物质,具有占地面积小、基建投资少、运行成本低等特点。

污水治理工程的建设成本和运行成本因技术类型和处理规模的不同而不同。各污水处理技术工程的污水处理成本介于每立方米 0.08~1.37 元,生物技术工程、生态技术工程和生物生态组合技术工程的平均运行成本分别为每立方米0.71、0.25、0.88 元,低于污水处理厂每立方米 0.8~1 元的运行成本。生态技术类型的工程由于利用自然生态系统来处理生活污水,耗电较少,运行成本普遍低于其他两种技术类型。具体情况见表5-2。

在快速城市化背景下,农村生活污水处理模式的选择不能仅仅依靠单一环节的成本有效性,也不能依靠当前的成本有效性,而必须结合地区的发展规划,进行生命周期的成本有效性比较。相对而言,农村生活污水分散处理在初期投入方面成本优势明显,但是在长期运营管理方面不稳定性较高;而集中处理模式则具有规模经济的优势,在人口密度较高的情况下运营管理稳定且成本较低。如果脱离区

---

① 孙兴旺,马友华,王桂苓,等.中国重点流域农村生活污水处理现状及其技术研究[J].中国农学通报,2010,26(18):384-388.

域的长短期发展规划,仅仅考虑建设环节或者运营环节的成本,或者以当期的有效性代替跨期的有效性,就很容易导致错误的决策。[1]

表 5-2　不同技术模式的建设成本和运行成本统计

技术模式	技术名称	地点	建设年份	建设成本/万元	设计处理量/$t \cdot d^{-1}$	2010 年运行成本/元·a^{-1}	单位体积污水处理成本/元·m^{-3}
生物技术	生物滤池	盐城市	2009	22	60	5000	0.23
	KOT 生物处理	无锡市	2007	20	30	8000	0.73
	A/O 工艺	盐城市	2008	20	30	10000	0.91
	接触氧化	海门市	2008	25	50	10000	0.54
	活性污泥	常州市	2009	56	60	25000	1.14
生态技术	土壤渗滤	靖江市	2008	32	70	15000	0.59
	蚯蚓滤池	苏州市	2007	50	100	3000	0.08
	人工湿地	溧阳市	2008	15	30	1000	0.09
生物生态组合技术	接触氧化+人工湿地	南京市	2009	20	20	10000	1.37
	生物滤池+人工湿地	常州市	2009	47	50	6000	0.32
	一体设备+人工湿地	常州市	2009	66	100	35000	0.96

资料来源:张悦,段华平,孙爱伶,等.江苏省农村生活污水处理技术模式及其氮磷处理效果研究[J].农业环境科学学报,2013,32(1):172-178.

5.2.4　东南沿海村镇污水治理存在问题

从整体来看,东南沿海村镇污水治理并没有达到理想状态。村镇水环境问题难以得到解决的原因有多方面,但核心原因在于传统的政府垄断供给模式,造成了村镇水环境治理资金缺乏保障、市场机制运用不足、技术支撑体系匮乏、缺乏长效机制、公众参与薄弱等问题,村镇污水设施建设、运营和管理能力滞后于实际需求。

5.2.4.1　投入资金缺乏保障

东南沿海村镇污水管网配套普遍滞后,急需通过市场化改革引入民资和建设

---

[1] 刘平养,沈哲,等.基于生命周期的农村生活污水处理的成本有效性研究——以浙江省白石镇为例[J].资源科学,2014,36(12):2604-2610.

经验。村镇污水管网配套是以镇政府为主承担的,但多数村镇财政只是"吃饭财政",根本无力承担高额的管网投入资金,管网配套建设进度慢,入厂的污水量远远达不到设计的标准,导致建好的污水厂只能"晒太阳"。为了应对上级政府的考核指标,县镇一级政府机械式往下压任务,片面追求覆盖率,资金投入远远不足。而基层配套资金不到位,就会导致工程建设无法完整实施,达不到设计标准,影响到污水收集和处理。

5.2.4.2　市场机制运用不足

东南沿海村镇在污水治理工程的建设、运营中普遍存在政府"一包到底"的现象,市场机制严重缺位。即政府出面进行设计、采购和施工分段招标,建设完成后由镇政府聘请专业人才,进行运营管理,财政出资支付所有运维费用,各级政府派相关人员监督。这种村镇政府自建自营的模式,因为缺乏竞争,成本无法得到有效控制,容易造成机构臃肿,工作缺乏积极性,难以吸引专业技术人才。与此同时,镇政府既没有专业的技术背景,又身兼"运动员"和"裁判员",结果导致乡镇污水难以严格达标排放。通过引入环保领域的民营企业,采用市场化的竞争招标,可以打破垄断,加强监督,提高运行效率。

5.2.4.3　技术支撑体系匮乏

污水治理技术复杂,乡镇一般缺乏专业管理维护人才,从而难以保证乡镇污水处理厂的稳定有效运行[①]。通过引入高校、科研机构和企业,完全可以为村镇水环境治理提供更专业的服务和管理。此外,村镇环境治理需要大量的数据作为支撑,但东南沿海地区农村环境监测基础数据薄弱,尤其是数据的稳定性、连续性不足,无法对环境管理提供足够支撑。

5.2.4.4　缺乏长效机制

长期以来,我国农村环保工作大都通过"项目带动"或"专项工作"开展,常态化、长效性管理机制不足。如开展农村生活污水处理,大多由中央、省或市级部门通过开展某专项工作来推动,而原本的常规职能却被忽视与搁置。这在一定程度上能够推动某一问题的快速解决,但无法长期发挥作用,专项工作结束,问题仍然存在。另外,监督也主要依靠上级对下级的系统内考核完成,缺乏必要的系统外监督和规范化的考核与问责[②]。

建设农村生活污水处理工程仅仅是污水处理工作的一个初始部分,后期对工程的管理更加重要,关系到工程的处理作用是否发挥,直接影响处理效果。通过调研发现,东南沿海地区村镇污水处理系统的前期建设往往由上级政府牵头组织并

---

① 常敏,朱明芬.乡镇污水治理的市场化改革模式及推进路径研究[J].浙江学刊,2014(6).

② 张铁亮,赵玉杰,周其文.农村水污染控制体制框架分析与改革策略[J].中国农村水利水电,2013(4):24-27.

投入资金,但对于建成后的运营管理则重视程度不足,缺乏保障措施,导致有些工程建设流于形式。对江苏省 210 个农村生活污水示范工程的调查发现,有 17 个污水处理工程在调查时没有运行,占调查总量的 8%,其余的工程都曾经出现过无法正常运行的现象①。

5.2.4.5　公众参与较为薄弱

我国非政府环保组织数量少,运作不规范,发挥作用有限,无法有效参与环境治理。对大多数村镇居民来说,其参与农村水污染控制的范围与力度远远不够,监督就更无从谈起②。村镇各级干部,对于环保宣传教育等公益性项目兴趣不大。村镇居民的环境保护和治理意识不强。即使村镇生活水平随着社会经济的发展得到了提高,但是广大村镇居民仍沿用传统的生活方式,破坏环境的不文明行为较为常见。

5.3　东南沿海村镇生态水系建设及污水治理示范

5.3.1　北仑村镇生态水系建设及污水治理的总体思路和原则

5.3.1.1　总体思路

北仑在开展村镇生态水系建设和污水治理的过程中,以"山水林田湖是一个生命共同体"重要理念为指导,坚持尊重自然、顺应自然、保护自然,充分集成整合资金政策,对山上山下、地上地下、陆地海洋以及河流上下游进行整体保护、系统修复、综合治理,改变治山、治水、护田各自为战的工作格局;坚持自然修复与工程措施并重,高起点、高质量进行项目规划设计;坚持动员各方力量,形成以政府投入为主体,社会资金积极参与的多渠道、多层次、多元化投资机制。按照全局统筹、系统治理的建设方针,扎实有序地推进河网疏浚、截污纳管、畜禽整治、水库管护、水源保护、管网提升、河道美化、小流域治理等工作,严格落实河长制、市场化保洁制、定期巡查制等一批重要制度,确保村镇生态水系建设和污水治理长效化,使水通起来、活起来、清起来、美起来,完成"从水源地到水龙头"的全过程治理。

① 张悦,段华平,孙爱伶,等.江苏省农村生活污水处理技术模式及其氮磷处理效果研究[J].农业环境科学学报,2013,32(1):172-178.
② 张铁亮,赵玉杰,周其文.农村水污染控制体制框架分析与改革策略[J].中国农村水利水电,2013(4):24-27.

5.3.1.2 基本原则

(1)自然循环原则

自然循环原则是生态修复的基本原则。利用河流生态系统的自我调节能力,因势利导地采取适当的人为措施,使生态水系朝着自然和健康方向发展,最大限度地构造人类和河流融洽和谐的环境。自然循环受到众多条件的约束,如气候、地质地貌、植被条件、河流状况、土地利用、城市规划、人口社会、产业结构、污染特征和管理机制等[①]。全面综合考虑这些因素方可明确生态水系受损的程度和原因,进而据此确定生态水系建设和污水治理工作所处的阶段,并制定有针对性的措施。

(2)功能导向原则

生态水系建设的首要目标是恢复自然水系的各项功能。为了科学评估水系主要功能的状况,需要构建合理的表述各项功能的指标体系,明确各项指标对应平衡状态的标准,设定基于功能导向的生态水系建设目标。自然水系生态功能的修复不可一蹴而就,对于受损程度不同、约束条件不同的河流,应该根据实际情况合理规划治理修复进程,明确河流当前所处的修复阶段,明确该阶段的治理修复目标,采取恰当的修复措施。

(3)生物多样性原则

保持生物多样性是确保水生态系统实现平衡和健康的基础。因此,村镇生态水系建设应该遵循生态学中的生物多样性原则,在防止生物入侵的前提下,引入本土生物,构建生态环境廊道,保护和增加河流系统生物多样性。

(4)景观美化原则

开展村镇生态水系建设和污水治理的最终目的,是满足人民群众对于美好生活的需要。因此,村镇生态水系建设和污水治理应按照景观生态学原理,增加景观异质性,保留原河道的自然线形,运用植物以及其他自然材料打造河流景观。

(5)综合效益最大化原则

水生态系统的复杂性,决定了水生态建设和污水治理的结果存在一定反复性,从而使得村镇水生态建设和污染治理具有周期长、投资高的特点。因此,需要从水生态系统出发进行整体分析,将短期利益与长期利益相结合,通过成本收益分析对现有货币条件下的费用和效益进行比较,根据所处的阶段提出水生态建设和污水治理的最佳方案,获得最大的河流修复成效,实现社会、经济和生态环境效益的最大化。

(6)利益相关者参与原则

村镇生态水系建设和污水治理需要考虑民众的认同和支持。因此,在整个生态水系建设和污水治理的过程中都应贯穿利益相关者有效参与的原则,最大限度

---

① 倪晋仁,刘元元.论河流生态修复[J].水利学报,2006,37(9):1029-1037.

地反映不同利益相关者的需求,从而使各方面的利益得以有效协调,使各个建设项目得到顺利实施,使生态水系得到有效保护。

5.3.2　北仑村镇生态水系建设及污水治理技术选择

北仑所处的鄞东南地区为典型亚热带季风气候区,受台风和梅雨的影响较大,常出现雨量大的降水。该区水系上属中小流域河流,东边和南边为山区,溪流源短流急,汇流快;西边奉化江水位随其上游鄞江、县江、东江等支流水位抬高而抬高,且受潮汐影响大,多形成陡涨陡落的洪水,不易控制且破坏力很大;下游平原区地势低洼,河网纵横交错,与外江交接处有闸和堤防配布,构成较封闭的水域,排涝能力较低,因此易受洪涝灾害的影响①。在快速城镇化过程中,北仑强调遵循河网演化的自然规律,尽量保留现有的河道水系,特别是天然河道,保持适当的水面率以及足够的水面空间。

为引导和规范农村生活污水处理技术的研发、示范与推广,我国相继发布了《农村生活污染防治技术政策》(环境保护部,2010)和《关于印发分地区农村生活污水处理技术指南的通知》(住房和城乡建设部,2010)。这些技术指南为我国农村生活污水处理提供了重要的技术支撑,指出了农村生活污水处理技术选择的原则,对于农村生活污水处理技术工艺的选择提供了重要的指导。但在实际应用中,对于基于同类工艺的不同处理技术的优选,尚需进行深入的定量评价。东南沿海地区村镇自然地理条件、资源环境特征及社会经济状况的空间差异性,决定了村镇生活污水处理技术的应用推广必须因地制宜、分类指导。村镇生活污水处理技术工艺的优选,不仅应考虑污水处理技术自身的技术经济特征,还要充分考虑污水处理技术对于特定地区的适宜性及利益相关者的技术需求特征,即必须充分考虑污水处理技术性能特征与技术应用地区的技术需求特征之间的匹配性。针对不同村镇的特点(与中心城镇距离、地形特征、人口分布、经济水平等),北仑因地制宜,探索采用不同治理技术,主要形成了三种污水治理技术模式,如表 5-3 所示:

表 5-3　北仑村镇污水治理技术模式

村镇特点	家户分散式	村落集中式	城镇纳管式
距离中心城镇	远	中远	近
人口分布	稀少	相对密集	密集
地形特征	不限	相对平坦	平坦
经济水平	低	中	高

---

① 陈云霞,许有鹏,付维军.浙东沿海城镇化对河网水系的影响[J].水科学进展,2007,18(1):68-73.

5.3.2.1　家户分散式治理模式

家户分散式治理模式,即单户或几户,采用小型污水处理设备或自然处理形式处理生活污水。该模式的适用条件是:远离中心城镇、人口密度稀少、地形条件复杂、污水不易集中收集的村庄。该模式的技术工艺按照地形条件不同,山地丘陵区和平原河网区应采取不同技术工艺。

(1)山地丘陵区

山地丘陵地区往往是河流的发源地,污水未经处理直接排放至河道中,将引起下游河道的污染。山地丘陵区农村居民住宅根据地形建造,房屋布局零落松散,污水不易集中收集处理,但也由于存在地形高差,农村生活可实现水力自流,因此在污水处理中可采用无动力装置。

①厌氧池—垂直流人工湿地。山地丘陵区地势有自然落差,可利用的闲置地较多,因此可选择厌氧池—垂直流人工湿地农村生活污水处理模式。垂直流人工湿地垂直充氧,硝化作用较好,可有效地去除污水中的氮、磷等污染物质,但对有机物的去除率较低,且易堵塞。因此,可先使用厌氧池预处理污水,然后将出水排入垂直流人工湿地,通过湿地中植物、微生物、人工介质的共同作用有效去除污水中的污染物质。

②厌氧池—跌水充氧接触氧化—潜流人工湿地。农村生活污水经厌氧池发酵处理后,可利用山地丘陵区自然地势落差进行跌水充氧。在平原地区,跌水充氧接触氧化先利用水泵提升污水,再逐级跌落自然充氧,这在降低有机物的同时,还可去除氮、磷等污染物。但在山地丘陵区可减少或不使用水泵提升,从而节省了建设成本与能耗。

③单户式厌氧一体化处理器—分户式湿地。该技术采取多格折流式,在大幅增加污水置流时间的同时,使污水流向合理、容量利用率高,并利用空心球状填料内外表面或悬浮的微生物去除生活污水中的有机污染物、病原菌和部分氮、磷。同时,分户式湿地具有美观、占地面积小、投资少等优点。山地丘陵区居民住宅布局分散的村庄可采用单户式厌氧一体化处理技术,出水经分户式人工湿地净化处理,人工湿地可根据农户分布状况采用单户、双户、多户式处理模式。

(2)平原河网区

平原河网区水体流动性相对较差,河网内常有断头浜存在,水体自净能力较低。平原河网区村镇居民区大多沿河而建,居民区集聚程度高,污水易集中收集处理。因此,该地形区域适用于采用以下技术模式:

①生态塘。生态塘以太阳能为初始能源,通过池塘中微生物、水生动植物的净化作用,去除污水中的有机物及氮、磷等污染物,并通过水产、水禽养殖和水生植物种植实现资源的循环可持续利用,其特点是基建投资少、造价低、处理效果好、无动力运行等。平原河网区很多村庄拥有闲置水塘、灌溉水渠及闲置地等,经改造后可

作为生态塘收集处理村内化粪池污水、村民洗涤用水。

②地埋式微动力氧化沟技术。平原河网区土地资源紧张、集聚程度较高、经济条件相对较好的村庄,宜采用地埋式微动力氧化沟技术,通过沉淀、厌氧水解、硝化等处理方式使有机物浓度降低,再通过提升泵站提升至好氧滤池进行充氧,最后经氧化沟处理,可更好地去除污水中的污染物质。

③净化池技术。平原河网区布局分散或土地资源较为紧张的村庄宜采用净化池技术,即厌氧发酵＋兼氧过滤模式,该技术在沼气厌氧发酵池后加一道兼氧过滤处理,利用兼氧微生物作用进一步去除污水中的有机杂质。该技术具有投资分散、省钱、占地面积小、处理效果好、使用时间长、管理方便等特点,一般建于居民区绿化带下,处理后的废水可部分回用绿化灌溉。[①]

5.3.2.2 村落集中式治理模式

村落集中式模式是通过建设集中的中小型城镇污水处理设施,利用其辐射作用,解决周边村庄的生活污水治理问题。该模式的适用条件是,离建有大型污水处理厂的中心城镇较远,但居民数量大、分布密集的远郊村镇。该模式的技术工艺为小型城镇污水处理厂。该模式适用于污水排放量较大、人口密度大、远离城镇的地区。该处理模式,与污水处理站类似,通常采用生物与生态组合处理等工艺形式。

5.3.2.3 纳入城镇污水管网模式

纳入城镇污水管网模式就是村镇污水统一截污纳管,将村镇生活污水汇集到城镇污水管网,由城镇污水处理厂进行治理。该模式具有投资少、施工周期短、见效快和统一管理方便等优点。该模式的适用条件是,中心城镇近郊区人口密集的农村,生活污水易于直接接入市政污水管道。该模式的技术工艺为城镇污水处理厂。

针对村镇污水分散、量小、变化量大的特点,北仑在选择处理技术时强调充分考虑以下几个方面。第一,处理工艺运行稳定,能够使污水稳定达标排放,出水可实现直接回用于生活用水或景观、灌溉用水。第二,技术的一次性投资建设费用相对较低,应在镇、乡、村的现有财政能力可承受范围之内。第三,运行费用少,不使用化学药剂,电耗低。设备的运行费用消耗必须与村镇地区居民承受能力匹配,在对当地村镇技术员进行培训后能使之正常运营和维护。第四,应结合当地的自然地理条件,如利用当地废塘、滩涂、废弃的土地,同时注意节省占地面积,特别是不占用良田。第五,运行和管理较简单,设备对用户的操作水平要求不高,因此要求设备具有较高的自动控制水平,依托农村地区薄弱的技术和管理能力便能够进行处理设施的管理维护工作。

---

① 宋云颖,陈星,张其成.山地丘陵及平原河网区农村生活污水处理模式[J].水电能源科学,2013(5):149-151.

村镇生活污水治理技术方案的合理性可以分为技术合理性和成本有效性两个方面,技术合理性决定示范工程的运行状况,并影响项目的总成本;而成本有效性是决定示范工程能否普及推广的重要影响因素。只有同时具备技术合理性和成本有效性,污水处理技术才具有可推广性[①]。

5.3.3　北仑村镇生态水系建设及污水治理保障

5.3.3.1　采用统分结合的建设管理方式

村镇生态水系建设及污水治理包含了防洪减灾工程、灌溉排涝工程、村镇饮水安全工程、公共绿化工程,把各类工程项目建设好、管理好是村镇生态水系建设及污水治理工作最终取得成功的关键。北仑结合村镇和项目实际,在工程建设管理中实行统分结合。对于涉及公共利益的村镇饮水安全、灌溉渠系、排洪沟、公共绿化等工程项目,由村民委员会严格按工程"五制"统一建设管理,实行法人责任制、招标投标制、建设监理制、质量监督制和合同管理制。对于农户自有的堰塘整治、沼气池建设、改厨房、改厕所、改猪圈等工程项目,在明确建设标准和技术要求的前提下,由项目法人分别委托给各农户,按照农户各自意愿自行建设,建设过程中由项目法人和上级行政主管部门实行巡回监督检查,对工程质量严格把关。

5.3.3.2　建立权责明确的责任分担机制

在东南沿海村镇水环境治理中,普遍存在政府包揽过多的情况,而作为主要利益相关方的村集体和村民既不参与决策也不分担责任。这种方式实际上大幅度提高了规划设计、管理维护等环节的成本。针对这个问题,北仑区展开积极探索加以应对,进一步明确村集体和村民应承担的责任,使其能够采取有效的集体行动,积极主动地进行管理和监督,以确保村镇生活污水处理设施的有效运行。

5.3.3.3　构建全面实时的水环境监测体系

北仑与中科院城环所等科研院所,以及天韵公司、天河公司等环保企业开展密切合作,初步建立起了一套完善的水环境监测预警体系及应急处置体系,极大地提升了北仑全域村镇水环境保护工作的专业性、精准性和灵敏性。通过实施村镇环境质量调查和监测专项,从点到面全面掌握村镇水环境质量状况,提早发现环境问题,评估潜在的生态环境风险,为深入开展村镇水环境治理和生态保护提供基础资料和有力支撑。

参考文献

[1] 陈云霞,许有鹏,付维军.浙东沿海城镇化对河网水系的影响[J].水科学

---

①　孙兴旺,马友华,王桂苓,等.中国重点流域农村生活污水处理现状及其技术研究[J].中国农学通报,2010,26(18):384-388.

进展,2007,18(1):68-73.

[2] 颜成贵,陈晓东.浙江省农村饮用水源地现状调查分析[J].中国农村水利水电,2012(3):137-139.

[3] 王邓红,姜海军,殷芳芳.浙江农村饮用水提升工程研究[J].给水排水,2014(8):19-23.

[4] 陈海雄.浙江省农村饮用水水源管护问题[J].中国农村水利水电,2014(12):75-76.

[5] 郑浩,于洋,费娟,等.江苏省 72 份农村饮用水水质全分析[J].现代预防医学,2015,42(12):2263-2265.

[6] 马广文,王晓斐,王业耀,等.我国典型村庄农村环境质量监测与评价[J].中国环境监测,2016,32(1).

[7] 沙鲁生.农村饮用水水源地安全保障与水污染防治[J].中国水利,2009(11):26-28.

[8] 韩益民,屈万海.农村水环境整治的实践与思考[J].中国水利,2010(23):43-45.

[9] 贾俊香,李春晖,王亦宁,等.我国典型地区农村河道整治模式及经验[J].人民珠江,2013,34(1):5-8.

[10] 林国富.福建莆田构建生态水系的措施分析[J].黑龙江水利科技,2013,41(11):133-135.

[11] 倪晋仁,刘元元.论河流生态修复[J].水利学报,2006,37(9):1029-1037.

[12] 刘长军.山东省生态水系建设模式探讨[J].山东水利,2011(2):3-4.

[13] 陈菁,马隰龙.新型城镇化建设中基于低影响开发的水系规划[J].人民黄河,2015,37(8):27-29.

[14] 陈菁.城镇化过程中应保护天然水系——从几则案例说起[J].中国水利,2014(22):21-23.

[15] 邓卓智,吴东敏.提高水体净化和景观效果的生态护岸技术[J].中国水利,2009(21):47-48.

[16] 王红,贾仁甫,李章林,等.扬州市农村河道现状及综合整治措施[J].中国农村水利水电,2010(2):99-101.

[17] 朱加悦,施丹丹,杨凯瑞,等.绍兴市农村生活污水来源及处理现状分析[J].经济研究导刊,2015(20):55-57.

[18] 郝前进,张苹.农村生活污水治理示范工程的成本有效性研究——以上海和苏南地区为例[J].中国人口:资源与环境,2010,20(1):108-111.

[19] 刘平养,沈哲,等.基于生命周期的农村生活污水处理的成本有效性研究——以浙江省白石镇为例[J].资源科学,2014,36(12):2604-2610.

[20] 宋云颖,陈星,张其成.山地丘陵及平原河网区农村生活污水处理模式[J].水电能源科学,2013(5):149-151.

[21] 蔡鲁祥.我国农村生活污水治理长效机制研究[J].农业经济,2015(5):55-56.

[22] 常敏,朱明芬.乡镇污水治理的市场化改革模式及推进路径研究[J].浙江学刊,2014(6).

[23] 张铁亮,赵玉杰,周其文.农村水污染控制体制框架分析与改革策略[J].中国农村水利水电,2013(4):24-27.

[24] 李金珊,沈楠.浙江省污水治理现状、问题及对策研究[J].中共浙江省委党校学报,2014,30(6):59-65.

[25] 孙兴旺,马友华,王桂苓,等.中国重点流域农村生活污水处理现状及其技术研究[J].中国农学通报,2010,26(18):384-388.

[26] 张悦,段华平,孙爱伶,等.江苏省农村生活污水处理技术模式及其氮磷处理效果研究[J].农业环境科学学报,2013,32(1):172-178.

[27] 夏训峰,王明新,闵慧,等.基于模糊优劣系数法的农村生活污水处理技术优选评价方法[J].环境科学学报,2012,32(9):2287-2293.

[28] 何智敏,黄建萍,陈刚,等.2009—2013年南通市农村饮用水水质状况分析[J].环境卫生学杂志,2014(4):372-376.

[29] 吴基福,吕景佳,吴永标.2012年泉州市农村环境卫生监测结果分析[J].现代预防医学,2014,41(13):2476-2478.

[30] 徐志荣,叶红玉,卓明,等.浙江省农村生活污水处理现状及其对策[J].生态与农村环境学报,2015,31(4):473-477.

第6章 东南沿海村镇低碳能源的开发利用模式与示范

开发利用"低碳能源",发展"低碳经济",建设"低碳社会"是我国能源和经济的发展方向和未来社会的目标。低碳经济的实质是能源利用效率和清洁能源结构问题,发展低碳经济的核心是发展低碳能源。农村地区的能源生产与消费是我国能源战略的重要组成部分,农村能源清洁开发利用既关系到能源革命和环境保护,也关系到"三农问题"和美丽乡村建设,对促进经济社会可持续发展具有重大的现实意义[①],但长期以来中国政府忽视了对农村能源消费问题应有的关注[②]。基于以上背景,本章总结农村低碳能源的利用发展现状,分析东南沿海农村低碳能源发展中存在的主要问题、基本需求、发展方向等,以期为中国农村低碳能源产业政策和发展措施的制定提供依据和借鉴。

6.1 村镇低碳能源发展现状评价及技术趋势

6.1.1 低碳能源的相关概念

6.1.1.1 低碳能源的定义及内涵

低碳能源是伴随着低碳经济的出现而产生的一个新的概念,国内外还没有一个统一的认识和定义[③]。一般来讲,低碳能源有狭义和广义之分。从狭义上说,低碳能源就是一种含碳分子量少或者没有碳分子结构的能源;广义上讲,低碳能源是顺应人类发展方向、适应未来经济发展模式的一种可持续利用的高能效、低能耗、低污染、低碳排放的能源,包括可再生能源、核能和清洁煤等,其中可再生能源包括:太阳能、风力能、水力能、海洋能、地热能及生物质能等[④]。因此,低碳能源不单指新能源,也包括传统能源的清洁化、节能新技术的利用,更涉及传统生产方式、生

---

① 田宜水.2015年中国农村能源发展现状与展望[J].中国能源,2016,38(7):25-29.

② 史清华,彭小辉,张锐.中国农村能源消费的田野调查——以晋黔浙三省2253个农户调查为例[J].管理世界,2014(5):80-92.

③ 田永,纪康保.低碳能源:新时代的绿色引擎[M].天津:天津人民出版社,2013.

④ 莫神星.论低碳经济与低碳能源发展[J].社会科学,2012(9):41-49.

活方式和消费方式的变革,是现代社会发展面临的一个重大课题。

李植斌等[1]指出对低碳能源的界定要注意以下几点:从能源的使用过程来看,高碳能源也能通过清洁技术等低碳技术和先进的生产工艺所带来的高能源效率来实现减少二氧化碳排放的目的;针对电能等二次能源,要将其从一次能源转化为二次能源的过程中产生的碳排放量计算到总的碳排放量中去;低碳能源与高碳能源是一个相对的概念,其界定标准会随着社会的发展和技术的进步而变化。因此,对某种能源属于高碳能源还是低碳能源,需要从多个方面进行衡量。

6.1.1.2 低碳能源与传统能源、新能源等概念的区别

传统能源又称基础能源、常规能源。"基础"说明其是一次能源的主体,"常规"说明其技术成熟。总之,它是指"现已规模生产和广泛利用"的能源,包括石油、天然气、水能和核能等。这几种能源的排列顺序恰与相对高碳到相对低碳乃至无碳的顺序吻合。传统能源的使用总是伴随着高消耗、高排放、能源使用效率低、环境适应性不好等后果。

新能源则是相对传统能源而言,主要指煤炭、石油、水能、核能等常规能源之外的能源,如太阳能、风能等。新能源概念以应用时序为区分标准,不是一个技术性概念。

可再生能源则泛指以可再生资源为基础的、在人类历史时期内都不会耗尽的能源,如太阳能、风能、水能、生物质能等非化石能源。

清洁能源是指对环境无污染或有较少污染的能源,如水能、太阳能、风能。

而低碳能源是在现代技术水平飞速发展的基础上,更加注重新技术的应用和能源的环保。从一般意义上讲,低碳能源的排放标准可以理解为以下三种情形:一是温室气体排放的增长速度小于国内生产总值的增长速度;二是温室气体绝对排放量的减少;三是二氧化碳等温室气体的零排放。可见,低碳能源是减少二氧化碳排放量,使用效率高、环境适应性好、可再生、可持续的一类能源。低碳能源概念以温室气体排放低为内涵,其评价标准是温室气体的排放强度。

在一般情况下,可再生能源和清洁能源也属于低碳能源,而新能源中的大部分能源也是低碳能源;但低碳能源可能是传统能源,如水能,也可能是可再生能源和清洁能源。

6.1.1.3 低碳能源的特征

低碳能源是在低碳经济的基础上提炼出来的一种概念,它囊括了绿色经济、循环经济发展过程中的一些提法,克服了它们往往只以低耗能、低排放、低污染中的一个或某几个方面来阐述的片面立场。对其内涵的认识,低碳能源的基本特征可以概括成如下几点:

---

① 李植斌,等.低碳能源论:The studies of low carbon energy[M].北京:中国环境出版社,2015.

　　第一,可再生性和可持续性。传统能源的最大的缺点就是不可再生性,人类必须考虑传统化石能源枯竭以后能源的开发问题。一般来说,低碳能源具有储量大、再生快等特点,能有效缓解煤炭、石油等化石能源逐渐枯竭的问题。

　　第二,能源的高效性。通过生产工艺的改进减少能源从开发到终端使用这一过程中不必要的浪费以及由此产生的二氧化碳排放量的减少,提高能源转化效率;降低单位产出的能源消耗率,即减少生产单位产品或提供同质服务所需的能源投入,提高能源使用的经济效率,同样也能减少二氧化碳的排放。

　　第三,节能减排效果的显著性及环境友好性。例如太阳能、水能、核能等低碳能源可以完全做到零排放。而作为低碳能源的一种的天然气,其燃烧所释放的二氧化碳的排放量也只是煤炭燃烧排放量的 75%,这大大减轻了环境的压力。

6.1.2　国内外低碳能源发展现状评价

6.1.2.1　全球低碳能源开发和利用的新趋势

　　全球日益严重的资源衰竭、环境污染问题,催生了低碳能源的研究、开发和产业发展。低碳能源将极大地改变整个世界经济的格局,并成为后金融危机时代全球经济技术发展的制高点。全球低碳能源开发和利用的新趋势主要表现在以下三个方面。

　　一是能源提供方式的改变。国际能源体系正处于转型之中,清洁能源、低碳能源势必将成为下一代能源体系的主导能源。从人类社会发展史来看,人类的能源利用经过了从柴薪时代到煤炭时代再到石油时代的转变。经过两次能源转型后形成的以石油、煤炭和天然气等化石能源为主导的能源体系极大地推动了人类社会的发展,使得人类从农业文明过渡到工业文明并不断进步。但是随着时间的推移和国际能源消费量的大幅增加,化石能源的不可再生性、地域分布不均衡性以及燃烧所带来的环境污染等难题也日渐突出。

　　国际能源体系正在进入一个新的转折点。特别是在气候变化问题日渐突出的背景下,欧洲、美国和日本等许多国家都将清洁能源、低碳能源作为未来能源替代和减排温室气体的主要战略举措,并提出了宏大发展目标。赵宏图指出欧盟提出到 2020 年和 2050 年,可再生能源占其能源消费的比例将分别达 20% 和 50%;日本提出到 2050 年可再生能源等替代能源将占其能源供应的 50% 以上;美国奥巴马政府计划在未来 3 年内将太阳能、风能和地热能等可再生能源产量将增加一倍,使其占美国电力比例由目前的 8% 提高到 2012 年的 10%,到 2025 年进一步提高到 25%;中国计划在 2030 年前后使包括水能在内的可再生能源占全国能源需求的 20%~30%[①]。

---

① 赵宏图.国际能源转型现状与前景[J].现代国际关系,2009(6):35-42.

二是能源运输方式的改变。能源的传统运输方式是电网、固网,其传输效率低,能源浪费严重,还受到区域、地理环境和天气等客观因素的影响,大大限制了能源的运输距离和范围。而智能电网的普及和应用将大大改善如今能源运输的这一局面。智能电网就是具有人工智能的电力供应网,它能实时机动地整合调配用电供需,并达到最佳节能的电力管理,很好地避免了传统能源运输方式的缺点。智能电网的主要功效包括:实现双向互动的智能传输数据,实行动态的浮动电价制度;利用传感器对发电、输电、配电、供电等关键设备的运行状况进行实时监控和数据整合,能够在不同区域间进行及时调度,平衡电力供应缺口,从而达到对整个电力系统运行的优化管理;将新型可替代能源接入电网,比如太阳能、风能、地热能等,实现分布式、全面的能源管理;可以作为互联网路由器,推动电力部门以其终端用户为基础,进行通信、运行宽带业务或传播电视信号等。

三是能源消费方式的改变。在世界经济的发展过程中,人们消费的能源以传统能源为主,高碳能源的消耗带来了经济的发展,也造成了环境的破坏和经济社会发展的不可持续。我国经济的高速增长是以高能耗和环境的恶化为代价的。能源是可持续发展的支点,如果能源消费方式保持不变,那么未来的能源需求无论从资源、资金、运输还是环境方面都会给我们社会带来巨大的压力。因此,转变能源的主题,改变传统能源的消费方式,实现能源、电力结构多样化,坚持节能,是世界能源消费方式发展的一大趋势。

能源消费方式的转变还体现在汽车和建筑方面。如使用低碳的建材,开发以清洁能源为动力的汽车,大力提高天然气在国家能源中的结构比例,积极开发氢等清洁型动力能源等。世界能源消费结构已经呈现出向高效、清洁、低碳或无碳排放的新能源和可再生能源的方向转变的趋势。21世纪初,美国陆续出台了《21世纪清洁能源的能源效率与可再生能源办公室战略计划》《国家能源政策》等10多个政策或计划来推动节能,对新建的节能住宅、高效建筑设备等都实行减免税收政策。自然资源缺乏的日本从1979年开始实施《节约能源法》,对能源消耗标准做了严格的规定并对一些使用节能设备的企业提供一定的税收优惠。为了鼓励节省能源,英国在提高能效方面有一系列的立法保障和政策引导。此外,发达国家制定政策率先在政府机构开展节能和提高能源利用效率的行动,并以此来推动整个社会能源消费方式的转变。我国要想转变能源的消费方式也必须坚持长期节能的方针,制定有效的引导性政策,依靠科技进步,提高节能的效率,提倡建立节约型社会;必须着重优化消费结构,合理引导消费方式,在消费领域全面推广和普及节约技术,鼓励消费者选择能源资源节约型产品。

6.1.2.2　中国低碳能源的发展趋势

一是稳步推进核电开发。核能在经济中最重要的用途就是核能发电,核能发电日益成为低碳能源供应的支柱。世界核电快速发展,2006年世界核电发电量约

2.7 万亿千瓦时,预计 2030 年将上升到 3.8 万千瓦时,如果以核电代替煤电,可每年减少 18 亿吨的碳排放量。发展核电可改善我国的能源供应结构,有利于保障国家能源安全和经济安全,也是电力工业碳减排的有效途径。应在确保安全的前提下,大力提高核电装机规模,做好三代核电技术的引进吸收和自主创新,逐步形成具有自主知识产权的新型核电技术体系,推进关键设备和重要材料国产化,提高核电开发的安全性和经济性。

二是大力发展风电。风力发电,就是把风的动能转变为机械能,再把机械能转化为电能,通过风力的清洁和安全发电方式,不消耗化石燃料以及用于冷却的珍贵淡水资源,并且不排放温室气体或有害的空气污染物,可以贡献清洁和安全的电力。综合考虑我国的资源条件、电网接入、电力输送和运行管理等因素,积极建设千万千瓦级、百万千瓦级大型风电基地,进军海上风电,关注研究高原风电,开拓离网小型风电市场。

三是积极开发光伏发电项目。21 世纪以来,中国在太阳能产业发展上取得令世人瞩目的成就,在太阳能热利用方面,中国已成为全球最大的热水器生产和消费国。中国光伏产业经历了爆发式增长,已基本形成了涵盖多晶硅材料、铸锭、拉单晶、电池片、封装、平衡部件、系统集成、光伏应用产品和专用设备制造的较完整产业链。我国应加快光伏行业技术水平应用,提高我国光伏产业的竞争力,建设独立、大型开阔的并网和屋顶并网光伏发电等示范项目;发展户用光伏发电系统,建设离网小型光伏电站,解决偏远无电地区供电问题;进一步建设光伏发电站,在中西部等太阳能资源丰富的地区发展微电网示范区,通过多种手段推动光伏发电在国内的应用。

6.1.3　村镇低碳能源发展现状评价

我国农村地区用能特征主要表现在以下几点:

一是农村居民人均用能不断增加,利用效率低下。从人均用能上看,农村居民的人均用能从 2000 年的 88 吨标准煤增加到 2015 年 351 吨标准煤,16 年间增加了 3 倍,而同期城市居民用能从 213 吨标准煤增加到 377 吨标准煤,增幅仅 77%,农村人均生活用能已经接近城市人均生活用能[1],且农村能源利用效率低下,这给中国能源的供给带来了巨大的压力。

二是能源品种逐渐向商品化、优质化方向发展,能源消费结构正在从传统的非商品能源过渡到商品能源,但非商品能源消费比例仍然较大。2014 年,全国农村生活用能消费结构中商品能源消费量为 2.22 亿吨标准煤,占农村生活用能的 51.6%;非商品能源消费总量为 2.08 亿吨标准煤,占 48.4%。随着中国沼气转型

---

[1]　国家统计局能源司.中国能源统计年鉴 2016[M].北京:中国统计出版社,2016.

升级和大中型沼气工程的建设,沼气在农村逐步演变为一种商品能源。总体而言,农村生活用能中非商品能源消费比例依然很大,占比最大的依次是煤炭、秸秆、薪柴和电力等。

三是生活用能比重较大,生产用能比重相对较小,但农村能源产业发展态势良好。2014 年,中国农村能源消耗量为 7.6 亿吨标准煤,占全国能源消耗总量的 17.8%,其中,农村生活用能为 4.3 亿吨标准煤,占农村能源消耗量的 56.6%;农村生产用能为 3.3 亿吨标准煤,占农村能源消耗量的 43.4%[1],生活用能比重大于生产用能比重。近年来,农村能源产业总体表现出良好的发展态势,生物质发电和成型燃料产业技术有较大的进步,沼气产业步入转型升级新阶段,太阳能热利用产业继续保持稳步发展,小型电源产业方兴未艾。

四是当前农村用能结构还不尽合理,以秸秆和薪柴为主的生活用能结构仍占重要地位。2014 年,农村生活、生产能源消费中煤炭占主导地位,农村生活用能中的煤炭消费占 33.8%,农村生产用能中的煤炭占 51.5%。非商品能源消费中秸秆消费量折合 11959.8 万吨标准煤,占农村生活用能消费量的 27.8%;薪柴消费量折合 6760.2 万吨标准煤,占 15.7%;沼气消费量折合 1107.0 万吨标准煤,占农村生活用能消费总量的 2.6%;太阳能利用量折合 1009.8 万吨标准煤,占 2.4%。清洁能源和可再生能源占比低,消费结构不合理,中国的二氧化碳、二氧化硫、氧化氮以及悬浮颗粒物的排放主要来源于煤炭[2],大大增加了我国的碳排放量。

五是区域能源消费结构差距比较明显。从总体上来说,贫困地区农户对传统生物质能源的依赖性极强,依然以秸秆和薪柴等传统能源为主;经济较好地区处于传统能源消费向商品性能源(煤、油、液化气、天然气、电)消费结构的变迁中。商品性能源的比例不断提高,其中电力是增长最快的商品能源,村民家庭用能的消费结构已由 20 世纪 90 年代以前的"煤+薪柴"为主,变成"电+太阳能+煤"为主,液化气、薪柴为辅。不同地区农村可再生能源的消费差异较大:北方地区传统可再生能源(秸秆和薪柴)消费较多,南方地区新型可再生能源(太阳能和沼气)发展较快[3]。

6.1.4 低碳能源技术发展趋势

6.1.4.1 在集约式、分布式能源市场上分别推进低碳能源

(1)集约式能源生产与供应的低碳战略。电力供应减少煤电比例,增加低碳发电比例,相应提高稳定石油和天然气比例;减少工业中煤炭、天然气原料比例;提高

---

① 丛宏斌,赵立欣,王久臣,等.中国农村能源生产消费现状与发展需求分析[J].农业工程学报,2017,33(17):224-231.

② Jingchao Z, Kotani K. The determinants of household energy demand in rural Beijing: Can environmentally friendly technologies be effective? [J]. Energy Economics, 2012, 34(2): 381-388.

③ 张秀萍,郑国璋.中国农村能源消费研究[J].山西师范大学学报:自然科学版,2016,30(1):93-95.

煤炭、石油及天然气的开采率;优化并提高煤电转换效率;提高电气化铁路运输比例,大力发展电启动的城市轨道交通和城际轨道交通,减少燃油汽车比例,改善城市大气环境;强化工农业的自主创新能力建设,缩减加工贸易比重。由此,降低集约式能源生产与消费的碳排放密度。

（2）分布式能源生产与供应。分布式能源生产与供应最能实现低密度碳排放。要尽最大可能因地制宜地生产利用各类分布式能源。如小型风力发电及风能利用,光伏发电及太阳能光热利用,高中低温地热的优化利用,各类沼气利用,生物质能源利用,各类清洁的燃料油、燃料气利用。

6.1.4.2　在交通、建筑两大消耗领域重点加强低碳能源利用

2015 年,我国在能源使用方面,交通石油消耗量占化石能源消耗总量的 37.25%,且与日俱增。中国报告网数据显示,自 2009 年首次超越美国成为世界第一大汽车生产和消费国以来,我国汽车产业一直保持稳定的发展态势。2015 年,全国汽车消费量高达 2459.76 万辆[①],交通能耗给国家能源安全造成了巨大压力。此外,化石能源的燃烧会产生大量二氧化碳,交通领域温室气体的排放对大气造成严重污染。

在交通领域能源消耗上,应当从三个方面减少碳排放:一是大力发展城市公共交通和城际交通,并且使用电启动机车。城市公共交通和城际交通本身可降低交通能源消耗;采用电力机车减少燃料油消耗,进一步减排碳排放密度;如果电的生产为低碳过程,则可进一步降低碳排放密度。二是鼓励汽车使用醇类燃料、二甲醚类燃料,醇类燃料和二甲醚类燃料如来源于生物质或合成工艺,则可降低碳排放密度。三是鼓励电动汽车,电动汽车本身有利于城市污染控制,如果消耗的电力来自低碳能源转换,则可因替代燃油而显著降低碳排放。

21 世纪以来,我国进入了快速城市化时期,建筑量突增,建筑耗能成为我国能源消耗的三大"耗能大户"之一,且我国的建筑耗能尤其高。因此,建筑节能就会大幅度降低碳排放。建筑用能包括空调、热水供应和照明等,依据目前技术发展现状,建筑用能容易用低碳能源替代。太阳能热水供应技术和地热源空调技术已成熟且已市场化;太阳能蓄热、供热技术,光伏照明、太阳光转移照明技术逐渐成熟并走向市场。

6.1.4.3　突破、优化、尽最大可能利用生物质能源

生物质能源的利用应从能源、转化、输送,终端用户一体化的角度来研究其战略定位。根据我国经济社会发展需要和生物质能利用技术状况,重点发展生物质发电、沼气、生物质固体成型燃料和生物液体、气体燃料,研究生物质转换并替代化工原料的可能性。

---

① 中国报告网:http://market.chinabaogao.com/qiche/0Q2Z6452017.html.

生物质电厂存在诸如原料来源不稳定、系统可靠性不高等缺陷,作为分散能源的生物质能,如果用来做大规模发电集约式利用,则可能偏离实际,应用前景并不值得看好,大型的生物质直燃发电项目不宜作为重大战略进行推广。生物质还田应作为生物质资源化利用的重要方向。发展非粮生物质能源有利于保障我国粮食安全和能源安全。

化工业采用煤炭、天然气作原料,也是消耗大户。考虑化工业的替代原料对于碳减排具有重要意义。化肥原料从煤炭、天然气,改为秸秆(秸秆易生产合成气)作原料形成一种循环经济模式:光合作用产生秸秆——秸秆制取合成气——合成气合成化肥——化肥还田;二甲醚的原料一般为煤炭、天然气,改为秸秆,秸秆生产合成气,秸秆合成气合成炼制二甲醚。二甲醚是一种液态清洁燃料,可供应汽车动力燃料或农村城镇生活燃料。

6.1.4.4 全方位推进核能、风能和太阳能利用

中国报告网统计数据显示,截至 2016 年年底,全球核能发电量占比为 12%[①],法国核电发电量占比为 72.3%,高居榜首,中国仅为 3.6%,全球排名第 25 名。各国核电装机容量的多少,很大程度上反映了各国经济、工业和科技的综合实力和水平。核电与水电、火电一起构成世界能源的三大支柱,在世界能源结构中有着重要的地位。与水电和火电相比,核电在我国能源结构中的比例明显偏低,其发展前景是非常广阔的。发展低碳能源,核能是一个很好的突破点。

在风电总体开发利用量、风电装机容量、国产风电机组单机容量、风电机组关键技术等方面,我国与世界风电发达国家相比还非常落后。但是,我国风能资源位居世界第一,而且在小风电技术应用上有自己的优势。另一方面,随着风电的技术进步和应用规模的扩大,风电成本持续下降,经济性与常规能源已十分接近。在此形势下,推进风电的快速发展符合低碳能源发展的战略需求。

2015 年中国太阳能发电新增装机创历史新高,累计装机约 430 亿瓦特,累计装机容量已经跃居世界首位[②],已经形成了比较完善的太阳能产业链。但总体来看,我国光伏发电产业的整体水平与发达国家尚有较大差距,太阳能热水器应用技术与发达国家的差距也仍然存在。发挥太阳能光伏发电适宜分散供电和太阳能热利用适宜分散供热的优势,出台相关补贴和促进措施,大力推进太阳能光热利用。

---

① 中国报告网:http://free. chinabaogao. com/dianli/201708/0Q52923Y2017. html.

② 中国产业信息网:http://www. chyxx. com/industry/201608/437015. html.

6.2　东南沿海村镇低碳能源可能类型及技术特征

6.2.1　太阳能

太阳能取之不尽,用之不竭,又无污染,是最理想的能源[①]。太阳能热电技术是利用太阳能发电的主要途径之一。它是利用聚光集热器把太阳能聚集起来,将一定的工质加热到较高的温度,然后通过常规的热机动发电机发电或通过其他发电技术将其转化成电能。太阳能热利用的主要形式是太阳房和太阳能集热器。太阳能空气集热器经常在建筑物供暖等领域被使用[②]。

与常规能源相比,太阳能资源的优点很多,并且都是常规能源所无法比拟的。概括起来,可归纳为以下四个方面:

一是数量巨大。每年到达地球表面的太阳辐射能约为 3630 万亿吨标准煤,被陆地表面接受的太阳辐射能为 762 万亿吨标准煤。

二是时间长久。根据天文学的研究结果可知,太阳系已存在大约 50 亿年。理论上讲,根据太阳辐射的总功率以及太阳上氢的总含量进行估算,太阳能资源尚可继续维持 600 亿年之久。对于人类存在的年代来说,确实可以认为是"取之不尽,用之不竭"的。

三是普照大地。太阳辐射能"送货上门",既不需要开采和挖掘,也不需要运输。普天之下,无论大陆或海洋,无论高山或岛屿,都"一视同仁",既无"专利"可言,也不能进行垄断,开发和利用都极为方便。

四是清洁安全。太阳能素有"干净能源"和"安全能源"之称。它不仅无污染,远比常规能源清洁,也毫无危险,远比原子核能安全。

6.2.1.1　我国太阳能的利用现状及技术特征

太阳能热利用即光热效应利用,把太阳光的辐射能转换为热能,主要方式包括太阳能热水器、太阳房、太阳灶、太阳能制冷与空调等。我国太阳能热能利用发展较为成熟,已形成较完整的产业体系,太阳能光热产业的核心技术遥遥领先于世界水平,其自主知识产权率达到了 95% 以上,太阳能热利用已经商业化[③],取得了良好的经济效益、社会效益和环境效益。

太阳能光伏发电。太阳能光伏发电是利用光伏效应,将太阳光的辐射能直接

①　陈祥明.新能源新技术与人才培养[M].合肥:合肥工业大学出版社,2013.
②　高煜.一种新型渗透式太阳能空气集热器的热性能研究[D].天津:天津大学,2012.
③　王峥,任毅.我国太阳能资源的利用现状与产业发展[J].资源与产业,2010,12(2):89-92.

转变为电能。20 世纪 90 年代以来,我国太阳能光伏发电保持快速发展,光伏组件生产能力不断增强,已形成以晶硅太阳能电池为主的产业集群,生产设备部分实现国产化。在太阳能发电技术方面,已掌握 10 兆瓦级并网光伏发电系统设计集成技术,研制成功 500 千瓦级光伏并网逆变器、光伏自动跟踪装置、数据采集与进程监控系统等关键设备。虽然受到国际国内环境的影响,但在政府政策的支持驱动下,我国光伏发电取得了有效发展。

截至 2015 年年底,我国光伏发电累计装机容量 4318 万千瓦,成为全球光伏发电装机容量最大的国家。其中,光伏电站 3712 万千瓦,分布式 606 万千瓦,年发电量 392 亿千瓦时。2015 年新增装机容量 1513 万千瓦,完成了 2015 年度新增并网装机 1500 万千瓦的目标,占全球新增装机的四分之一以上,占我国光伏电池组件年产量的三分之一,为我国光伏制造业提供了有效的市场支撑[①]。

太阳能热发电。太阳能热发电主要是把太阳的能量聚集在一起,加热来驱动汽轮机发电。国家 863 计划"太阳能热发电技术及系统示范"重点项目历时 6 年于 2012 年 11 月成功完成,标志着我国第一座兆瓦级塔式太阳能热发电实验电站顺利诞生。项目的成功实施使我国掌握了具有完全自主知识产权的太阳能塔式热发电技术,使我国太阳能热发电技术步入世界先进行列。另外,太阳能热发电技术在槽式热发电和太阳能低温循环发电等方面也取得了重要成果。

6.2.1.2　东南沿海地区太阳能发展潜力

太阳能是未来人类最合适、最安全、最绿色、最理想的替代能源。一旦太阳能在全世界范围内得到广泛利用,就能降低因使用化石能源所造成的环境污染,大大地改善环境。科学家预言:未来大规模的太阳能开发利用,有可能开辟新能源领域,从而将人类带出传统的燃火时代。随着时代的发展,人类的探索将使太阳能更完美地展示给世界。

太阳能发展"十三五"规划提出到 2020 年年底,太阳能发电装机达到 1.1 亿千瓦以上,其中,光伏发电装机达到 1.05 亿千瓦以上,在"十二五"基础上每年保持稳定的发展规模;太阳能热发电装机达到 500 万千瓦。太阳能热利用集热面积达到 8 亿平方米。到 2020 年,太阳能年利用量达到 1.4 亿吨标准煤以上[②]。表 6-1 显示了 2015 年东南沿海部分地区的太阳能发电量。

---

① 国家能源网:http://www.nea.gov.cn/2016-02/05/c_135076636.htm.
② 国家能源局.太阳能发展"十三五"规划[Z].2016.12.

表 6-1 东南沿海部分地区核能、风力、太阳能发电量 单位:亿千瓦时

地区	核能发电量	风力发电量	太阳能发电量
	2015	2015	2015
上海		4.79	0.35
江苏	166.17	59.25	19.34
浙江	496.23	16.42	7.65
福建	289.97	44.97	4.71

资料来源:中国能源统计年鉴,2016.

6.2.2 风能

风能的利用主要是以风能作动力和风力发电两种形式,其中又以风力发电为主。风能作动力,就是利用风来直接带动各种机械装置,如带动水泵提水等。按照风力发电系统电能供给方式不同,可以分为离网型风力发电系统和并网型风力发电系统两种。随着国际上风电技术和装备水平的快速发展,风力发电已经成为技术最为成熟、最具规模化开发条件和商业化发展前景的新能源。

从技术成熟度和经济可行性来看,风能最具竞争力。风电产业关键技术日益成熟,单机容量 5 兆瓦陆上风电机组、半直驱式风电机组开始使用,直驱式风电机组已经广泛应用。国际上主流的风力发电机组已达到 2.5 兆~3 兆瓦,采用的是变桨变速的主流技术,欧洲已批量安装 3.6 兆瓦风力发电机组,美国已研制成功 7 兆瓦风力发电机组,而英国正在研制巨型风力发电机组。欧洲规模化海上风电及相关电网布局开始建设,并在知识型产品,如风况分析工具、机组设计工具和工程咨询服务等方面具有明显的国际竞争优势。

6.2.2.1 我国风能利用现状及技术特征

(1)陆上风电建设规模不断增大。2015 年,全国(除台湾地区外)新增装机容量 30753 兆瓦,同比增长 32.6%,新增安装风电机组 16740 台,累计装机容量 145362 兆瓦,同比增长 26.8%,累计安装风电机组 92981 台[①]。

(2)海上风电建设逐步发展。中国海上风电建设逐步加快发展,2015 年,中国海上风电新增装机 100 台,容量达到 360.5 兆瓦,同比增长 58.4%。其中,潮间带装机 58 台,容量 181.5 兆瓦,占海上风电新增装机总量的 50.35%;其余 49.65% 为近海项目,装机 42 台,容量 179 兆瓦。2015 年,上海电气的海上风电机组供应量最大,占比达到 83.2%;其次是湘电风能,海上风电吊装容量占比为 13.9%[②]。

(3)国内风电设备制造能力不断增强。我国风电设备经过 2003 年至 2015 年

---

① 北极星风力发电网:http://news.bjx.com.cn/html/20160401/721882.shtml.

② 中国产业信息网:http://www.chyxx.com/industry/201608/443550.html.

这近 13 年的发展,从开始学习国外风力发电设备制造技术,到引进技术实现本地化风电机组制造,再到如今的风电设备产业化,已经取得了一定的成果。我国已基本掌握了大型风电机组的制造技术,全国已经生产或准备进入大型风电机组制造的整机生产企业有很多,初步形成了大连华锐、东方电气、金风科技等风电机组制造龙头企业。与此同时,国内已有一批企业进入了风电机组零部件的配套生产,现已可批量生产发电机、齿轮箱、叶片、塔架、控制系统、变桨和偏航轴承等零部件,初步形成了风电设备制造和配套零部件专业化产业链。

(4)风电技术取得发展。我国在大型风电机组整机及关键零部件设计、叶片翼型设计等风电关键科学技术领域获得了一批拥有自主知识产权的成果,在风力发电方面,风电机组主要采用变桨、变速技术,并结合国情开发了低温、抗风沙、抗盐雾等技术。在海上风电开发领域,我国自主研究开发了一系列海上风电场设计、施工技术,研制了一批海上风电专用施工机械装备。其中,3 兆瓦海上双馈式风电机组已经开始应用。

6.2.2.2　江苏省风能发展潜力

江苏省是风能资源大省,也是国家指定的风电发展基地之一。江苏省拥有945 公里的标准海岸线及 908 万亩的沿海滩涂,占全国滩涂总面积的四分之一,居我国沿海各省、市之首。江苏省沿海中部岸外拥有世界最大的海岸外辐射沙洲,总数有 70 个左右,190.26 万亩的理论深度基准面零米线以上的总面积。其风能资源较丰富,可用于发电的风能达 2380 兆瓦,潜在的风力发电量为 2200 万千瓦,占中国风能资源的近 1/10[①],是国家确定的八大千万千瓦级风电基地之一。自 2006年 10 月首台风电机组在南通如东并网以来,江苏省风电装机容量年均增长达81%,近两年更是驶入快车道,2015 年和 2016 年分别新增风电装机容量达 110 万千瓦、149 万千瓦。江苏省电网共有 40 座风电场、2822 台风电机组,总装机达 561万千瓦。其中,海上风电规模居全国首位,达 101 万千瓦。2017 年 2 月 20 日,江苏省电网风力发电创下两项新纪录:风力发电量首次突破 1 亿千瓦时,达到 1.04亿千瓦时,风力发电也首次突破 500 万千瓦,达到 508 万千瓦,分别占全省当日用电量的 6.89% 和当时用电负荷的 7.47%。与当天地级南通市 1.09 亿千瓦时的用电量和 521 万千瓦的最高用电负荷接近,相当于实现了南通全市用电的清洁替代[②]。

6.2.3　水能

水能资源指水体的动能、势能和压力能等能量资源,是自由流动的天然河流的

————————

①　黄莹灿,李梦,王燕楠,等. 江苏风力发电与常规能源的优势比较[J]. 价值工程,2013,32(35):22-23.

②　江苏电网单日风力发电突破 1 亿千瓦时[N]. 国家电报网,htpp://www.chinapower.com.cn/dwzbxw/20170224/83655.html.

出力和能量,称河流潜在的水能资源,或称水力资源。

广义的水能资源包括河流水能、潮汐水能、波浪能、海流能等能量资源;狭义的水能资源指河流的水能资源。水能是一种可再生能源(见新能源与可再生能源)。

6.2.3.1　我国水能利用现状及技术特征

我国水利资源富集于金沙江、雅砻江、大渡河、澜沧江、乌江、长江上游、南盘江红水河、黄河上游、湘西、闽浙赣、东北、黄河北干流以及怒江等 13 大水电基地,其总装机容量约占全国技术可开发量的 50.9%。特别是地处西部的金沙江中下游干流总装机规模达到 5858 万千瓦,长江上游干流 3320 万千瓦,长江上游的支流雅砻江、大渡河以及黄河上游、澜沧江、怒江的装机规模均超过 2000 万千瓦,乌江、南盘江红水河的装机规模均超过 1000 万千瓦。这些河流水力资源集中,有利于实现流域梯级、滚动开发,也有利于建成大型的水电基地和充分发挥水力资源的规模效益。

我国河流众多,径流丰沛,落差巨大,蕴藏着丰富的水能资源。我国水能资源的突出特点是河流的河道陡峭、落差巨大,发源于青藏高原的大河流有长江、黄河、雅鲁藏布江、澜沧江、怒江等,天然落差都高达 5000 米左右,形成了一系列世界上落差最大的河流,这是其他国家所没有的。我国(台湾地区除外)水力资源理论蕴藏量在 1 万千瓦及以上的河流共 3886 条,水力资源理论蕴藏量年电量为 60829 亿千瓦时,平均功率为 69440 万千瓦;技术可开发装机容量 54164 万千瓦,年发电量 24740 亿千瓦时;经济可开发装机容量 40180 万千瓦,年发电量 17534 亿千瓦时[①]。我国水能资源理论蕴藏量、技术可开发量和经济可开发量均居世界第一,而我国水能资源开发利用程度远远低于发达国家,具有很大的开发潜力。

2012 年,三峡水电站最后一台机组投产,成为世界最大的水力发电站和清洁能源生产基地。此后,溪洛渡、向家坝、锦屏等一系列巨型水电站相继开工建设,中国在世界水电领域保持领先的地位[②]。

2013 年我国水电装机最大的特点是高速增长,总装机达到 2.8 亿千瓦,是我国有史以来装机容量增长最快的一年。世界第三大、中国第二大水电站溪洛渡水电站投产,年投产装机容量达 924 万千瓦;同时,具有世界最高拱坝的锦屏一级水电站蓄水发电、大坝封顶,首创了世界水坝高度超过 300 米的新成绩。从 2009 年至 2013 年,水电装机容量从 1.97 亿千瓦增长至 2.8 亿千瓦,年平均增长 9%,水电装机容量不断增加,发展迅速。

"十二五"期间,新增水电投产装机容量 10348 万千瓦,年均增长 8.1%,其中

---

① 全国水力资源复查工作领导小组办公室. 中华人民共和国水力资源复查成果正式发布[J]. 水力发电 2006,32(1):12.

② 中国报告网:http://market.chinabaogao.com/dianli/112S03Q02017.html.

大中型水电 8076 万千瓦,小水电 1660 万千瓦,抽水蓄能 612 万千瓦。到 2015 年年底,全国水电总装机容量达到 31954 万千瓦,其中大中型水电 22151 万千瓦,小水电 7500 万千瓦,抽水蓄能 2303 万千瓦,水电装机占全国发电总装机容量的 20.9%。2015 年全国水电发电量约 1.1 万亿千瓦时,占全国发电量的 19.4%,在非化石能源中的比重达 73.7%。[①]

6.2.3.2   福建省水能发展潜力

水电发展"十三五"规划指出到 2020 年水电总装机容量达到 3.8 亿千瓦,其中常规水电 3.4 亿千瓦,抽水蓄能 4000 万千瓦,年发电量 1.25 万亿千瓦时,折合标煤约 3.75 亿吨,在非化石能源消费中的比重保持在 50% 以上。"西电东送"能力不断扩大,2020 年水电送电规模达到 1 亿千瓦。预计 2025 年全国水电装机容量达到 4.7 亿千瓦,其中常规水电 3.8 亿千瓦,抽水蓄能约 9000 万千瓦;年发电量 1.4 万亿千瓦时。其中,华东地区服务核电和新能源大规模发展,以及接受区外电力需要,统筹华东电网抽水蓄能站点布局,抽水蓄能电站重点布局在浙江省、福建省和安徽省。规划 2020 年装机规模 1276 万千瓦,"十三五"期间开工规模约 1600 万千瓦。2025 年,抽水蓄能电站装机规模约 2400 万千瓦。

福建省地处东南沿海,水能资源丰富,技术可开发量 1356 万千瓦,居华东之首。福建省开发水能历史悠久,是著名小水电之乡和农村电气化县建设的重要策源地之一,被誉为全国小水电摇篮。2014 年年底,福建省全省水电总装机容量 1274.24 万千瓦,平均发电量 400 亿度。其中,小水电站(装机容量 5 万千瓦及以下)6608 座,总装机容量 734 万千瓦,占水电总装机的 56%,小水电装机在全国居于第三位,多年平均发电量约为 220 亿度,农村水电发展为当地社会经济发展和节能减排做出重要贡献[②]。

据福建省水利厅介绍,在中央农村水电增效扩容工程背景下,2013—2015 年全省共有 280 座老旧电站得到全面改造,改造完成后装机容量将达到 79 万千瓦,比改造前增加 18%。2016—2018 年,还将计划实施 446 座水电站增效扩容改造,改造后总装机容量 104 万千瓦,比改造前增加 21.9%。

6.2.4   生物质能

生物质能是一种洁净的新能源,被认为是唯一能储存、运输的可再生能源,更可以转化成常规的固态、液态和气态燃料,适应人们的能源使用习惯。生物质能是通过绿色植物的光合作用将太阳辐射的能量以一种生物质形式固定下来的能量形式,即以生物质为载体的能量。生物质能的原始能量来自太阳,所以从广义上来

---

① 国家能源局. 水电发展"十三五"规划[Z]. 2016.12.
② 本报记者傅玥雯. 小水电"探花"福建如何生态转变[N]. 中国能源报,2015-11-23(11).

讲,生物质能是太阳能的一种表现形式。生物质能作为一种可再生能源,具有含碳量低的特点。生物在其生长过程中可以有效吸收大气中的二氧化碳,因而利用新技术开发利用生物质能不仅有助于减轻温室效应,维持生态良性循环,而且可替代部分石油、煤炭等化石燃料,成为解决能源与环境问题的重要途径之一,实现真正意义上的碳的零排放。生物质能具有以下特点:

一是可再生性。生物质能属于可再生资源,生物质能主要通过植物的光合作用对太阳能进行吸收和利用,与风能、太阳能等同属于可再生资源,只要有阳光、空气和水,生物质能就不会枯竭。

二是低污染性。生物质的硫含量、氮含量低,燃烧过程中生成的硫化物、氮化物较少;生物质能作为燃料时,由于它在生长时需要的二氧化碳相当于它排放的二氧化碳量,因而从理论上说对大气的二氧化碳净排放量近似于零,能有效地减轻温室效应。

三是分布广泛性。生物质能分布不受地域的限制,山川大地、茫茫戈壁和浩瀚海洋都有生物质能的踪迹。缺乏煤炭的地域,可充分利用生物质能。据专家介绍,我国存在约1亿公顷不宜种植粮食作物的土地,如果将这些土地的1/5种上生物质原料植物,如麻风树等,每年至少可产生1亿吨酒精和生物柴油。

四是总量十分丰富。生物质能是世界第四大能源,仅次于煤炭、石油和天然气。根据生物学家估算,地球陆地每年生产1000亿～1250亿吨生物质;海洋年生产500亿吨生物质。生物质的年生产量远远超过全世界总能源需求量,相当于目前世界总能耗的10倍。我国现状生物质能资源量为7亿吨标准煤,随着退耕还林和种植薪炭林,估计到2020年生物质能资源量可达9亿～10亿吨标准煤,在我国能源资源中占有举足轻重的地位。

五是有利于改善环境。利用生物质能,尤其是发展沼气,不但不会像燃烧矿物燃料那样产生大量的废气、废渣污染环境,相反可以改善环境卫生、改良土壤和获取其他方面的环境收益。

6.2.4.1　福建省生物质能利用现状及技术特征

(1)福建省生物质能利用现状

福建省生物质形成的自然条件得天独厚,地处东南沿海,全省地跨中亚热带和南亚热带两个自然气候带,西北有武夷山脉、中部有戴云山脉阻挡寒风,东南有海风调节,属海洋性季风气候区,多雨、温暖、湿润,独特的地理条件有利于各种生物质的生长,生物质能资源丰富。全省土地面积12.14万平方公里,其中山地、丘陵占80%以上,土壤肥沃,森林资源丰富,森林面积770.5万公顷,森林覆盖率达63.10%,居全国第一,是我国南方的重要林区之一,有"绿色宝库"之称。据初步调查分析,2008年福建省生物质能资源理论存有量约1600万吨标准煤,约占全国资源总量的3.5%。福建省生物质能源产业的发展,已经建立一定的产业基础。生物柴油和户用沼气领域发展处于全国领先水平,生物质发电发展较快,但总体水平仍处于起步阶段。

沼气:福建省是全国发展沼气的重点省。据测算,如将全省人畜禽粪便用作燃料、肥料的作物秸秆的三分之一,经厌氧发酵制取沼气,年资源总量可达 26.3 亿立方米,折标煤 187 万吨。若全部开发利用,农业人均 100.5 立方米,按人均日用气0.3 立方米计,可解决 90% 左右的生活燃料。2001 年以来,福建省利用中央财政农村小型公益设施建设补助资金以及农业基本建设项目资金,逐步开展农村户用沼气建设,先后有长汀、永安、龙海、福清、邵武、寿宁等县、市列入农村小型公益设施沼气建设项目,仙游、武夷山、松溪等县、市实施"一池三改"农村沼气建设项目。到 2008 年,全省累计建成养殖场沼气工程 1056 处,总容积 34 万立方米,年产沼气4400 多万立方米,年处理畜禽养殖业粪水 1100 多万吨。全省共有规模养殖场7724 个,建池比例为 12.8%。其中,生态型沼气工程占 90%,环保型沼气工程占 10%。

垃圾:福建省城市垃圾产量在迅速增加。据调查,福建、厦门、泉州等沿海省市每人每年平均垃圾量达 450 公斤左右。福州市一天的垃圾就达 1200~1400 吨。根据对福州、厦门等市垃圾质地测试结果,可燃物占 55% 以上,热值为 5000kJ/kg左右,具备了建设垃圾发电厂的要求。福建省生物质能发电的主要途径是垃圾发电,从 2003 年开始,福建省进行城市生活垃圾的发展研究和实践,出台了《福建省"十一五"城市生活垃圾无害化处理设施建设规划》和相应的配套政策,使垃圾发电产业得到快速发展。至 2010 年年底,福建省已建、在建和规划建设的垃圾发电厂已有 10 座。全部投产后,日处理垃圾 7400 吨,年发电量 7.33 亿千瓦时,光发电一项就可节约 25.7 万吨标准煤。

生物质制油:福建省是全国重点林区之一,适宜种植的能源高产作物主要是甘蔗、甘薯、木薯、油莎豆等;有开发潜力和价值的油料能源植物种类的科目有大戟科、樟科、桃金娘科、菊科、豆科、山茶萸科、大风子科和萝摩科等,可以适合规模化种植的有麻疯树、山苍子、油茶、黄连木、乌桕、油桐等。

福建省还有丰富的农作物秸秆、稻草、麦草、芦苇、竹子等非林质纤维,有香蕉、菠萝等果业茎秆和森林抚育间伐、树林修枝、林业加工剩余物,以及随处可见的野生芒属植物等生物质资源,每年的资源总量可能超过数千万吨。但大多未被充分利用,造成生物质资源的很大浪费。福建省海洋资源十分丰富,有浅海 41.5 万公顷,滩涂 20 多万公顷,有海洋生物 3000 多种。其中不乏可作为生物质能源开发的原料。

(2)生物质能利用技术

我国在生物质能转化技术方面有很多研究,取得了明显的进步。但是与发达国家相比,还存在一定的差距。我国生物质能利用技术主要表现在以下几个方面:

一是沼气技术。我国沼气的使用有较长的历史，沼气技术现已比较成熟，进入商业化的应用阶段。在政府政策的支持下，我国沼气应用保持良好的发展势头。沼气技术是指通过厌氧发酵使人畜禽粪便、秸秆、农业有机废弃物、农副产品加工的有机废水、工业废水、城市污水和垃圾、水生植物和藻类等有机物质转换成沼气，是一种利用生物质制取清洁能源的有效途径[①]。沼气利用同农业生产相结合，实行种、养、沼农业良性循环，把粪便统一处理，然后变成沼气，经由管道进入蔬菜大棚，从而实现有机施肥。管道沼气作为一种新型农村能源利用方式，把"养殖大户大场—联户沼气—沼渣入园"三者有效联结起来，破解"粪便过剩和原料不足"的难题，让农民像城里人一样用上管道燃气，革命性地提升了农民生活品质。沼气耦合模式为：第一，能源系统。生物质原料→沼气→沼气灯/沼气发电→动力系统。第二，养殖系统。生物质原料→沼气渣→池塘→苇草返池。第三，种植系统。生物质原料→沼液→肥田→秸秆返池。

福建省户用沼气方面技术逐步成熟，不断加强技术革新，注重新技术、新成果的应用。在池型方面，研究出了适应不同气候、原料和使用条件的标准化池型，主要应用包括：ZWD 型沼气池、SQC 新型高效户用沼气池、户用玻璃钢组装式沼气池。在大中型沼气工程方面，有以下几个方面：以沼气工程为纽带，建立生态牧场；泉头畜牧场沼气生态系统工程研究；隧道式沼气池；推流式厌氧滤床工艺；红泥塑料厌氧发酵装置及其后处理设施标准化设计技术；高效厌氧净化塔；智能化大型沼气池。沼气的工业化应用，包括沼气集中供气、沼气发电等正处在示范阶段。

二是生物质固化技术。生物质成型颗粒燃料主要由农林废弃物作为原材料经过加工组成的。它是利用农林废弃物，如秸秆、水稻秆、薪材、木屑、花生壳、瓜子壳、甜菜粕、竹丝、稻糠、苜蓿菜、刨花、树皮边角料、杂草等所有废弃的农林作物，经粉碎—烘干—陈化—混合—挤压—冷却—筛分—包装等工艺处理过程，使原来松散、无定形的原料压缩，最后制成颗粒状燃料。我国于 20 世纪 80 年代开始生物质固化成型燃料方面的研究开发，21 世纪以来生物质固化成型燃料技术得到明显发展，生产和应用已初步形成了一定的规模，正大力推广生物质颗粒燃烧技术。[②]

福建省南安市宝林能源公司与著名大学联合开发再生能源燃料——生物质颗粒燃料，同时突破传统高能耗小产量的造粒设备的困境，公司第五代造粒机已经面市，保证今后福建本省在新能源燃料供需上，无须再从外省引进。宝林公司生产的生物质颗粒燃料（直径 6～11mm）已经出口多个国家，如日本、罗马、芬兰。宝林在未来 3 年，计划引进外资，共同合作，力争建设 20 个生产基地，达到年产 50 万吨的

---

① 李树生，张兴华.生物质循环经济与大功率沼气发动机[C]//2006 中国生物质能科学技术论坛.2006.

② 许炜华，谢如谦，郑宗明，等.福建省生物质能学科发展报告[J].海峡科学，2013(1)：11-17.

规模,做强做大福建省、广东省、江西省一带的生物质市场。

三是生物质气化技术。我国生物质气化技术有了较大的进展,主要是突破了农村家庭供气和气化发电的问题,生物质气化发电技术已经达到国际先进水平。我国已经建成 200 多个农村气化站,谷壳气化发电 100 多套,气化利用技术的影响不断扩大。

四是生物乙醇技术。我国在 20 世纪 50 年代,就开始了利用纤维素废弃物制取乙醇燃料技术的探索与研究,以木薯等非粮作物为原料的燃料乙醇技术正在逐步应用。我国生物质液化也有一定的研究,主要集中在高压液化和热解液化方面,但技术比较落后。厦门大学能源研究院研制和利用农林纤维素生物质联产燃料酒精与木糖项目以农林纤维素生物质(秸秆、蔗渣、林草)等为原料,分离提取纤维素、半纤维素、木质素等组分;利用纤维素酶对纤维素组分进行降解,制取燃料酒精;利用木聚糖酶对半纤维素组分进行降解,制取功能性木糖。针对我国木质纤维素原料预处理技术和多元化生物质资源规模化培育与利用等核心技术亟须突破的现状,研制木质纤维素原料的高效预处理技术和低成本降解技术等关键技术,建设万吨级纤维素水解制备液体燃料及其醇电联产综合利用示范工程,实现纤维素乙醇、丁醇的清洁生产和能量自给项目仍需做大量工作。

五是生物柴油技术。国内已成功利用菜籽油、大豆油、米糠油、光皮树油、工业猪油、牛油及野生植物小桐籽油等作为原料,经过甲醇预酯化后再酯化,生产的生物柴油不仅可作为代用燃料直接使用,而且可以作为柴油清洁燃烧的添加剂。

6.2.4.2 福建省生物质能资源发展潜力

福建省生物质能资源主要包括农业废弃物、林业废弃物、城市垃圾、废弃动植物油脂、工业有机废水、木本油料林以及木薯、甜高粱等农业能源作物七大类。据初步调查分析(2010 年),福建省生物质能年资源总量约为 1620 万吨标准煤,占全国资源总量的 3.5%。目前,福建省生物质能源年资源潜力分布如下:

(1)农业废弃物。农村沼气资源:以农村畜禽粪便为主要原料的沼气潜力为26.3 亿立方米,折合 187.8 万吨标准煤;秸秆:总量 1035 万吨,其中 1/3 可作能源利用,约 345 万吨,折合 172 万吨标准煤;农产品加工剩余物:以稻壳与甘蔗渣为主,总量约 285 万吨,折合 184 万吨标准煤。

(2)林业废弃物。福建省森林覆盖率居全国之首,林业废弃物资源丰富,包括林木枝桠和林产废弃物等,约 1200 万吨,折合 685.2 万吨标准煤。

(3)城市垃圾发电资源。垃圾年产出约 940 万吨,其中 720 万吨可用于发电,发电量折合 30 万吨标准煤。

(4)废弃动植物油脂可产生物柴油 36 万吨,折合 51.5 万吨标准煤。

(5)工业有机废水产沼气资源:17 亿立方米,折合 121.4 万吨标准煤。

(6)木本油料林:可用于栽种木本油料林的用地约 60 万公顷,可产生物柴油

120 万吨,折合 157.9 万吨标准煤。

(7)木薯、甜高粱等:可产燃料乙醇 30 万吨,折合 30 万吨标准煤。[①]

福建省生物质能发电情况及 2020 年发展规划如表 6-2 所示。

表 6-2　福建省生物质能发电情况及 2020 年发展规划

内容		2008 年实际	2020 年规划
垃圾发电	垃圾处理量/(吨/天)	4350	17800
	装机容量/万千瓦	9.3	35.15
	发电量/亿千瓦时	3.54	15.01
	折合标煤量/万吨标准煤	11.28	45.8
填埋气发电	装机容量/万千瓦	0.165	1.0
	发电量/亿千瓦时	0.09	0.4
	折合标煤量/万吨标准煤	0.287	1.22
生物质发电质其他	装机容量/万千瓦		26.4
	发电量/万千瓦时		11.09
	折合标煤/万吨标准煤		33.82
合计	装机容量/万千瓦	9.465	68.55
	发电量/亿千瓦时	3.63	30.4
	折合标煤/万吨标准煤	11.847	94.84

资料来源:许炜华,谢如谦,郑宗明,等.福建省生物质能学科发展报告[J].海峡科学,2013(1):11-17.

6.2.5　地热能

地热能是指地表以下的所有物质,比如地下水、沉积物、岩石等所含有的热能。地热能是一种可无间断获取、可持续利用、清洁环保的能源,其开发在经济上、技术上都是可行的。我国地热资源与之相关的有:东南部为环太平洋地热带、藏滇地区为地中海及喜马拉雅山地热带、新疆地区为中亚地热带。我国地热资源丰富,现已探明的地热田主要分布在沉积盆地以及高原地区。据相关研究估计,我国 2000 米的深度中储存的地热资源总量约为 4×10^{19} 千焦,相当于 1.3711×10^{12} 吨标准煤的发热量。但我国对地热资源的开发利用与常规能源相比所占的比重很小[②]。

6.2.5.1　地热能的特点

一是能量巨大。据估计,地球内部向地表散发的热量,每平方米每小时为 226 焦耳,全球每小时就有 115137 万亿焦耳。一年大约相当于 380 亿吨标准煤燃烧所发出的热能,或相当于 1000 亿桶石油所含的热能。地热能总蕴藏量约为煤储藏量的 1.7 亿倍。其中陆地 3000 米深度以内,温度在 150^{0}C 以上的高温地热能储量,

①　许炜华,谢如谦,郑宗明,等.福建省生物质能学科发展报告[J].海峡科学,2013,(1):11-17.
②　刘帅.现代建筑工程中的绿色施工管理探讨[J].城市建设理论研究:电子版,2012(7).

约为 140 万亿吨标准煤,为全世界煤炭远景储量的 13 倍以上。

二是可再生性。在某种意义上讲,地热能是取之不尽,用之不竭的可再生能源。即使经过几百年或几千年,地热发电量比现有水平大幅度增加,也不能使地球上的这种热量大量减少。

三是分布不均匀。地热遍布地壳每一部分,然而可供人们利用的地热资源的分布是不均匀的。从已发现的高温地热区看,绝大多数分布在板块构造的边缘地带—环太平洋带、地中海—喜马拉雅山带、东非裂谷带及大西洋中脊地带。这些地带地壳不稳定,地壳内部的热能易于从这些薄弱地带传到地表,因而地热能比较丰富。太平洋沿岸的美国、日本、菲律宾、苏联、印度尼西亚、新西兰以及我国,都发现并开发了许多大型地热田。

四是清洁且对环境污染小。利用地热能不需要燃烧矿物燃料,所以不会严重污染环境,危害人体健康。例如冰岛是一个广泛利用地热能的国家,全国 70% 以上的人口利用地热能。

6.2.5.2　地热能利用及技术发展现状

经过多年的研究勘探,我国在技术上已经形成了完整的地热资源勘探技术体系、评价方法;在设计和施工方面,已经有相应的先进的设备作为辅助配套,且有专业的制造厂商;在监测仪器上逐渐实现了国产化。另外,作为浅层地热资源开发的关键因素——地源热泵技术,取得了极大进展。

我国地热发电产业具有一定的基础,但是在地热发电的热利用效率、规模、设备、勘察等方面与先进国家相比还有一定的差距。因为地热发电对地热流体的温度要求非常高,主要是利用高温地热能,所以,我国的西藏、云南和四川西部等地区更适合高温地热资源发电。我国地热发电始于 20 世纪 70 年代,在广东省建立了第一座地热电站,之后陆续建立了一些利用低温地热水发电的小型试验地热电站,但大多已经关闭,只有西藏的羊八井利用高温地热发电得到一定的发展。全国现有地热发电的装机总容量为 32.08 兆瓦,其中 88% 在西藏。

2015 年年底全国浅层地热能供暖(制冷)面积达到 3.92 亿平方米,全国水热型地热能供暖面积达到 1.02 亿平方米。地热能年利用量约 2000 万吨标准煤。2014 年年底,我国地热发电总装机容量为 27.28 兆瓦,排名世界第 18 位[①]。

据国土资源部中国地质调查局 2015 年调查评价结果,全国 336 个地级以上城市浅层地热能年可开采资源量折合 7 亿吨标准煤,全国水热型地热资源量折合 1.25万亿吨标准煤,年可开采资源量折合 19 亿吨标准煤,埋深在 3000～10000 米的干热岩资源量折合 856 万亿吨标准煤。

---

① 国家能源局. 地热能发展"十三五"规划[Z]. 2017.1.

表 6-3　我国东南沿海地热能开发利用现状(截至 2015 年年底)

地区	浅层地热能供暖/制冷面积/$10^4 m^2$	水热型地热能供暖面积/$10^4 m^2$
江苏	2500	50
上海	1000	0
浙江	2200	0
福建	100	0

资料来源:地热能发展"十三五"规划。

地热资源的直接利用主要集中在以下几个方面:

一是地热供暖。虽然整体上我国地热供暖与国际先进水平还有一定差距,但我国地热供暖已经有近 20 年的历史,主要集中在我国冬季气候较寒冷的华北和东北一带。地热能采暖(制冷)利用地热水采暖(制冷),无污染。地热水采暖虽初始投资较高,但总成本只相当于燃油锅炉供暖的 1/4[1],不仅节约能源、运输、占地等,也可大大改善大气环境,经济效益和社会效益十分明显,是一种比较理想的采暖方式。

二是地热温室。我国对地热的利用还表现在地热温室在农副业的运用上,在发展潜力较大的花卉方面,地热温室的经济效益非常明显;地热水对农作物的灌溉能够调节水温,解决低温冻害的问题,使农作物早熟增产。随着经济的发展和人民生活水平的提高,对地热温室的应用将会得到更进一步的发展。

三是地热水疗。地热能除了供暖功能和应用于农业之外,因地热水除温度较高外,还含有一些有益的矿物质,具有一定的医疗效果,因此也常被用于医疗养生和旅游娱乐。

6.2.5.3　地热能发展潜力

在"十三五"时期,新增地热能供暖(制冷)面积 11 亿平方米,其中:新增浅层地热能供暖(制冷)面积 7 亿平方米,新增水热型地热供暖面积 4 亿平方米,新增地热发电装机容量 500 兆瓦。规划到 2020 年,地热供暖(制冷)面积累计达 16 亿平方米,地热发电装机容量约 530 兆瓦。2020 年地热能年利用量 7000 万吨标准煤,地热能供暖年利用量 4000 万吨标准煤[2]。

6.2.6　海洋能

海洋能是蕴藏于海水中的各种可再生能源的总称,包括潮汐能、潮流能、波浪能、温差能、盐差能等,是清洁环保的可再生能源,海洋能的主要利用形式是发电。

6.2.6.1　浙江省海洋能利用现状及技术特征

浙江省濒临东海,岸线曲折,港湾众多,岛屿连绵,潮强流急,又因地处东亚季

---

① 王小毅,李汉明.地热能的利用与发展前景[J].能源研究与利用,2013(3).
② 国家能源局.地热能发展"十三五"规划[Z].2017.1.

风带,风大波高,故本省沿岸具有较丰富的潮汐能、潮流能和波浪能等海洋能资源,理论总功率可达 4000 万千瓦以上。据不完全统计,全省主要海洋能资源理论总装机容量达 3496.5 万千瓦以上,其中潮汐能 2896.2 万千瓦,波浪能为 250 万千瓦,潮流能为 350.3 万千瓦[①]。

(1)潮汐能

浙江省沿岸是我国沿岸潮差最大的地区之一。全省加权平均潮差 4.29 米,为全国沿海各省之冠,各地平均潮差分布:舟山至石浦一般为 2 米至 4 米,三门湾以南 4 米以上。其中,舟山岛至甬江口潮差最小 2 米左右,杭州湾西部和乐清湾等地潮差最大 5 米以上,最大潮差达 8 米以上[②]。

全省潮汐能的理论蕴藏量为 862.5 亿度,理论装机容量为 2896.2 万千瓦,可开发的潮能年发电量为 263.9 亿度,相应装机容量为 879.8 万千瓦。20 世纪 90 年代,象山港是浙江省沿海潮汐能资源较富集的区域之一。如以西泽断面为坝址建潮汐电站,可装机 60.4×10^4 千瓦,年发电量达 16.6×10^8 千瓦时;如利用铁港、两沪港、黄墩港等三处汊港建电站,分别可装机 15×10^4 千瓦、10×10^4 千瓦、5×10^4 千瓦,发电量分别为 3.64×10^8 千瓦时、2.65×10^8 千瓦时、1.24×10^8 千瓦时[③]。但应指出,在大陆和岛屿沿岸尚有数以百计小海湾的潮汐能资源未列入统计总量中,此外,也可以在平直岸段的边滩上筑堤建库,形成一些规模在数百千瓦的潮汐电站,这些潮能资源数量就较难统计了。

(2)波浪能

波浪能是指海洋波浪运动所具有的能量,其大小与波高平方和周期的乘积成正比。波浪的大小系与风速、风时、风区及水深有关。浙江省沿岸水域地处东亚季风带,冬季常受冷空气大风影响,秋季常受台风袭击,且都有较长的风区,故使浙江省沿海成为我国沿海波浪较大的区域之一。特别是距大陆岸线较远的近海岛屿,如绿华、嵊山、浪岗、东福山、韭山、渔山、大陈和南麂附近海区都是著名的大浪区。据资料统计,分别位于浙江省北部、中部和南部沿海的嵊山、下大陈和南麂各岛附近海区的最大波高为 7~10 米,年平均波高在 1 米以上。

浙江省波浪能资源的地理分布沿纬度上相差不大,而经度上则一般在近岸和湾内较小,其密度约在 0.4 千瓦/米以下,距大陆岸线较远的近海岛屿附近则较大,多在 3 千瓦/米~5 千瓦/米。波能流密度随季节变化的规律一般是秋、冬季较大,春、夏季则较小。近海岛屿附近这种季节变化尤为显著,最大值多出现在 9~10 月台风季节,而近大陆岸线这种变化相对较小。

---

① 戴泽蘅.浙江省海岸带和海涂资源综合调查报告[M].北京:海洋出版社,1988.
② 王传崑.浙江省海洋能资源及其开发[J].海洋湖沼通报,1984(3):63-69.
③ 徐皓,李冬玲,李加林.浙江省海洋资源环境发展报告[M].杭州:浙江大学出版社,2016.

（3）潮流能

潮流是海洋中潮波在水平方向上的运动。潮流能即指海水周期性水平流动所具有的动能，其大小与流速平方和流量的乘积成正比。

浙江省沿岸海域为强潮区，故潮差大，潮流也一般较强。同时，潮流常受地形影响，某些海峡、水道所在地区虽潮差并不大，但因缩窄效应导致潮流速却较大。浙江省港湾和岛屿众多，基于以上原因，不少岛屿之间的水道、海峡和港湾的湾口，潮流都比较强。舟山群岛海域是浙江省潮流能资源最丰富的地区，潮流能资源的理论蕴藏总量达 350.3 万千瓦。

浙江省许多河口地区潮流能资源也很丰富，像钱塘江河口曾测得 5 米/秒～6 米/秒的最大潮流速。在椒江口和瓯江口的最大潮流速亦可达 2 米/秒～3 米/秒，考虑到对交通航运等方面的影响，大规模开发的可能性很小，故均未做专门统计。

6.2.6.2　浙江省海洋能的发展潜力

海洋能源从数量上来说在浙江省能源结构中占有重要地位，分布上点多面广，而能量密度与我国其他省相比也相对较高。在浙江省储量较为丰富的几种海洋能资源中，潮汐能资源的开发利用研究起步较早，技术力量相对而言也较雄厚，从轻重缓急顺序上讲，也应以潮汐能资源列为第一位。浙江省"十三五"期间将依托自主研发的技术和实践经验，启动实施三门健跳港、宁海岳井洋、温州瓯飞潮汐发电示范项目①。

从浙江省海洋能资源的空间分布上看，近海外缘岛屿因风大浪高，应着重开发波浪资源；沿海港湾因潮差大，库容也大，应重点开发潮汐能资源；而舟山地区则因岛屿星罗棋布，海峡水道众多，故应侧重开发潮流能资源。

关于波浪能和潮流能的开发利用，在我国虽尚处在初期研究阶段，但浙江省沿海岛屿近 2000 个，占全国岛屿总数的三分之一，波浪能和潮流能是浙江岛省屿地区的优势资源，其开发利用对改善岛屿能源一向紧张并需从大陆补充的问题具有重大意义；其开发利用前景十分广阔，理应予以足够的重视。

6.3　东南沿海村镇低碳能源利用模式及对策措施

6.3.1　东南沿海村镇低碳能源利用现状分析

为了解东南沿海地区家庭低碳能源利用现状、消费意愿、影响因素及存在问题等，本研究设计了《绿色能源调查问卷》并对东南沿海地区部分居民进行了调查研

---

① 　浙江省人民政府办公厅.浙江省能源发展"十三五"规划[Z].2016.9.

究。问卷的调查内容主要包括家庭及个人基本信息、家庭低碳能源使用现状、低碳能源消费意愿及节能减排意识、低碳能源使用的影响因素和原因、推动低碳能源发展的各类措施等方面。本研究数据采集方式为网络采集和纸质问卷填写,网络采集在问卷调研平台"问卷星"上制作和发布问卷,纸质问卷由宁波大学建工学院学生在其家乡发放,问卷的调查对象为东南沿海地区的家庭成员(主要由籍贯为浙江省的宁波市各大学的学生邀请其家长、亲戚、朋友填写),本次调查共发放问卷 691 多份,其中有效问卷 653 份,有效率 94.5%。

表 6-4　家庭低碳能源及降低能耗措施利用情况

题目/选项	是
使用太阳能	0.5298
使用新能源汽车	0.1242
使用沼气	0.1014
购买绿色建筑	0.2471
加强房屋的保温隔热效果	0.2256
使用节能灯泡	0.8035
买电器时注重买高效节能的品牌电器	0.6248
使用节能炉灶	0.3447
使用风能	0.1242
使用水能	0.1381
使用地热能	0.0989
使用核能	0.0824
其他	0.1407

由表 6-4 可知,由高到低分别有 52.98%、13.81%、12.42%、10.14%、9.89%、8.24%的家庭使用太阳能、水能、风能、沼气、地热能、核能等低碳能源,分别有 80.35%、62.48%、34.47%、24.71%、22.56%、12.42%的家庭采用了使用节能灯泡、买电器时注重买高效节能的品牌电器、使用节能炉灶、购买绿色建筑、加强房屋的保温隔热效果、使用新能源汽车等节能措施。

农村家庭住宅占地面积主要集中于在 50～150m² 之间,对于房屋的保温隔热效果,8.72%的受访者认为不好,65.58%的人认为一般,仅 18.54%的人认为很好。针对这个问题,与问卷的冬天采暖时间(图 6-1)和夏天制冷时间(图 6-2)分别做了交叉分析。

可以看出,保暖效果一般的房屋家庭采暖与制冷时间集中于 2～6 小时,而保暖效果不好的房屋家庭采暖时间集中于 6 小时以上,但制冷效果集中于 2 小时以下以及 6 小时以上,出现了两极分化。针对这个分化问题,我们与受访者进行了交

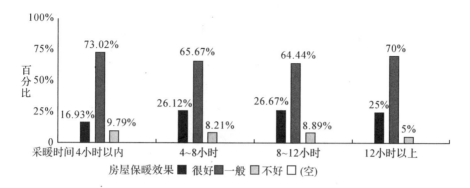

图 6-1　房屋保温效果与居民冬天采暖时间分析图

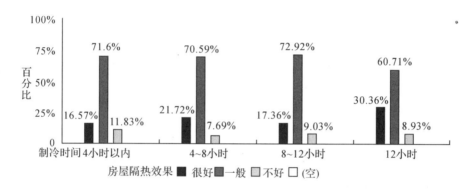

图 6-2　房屋隔热效果与居民夏天制冷时间分析图

流,发现部分农村地区夏季气候温和不热,制冷时间较短,而冬天比较寒冷,因此,冬天采暖时间多于夏天制冷时间。相关结论表明,房屋保温隔热条件与采暖制冷时间有很大关系,采取一定的房屋保温隔热措施可有效降低能耗和碳排放。

居民冬天采暖方式(图 6-3)也比较多样,空调、电暖气或电热扇、地暖、水暖各占 62.46％,24.3％,3.74％,10.75％,其他方式主要为传统生物质能取暖方式,占2.02％,例如薪材、木炭等。空调、电暖与其他采暖方式占比较大,总体而言,采暖过程中电能与生物质能消耗较大。

家庭家电能耗标识(1 级能耗最低,2 级属于节电水平,3 级为我国市场的平均水平,级别越高,能耗越大)的调查结果如表 6-5 所示:调查结果反映出大多数被调查家庭家电能耗达标,有较好的节能环保意识。还有 20％左右的受访者不知道其家庭家电能耗标识情况,也间接说明其购买或使用家电时对其能耗、节能环保效果不大关心。

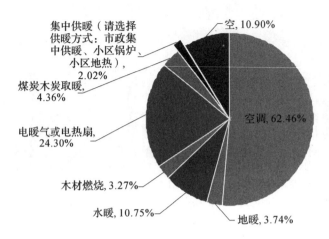

图 6-3　居民采暖方式统计

表 6-5　家庭家电能耗等级统计表

家电	1级	2级和3级	4级和5级	无能耗标识	不知道能耗等级
空调	16.51%	34.89%	24.92%	7.32%	16.36%
冰箱	25.86%	33.02%	19.94%	7.63%	13.55%
洗衣机	18.85%	38.78%	17.29%	8.72%	16.36%
电视	19%	32.87%	16.82%	14.02%	17.29%

21世纪以来,私家车普及率越来越高,其碳排放和能源消耗日益增多,给环境造成压力,问卷针对家庭成员日常出行选用的交通工具(图6-4)做了调查。

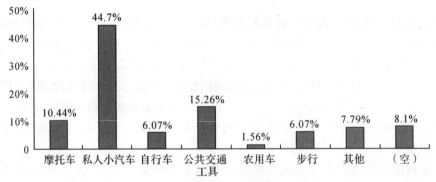

图 6-4　出行交通工具使用情况统计

44.7%的受访家庭采用私人小汽车作为主要的交通出行方式,10.44%的家庭采用摩托车出行,仅有6.07%的受访者以自行车作为交通出行方式,15.26%的受访者乘坐公共交通工具出行,6.07%的受访者步行出行。私人小汽车和摩托车作为日常出行较为便利的交通工具,污染排放量不容小觑。针对家庭炊事用能情况的调查数据如图 6-5:使用管道煤气、罐装煤气占 38.17%,木柴、木炭等传统生物质能占 6.07%,使用电器如电磁炉等占 35.05%,使用管道天然气和罐装液化石油气的家庭占 15.11% 和 14.95%。这些数据表明,尽管一些低碳能源已经进入农村家庭,但传统的生活能源消费方式还占据着重要地位,加强低碳能源的推广使用仍任重道远。

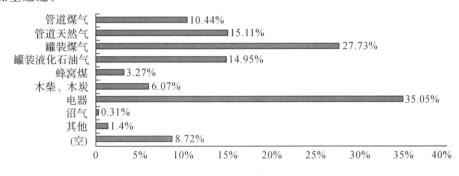

图 6-5　家庭炊事用能情况调查统计

6.3.2　东南沿海村镇低碳能源的消费意愿及影响因素分析

居民对低碳能源的认同程度及产品消费意愿、低碳节能意识、低碳能源使用的影响因素等方面的调查结果表明:

6.3.2.1　低碳能源消费意愿

76.79% 的受访者表示如果有足够的资金会购买太阳能产品(图 6-6)。这与居民对太阳能这种低碳能源的认可,以及太阳能热水器的推广普及不无关系。在问及是否会购买价格比一般非环保产品略高的家用新能源产品时(图 6-7),51.71% 的受访者表示会买新能源的环保产品,19% 的受访者表示会看情况,比如购买能力、是否符合家庭需求及性价比等,也有 19% 的受访者表示不会购买。这表明农村居民对低碳能源产品消费意愿比较强,消费观也比较理智。

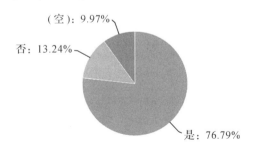

图 6-6　家庭购买太阳能产品意愿统计图

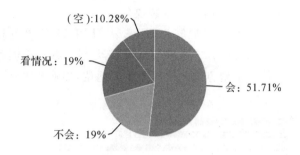

图 6-7　家庭购买新能源产品意愿统计图

6.3.2.2　低碳能源利用必要性的认知程度

居民对低碳能源认知程度较高,例如赞同绿色建筑更节能,用煤比用薪柴进行炊事活动更方便,用天然气(煤气)做饭有时比用电更省钱,使用太阳能设备可以减少家庭开支等选项的受访者达到80%及以上(图6-9)。居民节能减排意识仍有较大的提升空间,受访者回答此类问题大多选择赞同而非很赞同,说明他们有一定的节能减排意识,但意识不强烈。

46.57%的家庭赞同"家庭在消费资源类产品超过一定数量时,应额外付费",20.25%家庭不赞同"只有大多数家庭采用节能产品后,我们家庭才会采用",17.44%的家庭不赞同"节能产品大多都存在着使用安全性的问题"。只有20%～50%的居民认同较先进科学的消费观念,仍有不少居民在低碳能源消费上观念保守落后,详见表6-6。

表 6-6 家庭低碳能源认知态度和使用意愿统计表

选项	很不赞同	不赞同	不确定	赞同	很赞同	(空)
绿色建筑节能效果好	4.31%	2.53%	26.87%	37.90%	16.73%	11.66%
用煤比用薪柴进行炊事活动更方便	6.84%	8.24%	23.07%	33.71%	15.59%	12.55%
用天然气(煤气)做饭有时比用电更省钱	4.18%	6.84%	26.62%	34.60%	15.59%	12.17%
使用太阳能设备可以减少家庭开支	3.30%	3.80%	20.79%	39.42%	20.28%	12.42%
购买家电时,我们家首先考虑的是产品能耗级别	3.55%	6.97%	26.24%	36.38%	14.96%	11.91%
购买家电时,我们家更关注的是产品价格	4.06%	8.37%	24.84%	38.53%	11.91%	12.29%
提倡家庭日常生活节约可以实现节能降耗	2.79%	3.80%	12.80%	48.80%	19.14%	12.67%
我们家从没担心过电力会短缺	5.32%	16.10%	20.53%	34.09%	11.15%	12.80%

续表

选项	很不赞同	不赞同	不确定	赞同	很赞同	(空)
我国煤炭、石油、天然气等资源都面临着枯竭的问题	3.17%	4.18%	17.11%	42.21%	20.66%	12.67%
家中老人的俭省节约行为影响到了家中的其他成员	4.18%	13.94%	22.43%	35.49%	10.90%	13.05%
家中孩子的低碳环保善良意识感染了其他家庭成员	3.17%	7.10%	24.97%	39.67%	12.29%	12.80%
亲戚、朋友或邻居家的节能措施经常为我们家所用	3.93%	10.14%	31.05%	31.56%	10.14%	13.18%
在节能环保方面,没有政府支持或强制,普通家庭是无能为力的	4.69%	14.07%	24.21%	33.08%	11.03%	12.93%
家庭成员平时大多都很关注媒体报道的能源问题	3.55%	13.43%	30.42%	30.04%	9.38%	13.18%
从报纸、电视等媒体了解到的信息会影响家庭采取节能行为	2.92%	9%	26.24%	38.53%	10.52%	12.80%
家庭采取节能行为是因为相关政策法规的要求	3.80%	15.72%	27%	32.32%	7.73%	13.43%
家庭在消费资源类产品超过一定数量时,应额外付费	3.68%	10.27%	25.73%	37.01%	9.76%	13.56%
为了保护资源和环境,不应该再开发更多的资源	6.84%	15.72%	25.98%	29.78%	8.62%	13.05%
愿意多花点钱使用节能产品和绿色能源	2.66%	5.70%	23.45%	43.09%	11.79%	13.31%
只有大多数家庭采用节能产品后,我们家庭才会采用	3.68%	16.35%	30.29%	28.14%	8.11%	13.43%
节能产品大多都存在着使用安全性的问题	3.55%	13.69%	35.74%	24.59%	8.87%	13.56%
平时注意到家电节能程度,节能产品消费和使用上的细节问题	2.41%	6.21%	28.26%	38.28%	10.39%	14.45%
为了节能环保家庭成员愿意为此改变生活方式	2.92%	4.31%	27.25%	40.05%	11.28%	14.20%

对节能最有效的措施选择(图 6-8)及对在家庭中新能源的使用态度(图 6-9)调查表明:53.12%的居民认为开发新能源有助于节能,15.58%的居民选择降低用电器平均功率,18.22%的居民选择减少用电器工作时间。大多数居民对于接受新能源的态度比较好,这对于低碳能源的推广使用是一个很积极的影响因子。

6.3.2.3　低碳能源消费的影响因素

普遍居民购买低碳能源产品还是受到产品价格影响,51.71%的受访者表示购

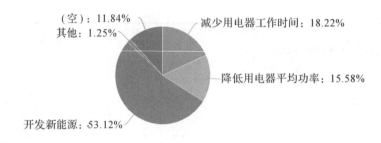

图 6-8　节电措施选择图

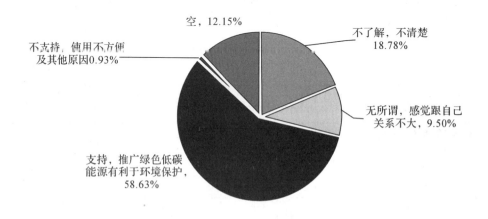

图 6-9　新能源使用态度

买家电时,会注重考虑的是产品能耗级别,68％的受访者表示购买家电时,更关注的是产品价格。也就是说当节能环保与产品价格产生冲突时,大部分居民会更多考虑价格因素。

　　问卷调查了居民近 5 年来(2011—2016 年)的家庭能源消费支出变化及原因,并对结果进行了交叉分析得出以下结论(图 6-10):

　　对家庭能源消费支出明显减少的原因,39.36％的家庭认为是因为其环保意识的增强,53.19％的家庭因经济原因减少能源消费支出。而家庭能源消费支出明显增加的,有 57.4％的家庭选择收入提高,追求更为舒适、便捷的能源消费,15.97％的家庭因为家庭人口数量的变化。值得一提的是有 51.84％的家庭近 5 年来,家庭能源消费基本未变,说明近 5 年来(具体化),其能源消费情况及观念比较稳定,不易改变。

　　在问及新能源在家庭普及中存在的问题时(图 6-11),24.92％的居民因为产品价格太贵,不愿购买,27.88％的居民提出政府政策支持和补助没有落实或太少,27.88％的居民习惯用电,不愿使用太阳能等新能源。

　　在评价当地政府对新能源的推广效果时(图 6-12),49.69％的居民表示政府

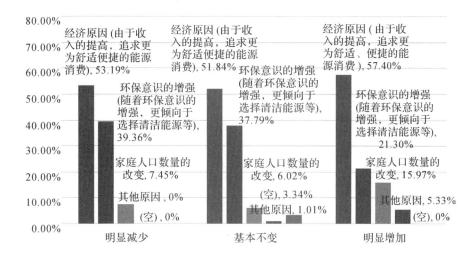

图 6-10　家庭能源消费支出与原因统计图

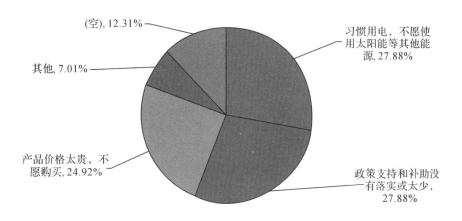

图 6-11　新能源普及存在问题统计

推广效果一般,24.77％的居民表示政府没有推广过,8.72％的居民选择政府大力推广了,但无明显效果,认为效果显著的仅占 5.14％。

在回答全面推广低碳能源还要做的工作时(见图 6-13),居民普遍认同要普及低碳知识,宣传低碳生活习惯、方式,大力发展绿色新能源,开发新的节能用品,政府采取相应的政策推动,加大资金扶持和倾斜力度。

6.3.2.4　基于 AMOS 的清洁能源在浙江农村推广的影响因素分析

以浙江省农村为例,预设 4 个潜变量,分别为:家庭社会经济特征、能源价格优势、低碳环保意识、政策支持及宣传教育,构建浙江省农村清洁能源消费态度和行为影响因素的结构方程模型,其主要目的是揭示清洁能源在浙江省农村地区消费

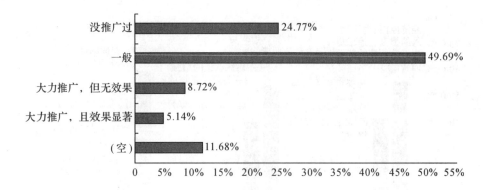

图 6-12 当地政府新能源推广效果统计图

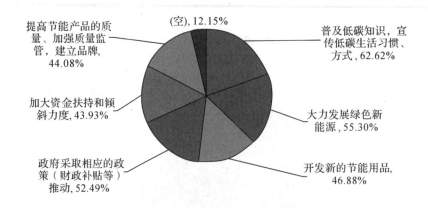

图 6-13 低碳能源的有效推动措施统计图

的主要影响因素及其影响程度,即潜在变量和可测变量之间及可测变量之间的结构关系,这些关系可通过结构模型中的路径系数(载荷系数),以及根据 AMOS17.0 分析平台在 Analysis Properties 中的 Output 项中选择"总效益(total effects)""间接效应(indirect)""直接效应(direct)"项进行分析来体现,确保清洁能源消费的影响因素及其作用机理。运行结果如下(图 6-14):

基于 SPSS22.0 软件的数据信度模块对样本数据的可靠性进行分析,采用内部一致性信度系数克伦巴赫 α 系数(Cronbach's α 值)测得各潜变量的克伦巴赫 α 系数基本都高于 0.6,且量表总体内部的一致性为 0.871,表明量表内部一致性较好,本研究所使用的问卷调查结果可信度较高。通过因子分析分析测量表的结构效度,以 KMO 值反映其结构效度,一般而言,KMO 值大于 0.7,即说明问卷的结构效度良好,该问卷的 KMO 值为 0.926,检验结果的显著性水平均小于 0.001,各潜在变量的信度好,符合研究的要求。各潜变量的信度和效度分析结果表明适合

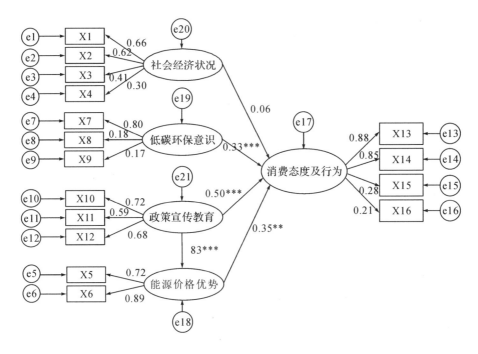

图 6-14　修正模型标准化运行结果

做结构方程分析。采用调研数据测算农户清洁能源消费态度和行为影响因素模型的拟合度,并基于 AMOS 中的修正指数(Modification Index, MI)对模型进行修正,修正后模型适配度较好,各指数均达到理想值。

研究结果表明:宣传教育、政策支持、清洁能源价格优势、环保意识等对农户清洁能源消费态度和行为有显著的正向影响,其中影响最为显著的是政府的宣传教育,能源推广,税收、补贴等各个方面的政策支持,说明加大政府的宣传教育、能源推广以及政策支持力度将能有效推动农村清洁能源的消费。但调查和研究结果表明:政府宣传推广力度和效果一般,清洁能源及低碳产品价格仍然是阻碍家庭清洁能源及产品消费的重要因素,还需要加大各种政策扶持和倾斜力度,推动农村清洁能源消费。因此,提出以下政策建议:1.针对不同主体加大清洁能源宣传教育以及推广力度。除强化各类媒体宣传力度外,政府可针对不同主体展开清洁能源宣传教育与推广工作,首先,针对近年来能源消费类型发生转变、愿意积极响应清洁能源及产品使用号召的家庭,引导他们率先推广使用清洁能源及相关(新)产品,发挥一些项目、工程、家庭及人(包括基层村干部、党员等)的示范带头作用,利用农户的从众心理,带动更多的农户应用清洁能源;其次,地方政府应加强学校在清洁能源及产品方面的宣传教育力度,提升在校学生的清洁能源消费意识进而影响其家庭成员;再次,社区应深入利用社区的传播媒介,包括社区人际网络、社区广播、橱窗等,利用农村家庭间的相互影响及从众心理,更为有效地强化宣传和推广作用;另外,政府也需要适时地进行一些强制性的推广,如制定清洁能源强制配额制度等;清洁能源的使用常需要一些知识和技能,政府同时需要做好培训工作。2.加大对清洁能源生产和消费的政策支持力度。扩大清洁能源产品补贴的范围,加大农户购买清洁能源产品特别是新产品上的补贴力度,重点加大对清洁能源技术创新的支持力度,降低清洁能源生产成本,从而降低农户购买清洁能源产品的成本,推动农户清洁能源的消费。

6.3.3   东南沿海地区村镇低碳能源利用存在的主要问题

6.3.3.1   传统能源仍占据重要地位,农村生活能源消费结构需优化升级

问卷中针对东南沿海地区家庭生活用能情况的调查数据结果表明:使用管道煤气、罐装煤气占 38.17%,木柴木炭等传统生物质能占 6.07%,使用电器如电磁炉等占 35.05%,使用管道天然气和罐装液化石油气的家庭分别占 15.11% 和 14.95%。冬天采暖方式中空调、地暖、水暖、电暖气或电热扇各占 58.68%、4.44%、10.52%、24.84%,其他方式主要为传统生物质能取暖方式占 9.25%。传统的生物质能利用效率很低,但由于其成本小,仍占一定的农村居民消费比重。这也说明尽管一些低碳的生活能源进入到了农村家庭,但传统的生活能源消费方式仍占据重要地位,农村生活能源消费结构需优化升级。

6.3.3.2   新能源开发较为滞后,可再生能源生态效益不明显

问卷调查中显示,农村地区居民使用的新能源产品如:新能源汽车、绿色建筑极少,一些绿色能源如沼气、风能、水能、地热能、核能使用的比例都在 15% 以下,使用比例较高的是比较常规的节能灯泡、一些节能的日常电器、太阳能和节能炉灶等,新能源开发较为滞后。在低碳能源不断推进的过程中,太阳能、风能、沼气等低碳能源在我国农村得到了一定程度的推广和使用,但低碳能源利用率还处在比较低的水平,生态效益不显著,比如对于生物质能的应用,我国农村出现地区性、季节性、结构性秸秆过剩的现象,而农民又没有适宜的处理秸秆的技术,因此,在焚烧秸秆的过程中,很大部分的生物质资源被浪费,而且农村这种直接焚烧秸秆的方式容易造成污染。

6.3.3.3   农民低碳环保意识不强,政府对低碳能源的推广效果不显著

通过问卷及访谈调查发现,农民对低碳能源的认识不清晰,尤其对待农村随处可见的生物质能不能严格做到节能减排。另外,由于农民普遍受教育程度偏低,思想较为保守,接受新事物慢甚至抵触新事物,问卷调查中关于农村居民低碳能源消费影响因素方面,普遍居民购买低碳能源产品受到产品价格影响,当家用能源成本和环保发生冲突时,其往往先从自身家庭条件考虑,为了节约成本而选低成本、高污染的传统能源。调查中发现 46.57% 的家庭近 5 年来家庭能源消费基本未变,

说明农村家庭能源消费情况及观念比较稳定,不易改变。在评价当地政府对新能源的推广效果时,绝大多数人觉得政府推广效果一般或无明显效果,认为效果显著的仅占 5.14%。

6.3.3.4 低碳能源开发应用成本较高,不利于市场发展

虽然低碳能源资源丰富,成本低,获得途径便利,但是其生产需要很大的初始规模投资,在低碳能源开发生产过程中,转换、储存、运输等多个技术步骤,各种机器设备都要投入大量金钱,这些费用都将分摊到最终消费者的消费成本上。因此,低碳能源相较于传统能源,在价格上无法形成优势,正如问卷调查中显示大多数农户在遇到使用低碳能源较高成本和收入冲突时,仍旧会选择成本较低的传统能源,低碳能源消费市场没有被带动起来,更无法继续促进其产业成本的降低,这也是低碳能源发展陷入瓶颈的重要原因。将不同发电类型的能源价格做对比,传统能源的含税电价为每千瓦时 0.3~0.4 元,风力发电为每千瓦时 0.4~0.7 元,秸秆直接燃烧为每千瓦时 0.75 元,而光伏发电高达 5 元,是传统能源的 6~8 倍[①],低碳能源发电的成本相较于传统能源发电根本形不成竞争优势。

6.3.4 东南沿海地区农村低碳能源发展的对策措施

6.3.4.1 加强政府引导和科技、资金支持,鼓励投资主体多元化

农村能源建设是一项系统工程,政府部门能否发挥好引导、扶持作用,是农村低碳能源建设成败的关键。首先,政府应积极开展能源综合利用的科普宣传及惠农政策的讲解,提高群众节约常规能源和利用新能源的意识。第二,逐步加大农村能源建设的资金支持,并且通过动员当地企业带头,上下形成一股合力,摸索能源建设规律,树立村庄典型,将农村能源作为契机,进一步完善农村建设。另外,政府应该加强农村地区电网、天然气管道等能源基础设施的建设,由此为能源消费的多途径提供重要的保障。对于户用沼气池等技术上比较成熟的能源利用方式,要适当加大在农村地区的推广力度。第三,健全能源科技推广体系,完善支农技术服务网络。应建立健全农村能源工作机构,充实完善技术服务体系。乡镇应建立农村能源技术服务站,并根据工作需要配置人员,制定扶持政策,引进市场机制,自负盈亏,减轻财政负担,改善农村能源管理和技术服务人员工作条件,对工作成绩突出的人员要给予表彰奖励。

在我国农村低碳能源投资领域,投资主体相对单一是产业发展的制约因素之一。在低碳能源产业发展初期,受投入大、风险高等客观因素的制约,国家及省级政府投入的专项基金往往优先给予具有垄断优势的国有企业,使民营投资主体在一定程度上受到排挤。农村低碳能源产业的发展仅靠政府的财政支持是不够的,

---

① 卢旭东. 我国农村可再生能源利用与发展对策研究[D]. 北京:中国农业科学院,2010.

需要调动社会各方面资金,特别是吸引民营资本进入,以解决产业发展的资金制约问题;同时,若要实现低碳能源的规模化发展,提升产业的整体竞争力,也要解决投资主体单一的问题,鼓励投资主体多元化。

6.3.4.2　科学规划,合理布局,加强引导,因地制宜发展农村能源事业

在充分调查论证的基础上,结合当地农村自然、经济、地理情况,制定相适宜的农村新能源建设发展规划。发展农村能源建设要服务于农业产业结构调整,大力推广以沼气为纽带的种植业、养殖业结合的生态农业模式,提高农产品的市场竞争力和市场价格,增加农民收入。例如,加大天然气等清洁能源供应服务网点的建设,在养殖业发达的地区,将沼气工程规划与养殖业小区建设相结合,发展"猪、沼、果"等模式的经济。我们在调研中发现了此类优秀案例,如:太仓市城厢镇东林村存在多个层次的农业经济循环,第一是循环经济链条,不仅包含了农业生产,还涵盖了企业之间的生态产业链;第二是循环经济面,东林村在更大范围内与邻近村、村与企业、企业与企业之间的循环合作打造区域特色生态产品。

农村能源消费结构除了受收入水平、能源可获得性和便利性的影响外,还与生活习惯、消费观念、环境保护意识以及能源政策干预等相关。政府部门要加大节能减排意识宣传工作,在新农村能源建设中政府要注意搞好试点和示范,做好宣传推广,以点带面,形成规模;政府需要因地制宜地结合农户能源消费结构的阶段性特征引导农民对太阳能、沼气和生物秸秆的集中利用等可再生能源的关注。

6.3.4.3　合理引导农村低碳能源消费结构升级

不论是新能源汽车购车新政,还是沼气推广计划,无疑都是政府节能减排的重要举措,但如果忽视了家庭收入水平和能源禀赋分布差异,节能减排效果都要受到影响,这也正是一些能源政策在农村收效甚微的根源。农户作为能源消费的理性行为主体,其家庭能源消费模式的选择是为了实现家庭效用的最大化,任何一种能源消费模式都是现有条件下农户自选择的结果。在农村,要让农户放弃以煤炭和柴薪为主的传统能源消费组合转向成本较高的清洁能源消费组合,显然有违农户经济理性准则。在这种情况下,若没有国家的宏观调控,在政策上形成强有力的支持,低碳能源产业将很难继续在能源市场上发展,也无法达到可持续发展的目的。因此,地方政府在推广节能技术和新能源时,更多地应基于现有农户能源消费结构转换升级的阶段性特征,政府要支持加大技术攻关力度,从技术投入层面降低低碳能源成本;加强建立健全的低碳能源政策法律体系,对低碳能源规划、建设、运行等环节更高效地统筹发展,确保节能减排、提高低碳能源比重及实现可持续发展目标;积极推行低碳能源经济激励政策及补贴性政策,如价格优惠政策、贴息贷款政策、减免税收政策等,综合应用税收、补贴等经济手段降低其新能源技术和设备的初装费用和使用成本以及提高农户获取的便利性,才能有助于优化农村能源利用结构,加速农村能源消费结构升级的进程。

6.4　东南沿海村镇低碳能源开发示范应用

6.4.1　东南沿海村镇低碳能源开发利用模式的技术关键

张艳等[①]研究指出,在绿色能源情景模式下,东部沿海地区能源的对外依存度最小。因此,要想保证未来东部沿海地区能源供给的稳定,需大力引进并发展可再生能源技术,充分发挥地理优势,加速发展水电、风能、太阳能和潮汐能等新型能源。

东南沿海低碳能源利用的可能类型主要有太阳能、风能、水能、生物质能、地热能、海洋能以及多种能源共同使用、互补发展的模式,同时智能电网是未来能源发展的一个重要趋势。太阳能资源有常规能源所无法比拟的优点,且发展潜力巨大;从技术成熟度和经济可行性来看,风能最具竞争力;东南沿海地区虽然平原丘陵居多,水量小,河流较短,水网分布密集,水能资源相对西部地区并不发达,但仍有数量可观的水力资源尚未开发;从资源和技术(包括技术的经济性)两方面看,利用生物质能发电和生产生物燃油在我国有广阔的发展前景,而且具有良好的经济、环境和社会效益,可以考虑在农村中大量开发生物质能,但生物质能的缺点是:资源总量有限,分布不均或时间上有间歇性;在东南沿海地区,夏季温度高、时间长,制冷的能耗相当高,如果利用该区域丰富的地热资源来制冷,可以大幅缓解我国南方地区夏季电力供应不足的矛盾,东南沿海地区主要的地热资源是对流型地热资源,根据资源和区域特点发展地热梯级综合利用,同时大力推广地源热泵,提高地热资源利用效率[②]。东南沿海村镇低碳能源开发利用模式的一些关键技术如下:

6.4.1.1　太阳能节能集成技术

太阳能节能集成技术对太阳能建筑围护结构保温、遮阳、热回收、集热器安装关键参数做了具体要求,还针对太阳能、地热能综合利用供热空调的特点提出了一整套可操作的优化设计方法,并在该方法体系的基础上进行了示范工程建设。具体如下:

(1)根据我国常见的建筑、结构形式,借鉴国内外建筑结合太阳能热水系统的实际工程经验,解决了太阳能集热系统与建筑围护结构一体化结合的典型模式和设置安装原则。

---

①　张艳,沈镭,于汶加,等.我国东部沿海区域能源安全情景分析预测[J].中国矿业,2014(3):35-40.

②　马伟斌,龚宇烈,赵黛青,等.我国地热能开发利用现状与发展[J].中国科学院院刊,2016(2):199-207.

（2）确定太阳能热水系统负荷；集热器定位原则及其总面积的计算方法；集热系统工质流量的确定原则、集热系统贮热水箱容积计算和贮热水箱管路布置；间接太阳能集热系统水加热器选型及其换热面积的计算方法；其他能源水加热设备（辅助热源）选型等太阳能热水系统的设计技术。

（3）太阳能热水系统相关的土建构造节点的施工和系统设备的安装关键技术。

（4）利用 EnergyPlus 进行太阳能建筑能耗的相关参数分析，解决了如何建立侧重于不同角度的模型和使用这些模型进行参数分析的方法问题，从而保证了优化目标的实现。

（5）综合利用全年运行太阳能供热系统模式优化及控制技术；全年运行太阳能供热系统的冬季防冻和夏季过热控制技术；太阳能、地热能综合利用供热空调优化设计技术。

6.4.1.2 建筑围护结构节能集成技术

在建筑围护结构方面尽量使用地方性的材料和产品，降低造价。开发一些关键的专门技术和产品，将其集成到具体的建筑物中，使建筑物的能耗指标明显地低于当地建筑节能设计标准规定的水平。研究适合东南沿海村镇居住建筑的低成本、较高节能效果的建筑围护结构的适用技术。具体来说，包括以下内容：

（1）进行东南沿海村镇居住建筑情况调查。

（2）通过对大量围护结构热工性能和耐久性能的检测，选择并确定一些可用于小城镇居住建筑的墙体材料和窗户、遮阳等构件，选出适用于不同气候区的具体围护结构构造做法及节点详图，在此基础上，又进行各种方案对比。

（3）利用二维、三维传热分析软件，对性能优良墙体构件的冷热桥部位进行了计算机模拟，给出相关理论分析结果，并利用标定热箱实测验证上述理论计算结果，进行对比分析，使其具有应用推广价值。

（4）对初步选定的保温性能好且适用于不同经济发展水平的窗型，对窗框、选用玻璃进行优化设计及技术经济分析。

（5）将价格合理、性能良好的产品及相关节能关键技术措施应用于居住建筑示范工程建筑设计中，进一步进行费用效用分析。

6.4.1.3 建筑节能与可再生能源利用综合技术

在我国现行的经济技术条件下，综合应用低能耗建筑的成套家户，进行建筑物的能耗分析及节能设计优化以及太阳能、地源热泵在建筑中的应用。主要包括以下实用技术：

（1）低能耗围护结构节能优化设计技术。

（2）太阳能集热系统的优化设计技术和建筑一体化结合技术。

（3）太阳能和地源热泵的综合利用技术。

（4）辐射供冷供热技术。

(5)低能耗建筑围护结构技术与太阳能、地源热泵技术综合利用技术。

经过科学分析设计,结合建设方的实际要求,在初投资与运行费用间找到技术经济的平衡点;同样,相同的供暖空调负荷下采用地源热泵和太阳能要比采用常规空调系统的初投资高,但是,采用新能源能降低建筑能耗中常规能源的比例,进而可降低供暖空调系统的运行费用。在增加有限投资情况下,降低建筑耗能50%以上,而建筑能耗中的50%又可以由清洁的可再生能源替代常规能源,这将在节能和减少环境污染方面带来巨大的技术经济效益和社会效益[①]。

6.4.2　北仑区村镇低碳能源开发利用的模式选择

6.4.2.1　宁波市(北仑区)低碳能源发展现状

(1)低碳能源开发利用情况

宁波市地处东南沿海,风能、太阳能、生物质能等可再生能源具有较明显的优势,开发利用起步良好,并且已经形成了一定规模的可再生能源产业。

一是发展风能。宁波市属于风能丰富的Ⅰ类地区,沿杭州湾南岸海岸线的慈溪、镇海、穿山半岛、象山半岛和宁海的沿海地区,年有效风速为6500小时以上,是开发风能较理想的区域。

二是发展太阳能。宁波市年均日照时数约1900小时,太阳年均辐射约为4700兆焦/平方米。太阳能利用的主要形式是太阳能光热、太阳能光伏和光化学转换。宁波市利用最多的是太阳能热水器,据不完全统计,2008年全市安装的太阳能热水器集热面积已超过60万平方米。

三是发展生物质能。生物质能主要包括沼气工程、沼气发电、工业沼气和垃圾发电工程。截至2009年上半年,宁波市在建沼气发电工程装机容量已达500千瓦以上。宁波市农村废弃物可收集260万吨生物质燃料,能替代180万吨原煤。宁波市先后在北仑、镇海、慈溪三区建成了三座垃圾发电厂,是继深圳、珠海之后,全国第三个实现"垃圾发电"的城市。

四是发展地热能。宁波市低位地热能资源丰富,地表10～15米以下温度常年保持在15～20℃左右,适合发展地源热泵。目前已建成地源热泵中央空调系统项目建筑面积超过40万平方米,其中鄞州区农林水利局、区科技中心等大楼应用面积都超过1万平方米。

(2)宁波市及北仑低碳能源产业发展情况

在风电产业方面,宁波东力机械制造有限公司、永冠能源科技集团等风力发电机组零部件配套生产企业的产品销往欧美和国内市场。在风光互补方面,宁波风神风电科技有限公司是国内领先的风光互补系统生产企业,宁波生产的风光互补

---

① 徐伟,邹瑜.小城镇节能与新能源利用关键技术研究及设备开发[J].建筑科学,2006(5):16-19.

照明系统已应用于鄞州投资创业园区、慈东工业区、奥运青岛风帆基地、广交会等50 多个地区。在太阳能光伏产业方面,形成了以宁波太阳能电源有限公司、杉杉尤利卡太阳能科技发展有限公司等为代表的太阳能企业群,重点企业产量 288 兆瓦,年产值 73 亿元。在地热能产业方面,中美合资埃美圣龙(宁波)机械有限公司拥有世界先进水平的地源热泵中央空调生产流水线,具备制冷、制热和提供热水功能。

在北仑区,屋顶电站已经在企业间蔚然成风。2013 年 8 月率先试水的宁波钢铁、宝新不锈钢、吉利等屋顶发电项目,当年已发电 600 多万千瓦时。2014 年,勋辉电器、台晶电子等企业屋顶光伏发电项目正在建设中,预计当年年发电量约4000 万千瓦时。如果再加上风电等,2014 年北仑区的可再生能源发电量将超过 2亿千瓦时,可减少 600 吨氮氧化物等污染物排放[①]。

北仑区同时大力推进可再生能源项目建设,海伦钢琴太阳能发电项目入选全省可再生能源建筑一体化应用示范项目,完成腾龙精线 6 兆瓦光伏项目的并网发电,全区光伏发电总装机容量达到 33 兆瓦,年可发电约 3000 万度,风电装机机容量达到 90 兆瓦,年可发电约 2.5 亿度[②]。

6.4.2.2 宁波市(北仑区)家庭低碳能源的使用现状及可能发展模式

根据对宁波市 116 户家庭低碳能源利用的调查问卷,可知宁波市家庭低碳能源的使用现状,以及一些降低能耗的措施的采用情况,具体如表 6-7。

表 6-7 家庭低碳能源及降低能耗措施利用情况

低碳能源利用和降低能耗的措施	户数(比例)
使用太阳能	67(57.76%)
使用新能源汽车	13(11.21%)
使用沼气	13(11.21%)
购买绿色建筑	26(22.41%)
加强房屋的保温隔热效果	30(25.86%)
使用节能灯泡	98(84.48%)
买电器时注重买高效节能的品牌电器	75(64.66%)
使用节能炉灶	43(37.07%)
使用风能	11(9.48%)
使用水能	12(10.34%)
使用地热能	13(11.21%)
其他	13(11.21%)

---

① 来洁,郁进东.工业强区也能绿水青山[N].经济日报,2014-10-28。
② 北仑统计局.2015 年北仑区国民经济和社会发展统计公报 R.2015.

由表 6-7 可知,分别有 57.76％、10.34％、9.48％、11.21％、11.21％的家庭使用太阳能、水能、风能、沼气、地热能等低碳能源,分别有 84.48％、64.66％、37.07％、22.41％、25.86％、11.21％的家庭采用了使用节能灯泡、买电器时注重买高效节能的品牌电器、使用节能炉灶、购买绿色建筑、加强房屋的保温隔热效果、使用新能源汽车等节能措施。图 6-15 为宁波市家庭低碳能源的使用态度调查结果。

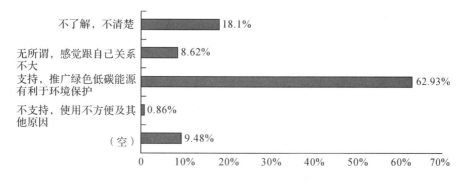

图 6-15 宁波市家庭低碳能源的使用态度

从未来低碳能源的使用意愿来看(图 6-16),宁波市居民非常支持发展低碳能源,75％的受访者表明如果资金允许会愿意购买太阳能产品,且太阳能被认为是最有发展意义的低碳能源,随后是风能、水能、沼气、地热能等,结合现有低碳能源开发模式,我们认为北仑区的低碳能源开发利用有两种可能的模式。

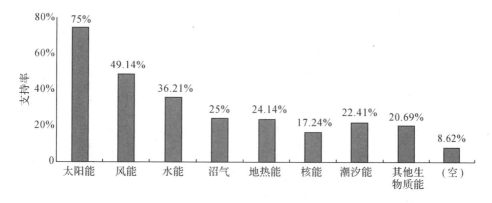

图 6-16 宁波市家庭未来低碳能源使用意愿

(1)太阳能建筑一体化

所谓太阳能光伏建筑一体化是将太阳能利用设施与建筑有机结合。光伏建筑一体化(BIPV)即建筑物与光伏发电设备高度结合集成,不仅能减少建筑物的能源消耗,还使"建筑物产生能源"。光伏发电不用单独占用地方。BIPV 应用还具有美观、绿色、环保、节能的效果,为现代建筑提供了一种全新的概念。对于一个完整的 BIPV 系统,还应该有另外一些设备:负载、蓄电池、逆变器、系统控制、滤波保护等装置。当 BIPV 系统参与并网时,则不需蓄电池,但需有与电网的联入装置。

光伏与建筑的结合有两种方式:一种是光伏系统以附加的形式与建筑相结合;另一种是光伏器件以建材的形式与建筑相结合,即光伏器件与建筑材料集成一体,既可以当建材,又能利用绿色太阳能资源发电。光伏与建筑结合的形式适用于城建较严格,要求安装规范、美观、不损害市容市貌的单位、集体、小区等;在建筑设计之初,就将太阳能作为建筑的一部分考虑在内,与建筑一同设计。这种设计适用于各种形式的建筑,例如:住宅小区、高层楼群、别墅等等。

村镇建筑在太阳能建筑一体化技术使用方面具有两大优势(图 6-17):一是规划优势,传统村镇建筑大多数为独门独院的单层建筑,院落稀疏。现代新农村建筑统一规划,以连体别墅和低层建筑为主,一般都是坐北朝南布置,日照间距较大,屋顶采光面积充足,不存在建筑遮挡的困扰,具有足够的可利用空间,不必考虑太阳能建筑南立面整合的问题,技术难度相对较低;二是环境优势,村镇地区以农业和产品粗加工为经济支柱,污染源相对较少,灰尘粒子密度较小,太阳光线透射率高,大气透明度较高,有利于太阳能的利用。

图 6-17　村镇太阳能建筑一体化示意图

(2)多能互补发展模式

从宁波市低碳能源的使用现状和未来消费意愿来看,太阳能、风力发电、沼气发电、地能利用在宁波市北仑区都有比较好的发展基础和利用前景。多能互补集成优化示范工程主要有两种模式:一是面向终端用户电、热、冷、气等多种用能需求,因地制宜、统筹开发、互补利用传统能源和新能源,优化布局建设一体化集成供能基础设施,通过天然气热电冷三联供、分布式可再生能源和能源智能微网等方式,实现多能协同供应和能源综合梯级利用;二是利用大型综合能源基地风能、太阳能、水能、煤炭、天然气等资源组合优势,推进风光水火储多能互补系统建设运行。建设多能互补集成优化示范工程是构建"互联网＋"智慧能源系统的重要任务之一,有利于提高能源供需协调能力,推动能源清洁生产和就近消纳,减少弃风、弃光、弃水限电,促进可再生能源消纳,是提高能源系统综合效率的重要抓手,对于建设清洁低碳、安全高效现代能源体系具有重要的现实意义和深远的战略意义。

其中终端一体化集成供能系统在北仑区可能选择开发模式,主要内容如下:在新村镇、新产业园区等新增用能区域,加强终端供能系统统筹规划和一体化建设,因地制宜实施传统能源与风能、太阳能、地热能、生物质能等能源的协同开发利用,优化布局电力、燃气、热力、供冷、供水管廊等基础设施,通过天然气热电冷三联供、分布式可再生能源和能源智能微网等方式实现多能互补和协同供应,为用户提供高效智能的能源供应和相关增值服务,同时实施能源需求侧管理,推动能源就地清洁生产和就近消纳,提高能源综合利用效率。在既有村镇居民小区、产业园区等集中用能区域,实施供能系统能源综合梯级利用改造,推广应用上述供能模式,同时加强余热、余压以及工业副产品、生活垃圾等能源资源回收和综合利用。

6.4.3　北仑区村镇低碳能源开发的示范应用与保障

6.4.3.1　宁波市(北仑区)低碳能源开发利用存在的主要问题

(1)对发展可再生能源重视不够

宁波市对发展可再生能源的舆论宣传引导不够,全民认知度不高。可再生能源发展的中长期规划尚未出台,整个产业发展缺少统一的规划引导。长期以来,可再生能源建设项目没有常规能源建设项目那样的固定资金渠道,也缺乏融资渠道,缺少必要的专项资金支持。

(2)技术创新能力薄弱

宁波市可再生能源产业虽然发展较快,但技术进步却不明显,企业创新能力不强,自主创新的核心技术不多,尤其是在太阳能光伏技术上还有很大的差距。企业技术研究投入不足,人才匮乏,研发能力和设备制造能力不强,关键生产技术、设备主要依靠进口,出口产品总体质量不如欧、美、日等发达国家和地区。

(3)推广应用缺少扶持

总体来说,宁波市可再生能源发展存在产业发展滞后、产业集中度偏低、市场竞争力不强、管理能力薄弱等问题,与上海市、杭州市相比有一定差距,离规模化、产业化还有很大差距。企业普遍反映,最迫切需要解决的问题是在推广应用上缺少扶持,期望通过政府引导和市场培育来推动可再生能源产品的推广应用,要求政府带头示范的呼声强烈。

(4)政策环境不够完善

国家已经发布实施了一系列法律法规,对可再生能源项目的贷款贴息、电力并网、投资收益等有关问题做出了具体的规定。但宁波市有关可再生能源的具体政策只散见于政府文件中,还没有专门系统的政策配套体系。同时,发展风电和太阳能光伏发电的基础环境有待改善,如:没有开展风电资源的系统评估工作,造成报批风电项目需时长并且还得支付大额的风力测评费;太阳能光伏发电装置没有铺设用地,难以商业化推广。

6.4.3.2　加快低碳能源开发利用的保障措施

2016 年,《国家发改委　国家能源局关于推进多能互补集成优化示范工程建设的实施意见》出台,旨在加快推进多能互补集成优化示范工程建设,提高能源系统效率,增加有效供给,满足合理需求,带动有效投资,促进经济稳定增长。

国家发改委、国家能源局在国家能源规划中明确了多能互补集成优化示范工程建设任务,并将相关国家级示范项目纳入规划。各省(市、区)能源主管部门应在省级能源规划中明确本地区建设目标和任务,针对新增用能区域,组织相关部门研究制定区域供用能系统综合规划。推动多能互补集成优化示范工程,加强事中事后监管。

目标量化,"十三五"推进建成集成供能示范工程。到 2020 年,各省(市、区)新建产业园区采用终端一体化集成供能系统的比例达到 50% 左右,既有产业园区实施能源综合梯级利用改造的比例达到 30% 左右。国家级风光水火储多能互补示范工程弃风率控制在 5% 以内,弃光率控制在 3% 以内。

在此背景下,北仑区村镇可以同时采用太阳能建筑一体化模式与多能互补发展模式,新规划统一建设的建筑可以将太阳能作为建筑的一部分考虑在内,与建筑一同设计,对于居民单独建设的房屋村镇也可以采取相应的激励措施鼓励其采用太阳能建筑一体化建设。北仑区现有太阳能、风能、秸秆发电、沼气能、地热能等多种可用的能源类型,可以学习上海市前卫村的多能互补发展模式,借助国家积极鼓励多能互补发展模式、推动项目示范的契机,积极申报各类示范项目或工程,争取资金、技术支持,着力引进集中并网型太阳能光伏电站、发电能力大的风力发电机、开发浅层地热能、利用秸秆资源发电等多种资源互补发展模式。除尝试积极申报各类示范项目,争取初始的资金、技术支持外,也可探索其他合作共赢的开发模式,筹措资金及寻求技术支持,如上海市前卫村引入外来单位出资共建,村里找技术来源,建成发电后共同进行利益分配,电量首先以 5 折或 8 折卖给农户,多余的电量上网销售,这样的一种合作共赢的开发模式具有较大的可持续性和内生性。

总体而言,可再生能源推广应用的社会效益显著,但在现行能源价格环境下经济效益不高,迫切需要各级政府的激励和支持,只有政府支持政策到位,才能为绿色浪潮的兴起提供强大的驱动力,主要有以下政策建议和保障措施。

(1)提高思想认识,制订发展规划

宁波作为经济大市、能源小市,99％以上的一次能源依靠外地调入,是一个典型的输入型能源消耗大市。加快发展可再生能源,既有利于节能减排,又可以成为宁波市新的经济增长点。宁波市(北仑区)应积极落实国家制定的大气污染防治法、可再生能源法、节能法、煤炭法,以及国务院的一系列法规和部门规章。抓紧建立可再生能源发展的工作协调机制,建立可再生能源发展协调机构,有关县(区)要参照建立相应的工作机制,加强领导,精心组织,积极推动。要抓紧完成《宁波市可再生能源中长期发展规划》的编制工作,制定好可再生能源推广应用与产业发展规划,分步骤、分阶段推动可再生能源推广应用与产业发展。加强舆论宣传引导,组织开展多种形式的宣传活动和科普活动,推广一批可再生能源技术和产品,提高全民对可再生能源的思想认识,营造良好的舆论氛围和工作环境。

(2)落实国家政策,扶持产业发展

以低碳经济作为新的经济增长点是未来经济发展的一大趋势,我国正在实施的 4 万亿元经济刺激计划中有 2100 亿元用于节能减排、发展循环经济和生态环境建设,未来将会有更多政策鼓励和引导民间资金来投资新能源产业与节能环保产业。宁波市(北仑区)要积极落实国家有关政策,因地制宜、分门别类地研究财政、投资、信贷、税收、价格补贴优惠政策,制定相应的成本与风险分摊机制等。重点发挥电价的杠杆作用,用足用好可再生能源附加费,提高可再生能源上网电价补偿标准。扶持光伏等新能源产业,支持重点技术研发与产业化。在科技计划项目立项和经费安排上向可再生能源领域倾斜,支持帮助企业申报国家级高新技术企业。健全投融资服务体系,鼓励和吸引社会资本进入可再生能源领域。

(3)突出开发重点,提高利用水平

可再生能源产业涉及的范围较广、内容很多,具有很大的发展潜力。应坚持全面推进与重点突破相结合的原则,以取得最佳的投入产出比。应突出风力发电、太阳能集热技术、生物质能和地热能 4 个重点。

一是大力扶持风力发电。风力发电具有无污染、可再生、占地少、建设周期短的特点,被誉为"21 世纪的洁净能源"。据相关部门研究,一台单机容量为 1000 千瓦的风机与同等容量的火电装机相比,每年可减排 2000 吨的二氧化碳等有害物质。宁波市要积极鼓励发展风电产业,在税收方面,对风力生产的电力,增值税减半征收,所得税可参照小水电按 6％收取。要加强对宁波市风力资源的调研和风力发电的规划工作,加大对电网企业风电场配套电网建设的政策支持力度,进一步加强区域电网接受风电能力和电网输电规划的研究,加强电网设计与建设,加快建设百万千瓦级基地的接入系统工程。切实解决以往风机占地视为永久性占用耕地面积处理、土地补偿标准高、审批难的政策制约问题,建议相关部门对风电项目的用地加快审批进度,引进先进技术,确保风电示范基地建设的顺利进展和圆满完成。

二是努力提高太阳能开发利用水平。太阳能应作为宁波市可再生能源开发利用的重要方向。按照 2020 年宁波市城乡居民 250 万户,40％住户使用太阳能热水器、1％住户采用光伏屋顶发电计算,太阳能利用面积将分别达到 150 万平方米和 75 万平方米,按热水器每平方米年节能 150 千克标准煤和光伏组件发电 150 千瓦时计算,宁波市太阳能可利用贮量合计为 26 万吨标准煤,可解决 13％以上家庭的能源需求。北仑区政府要重视太阳能光伏产业未来发展的布局,制订可持续发展规划,积极落实财政部、住房和城乡建设部《关于加快推进太阳能光电建筑应用的实施意见》。成立产业协会,重点开发先进实用技术,实现产业升级,避免恶性竞争和重复建设,引导企业形成产业链。利用政策杠杆进行调节,引导太阳能企业进行整合,让大资本进入太阳能产业,进而带动整个行业的发展。同时要协调太阳能企业在发展过程中的问题,如鼓励太阳能企业开拓国际市场、参与重大工程建设,促进太阳能光热、光伏利用从民用向工业等领域拓展等。要借助国家对家电以旧换新政策的东风,利用消费拉动来促进太阳能行业的发展,要着重在别墅区推广屋顶太阳能发电,并让它成为生活富裕人群的一种时尚。

三是积极开发生物质能和地热能。要通过调查研究,合理规划布局,结合垃圾处理新建垃圾发电站。在新建建筑物中积极推广地热能利用技术,特别是政府建设的办公大楼,建议尽量利用地热能空调,以减少二氧化碳的排放。发展沼气发电,研究沼气分离天然气技术,推广秸秆等农业废弃物汽化及生物柴油制造技术。

(4)加强技术开发,培养人才队伍

继续坚持自主开发与引进消化吸收相结合的技术路线,围绕可再生能源产业发展重点,有选择地引进先进的技术工艺和主要设备。全面提升消化吸收再创新能力,以产业政策为导向,鼓励本地企业与高等院校、科研单位实行产学研联合,开发具有自主知识产权的新技术和新产品,加速可再生能源开发科研成果的转化及产业化,提高技术装备制造能力。研究降低可再生能源使用成本的难题,逐步改变"节能增费"的现状,同步实现社会效益和经济效益,解决推广应用中的瓶颈问题。实行多种形式的引才引智模式,有针对性地引进一批战略投资、先进技术、大院大所和领军人才,充分发挥宁波大学、宁波诺丁汉大学、宁波工程学院、浙大宁波理工学院等院校已有基础和优势,加强高校光伏等专业课程设置,创新培养模式,尽快形成一支素质优良、结构合理、数量充足的可再生能源产业人才队伍。

(5)加大财政投入,加快推广应用

抓紧落实省"6＋1"示范工程的推广应用,积极实施浙江省百万屋顶发电计划、百万平方米太阳能热水器利用计划、百万平方米建筑地源(水源)热泵空调计划。宁波市北仑区可以参照浙江省政府的做法,增加财政投入,提高可再生能源补助比重。采取财政补贴方式,在公交、出租车等领域推广使用节能与新能源汽车;实施重点节能工程,支持企业节能技术改造,推进大型公共建筑和居住建筑节能改造;在公共场所和公共设施,如交通灯、景观照明、高速公路路灯等要强制使用太阳能,宾馆、学校、机关等集体场所安装使用太阳能热水装置;实施建筑节能示范项目,开展国家机关办公建筑和大型公共建筑能耗监管体系建设示范工程,特别是在建和待建的政府项目中,积极推广采用太阳能热水器、光伏景观照明、光伏路灯、地源热泵空调系统等新能源产品,并作为政府试点示范工程予以推广应用。

第7章　东南沿海村镇垃圾资源化利用及无害化处理的模式与示范

改革开放以来我国经济社会建设取得了巨大成就,但城乡生态环境也遭受到严重污染与破坏,特别是引发了"垃圾围村""癌症村"等现象,村镇生态环境恶化及其防治问题也引起社会各界广泛关注。不仅全民的米袋子、菜篮子、水缸子受到严重威胁,而且阻碍了美丽乡村和新农村建设,也违背了经济社会可持续发展理念。对此,习近平总书记曾指出:"我们既要金山银山,也要绿水青山;宁要绿水青山,不要金山银山;而且绿水青山就是金山银山。"党的十九大报告进一步强调指出:"必须坚持节约优先、保护优先、自然恢复为主的方针,形成节约资源和保护环境的空间格局、产业结构、生产方式、生活方式,还自然以宁静、和谐、美丽。"并把"绿水青山就是金山银山"写进报告和党章,成为"习近平新时代中国特色社会主义思想"的重要内容。中共十九大还明确提出:要"实施乡村振兴战略",以及"坚持农业农村优先发展,按照产业兴旺、生态宜居、乡风文明、治理有效、生活富裕的总要求,建立健全城乡融合发展体制机制和政策体系,加快推进农业农村现代化"的具体要求。新形势下如何加快推动和实现村镇垃圾的资源化利用及无害化处理,已成为"乡村振兴"战略和生态文明建设的重要理论和现实课题。

7.1　村镇垃圾资源化利用及无害化处理的理论与政策依据

7.1.1　循环经济理论

7.1.1.1　循环经济理论的提出

"循环经济"起初作为一个学术性概念出现,被用来从物质流角度阐释经济活动与环境问题之间的关系。20世纪90年代中期,德国将"循环经济"运用于实践,并制定了相应的法规——《物质循环与废物管理法》。与此同时,日本、美国等发达国家也出现了相似的概念且出台了相关法律和政策以促进本国循环经济的发展,如日本的"循环社会"和《建立循环社会基本法》、美国的"产业生态学"(Industrial Ecology)。它们的共同特点是注重生产和消费过程中物质输入—输出之间的闭合关系,进而与废弃物利用联系起来。

"宇宙飞船经济"被公认为是循环经济思想的起源,该理论假设宇宙飞船上所有成员对实现资源可持续利用有着共识,他们愿意共同推进资源循环利用。核心思想是通过资源循环利用实现宇宙飞船上资源的可持续利用。20 世纪 60 年代,美国经济学家肯尼思·波尔丁指出,地球如果像宇宙飞船一样用资源满足自己需要并留下废弃物,那么到资源用尽飞船舱内充斥垃圾的时候,地球也会如宇宙飞船一样最终毁灭。如果地球免于因资源枯竭而毁灭的命运,就必须用宇宙飞船经济理论取代牧童经济,对经济发展提出新要求:第一,人与自然界应该是双向互动关系;第二,采取新的生态生产方式,把对环境的危害程度最小化;第三,追求生态效益和社会效益观念,形成生态与经济有机结合的生态经济。进而,波尔丁引入循环经济概念以实现他对经济发展的设想。他提出循环经济是指在人、自然资源和科学技术的大系统内,在资源投入、企业生产、产品消费及其废弃的全过程中,把传统的依赖资源消耗的线性增长的经济,转变为依靠生态型资源循环来发展的经济。

7.1.1.2　循环经济的内涵

"循环经济"还没有统一的概念,代表性的观点有:

诸大建认为,循环经济是针对工业化运动以来高消耗、高排放的线性经济而言的,是一种善待地球的经济发展模式,它要求把经济活动组织成为"自然资源—产品和用品—再生资源"的闭环式流程,所有的原料和能源要能在不断进行的经济循环中得到合理的利用,从而把经济活动对自然环境的影响控制在尽可能小的程度。[①]　张天柱指出,"循环经济"从人类社会是生态系统的子系统,从资源环境是支撑人类经济发展的物质基础这一根本认识出发,不断减小人类社会线性物质代谢过程对生态系统的冲击压力,实现人类子系统与生态环境的协调相容,依据资源生产/消费—再生资源的物质代谢循环模式而建立的一种既具有自身内部的物质循环反馈机制,又能合理融入生态大系统物质循环过程中的经济发展体系形态。[②]

马莉莉将"循环经济"分为狭义循环经济和广义循环经济两种,前者是指通过废弃物或废旧物资的循环再生利用来发展经济,也就是利用社会生产和消费过程中产生的各种废旧物资进行循环、利用、再循环、再利用,以至循环不断的经济过程;后者是指把经济活动组成为资源—产品—再生资源的反馈式流程,使所有资源都能不断地在流程中得到合理开发和持久利用,使经济活动对自然环境的不良影响降低到尽可能小的程度。[③]　陆学等的研究认为,循环经济的本质属性是"经济",其外延是"社会""环境"与"经济"的关系。具体而言,循环经济的研究对象是满足人类生存和发展的资源效用的最大化与最优配置,其核心是考虑社会、环境因素影

①　诸大建.可持续发展呼唤循环经济[J].科技导报,1998(9):39-42.

②　张天柱.循环经济的概念框架[J].环境与可持续发展,2004(2):1-3.

③　马莉莉.关于循环经济的文献综述[J].西安财经学院学报,2006(1):29-35.

响下的资源节约,循环经济的研究范围包括资源节约与社会公平、环境保护之间的关系研究,但社会公平和环境保护本身并不是循环经济的研究内容。①

综上所述,循环经济不仅是指对废弃物或废旧物资进行循环再生利用来发展经济并保护环境,它也包括利用先进的技术在人类社会生产和生活的各个环节对资源进行最大限度的利用,以同时实现经济效益、社会效益和生态效益。

7.1.1.3　循环经济的基本原则

循环经济的基本原则是 3R 原则,即减量化(reduce)、再利用(reuse)和再循环(recycle)。减量化在社会生产上有三重意义,即在产品生产时尽可能减少材料投入,尽可能减少耗能耗水,减少废物、污染物排放。再利用从传统的延长产品的使用周期、一物多用的理念,扩展到基础设施与信息资源共享,建立以它处废弃物为原料的"再制造"产业,尽可能利用可再生资源替代一次性资源。只有这样,才能做到当代留给后代足够的可利用资源,真正实现可持续发展。再循环从传统的工业原料—制造产品—排出废物的开放、孤立产业体系,扩展为工业原料—制造产品—排出废物—变为另一种产业的原料的循环产业体系,即树立废物变为原料的理念。

吴季松提出了从 3R 到 5R 转变的新循环经济思想,即减量化(reduce)、再使用(reuse)、再循环(recycle)、再思考(rethink)、再修复(repair)。其具体解释如下:减量化——建立与自然和谐的新价值观;再使用——建立优化配置的新资源观;再循环——建立生态工业循环的新产业观;再思考——以科学发展观为指导,创新经济理论;再修复——建立修复生态系统的新发展观。吴季松指出新循环经济体系的建立,和其与自然和谐的生产方式,将成为构建和谐社会的基础,从而真正走上可持续发展道路。

李兆前等的研究进一步提出了新的循环经济 5R 原则,即减量化(reduce)、循环再生利用(recycle)、再配置(relocate)、资源替代化(replace)和无害化储藏(restore)。其具体解释如下:减量化——最大限度地提高原材料利用率,在对原材料高效使用的基础上利用废弃物以减少废弃物的最终产生量,减量化是循环利用废弃物的前提;循环再生利用——对于在一定场合不能应用而在其他场合可以继续利用的物品,某些人不愿意继续使用而另一些人愿意继续使用的物品等,在不改变物品的物理和化学性能的情况下经过简单处理进行再利用,对已经失去或部分失去功能的资源、产品和其他废弃物进行重新加工实现再资源化,或经过再制造循环利用,其是现代循环经济的核心原则;再配置——运用产业生态学理论,通过合理规划,在每个区域内进行资源优化"再配置",利用规模经济和产业集聚原则,在技术进步的基础上建立资源综合利用体系,能够使更多企业加入循环经济联合体,使更多的废弃物进入生态产业链条的再循环体系,这就可以大大提高资源和环境

---

① 陆学,陈兴鹏.循环经济理论研究综述[J].中国人口资源与环境,2014(S2):204-208.

效率;资源替代化——寻找有利于保护生态环境的替代资源替代即将枯竭或损害环境的资源;无害化储藏——为了实现环境保护目标,对当前没有经济价值的废弃物,必须进行恰当的无害化和安全处理,然后以对环境无害的方式储藏起来,这是循环经济的最末端。该理论把循环经济从企业内的资源利用和废弃物处理方式扩展到区域范畴,在理论和实践两个层次,完善了区域循环经济模式。尤其是在政策层面上,资源再配置原则、资源替代化原则和无害化储藏模式的提出,使区域层次上的循环经济发展具有明确的突破口。

7.1.1.4　循环经济的相关政策规定

科学发展观是我国全面实现小康社会发展目标的重要战略思想。时任总书记胡锦涛同志强调指出:"要加快转变经济增长方式,将循环经济的发展理念贯穿到区域经济发展、城乡建设和产品生产中,使资源得到最有效的利用。"党的十六届四中、五中全会决议明确提出:"要大力发展循环经济,把发展循环经济作为调整经济结构和布局,实现经济增长方式转变的重大举措。"国务院下发了《国务院关于做好建设节约型社会近期重点工作的通知》国发〔2005〕21 号和《国务院关于加快发展循环经济的若干意见》国发〔2005〕22 号等一系列文件,"十一五"规划也把大力发展循环经济,建设资源节约型和环境友好型社会列为基本方略。全国上下掀起了贯彻落实科学发展观,发展循环经济,构建资源节约和环境友好型社会的热潮。在这一背景下,深入研究发展循环经济的有关理论与实践,探讨循环经济发展战略,对正确理解中央精神,指导实践是十分必要的。2008 年中国首部以"循环经济"命名的《循环经济促进法》在全国人大常委会通过,2009 年 1 月 1 日起实施。该法强调各行各业发展循环经济的标准,同时对破坏循环经济的市场行为提出惩罚措施,对完善循环经济的市场行为提出表彰奖励。

2012 年 12 月 12 日,时任国务院总理温家宝主持召开国务院常务会议,研究部署发展循环经济。会议指出,发展循环经济是我国经济社会发展的重大战略任务,是推进生态文明建设、实现可持续发展的重要途径和基本方式。今后一个时期,要围绕提高资源产出率,健全激励约束机制,积极构建循环型产业体系,推动再生资源利用产业化,推行绿色消费,加快形成覆盖全社会的资源循环利用体系。会议讨论通过《"十二五"循环经济发展规划》,明确了发展循环经济的主要目标、重点任务和保障措施。2013 年 2 月 5 日国务院办公厅公示《国务院关于印发循环经济发展战略及近期行动计划的通知》国发〔2013〕5 号,该计划首先总结了"十一五"期间循环经济的发展成效,以及所面临的处境,其次从工业、农业和服务业三个层面提出循环经济的发展方向,最后从完善法律法规、强调技术支撑、加强监督管理等角度保障计划的顺利实施。

为了更好落实《循环经济发展战略及近期行动计划》,2015 年 10 月 1 日发改委联合相关部门制定了《2015 年循环经济推进计划》,从能源开采、利用、回收处置等环节规范了循环经济的实践途径,并提出在全国范围内组织开展循环经济示范城市(县)建设申报工作。该项工作能够构建循环型生产方式,形成循环型流通方式,推广普及绿色消费模式,推进城市建设的绿色化循环化,健全社会层面资源循环利用体系,创新发展循环经济的体制机制。2016年6月30日,以"创新引领循环经济发展"为主题的2016年中国循环经济发展论坛如期举行,重点围绕绿色发展的顶层设计、循环经济理念与实践创新、制度与机制创新、技术与模式创新等,进行了深入研讨。相关专家提出:2009年1月1日起施行的《中华人民共和国循环经济促进法》(以下简称《循环经济促进法》),已经不能很好地适应中国经济社会发展的需要,立法机关已启动相关程序,对其进行修改。在中国循环经济协会主办的这次论坛上,多位专家对《循环经济促进法》如何修订进行了研讨。国家发改委体改所循环经济室主任杨春平对修订《循环经济促进法》提出四项建议:一是要认真评估循环经济促进法实施后的成效、作用和存在的问题;二是要对我国循环经济实践进行认真总结;三是要从全球视野深化对循环经济的认识;四是要强化循环经济法的执行力度和法规配套性。中国工程院院士、清华大学教授钱易认为,修订《循环经济促进法》,要将生态文明建设等新内容纳入法律,梳理新旧名词内涵外延。进一步丰富法律内涵,要涵盖小循环、中循环、大循环,并着重加强中循环,建设生态工业园区。此外,要强化法律的约束力,明确政府、企业、消费者等相关方的法律责任,如增加生产者责任延伸制度。同时完善配套的制度和政策。全国人大常委会委员、中科院战略咨询院副院长王毅表示,应珍惜有限的立法资源,把握本次修法机会,高质量地完成修法工作。与时俱进,拿出符合时代特色的循环经济法,切实提高资源利用效率。

7.1.2　污染预防理论

7.1.2.1　污染预防理论的提出

自1987年世界环境与发展委员会在其报告中首次提出"可持续发展"概念以来,国内外不少有识之士十分强调可持续发展对人类社会的重要意义。污染预防(pollution prevention)则是美国环境保护局(EPA)提出的一套环境管理体系,它的产生与形成有一个历史过程。事实上,早在20世纪80年代,美国联邦政府已开始鼓励污染预防。1990年,《联邦污染预防法案》正式颁布实施;此前两年,美国环保局就设立了污染预防办公室。从那以后,美国国家环保局开发一系列污染预防行动计划和项目,取得了很大进展和很多经验,并认为大约50%的污染物通过污染预防或简单的过程改进,就可以避免。

然而,纵观工业革命以来世界经济发展的历史,大多数国家采用的仍是以大量消耗资源、能源来推动经济增长的发展模式,其代价是"消耗高、效益低、污染重"。尤其是二战以后,随着工业振兴,全球经济的高速发展,造成了严重的环境污染。

这种以牺牲环境为代价的传统经济发展模式,造成了震惊世界的一系列环境公害事件。严酷的环境污染现实,唤醒了人们的环境保护意识。在这种背景下,1972年在瑞典召开了联合国人类环境会议,并通过了《人类环境宣言》。多年实践表明,这种末端治理模式造成的后果是:不仅资源浪费大,经济代价高,而且某些治理技术难度大;同时,"三废"在处置过程中仍有较高风险,难于形成经济、社会、环境效益的统一。换句话说,仅仅清除污染影响还远远不够,末端治理难以实现长期环境目标;对于企业来说,搞污染治理是额外负担,没有自觉性和动力,企业防治工业污染是被动的、消极的。因而,必须更加全面地评估消费和生产的环境影响,寻找更有效的环境保护途经。

实践也证明,污染预防是保护环境,清除高成本废物,促进可持续发展的非常有效的方法。这种方法,包括通过源削减,提高能源效率,在生产中重复使用投入的原料以及降低水消耗量来合理利用资源,[①]在可能的最大限度内减少生产场地产生的全部废物量。

7.1.2.2　污染预防理论的内涵

经济学家从经济学的角度将污染的产生归因于成本外溢的外部不经济性,即法人或自然人在其经济活动中的行为对他人产生了负面影响,而这种负面影响又不被其计入市场交易的成本和价格之中,而这种成本外溢的外部不经济性将会导致市场失灵。为了消除或减小这种市场失灵进而实现资源的优化配置,政府采取了制定达标排放制度和排污收费制度,前者是一种事先预防外部不经济性的路径,后者是事后弥补已经产生的外部不经济性的路径。污染企业将废气、废水等污染物排向外界而没有承当相应的责任,其私人成本小于社会成本。此时,其具有扩大生产的动机,根据私人成本和私人收益制定的最优产量将大于从整个社会角度出发的社会最优产量。而被迫受影响承担责任的企业私人成本大于社会成本,它们具有缩小生产的动机,根据私人成本和私人收益角度制定的最优产量将小于从整个社会角度出发的最优产量。因此,资源无法得到最优的配置,全社会福利无法达到最大,即市场失灵。当采用制定达标排放制度和排污收费制度路径,污染企业将自动采取措施减少污染排放或弥补已经产生的污染损失,使企业的私人成本等于社会成本,资源得到有效的配置从而使社会福利最大化。[②]

在我国,污染预防被认为是一种为了减少排入环境的残留物数量或毒性的长期策略和途径。蔡瑜瑄等人将污染预防界定为:通过采用适当的工艺、措施、原材

---

①　曹磊.简论国内外污染预防和清洁生产[J].环境研究与监测,1997(1):28-31.
②　王蓉.污染预防的内在动因及制度创新的经济分析[J].环境保护,2003(2):15-17.

料、产品或能源避免或减少污染物和废弃物的产生,以降低对环境和人类的风险。① 显然,污染预防是在源头减少或消除废弃物的手段,是"末端治理"方式向"前端预防"的转变。这意味着残留物的产生被当作一个策略性变量来控制,而不是在污染产生后进行处理。在物质平衡模型中,预防策略能够改变企业经济活动,从而减少污染物排放量的长期策略。污染预防通过避免污染物和废物产生或使其最小化,尽量减少污染物对环境或人体健康的危险。② 总体来说,我国污染预防、支持可持续发展的环境政策和管理体系尚不健全。

综上所述,污染预防主要是指在人们日常的生产和生活中,通过合理的制度和政策引导,采用合理有效的技术在生产和消费过程中最大限度地开发和利用资源、使用产品,在促进经济增长的同时尽可能减少废物的产生量,实现人与自然的和谐共存。可以说污染预防是当代环境管理的新思路、新方向。

7.1.2.3 污染预防理论

要有效实现污染预防,制定污染预防策略必不可少。而污染预防策略的实施需要国家、企业和个人的共同努力,就企业而言污染预防策略要求其在产品设计、生产以及销售等方面都要改变自身行为。污染预防环境策略主要有以下几种。第一,扩展产品责任(EPR),即识别并减少产品生命周期中对环境不利影响的行为。产品从设计、生产到消费的整个链中,设计者、生产者、销售者、消费者、进行再循环的相关人员、产品再生产的以及废物处置的相关人员都要承担相应的环境责任,积极参与环境保护;在自己所负责的阶段尽可能减少废物的产生。第二,环境设计(DFE),即一种促进环境因素和成本、性能一同融入产品设计与开发的技术创新。其主要目的为设计节约资源和能量的产品及包装,开发利于分解的产品进而提高产品再使用或再循环的效率,减少在产品生产工艺过程中废弃物的产生和排放。从而降低废气、废水或其他一些固体污染物的排放,减少因政府惩罚造成的企业成本增加风险。同时也能提升产品和整个企业的竞争力,改善与利益相关者的关系,使企业在激烈的竞争中立于不败之地。第三,绿色化学技术(GCT),即促进创新型化学技术的发展和应用,从而实现污染预防。该技术强调在产品的整个生命周期中污染预防的重要性,指出为了降低安全和生态风险,在生产中应该尽可能选择使用毒性更小且更加安全的危险化学物质,确保生产工艺更加安全,最终产品在报废时对人和环境危险更小。③

---

① 蔡瑜瑄,林志凌,苏华轲,等.借鉴加拿大污染预防管理经验促进环境与经济协调发展[C]//2012中国环境科学学会学术年会论文集(第一卷).2012.

② 巩天雷,张勇,赵领娣.污染预防理论的界定及应用[J].管理现代化,2007(04):6-8.

③ 巩天雷,张勇,赵领娣.污染预防理论的界定及应用[J].管理现代化,2007(04):6-8.

在向工业化大国迈进的进程中,我国经济发展对环境造成了巨大破坏,环境问题对经济发展的瓶颈作用日益凸现。因而,当前我国经济发展面临的一个重要挑战,就是既要保证社会经济高速发展的需要,又要保护和维持地球资源,从而满足可持续发展的需求。特别是我国环境政策主要集中在对污染物产生后的管理和控制方面,这种污染控制办法虽对环境保护贡献很大,但它的成本高,而且难以满足环境和经济可持续发展的需求。实践也证明,末端治理的政策在长期是无效的,必须更加全面地评估消费和生产对环境的影响,寻找更有效的环境保护途径。

在此背景下,1993 年 11 月国家环保局和国务院经贸委联合在上海召开了第二次全固工业污染防治工作会议,提出了推行清洁生产,防治工业污染的污染预防新战略。国内许多企业已逐步将控制点选择在生产前端,即通过污染预防减少或消除污染物而不是末端处理废物,如此一来不但有效地改善环境,而且也避免不必要的污染控制成本。这无疑是十分正确的,方向是明确的,但在综合经济实力较弱、生产技术与装备落后以及对保护环境重要意义认识不足的情况下,往往会出现先污染后治理的实际情况。西方国家 19 世纪六七十年代的沉痛教训,值得汲取。污染预防战略的提出,为解决这个长期存在的问题找到了答案。尽管这一战略目标的实施,还有漫长的道路要走。

7.2　东南沿海村镇垃圾资源化利用及无害化处理发展现状

7.2.1　东南沿海村镇垃圾的基本现状及其主要特征

7.2.1.1　东南沿海村镇垃圾现状

(1)村镇垃圾的组成成分

村镇垃圾通常由农户生活垃圾与农业生产垃圾两部分组成。生活垃圾源于农户的日常生活及消费,主要包括餐厨垃圾、废纸张、废塑料、废玻璃、废旧金属、土渣、煤渣、陶瓷碎片、废旧电池、废旧家用电器等;农业生产垃圾主要包括农作物秸秆、畜禽粪便、废弃农膜等。随着工业化和城镇化进程的加快,村镇也开始出现除农林牧副渔之外的工业生产,因此少量工业垃圾也出现在了村镇垃圾当中。村镇的工业生产主要为采掘业、冶金业、化学制造业等,产生的废弃物中会包含少量危险废弃物,如重金属、多氯联苯废物等。

(2)村镇垃圾的数量

随着居民经济水平的提高,每家每户陆续建起了新房,各种建筑材料、装修材料的垃圾也逐年增加;生活水平的提高也使得各种食品垃圾、蔬菜瓜果残余物、厨房垃圾和一次性包装品垃圾日益增加。随着城镇化和工业化的不断推进,一些城镇产生的垃圾也运送到农村进行处理,垃圾的数量多且组成复杂,增加了垃圾处理的难度。

《中国城乡建设统计年鉴》数据显示,我国村镇垃圾的年均产量已达到2.5亿吨,远超出城市垃圾1.9亿吨的年均产量。但由于我国村镇垃圾尚未纳入正式管理,甚至没有一个明确的行政管理部门,因而村镇垃圾的处理效率处于较低水平,镇级垃圾无害化处理率不到35%,而村庄垃圾的无害化处理只有15%。据统计,2013年国内各建制镇和集镇垃圾产生情况为:镇级社区人均垃圾产生量0.6kg/d～1.1kg/d,集镇社区的人均垃圾产生量0.4kg/d～0.7kg/d,且在地区分布方面,尤以中南地区"珠三角"与华东地区"长三角"各镇和集镇的垃圾产生量最高[1]。其次,对村庄垃圾的产生量进行分析。村庄垃圾的产生量同季节具有较强的关联性,例如,在北方,秋冬季节因取暖等各方面原因导致灰渣成为村庄垃圾的一部分,增加了地区垃圾的产生量。但总体来看,我国村庄的人均垃圾产生量为0.5kg/d～1.0kg/d,而受经济发达程度和地区气候季节影响,我国沿海地区和北方地区村庄垃圾产生量较高。

另据国家卫生部门统计,现阶段我国村镇垃圾最主要组分为厨余、果皮(食品垃圾)及作物秸秆树枝叶等构成的易腐有机垃圾,一般占40%～50%;其次为灰渣、砖石等组成的无机垃圾,一般占20%～40%;归属于废品类的组分以塑料、纸类、玻璃为主(占废品类的80%左右),总的比例为15%～30%,但实际可回收(当地废品市场可交售)的比例相当低,仅占废品类的5%～10%。

(3)村镇垃圾的处理方式

东南沿海村镇处理垃圾包括集中式处理与分散式处理两种模式。

所谓村镇垃圾集中式处理,就是各村镇对垃圾的"村收集、镇运输与县处理"模式,各级卫生处理部门借助"收集→运输→转运"这一处理网络,将村、镇、县各级争取纳入到相对统一的村镇垃圾处理体系当中,从而获取基于村镇垃圾处理终端的规模化效应,提高对村镇垃圾的处理效率。此种垃圾处理模式以卫生填埋焚烧为主,能够较好地提高村镇垃圾处理的无害化达标率[2]。

村镇垃圾分散式处理模式主要包括镇域与村域单元两种模式,其中基于镇域单元的垃圾处理主要由垃圾收集以及各村运输与各镇处理三部分工作共同构成,以填埋处理方式为主,但在此种模式下,村镇垃圾处理的规模极为有限,并不能够达到村镇垃圾卫生填埋的无害化处理标准。村域单元处理模式就是将垃圾的收集工作和就地处理进行直接衔接,从而提高处理效率。但以村域单元模式为村镇垃圾处理方式的地区不多,相关示范性工程也表明,基于分类收集与堆肥的村域模式

① 中国住房和城乡建设部.中国城乡建筑统计年鉴[M].北京:中国统计出版社,2014.
② 曹致.宁波市山区农村垃圾问题和处理技术探讨[J].农村经济与科技,2012,23(5):8-10.

对垃圾的处理能够较好地达到垃圾的无害化处理要求。

村镇垃圾的种类相对简单,尽管塑料袋、农膜等难降解垃圾也开始出现在了村镇,其成分仍以餐厨垃圾、秸秆等有机垃圾为主。因此,村镇废弃物的综合利用途径不可照搬城市垃圾处理利用的模式。

（4）村镇垃圾的处理效率

我国实行以"以奖促治"为中心的农村环境综合整顿治理工程,部分省（市、自治区）因地制宜,先后颁布了村镇垃圾处理的相关政策。如:北京市出台了对村镇垃圾进行减量和变废为宝的资源化处理政策;四川省积极出台相应的村镇垃圾处理体制建设等。同时,我国的科研人员也在积极研发相关的先进垃圾处理技术,例如垃圾填埋技术、堆肥技术、焚烧技术等,力争从理论走向实践,为人民服务。但是各级政府和科研人员的努力仍然追不上垃圾污染的步伐,中国村镇垃圾的发展状况仍然呈现恶化趋势。由于农村的经济技术水平有限,其村镇垃圾有效处理率不高。随着国家和各级政府对村镇垃圾处理问题的逐渐关注,村镇垃圾的处理获得了一定的效果。但处理设备与技术仍然相对不足,垃圾污染问题仍然得不到充分解决。

东南沿海村镇垃圾的处理情况如下:华东地区以及中南地区的村镇垃圾人均产生量、处理率和无害化处理率分别为:0.95kg/d、87.2%、42.3%和0.75kg/d、72.1%、17.5%。另据我国卫生部门统计,我国村镇垃圾的处理率为51.2%,已初步进入大范围推广阶段,但对村镇垃圾进行无害化处理效率却仍然处于较低水平,加之国内村庄的垃圾处理仍然处于起步阶段,若以设施覆盖率为依据进行计算,村庄的垃圾收集率与处理率分别为28%与12%。由此可见,村镇垃圾收集效率远超出处理效率,从而导致村镇垃圾出现大量堆积,对乡村环境造成严重影响。

（5）村镇垃圾处理存在的问题

东南沿海地区地域辽阔,各地经济发展水平不一,不同地区村镇垃圾的处理方式和现状也有所区别。大部分村镇垃圾尚无有效处理措施,缺乏专业设备,处理水平较城市低。尽管经济水平较高村镇的垃圾的处理情况要好于经济落后地区,但也同样存在一些资源与环境污染方面相关问题。

一是重发展,轻环境。长期以来,各地地方政府都将经济增长作为衡量发展的重要指标,农村地区经济发展方式同样以牺牲自然环境为代价,现有村镇垃圾增长速度过快,污染形势严峻,严重危害农村群众的身体健康,甚至出现了"癌症村"的说法。但大部分农村地区为了争得省、市的"十强""百强",仍然不愿加大对农村环境保护的投入,使得村镇垃圾问题日积月累,越来越严重,严重危害生态环境平衡与农村居民的身体健康。

二是重形式,轻成效。随着国家对社会主义新农村建设的逐渐重视,各地也积极加入到新农村建设的队伍中来,纷纷开始对农村垃圾的处理工作。但在实际操作过程当中,一些地方把垃圾处理工作当成了形式主义,只喊口号,不干实事①。上级也不对村镇垃圾处理工作进行督导检查,下面也不真正落实,使得村镇垃圾的处理工作渐渐变得形式化,处理现状难以接受。

三是重速度,轻质量。东南沿海大部分农村都用焚烧、简单填埋、还田等方式来处理村镇垃圾,这些处理方式的处理速度的确比较快,但后果却很严重,因为这些处理方式都会给农村居民的生活环境带来污染,且处理质量较低。在焚烧这些村镇垃圾的过程中,有毒有害气体被直接排放到空气当中,造成了大气污染;简单填埋就是不经任何处理,直接将村镇垃圾填埋到土里,这一方式仅仅是表面上掩盖了垃圾,但没能从根本上解决村镇垃圾的污染问题;将垃圾还田的过程中,垃圾中的有毒有害物质有可能残留在土壤中,破坏土壤的结构和酸碱平衡,降低土壤的肥沃度,破坏农作物生长。

四是重硬件,轻宣传。随着我国社会主义新农村建设进程的推进,各地政府为了解决村镇垃圾问题,改善人居环境,日益重视环境卫生设施等"硬件"设备的添置和建设。但是,在加大硬件投入与建设的同时,很多地方忽视了"软件"环境的建设,也就是宣传工作。很多地方政府并没有花大精力去引导农村群众改变思想观念、树立健康的生活理念。

五是重复制,轻创新。东南沿海地区农村的特点是规模小,居民分散,部分地区交通不便,因此日垃圾产生量也较少,较分散。但各地发展水平差异较大,不同地区发展情况不尽相同,导致生活情况的差异,产生的垃圾组成也各不相同。这些特点与城市有着明显的差别,因此,城市村镇垃圾处理经验不能完全应用于村镇垃圾处理,在对村镇垃圾处理模式进行探索时,要结合当地的具体特点和实际情况,探索出一条真正适合农村的村镇垃圾处理模式,而不是单纯模仿城市的垃圾处理模式。

7.2.1.2　村镇垃圾特征

(1)存在形态多样。随着新农村建设的持续推进,各地钢混结构房屋剧增,建筑垃圾逐年增多。村镇垃圾种类已从原有农村日常村镇垃圾、农作物秸秆垃圾、农业资料残留垃圾等几类垃圾,逐步向城市垃圾发展,变得种类丰富,形态多样。其中,变化最显著的是工业资料残留垃圾和废弃物在村镇地区渐渐增多。特别是村镇的工业企业与日俱增,在大力促进村镇经济快速发展的同时也为村镇带来了大量的工业垃圾,原有的村镇自然环境、基础设施等农村垃圾消化系统无法处理数量激增的村镇企业工业垃圾,出现村镇垃圾为患的现象。

(2)面源污染较广。观察多处调研村镇,垃圾暴露堆放、任意丢弃的现象十分突出,此类处理方法使得村镇垃圾污染十分严重。一是污染水环境。垃圾中的有

①　褚巍.农村中生活垃圾管理与处理处置研究[D].合肥:合肥工业大学,2007.

害成分产生的酸性和碱性,将重金属溶解出来,随降水进入河流,增加地下水中有害、有毒物质和细菌繁衍。二是污染土壤。村镇垃圾及其渗出液会改变土壤结构,致使其净化能力日趋饱和、质量下降,影响土壤中微生物的活动,妨碍植物生长。不易降解的有毒垃圾会使部分土壤失去可利用价值,严重影响农产品品质。三是污染大气。堆放的垃圾经微生物分解,极易产生 NH_3、H_2S、CH_4 等恶臭气体。特别是夏季,垃圾中腐烂有机物质的恶臭含致癌物质,散发于大气极易进入人体。

(3)公害问题严重。村镇垃圾数量庞大,不仅污染了空气和水源,导致江河湖泊污染、道路阻塞,还导致池塘、湖泊等地表水富营养化,影响水环境功能的正常发挥。特别是江河湖泊周边个别工厂和住户随意排放垃圾,污染农村的土壤和水资源,不仅影响了居住地人民的身体健康,还会污染当地的农作物,这些农作物运送至城市,进而影响城市居民的身体健康。另一方面,城镇化蓬勃发展所产生的垃圾持续向农村运送,进行填埋或焚烧处理,这更增加了农村垃圾处理的压力。不仅影响了村容村貌,同时有可能引起农村居民的不满与抗议举动,加剧农村居民与政府的矛盾。

7.2.2　村镇垃圾资源化利用及无害化处理初步实践

资源化和能源化是垃圾综合利用的最终归宿,而不是城市垃圾"统一收集—统一运输—统一处理"模式。这是因为,首先,处理成本太高。农村居民居住比城市市民分散得多,垃圾分布广,设置垃圾桶、周转站、压缩楼以及运输车辆的使用都很难实现规模效益,从而加大了垃圾收集和运输成本。村镇没有足够的环保资金用于垃圾的集中填埋或焚烧处理。其次,不符合村镇的特点。村镇面积广袤,有足够的空间就地消纳可降解的垃圾。因此,针对村镇垃圾的特点,综合利用途径可以分为:可回收垃圾—回收—循环再利用;有机垃圾制肥—肥料—回田;餐厨垃圾、人畜粪便、秸秆等有机垃圾厌氧发酵—沼气—热能或电能。以下是东南沿海村镇对垃圾的初步资源化和无害化处理实践[①]。

7.2.2.1　秸秆资源化

我国农作物秸秆资源拥有量居世界首位,年产秸秆约 7 亿吨,是农业生产过程中主要副产品之一,也是一项重要的资源。随着村镇经济的快速发展,农作物秸秆资源利用方式也在不断发生变化,在一些地区作物秸秆被废弃、焚烧,产生污水浓烟,对农村生活用水、土壤、大气均造成污染。充分发挥秸秆的价值,利用优良资源,对农业生产的可持续发展、资源节约、环境保护、农民收入增加都具有重要的现实意义。农作物秸秆资源化利用的主要途径和模式包括:秸秆还田技术、秸秆饲用

---

① 赵晶薇,赵蕊,何艳芬,等.基于"3R"原则的农村生活垃圾处理模式探讨[J].中国人口·资源与环境,2014,24(5):263-266.

技术、秸秆生物肥技术、秸秆生产食用菌、秸秆气化、秸秆燃料与能源利用技术、秸秆固化成型技术等。

据测算,秸秆燃烧值约为标准煤的 50%,其蛋白质含量约为 5%,纤维素含量在 30% 左右,并含有一定量的钙、磷等矿物质。1 吨普通秸秆的营养价值平均与 0.25 吨粮食的营养价值相当。秸秆是一种很好的可再生清洁能源,每 1 吨秸秆的热值相当于 0.5 吨煤,而且其平均含硫量只有 3.8‰,而煤的平均含硫量约达 1%。作为燃烧能源,秸秆对大气质量的威胁更小。传统农业和简单再生产对秸秆的利用仅局限于烧火做饭取暖、饲养牲畜、盖房、肥田等。村镇现代化进程的加速使农村使用液化气的用户越来越多,不足 20% 的秸秆被用作燃料。20 世纪 80 年代初中国曾大力推广秸秆直接还田技术,约有 20% 的秸秆被还田利用。进入 20 世纪 90 年代,免少耕、轻型种植技术被广泛应用。秸秆不能很好地翻入土中,影响种植质量。机械收割和栽插的普及使秸秆不用移出田外,于是农民就在田间直接将秸秆烧掉,造成对大气环境的严重污染。

7.2.2.2　简易沤肥

广大农村一直都有将有机废物进行简易发酵堆肥的传统,称为简易沤肥。将禽畜粪便、杂草、秸秆等有机易腐废弃物混合堆积,在自然条件下利用微生物的分解作用使得堆料腐熟,成为营养丰富的腐殖质。简易沤肥一般介于好氧堆肥和厌氧发酵之间。沤肥初期供氧充足,以好氧微生物的活动为主,垃圾的分解速度很快,产生大量的热能使得堆料内部温度不断上升,一般可以达到 50~70℃ 并维持一段时间,从而杀死其中的致病菌、蝇蛆等,实现堆料的无害化。简易沤肥一般有三种:污水坑沤肥法、平地沤肥法、半坑式沤肥法。因此,将乡镇垃圾中的有机成分制肥不仅节约了农业生产的成本,也是垃圾资源化的有益途径。垃圾制肥除了上文中介绍的简单沤肥法,还有目前正在农村推广的生态堆肥法。将餐厨垃圾等有机垃圾集中统一放入生态堆肥装置,利用太阳能作为热源,对有机垃圾进行高温厌氧消化,约 3 个月后这些垃圾即可作为优质有机肥料返田利用。

7.2.2.3　有机垃圾能源化

推广沼气生产发展生态农业,是乡镇垃圾综合利用的重要途径之一,是垃圾变为有用资源的一种生态手段。尤其是沼气作为发展生态农业的纽带,可以将种植业、养殖业等合理地结合在一起,优化整体的农业资源,使得农业生态系统内实现物质多层次利用,能量多级循环,是具有生态合理性、功能循环优化性的可持续发展的农业技术。沼气发酵池可以有两种建设方式,其一为户建型,即每户居民在各自庭院建设发酵池;另一种为集中建设型,村民将餐厨垃圾、人畜粪便、农作物秸秆等有机垃圾送到村镇统一建设的生态厌氧发酵装置,产生的沼气通过管路输送到每家每户,供村民使用,使传统的用木柴或煤烧火做饭的方式被部分或全部取代,减轻了大气环境的负担。沼气也可用于大棚蔬菜生产、农产品保鲜、家庭照明发电等;沼液中营养丰富,可用于浇灌蔬菜果树、浸泡种子;沼渣富含有机质和腐殖酸,是土壤的优质改良剂。通过以沼气为纽带的"禽畜粪便—沼气系统—沼气能源、沼渣回田—作物养殖禽畜"的循环模式,实现有机垃圾的资源化、农业生产的无害化、乡镇环境的卫生化[①]。其综合效益,主要包括:节约燃料支出、减少农药和化肥支出,改善厨房和养殖环境,改良土壤提高农作物产量,扩大养殖业规模,提高能源使用效率等。

7.3　东南沿海村镇垃圾资源化利用及无害化处理可能模式

7.3.1　村镇垃圾的搜集模式

选择正确的垃圾搜集模式有利于推进垃圾资源化利用和无害化处理工作的进行,在实现垃圾处理生态效益的同时兼顾其经济效益。但在垃圾搜集模式的选择上,不应该简单照搬日本、新加坡等国的经验,而应该根据垃圾处理各单元辖区内的具体情况选择合适有效的垃圾搜集模式。在垃圾从源头产生到终端处理点的过程中,主要经历以下几个阶段:收集、中转和运输,它们贯穿垃圾搜集模式的始终。垃圾投放环节有两种方式,一种是混合投放、另一种为分类投放,而混合投放难以很好实现垃圾的资源化利用和无害化处理为目标。基于此,此处将以垃圾分类为前提,联系当地垃圾产生的现状、特征和处理方式,对垃圾各类搜集模式进行阐述。

7.3.1.1　村收集＋镇转运＋县处理模式

该模式下各村镇的垃圾分类标准一致,但其他环节可以根据村镇的具体情况进行调整,主要有以下两种选择方案。第一种方案,分类投放＋固定垃圾桶(厢)＋中转(站)＋垃圾处理场。即人们根据垃圾分类标准将分类垃圾后,分别投放到规定的垃圾固定投放点,再由专门的垃圾运输车,将分类垃圾运到镇中转站;最后分类运输到垃圾处理厂进行专业处理。

该模式主要有以下优点:①处置便利。人们可以根据自己的需要选择丢弃垃圾的时间。②节约成本。只需要付出固定垃圾桶(厢)的成本,不需要支付额外的上门收取垃圾的诸如运输费等成本。该模式主要有以下缺点:①管理难度加大。一方面,垃圾运输员无法确定垃圾站是否已经堆满垃圾从而无法有规律的对垃圾进行高效的清运;另一方面,人们丢弃垃圾时无人监管极可能导致一部分人不按分类标准对垃圾进行分类。②容易对垃圾堆放站周围的环境造成污染。由于垃圾堆

---

　　①　武攀峰,崔春红,周立祥,等.农村经济相对发达地区生活垃圾的产生特征与管理模式初探:以太湖地区农村为例[J].农业环境科学学报,2006,25(1):237-243.

满后垃圾清运员没有及时将垃圾运走,居民很可能会将垃圾堆放在规定范围以外,从而给周围环境带来危害,进而威胁到周边居民的健康。③占用土地资源。垃圾桶(厢)固定在一个地方,因为垃圾分类需要多种不同的垃圾桶,所以会占用土地资源。

第二种方案,分类投放+垃圾车上门收取+中转(站)+垃圾处理场。即人们根据垃圾分类标准将垃圾在家分类,当垃圾车定时上门收取垃圾时将垃圾分类投放到垃圾车内,再由专门的垃圾运输车将垃圾分类运到镇中转站,最后分类运输到垃圾处理厂进行专业的处理。

该模式主要有以下优点:①垃圾分类政策执行效率较高,即垃圾车上门收取垃圾是在收运人员的监督下进行,因此丢垃圾的人们不易不守垃圾分类准则,进而提高垃圾终端资源化利用和无害化处理的效率;②不会对周边环境造成破坏,垃圾由垃圾车直接运走而无须堆积到一定量后再由专车运走;③节约土地资源,不用划分出专门的区域放置种类较多的垃圾桶(厢),很大程度上节约了宝贵的土地资源。该模式主要有以下缺点:①不方便。由于垃圾车是定时上门收取垃圾,很可能产生由于单个家庭的日常安排和垃圾丢弃时间冲突所带来的诸多不便。②成本较高。垃圾车定时上门收取垃圾需要支付更高的运输成本。

将村收集、镇转运、县处理垃圾搜集模式与村或镇收集、县处理模式相比,它们共同的缺点是垃圾搜集的环节过多,不仅加大了垃圾搜集的管理难度,而且加大了垃圾资源化利用和无害化处理的成本。但该模式适合离垃圾处理场较远且垃圾产生量较小的村或镇。对于村收集、镇转运、县处理垃圾收集模式下的两种方案,不能盲目地凭着自己的主观意愿去决定采用哪一种方法对垃圾进行处理,应该根据村或镇的具体情况选择适合的垃圾搜集模式,提高垃圾的处理效率,有效实现垃圾的资源化利用和无害化处理。在选用适合的垃圾搜集模式时,不能够生搬硬套,应当根据具体情况调整垃圾搜集模式。比如,大力发展农业的村或镇,可以直接建立简易垃圾堆肥处理场对精细分出的垃圾进行堆肥,然后将堆出的肥料用作当地农业种植;把可以变卖的垃圾分拣出来进行变卖。这些做法不仅节约了垃圾的处理成本,而且降低了终端垃圾处理的难度和工作量,从而提高垃圾资源化和无害化处理的效率。

7.3.1.2 村或镇收集+县处理模式

该模式下采用统一的标准对垃圾进行分类,其他环节同样可以根据具体的情况进行调整,主要有以下两种方案。

第一种方案,村或镇分类投放+固定垃圾桶(厢)+垃圾处理场,即人们根据统一的垃圾分类标准将垃圾分类投放到固定的垃圾桶(厢),再由专门的垃圾清运人员使用专车直接运到垃圾处理厂。该种模式的优点:①增添便利。人们可以根据自己的需要选择丢弃垃圾的时间。②节约成本。即只需要付出固定垃圾桶(厢)的成本,而不需要支付额外的上门收取垃圾的诸如运输费等成本。该模式主要有以下缺点:①管理难度加大。一方面,垃圾运输员无法确定垃圾站是否已满从而无法有规律的对垃圾进行高效的清运,另一方面,人们丢弃垃圾时无人监管极可能导致一部分人不按分类标准对垃圾进行分类。②容易对垃圾堆放站周围的环境造成污染。即垃圾堆满后垃圾清运员没有及时将垃圾运走,居民很可能会将垃圾堆放在规定范围以外,从而给周围环境带来危害,进而威胁到周边居民的健康。③占用土地资源。垃圾桶(厢)固定在一个地方,因为垃圾分类需要多种不同的垃圾桶,所以会占用土地资源。

第二种方案,分类投放＋垃圾车上门收取＋垃圾处理场。即人们根据垃圾分类标准将垃圾在家分类,当垃圾车定时上门收取垃圾时将垃圾分类投放到垃圾车内,再由专门的垃圾运输车分类运输到垃圾处理厂进行专业的处理。该模式主要有以下优点:①垃圾分类政策执行效率较高,即垃圾车上门收取垃圾是在收运人员的监督下进行,因此丢垃圾的人们不易不守垃圾分类准则,进而提高垃圾终端资源化利用和无害化处理的效率;②不会对周边环境造成破坏,垃圾由垃圾车直接运走而无须堆积到一定量后再由专车运走;③节约土地资源,不用划分出专门的区域放置种类较多的垃圾桶(厢),很大程度上节约了宝贵的土地资源。该模式主要有以下缺点:①不方便。由于垃圾车是定时上门收取垃圾,很可能产生由于单个家庭的日常安排和垃圾丢弃时间冲突所带来的诸多不便。②成本较高。垃圾车定时上门收取垃圾需要支付更高的运输成本。

村或镇收集、县处理模式与村收集、镇转运、县处理模式相比,其具有成本较低且管理难度降低的优点,即垃圾被直接运输到垃圾处理厂而不是通过镇转运,缩短了垃圾搜集链条的同时节约了垃圾资源化利用和无害化处理的成本,也使繁杂的管理流程变得简单。然而,村收集、县处理垃圾搜集模式只适用于离垃圾处理场较近且垃圾产生量较大的村或镇,并且对于该模式下两种方案的选择也应该根据村庄的具体情况进行选择和调整。对于经常有人在家或环保意识较差的村或镇适合选择"分类投放＋垃圾车上门收取＋垃圾处理厂"方案,因为该方案下,垃圾投放者有时间配合垃圾车上门收垃圾的工作,并且垃圾搜集工作者也可以很好地对人们的垃圾投放行为进行有效的监督,从而提高整个工作的效率。对于上班族家庭居多的村或镇或环保意识较强的村镇而言则可选择"村或镇分类投放＋固定垃圾桶(厢)＋垃圾处理场"方案,一方面垃圾投放者可随时投放垃圾,而且也尽可能避免由于投放者不守规矩随意丢弃所引起的对垃圾桶(厢)周围环境的破坏。

7.3.2　村镇垃圾的处置模式

推进垃圾的资源化利用和无害化处理,促进循环经济的发展离不开有效的垃圾处置模式。常用的处置模式主要有填埋、焚烧和堆肥,具体分析如下:

7.3.2.1　卫生填埋技术

作为一种工程处理工艺,卫生填埋是将垃圾置于相对封闭的系统中,使之对周围环境的影响降到最低程度。其不仅是主要的垃圾处理方法,而且也是其他处理二次废弃物的最终处置途径,是必不可少的。和其他处理方法相比,卫生填埋具有投资较少、消纳量大、处理彻底等优点[1]。正因为如此,卫生填埋仍是国内外普遍采用,且处理量最大的一种工程技术方法。

主要技术要求:①防渗处理工程措施必须保证填埋场与外界的水环境的隔离,渗透系数必须≤10^{-7}cm/s,以防止对地下水环境的污染。②填埋场产生的渗滤液必须经过处理达到相应的排放标准后排入水体或污水管道系统。③填埋作业应采用单元式填埋方式,分层填埋、碾压,并尽可能做到当日覆盖(土壤或其他材料),以提高填埋容积的利用率,减少臭气和蚊蝇的滋生。④对填埋体产生的沼气应有组织的收集、排放,如有条件可以利用,以防止发生沼气的无序迁移和聚集而可能导致的爆炸。⑤填埋过程中要采取措施防止蚊蝇的滋生。

卫生填埋也存在很多缺点:占地面积大,可能侵占大面积的农村良田;垃圾渗透液是一种有毒有害的高浓度有机废水,很容易引起土壤和地下水污染,而且农村垃圾填埋设施一般比较简单,容易发生渗漏现象,这给以后的环境卫生安全埋下了隐患[2]。

卫生填埋工艺流程如图 7-1 所示:

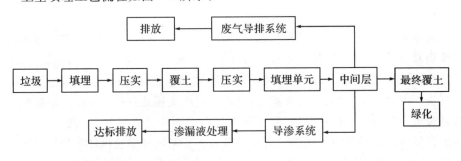

图 7-1　卫生填埋工艺流程图

7.3.2.2　焚烧技术

焚烧法是在高温和供氧充足的条件下,将垃圾中的有机物氧化成惰性气态物,使无机不可燃物形成稳定的固态残渣的过程。垃圾经过焚烧后,体积可以减少80%～90%。此外,通过焚烧,可以破坏垃圾中有害物质的组成结构和杀灭病原

① 高海硕,陈桂葵,黎华寿,等.广东省农村垃圾产生特征及处理方式的调查分析[J].农业环境科学学报,2012,31(7):1445-1452.

② 高海硕,陈桂葵,黎华寿,等.广东省农村垃圾产生特征及处理方式的调查分析[J].农业环境科学学报,2012,31(7):1445-1452.

菌,达到解毒、除害的目的。因此,焚烧法兼有很好的减量化、资源化和无害化效果。但垃圾焚烧设施的建设投资和运行费用很高,对垃圾成分和管理水平有严格要求。此外,如果焚烧配套措施控制不当,焚烧过程中会产生大量的酸性气体和燃烧不完全的剧毒致癌有机成分(如二噁英等)。

垃圾焚烧工艺流程如图 7-2 所示。

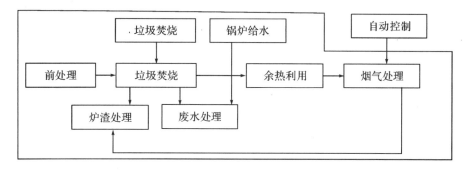

图 7-2　垃圾焚烧处理工艺流程图

7.3.2.3　高温堆肥技术

堆肥法是依靠自然界广泛分布的微生物的作用,在人工控制条件下,使垃圾中可生物降解的有机废物转化为具有良好稳定性的类似腐殖质物质的一种方法。根据堆肥过程中发挥作用的微生物对氧气的不同需求,堆肥法又可以分为好氧堆肥和厌氧堆肥两类。所产生的堆肥,是一种良好的土壤改良剂,若加入一些氮、磷、钾等元素制成多元有机复合肥,产品具有更强的市场适应能力[①]。此方法的采用取决于当地农业生产的肥料使用习惯和市场情况。与卫生填埋法相比,堆肥法占地相对较少,同时可以通过分选回收有用物质;但操作管理较填埋法复杂、设备费用高、垃圾制肥成本高,肥料生产受市场销售影响大,不适合于制肥的垃圾及无销路的垃圾肥仍然需要填埋,产生的污染物(渗滤液等)仍然需要处理。

堆肥工艺流程如图 7-3 所示。

7.3.2.4　综合处理

综合处理是根据村镇社会经济及自然条件以及垃圾的性状特征,将多种处理技术进行综合集成,最大程度发挥各种处理技术与方法的长处,同时实现资源化、减量化、无害化的一种处理方法。根据具体情况和达成目标的不同,可将卫生填埋、高温堆肥、厌氧产沼、焚烧发电(制热、产气)、物资回收等多种单项技术,进行合理搭配,形成不同的综合处理模式和技术路线。关键是要对进厂原生垃圾进行适

---

① 何品晶,张春燕,杨娜,等.我国村镇生活垃圾处理现状与技术路线探讨[J].农业环境科学学报,2010,29(11):2049-2054.

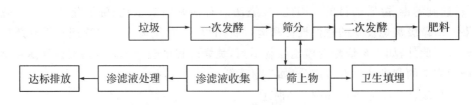

图 7-3　垃圾堆肥处理工艺流程图

当分选、分类或分流,再采用恰当的技术方法分别进行处理[1];对垃圾中可利用的物质,进行回收加工和重复利用;对无法直接回收利用的有机物,进行生物处理或焚烧回收热能;对石块、砖瓦、泥土和焚烧残渣等,可用作建筑材料或进行填埋处理。

由于东南沿海各村镇之间垃圾成分的差别较大,各地区可结合自身的具体情况,对多种基本处理技术进行组合。虽然这种处理方式结合了多种处理方法的优点,但实际操作起来也存在一些困难。首先垃圾分类是综合处理的关键,也是最大的难题[2]。现有村镇垃圾收集大部分都是混装式,仅有少部分村镇开始实行分类收集。大部分地区要在源头上实现垃圾的分类收集还需要较长时间的努力;对混合收集起来的垃圾实行分选,一是在技术上要求较高,二是增加了分选费[3]。

7.3.2.5　三种基本处理技术比较

国内外村镇垃圾广泛采用的上述三种基本处理方法,在场址选择、投资规模、运行管理、资源回收利用等方面各有优缺点[4],详见表 7-1。

表 7-1　三种基本处理方法技术经济特性比较

项目	卫生填埋	焚烧	堆肥
技术可靠性	可靠 属常用处理方法	属较可靠国外成熟技术	较可靠 我国有实践经验
工程规模	工程规模主要取决于作业场地、填埋库容、设备配置和使用年限	单台焚烧炉常用 100t/d～500t/d,垃圾焚烧厂一般安装 1～4 台焚烧炉	静态或动态间歇式堆肥 100t/d～100t/d,动态连续式堆肥 100t/d～400t/d

①　武攀峰.经济发达地区农村生活垃圾的组成及管理与处理技术研究——以江苏省宜兴市渭渎村为例[D].南京:南京农业大学,2005.

②　岳波,张志彬,黄启飞,等.我国 6 个典型村镇生活垃圾的理化特性研究[J].环境工程,2014,07(20):105-110.

③　朱慧芳,陈永根,周传斌.农村生活垃圾产生特征、处置模式以及发展重点分析[J].中国人口·资源与环境,2014,24(11):297-300.

④　梁凌雁.我国村镇生活垃圾处理现状与技术路线探讨[J].科技视界,2015(2):238-239.

项目	卫生填埋	焚烧	堆肥
选址难度	较困难	有一定难度	有一定难度
占地面积	大	较小	中等
适用条件	进场垃圾的含水率小于30%，无机成分大于60%	进炉垃圾的低位热值高于4180kJ/kg、含水率小于50%、灰分低于30%	垃圾中可生物降解有机物含量大于40%
操作安全性	较好，沼气导排要畅通	较好	较好
产品市场	有沼气回收的卫生填埋场，沼气可用作发电等	热能或电能可为社会使用，需有政策支持	堆肥产品可应用但落实市场有困难
能源化	沼气收集后可用于发电	垃圾焚烧余热可发电或综合利用	厌氧消化工艺，沼气收集后可发电或综合利用
资源利用	可恢复土地利用或再生土地资源，陈垃圾可开采利用	垃圾焚烧余热可发电或综合利用，焚烧炉渣可综合利用	垃圾堆肥产品可用于农业种植和园林绿化等，可回收部分物资
稳定化时间	7~10 年	1 小时左右	10~30 天
最终处置	填埋本身是一种最终处置方式	焚烧炉渣需做处置，约占进炉垃圾量 10%~15%	不可堆肥物需处置，约占进厂垃圾量 10%~40%
地表水污染	应有完善的渗沥水处理设施，但不易达标	炉渣填埋时与垃圾填埋方法相仿，但水量小	少量污水，污染可能性较小
地下水污染	场底需有防渗措施	可能性小	可能性很小
大气污染	有轻微污染，可用导气、覆盖、隔离带等控制	加强酸性气体、重金属和二噁英的控制和治理	有轻微气味，应设除臭装置和隔离带
土壤污染	需控制渗液污染	需控制渗液污染	需控制堆肥中重金属含量和 pH 值
主要环保措施	场底防渗、填埋区覆盖、沼气导排、渗沥水处理	烟气治理、噪声控制、灰渣处理、恶臭防治	恶臭防治、飞尘控制、残渣处置等
吨投资（不计征地费）	16 元/m³~18 元/m³（单层合成衬底，压实机引进）	35 万元/吨~50 万元/吨（余热发电上网，国产化率 50%）	10 万元/吨~15 万元/吨（制有机复合肥，产出率 60%）
处理运行成本（不计折旧及投资回报）	16~35 元/吨	70~100 元/吨	35~50 元/吨
总处理成本（计提折旧）	35~55 元/吨	100~180 元/吨	50~80 元/吨

续表

项目	卫生填埋	焚烧	堆肥
技术特点	操作简单,适应性好,工程投资运行成本较低	占地面积小,运行稳定可靠,减量化效果好	投资较低,减量化和资源化效果好
主要风险	沼气聚集引起爆炸,场底渗漏造成水污染	垃圾燃烧不稳定,烟气治理不达标	堆肥质量不佳,堆肥产品无市场
技术政策	卫生填埋是城市垃圾处理必不可少的最终处理手段,也是现阶段我国村镇垃圾处理的主要方式	焚烧是处理可燃村镇垃圾的有效方式,村镇垃圾中可燃物越来越多、填埋场地缺乏和经济发达地区可用此技术	堆肥是对村镇垃圾中可生物降解的有机物进行处理和利用的有效方式,在堆肥产品有市场的地区应积极推广应用

7.3.2.6 处理模式和处理技术选择

技术遴选过程为区域内新建扩建垃圾处理设施提供依据,在选择处理技术路线时,必须充分考虑区域内各种因素,包括:垃圾产量、垃圾成分特点、资金、路线等等。技术遴选包括主导技术确定、设施选址、资金预算、技术评价等方面内容[①]。在新建扩建处理设施时,应按照区域内垃圾量、垃圾成分、社会经济条件、环境敏感程度等来综合考虑所选用的技术类型、设施规模、设施服务区域、投资和运行费用等[②]。重点应在于对区域内的垃圾处理存在的不足提出解决办法,包括垃圾处理能力和产生量之间的矛盾,设施分散、污染严重的问题,等等。

垃圾处理技术的选择首先应该保证垃圾处理设施的稳定运行。对于村镇垃圾的管理者,垃圾的及时清扫和消纳是其重要职责。因此垃圾必须每日得到彻底地处理处置,这就要求处理设施必须运转正常,或者在出问题时,必须有备用设施等应对方案。其次,要考虑环境保护的基本要求。一方面应对垃圾进行无害化处理,使其不对环境造成威胁;另一方面要尽量防止或减少在垃圾处理过程中产生的二次污染。垃圾填埋中的渗滤液、填埋气体,垃圾焚烧中产生的有害烟气,堆肥过程中产生的渗滤液、恶臭以及堆肥产品中的有害物质等(如重金属),必须通过必要的措施加以控制,减少和避免对环境的破坏。再次,技术的选择必须考虑当地村镇的经济技术发展水平,当地的经济发展和居民生活水平决定了垃圾的成分和数量。东南沿海村镇,乡镇企业发展繁荣,经济收入较高,人均垃圾产生量较大,垃圾中废纸、塑料、金属等高热值或可回收物质的成分相对较高。并且该地区对生活垃圾处理处置的投入也相对较大,有更大的余地来选择适宜的处理技术。最后,各种技术

---

① 高海硕,陈桂葵,黎华寿,等.广东省农村垃圾产生特征及处理方式的调查分析[J].农业环境科学学报,2012,31(7):1445-1452.

② 聂永丰.我国生活垃圾处理技术现状及发展方向探讨[J].环境经济,2012,10(7):30-35.

有不同适用范围,技术的确定取决于当地实际条件。例如,对于果林、蔬菜种植区集中的村镇,在实施分类收集、废品回收的条件下,可以优先考虑堆肥技术;土地资源紧张,垃圾易燃成分含量高的地区优先采用垃圾焚烧技术;土质条件适合的山地丘陵地区,可以采用填埋技术;还可以多种处理技术并存,发展综合处理系统,实现系统的最低费用[①]。

我国垃圾处置过程中,焚烧、填埋和堆肥模式的利用出现的最大障碍是不断出现项目选址周边居民对垃圾处理项目的反对和抵制,垃圾处理场选址比较困难。这反映出垃圾处置运行过程中由于技术不达标不可避免地对垃圾处理场周围居民生活环境造成了影响,比如垃圾在填埋过程中产生的恶臭物质、高浓度渗滤液和温室气体——甲烷,对周围居民生活环境和身体健康造成威胁。因此,应该加大改进和优化三种垃圾处理模式,进而推动垃圾处理工作的顺利进行。

7.4　东南沿海村镇垃圾资源化利用及无害化处理典型示范

7.4.1　村镇垃圾资源化利用及无害化处理的关键技术及其基本保障问题

在推动和实现垃圾资源化利用、无害化处理过程中,主要涉及如下关键技术和保障措施:一是要制定合理的垃圾分类标准;二是要选择适合的垃圾处置方法;三是要研发、配备合格的垃圾处置设施和处置系统;四是要建立切实有效的制度保障;五是要持续加强环保意识。

7.4.1.1　制定合理的垃圾分类标准

国内大部分村镇并没有对垃圾进行分类处理,而且已经实施分类处理政策的村镇执行效果较差。究其原因,是因为随着经济社会的快速发展,村镇居民人均生活水平提高,垃圾趋于城镇化,种类多、数量大,且处理过程涉及环节较多,治理比较困难。在村镇垃圾治理过程中,要有效实现垃圾的资源化利用和无害化处理,对垃圾进行合理的分类是必不可少的。

然而,由于垃圾种类繁多、数量庞大,很难制定行之有效的垃圾分类标准。即使制定出较为合理的垃圾分类标准,但是基于村镇垃圾分布分散、涉及环节多等特点,既需要耐心又需要时间的垃圾分类实施、推广起来也较为困难。如果没有制定

---

① 陈蓉,单胜道,吴亚琪.浙江省农村生活垃圾区域特征及循环利用对策[J].浙江农林学院学报 2008,25(5):644-649.

合理的垃圾分类标准,未根据标准把可就地处理的垃圾分拣出来,将会增加垃圾的处理量与成本。尤其是那些可及时分拣出来进行变卖或就地降解的垃圾,并没有被分拣出来,而是盲目地将所有垃圾混合运送到县城进行焚烧等处理,这势必增加垃圾的收集和运输成本,进而增加垃圾的处理成本,加剧垃圾处理与经济效益失衡的矛盾。再者,混合丢弃垃圾的做法加大了垃圾终端处理难度,难以实现村镇垃圾的资源化利用和无害化处理。总体而言,国内外广泛采取的生活垃圾处理方式,主要有堆肥、焚烧与填埋三种。除了填埋,焚烧和堆肥皆要求对垃圾进行科学、合理的分类。如果不将不易燃烧或易燃易爆的垃圾分拣出来,将加大垃圾焚烧的难度和增加垃圾处理成本;不将不易腐化和有毒等垃圾分拣出来,不仅加大堆肥难度,而且堆出的肥料很容易对土地产生二次污染。因此,垃圾分类是实现垃圾资源化利用和无害化处理的第一步。

7.4.1.2 选择适合的垃圾处置方法

对于垃圾资源化利用和无害化处置,焚烧、堆肥和填埋三种方法各有其优缺点。焚烧技术可以最大限度地减少填埋量,避免垃圾填埋占用过多宝贵的土地资源;在焚烧过程中也可以对有害有机物等有机物进行彻底的分解,避免这些有机物对生态环境和人体健康构成威胁,其中包括避免在有机物降解过程中产生渗滤液、恶臭和温室气体——甲烷;同时还可以在焚烧垃圾过程中回收垃圾燃烧所产生的热能用于发电等。因此,焚烧已经成为大部分发达国家处理生活垃圾的主要方式,特别是在一些土地资源稀缺的国家,该种方式特别受垃圾处理者的青睐。

堆肥技术在其他国家基本用于庭院植物修剪废物、木材加工废物和食品蔬菜加工废物的处理,堆出的肥料可用作种植,从而实现垃圾的资源化和无害化。但堆肥处理技术还没有在我国垃圾处理中发挥实际作用,因为混合收集废物很难利用堆肥技术进行处理,而且在此情况下堆出的肥料不但实用价值不高,还很可能对土地产生二次污染。因此,堆肥技术推广的关键是分类收集。

填埋技术也有其优点,它可以处置所有形态和性质的固态废物,基本不需要对进入填埋场的生活垃圾进行任何预处理和选择。而且填埋场可以承受较大幅度的负荷变化,即在短时间内垃圾数量的大幅度增加和减少都不会对填埋场的运行操作产生致命的影响;同时填埋技术还有处理成本较低及建设和运行操作技术要求较低等特点。这些特点都是堆肥、焚烧技术的缺陷,也是我国和世界上大部分国家仍然采用填埋作为生活垃圾处理手段的主要原因。因此,在选择何种模式对垃圾进行处置时,应该根据各地区的垃圾种类和数量、土地资源、居民素质和垃圾处理技术等要素进行调查分析,从而选出一种或几种模式对该地区的垃圾进行处理。

7.4.1.3 配备合格的垃圾处置设备

村镇垃圾资源化利用和无害化处理效率低下,与垃圾处置设备不达标有着很大的关系。主要是因为我国采用焚烧和堆肥等方法处置垃圾起步比较晚,相关研究不足,关键技术和一些硬件设施比较落后,很难有效实现资源化和无害化。就垃圾焚烧发电而言,日本等国采用垃圾焚烧技术进行处理,在减量化的同时,通过回收燃烧垃圾产生的热能进行发电等实现垃圾的资源化。值得关注的是,日本垃圾焚烧产生的二噁英等有害物质被严格控制在合格的标准内。反观我国,一方面,垃圾热值满足不了焚烧垃圾需要的热值,只有靠增加辅助原料方可进行垃圾焚烧,加大了资源的消耗和处理成本;另一方面,由于技术支持和硬件设施跟不上,很难将垃圾焚烧产生的能源充分利用,也很难控制焚烧垃圾所产生的有毒有害气体和其他废弃物。但直接支付较高费用购买技术比较成熟国家的相关设备也未必适合,这主要是因为每个国家垃圾的处理情况均存在一定差别,所用的设备也存在差异。因此,应该加大对垃圾焚烧、垃圾堆肥和垃圾填埋三种垃圾处置方式所需技术和设备的研发,生产出高效的垃圾处理设备,持续提高垃圾资源化利用和无害化处理的效率。

7.4.1.4　建立切实有效的制度保障

出台相应的环境保护方面的法律法规和监管机制,用制度保证垃圾资源化利用和无害化处理工作顺利进行。特别是要完善村镇垃圾环保立法机制,充分发挥法律法规在村镇垃圾治理中的积极作用。国家现有的村镇环保立法机制存在公众的参与程度较低且法律出台滞后等缺陷,相关法律法规对村镇垃圾污染的法律责任和具体处罚等规定不明确,无一例外阻碍了法律发挥其在村镇垃圾资源化利用和无害化处理中的积极作用。因此,应该完善农村环保立法机制和相关法律法规,用高效的法律法规鼓励和引导村民们减少垃圾的制造并合理处理已经产生的垃圾。应该建立健全村镇垃圾处理的监管机制,提高村镇垃圾资源化利用和无害化处理的效率。从一些垃圾管理现状可知,村镇缺乏有效的农村生活垃圾处理监管机制。在只有保洁员的工作被监督的情况下,村委会玩忽职守和村民们不按法律法规规定处理垃圾的可能性将加大,进而阻碍村镇垃圾处理的效率。因此,应该充分发挥村委会、村民和保洁员在村镇垃圾处理中的监督作用,使三者间相互制约,形成有效的监督。即村委会、村民和保洁员三者之间两两互相监督,并制定相关法律法规巩固这种监督机制,从而提高村镇垃圾资源化利用和无害化处理效率。

7.4.1.5　加强环保观念的宣传与引导

垃圾资源化利用和无害化处理工作离不开相关人员的支持与积极参与,新形势下要大力加强环保知识与相关政策措施的宣传教育,让垃圾减量化、资源化和无害化理念深入人心。公共服务部门应该通过不同的方式对不同的群体进行环保教育,让大家意识到村镇垃圾污染给他们生活环境带来的威胁,让其明确环境保护不是某一个人或是某一个群体的责任,而是每一个人的责任,而且只有依靠大家的力量,村镇垃圾减量化、资源化和无害化才能得以顺利开展。以"减量化"理念为指导,从源头上减少垃圾产生量。鼓励人们重复利用能继续使用的物品。尤其是经济进步带来人们收入的增加和消费观念的转变,很多还可以继续使用的东西即被视为废弃物丢掉。这不仅浪费了很多自然资源,而且增加了垃圾的处理成本,降低了垃圾处理的经济效益和垃圾减量化、资源化和无害化的效率。为了改善当前的情况,建议进一步普及和增强人们的生态环境意识,在日常生活中减少垃圾的产出量,重复利用相关物品,在节约资源的同时减少垃圾的处理量。

7.4.2 北仑区村镇垃圾资源化利用及无害化处理的技术缺口与可能模式

通过对北仑区的初步实践进行调查与分析,课题组发现当地村镇垃圾资源化利用和无害化处理主要存在以下方面问题和技术缺口。

(1)垃圾分类处理政策未得到很好执行。虽然一些村镇明文规定需要将垃圾进行分类处理,但分类标准与实施要求不明确等方面原因,导致最终分类效果不理想,一些村镇根本没有要求对垃圾进行分类处理;尤其是垃圾处理的相关法规不健全,比如垃圾的分类政策只要求将垃圾分为可回收和不可回收等类型,而对其中具体的类目并未进行很好说明。

(2)现有法规行为约束力较差。现有的法律法规比较空泛,对人们处理垃圾的具体行为并没有涉及太多且缺乏约束力,导致人们“寻租”的想法较多,希望能够从别人合理处理垃圾行为中分一杯环保的羹,却不愿意付出自己的时间和金钱成本来践行环保活动。

(3)垃圾处置方式过于粗放。目前北仑区相关村镇的垃圾处置方式仍为混合丢弃再运到垃圾焚烧厂用以焚烧发电,此做法一方面是焚烧所排放的二噁英等有毒物质难以达标,另一方面将可直接回收利用的垃圾用以焚烧,降低了资源化利用水平和无害化处理效率。

(4)垃圾处置方式过于单一。当前村镇垃圾的最终处置方式主要是用于焚烧发电,而忽略了根据垃圾产生的具体情况,合理采用堆肥和填埋等模式,辅助垃圾资源化利用和无害化处理工作。

结合北仑区村镇垃圾资源化利用和无害化处理仍存在问题及原因分析,建议对相关方案做如下调整与优化。

一是要制定生活垃圾处理方法与分类标准。建议将瑞岩片区村镇工业垃圾和农业垃圾另做特殊处理,并将生活垃圾分成四类:厨余垃圾、其他垃圾、可回收垃圾和有害垃圾。厨余垃圾(可腐烂垃圾)主要包括:瓜果皮壳、菜根菜叶、剩饭剩菜、动物骨骼内脏(大骨除外)、过期食品等食品类废物以及农贸市场垃圾。其他垃圾(不可腐烂垃圾)主要包括:破旧陶瓷品、妇女卫生用品、贝壳、卫生间废纸、纸巾等难以回收以及暂无回收利用价值的废弃物,采取卫生填埋、焚烧等处理措施,减少对地下水、地表水、土壤及空气的污染。可回收垃圾主要包括纸类、塑料、玻璃、金属和织物等。对可再生利用价值较高的可回收垃圾,要求进入废品回收渠道,回收利用。有害垃圾主要包括可充电废电池、废旧电子产品、废水银温度计、过期药品、过期化妆用品、杀虫剂容器、废油漆桶。对于有害垃圾,建议农户自行送到村(社)有害垃圾定点回收处。

二是要完善农村生活垃圾处理立法机制。充分发挥法律法规在农村生活垃圾治理中的积极作用,即完善农村环保立法机制和相关法律法规,用高效的法律法规鼓励和引导村民们减少垃圾的产生并合理处理已经产生的垃圾。例如,参考日本等国际典范的垃圾分类标准,制定切实可行的垃圾分类标准引导村民科学丢弃垃圾。因为农村地区的生活垃圾最终都由县城处理,在"村收集、镇转运、县处理"模式下,如果只存在个别的村镇将垃圾分类,不仅无效而且会加大垃圾的处理成本。同时要建立健全农村生活垃圾处理的监管机制,让相关的垃圾处理法律法规得到贯彻和实施。

三是要提高垃圾处理工艺和技术水平。在采用焚烧发电模式处置垃圾的同时,应该根据具体情况配套使用堆肥和填埋模式,进而提高垃圾资源化利用和无害化处理效率。即在对垃圾进行焚烧前,应当将可堆肥的垃圾如厨余垃圾等分拣出来进行堆肥处理,不仅降低了垃圾焚烧的难度,堆出的肥料还可以被有效地用于农业种植;把一些无法焚烧和用于堆肥的垃圾直接填埋,避免了支付将这些垃圾强行用于焚烧和堆肥所需要付出的成本。

7.4.3　北仑区村镇垃圾资源化利用及无害化处理模式的示范应用与保障

基于上述分析与讨论,结合北仑区垃圾的处理状况,课题组初步提出以下推进村镇垃圾资源化利用、无害化处理方案。但该方案主要运用于生活垃圾的资源化利用和无害化处理,并不完全适用于特殊的农业垃圾和工业垃圾等。

7.4.3.1　方案设计

主要根据北仑区各村镇经济发展状况、距离垃圾处理场的距离、居民综合素质和家庭人口结构等指标,依据宁波市垃圾分类标准进行研究设计。此间,生活垃圾主要分成厨余垃圾、其他垃圾、可回收垃圾和有害垃圾四类,具体分析如下:

一是厨余垃圾(可腐烂垃圾),主要包括:瓜果皮壳、菜根菜叶、剩饭剩菜、动物骨骼内脏(大骨除外)、过期食品等食品类废物以及农贸市场垃圾。二是其他垃圾(不可腐烂垃圾),主要包括:破旧陶瓷品、贝壳、妇女卫生用品、卫生间废纸、纸巾等难以回收以及暂无回收利用价值的废弃物,采取卫生填埋、焚烧等处理措施,减少对地下水、地表水、土壤及空气的污染。三是可回收垃圾,主要包括纸类、塑料、玻璃、金属和织物等。对可再生利用价值较高的可回收垃圾,要求进入废品回收渠道,回收利用。四是有害垃圾,主要包括可充电废电池、废旧电子产品、废水银温度计、过期药品、过期化妆用品、杀虫剂容器、废油漆桶。对于有害垃圾,建议农户自行送到村(社)有害垃圾定点回收处。

据此,课题组提出以下几种可供选择和推广实施方案。

方案一:分类投放＋固定垃圾桶(厢)＋中转(站)＋垃圾处理场

基于上述"分类投放＋固定垃圾桶(厢)＋中转(站)＋垃圾处理场"的优缺点,该模式主要适用于具有以下特点的村镇:距离垃圾焚烧厂较远、大部分家庭工作时间均无人在家、居民环保意识较高且愿意为环境保护付诸行动等。具体分析如下:

第一,环卫设施改造与建设。一是要给每家每户配备相同标准的垃圾桶,即具有相当容量的厨余垃圾垃圾桶、其他垃圾垃圾桶、可回收垃圾垃圾桶和有害垃圾桶各一只;二是要根据村镇居民的集聚情况和垃圾产量等具体情况设置居民固定垃圾投放点及其数量,并配备相应的垃圾收集容器和垃圾清运车;三是要在镇上配备垃圾转运车将垃圾转运至北仑区的垃圾焚烧发电厂;四是要建设厨余垃圾处理设施,村镇配套建设厨余垃圾生化处理房的选址和数量也应当根据村镇居民的集聚情况和垃圾产生量进行。

第二,保洁与监管队伍建设。根据具体情况聘请相应数量的公共卫生保洁员、堆肥房员工和监督员。保洁员每天负责村镇公共卫生维护并监督村镇居民日常的行为,及时向监督员反映具体情况。堆肥房员工每天负责对堆肥房及垃圾房中垃圾进行筛选,确保可腐烂垃圾和不可腐烂垃圾严格分类,将因分类不当混入堆肥垃圾中不能堆肥的部分清理出来,并及时向监督员反映情况,以便进一步调整前面不当的工作环节。监督员负责反向监督保洁员等的工作执行情况,并根据保洁员等的表现进行表彰或批评。

第三,制定生活垃圾处置标准。要求每家每户根据垃圾分类标准将生活垃圾进行分类,并分类丢弃到固定的垃圾投放点,再由垃圾清运员将垃圾及时清运到镇的垃圾中转站,最后由垃圾中转站将其运输到北仑区垃圾焚烧发电厂,实现资源化和无害化处理。

方案二:分类投放＋垃圾车上门收取＋中转(站)＋垃圾处理场

基于上述"分类投放＋垃圾车上门收取＋中转(站)＋垃圾处理场"的优缺点,该模式主要适合用于具有以下特点的村镇:距离垃圾焚烧处理厂较远、大部分家庭工作时间均有人在家和居民环保意识普遍比较薄弱等。具体分析如下:

第一,环卫设施改造与建设。一是要给每家每户配备相同标准的垃圾桶,即具有相当容量的厨余垃圾垃圾桶、其他垃圾垃极桶、可回收垃圾垃圾桶和有害垃圾垃圾桶各一只;二是要根据村的集聚情况和垃圾产生量以一个村或一个以上的村为单位配备相应上门收取垃圾的车辆;三是要在镇上配备垃圾转运车将垃圾转运至北仑区的垃圾焚烧发电厂;其四,建设相应数量的厨余垃圾处理设施,购置厨余垃圾生化处理机。村镇配套建设厨余垃圾生化处理房的选址和数量也应当根据村镇居民的集聚情况和垃圾产生量进行。

第二,保洁及监管队伍建设。根据具体情况聘请相应数量的公共卫生保洁员、堆肥房员工和监督员。保洁员每天负责村镇公共卫生维护并监督村镇居民日常的行为,及时向监督员反映具体情况。堆肥房员工每天负责对堆肥房及垃圾房中垃圾进行筛选,确保可腐烂垃圾和不可腐烂垃圾严格分类,将因分类不当混入堆肥垃圾中不能堆肥的部分清理出来,并及时向监督员反映情况,以便进一步调整前面不当的工作环节。监督员负责反向监督保洁员等的工作执行情况,并根据保洁员等的表现进行表彰或批评。

第三,制定生活垃圾处置标准。每家每户根据垃圾分类要求在家将垃圾进行分类并分别投放到上门收取垃圾的车辆,再由垃圾收集车辆直接将垃圾运往镇垃圾中转站,最后由垃圾中转站将垃圾运输到北仑区垃圾焚烧发电厂进行无害化处理并回收热能实现垃圾的资源化。

方案三:村或镇分类投放＋固定垃圾桶(厢)＋垃圾处理场

基于上述"村或镇分类投放＋固定垃圾桶(厢)＋垃圾处理场"的优缺点,该模式主要适用于具有以下特点的村镇:距离垃圾焚烧厂较近、大部分家庭工作时间均无人在家和居民环保意识较高并愿意为环境保护付诸行动等。具体分析如下:

第一,进行环卫设施改造建设。一是要给每家每户配备相同标准的垃圾桶,即具有相当容量的厨余垃圾垃圾桶、其他垃圾垃圾桶、可回收垃圾垃圾桶和有害垃圾垃圾桶各一只;二是要再根据村镇居民的集聚情况和垃圾产量等具体情况设置居民固定垃圾投放点及其数量,并配备相应的垃圾收集容器和垃圾清运车;三是要建设厨余垃圾处理设施,购置厨余垃圾生化处理机。试点村配套建设厨余垃圾生化处理房的选址和数量也应当根据村镇居民的集聚情况和垃圾产生量进行。

第二,建设保洁队伍。根据具体情况聘请相应数量的公共卫生保洁员、堆肥房员工和监督员。保洁员每天负责村镇公共卫生维护并监督村镇居民日常的行为,及时向监督员反映具体情况。堆肥房员工每天负责对堆肥房及垃圾房中垃圾进行筛选,确保可腐烂垃圾和不可腐烂垃圾严格分类,将因分类不当混入堆肥垃圾中不能堆肥的部分清理出来,并及时向监督员反映情况,以便进一步调整前面不当的工作环节。监督员负责反向监督保洁员等的工作执行情况,并根据保洁员等的表现进行表彰或批评。

第三,标准化处置流程。每家每户根据垃圾分类要求将垃圾在家分类并分类丢弃到固定的垃圾投放点,再由垃圾清运员将垃圾及时清运到北仑区垃圾焚烧发电厂并进行资源化和无害化处理。

方案四:分类投放＋垃圾车上门收取＋垃圾处理场

基于上述"分类投放＋垃圾车上门收取＋垃圾处理场"方案的优缺点,该模式主要适用于具有以下特点的村镇:距离垃圾焚烧处理厂较近、大部分家庭工作时间均有人在家和居民环保意识普遍比较薄弱等。具体分析如下:

第一,进行环卫设施改造建设。一是要给每家每户配备相同标准的垃圾桶,即具有相当容量的厨余垃圾垃圾桶、其他垃圾垃圾桶、可回收垃圾垃圾桶和有害垃圾垃圾桶各一只;二是要根据村的集聚情况和垃圾产生量以一个村或一个以上的村为单位配备相应上门收取垃圾的车辆;三是要建设相应数量的厨余垃圾处理设施,购置厨余垃圾生化处理机。村镇配套建设厨余垃圾生化处理房的选址和数量也应当根据村镇居民的集聚情况和垃圾产生量进行。

第二,建设保洁队伍。根据具体情况聘请相应数量的公共卫生保洁员、堆肥房员工和监督员。保洁员每天负责村镇公共卫生维护并监督村镇居民日常的行为,及时向监督员反映具体情况。堆肥房员工每天负责对堆肥房及垃圾房中垃圾进行筛选,确保可腐烂垃圾和不可腐烂垃圾严格分类,将因分类不当混入堆肥垃圾中不能堆肥的部分清理出来,并及时向监督员反映情况,以便进一步调整前面不当的工作环节。监督员负责反向监督保洁员等的工作执行情况,并根据保洁员等的表现进行表彰或批评。

第三标准化处置流程,每家每户根据垃圾分类要求在家将垃圾进行分类并分别投放到上门收取垃圾的车辆,再由垃圾收集车辆直接将垃圾运往北仑区垃圾焚烧发电厂进行无害化处理和资源化处理。

7.4.3.2 配套措施

为了促进上述几种方案的高效实施,还需要有如下配套措施作为保障。

(1)加强领导,明确职责。北仑区垃圾分类处理工作领导小组负责北仑区垃圾分类处理工作的相关指导、组织、协调、督促。要高度重视环境卫生和农村垃圾分类处理工作,由镇、村主要领导负总责,切实做好各村镇垃圾分类处理的指导、协调与推广实施工作。

(2)加大投入,强化保障。安排村镇垃圾分类专项资金专门用于村镇垃圾分类处理终端设施建设和垃圾分拣执行情况的以奖代补。鼓励各行政村根据本村实际收取卫生有偿服务费,并在村规民约中予以明确。

(3)形成制度,长效管理。建立科学有效的村镇垃圾分类处理保障制度,完善相关的法律法规,充分利用制度和法律法规在垃圾资源化利用和无害化处理工作中的作用。目标管理责任制,做到目标明确到村,时间明确到月,责任明确到人。建立考核管理制度,每月组织一次对村垃圾分类处理工作的明察暗访,检查结果纳入考核,同时,根据平时考核情况,年终进行综合评定,并与以奖代补资金挂钩。

综上所述,东南沿海村镇在历经"粗放式"发展之后,其生态环境已遭到不同程度影响与破坏,如何采取有效措施保住村镇的"青山绿水"已刻不容缓。课题组以宁波市北仑区柴桥街道初步实践为研究对象,通过较全面调查与分析研究,提出了东南沿海村镇垃圾治理的配套措施与对策建议,促进农村生态文明建设和区域经济持续稳定发展。尤其是要制定合适的分类标准对生活垃圾进行分类回收,然后进行相应处理,以期提高村镇垃圾资源化率和无害化处理效率,具有较强可行性与现实指导意义。新形势下,各村镇要根据自身情况量力而行,采取切实可行的综合措施,包括制定合理的政策措施指导和规范垃圾处理工作,同时完善相关法律法规约束和引导人们的垃圾处理行为,努力实现农村生活垃圾资源化利用和无害化处理。

参考文献

[1] 诸大建.可持续发展呼唤循环经济[J].科技导报,1998(9):39-42.

[2] 张天柱.循环经济的概念框架[J].环境与可持续发展,2004(2):1-3.

[3] 马莉莉.关于循环经济的文献综述[J].西安财经学院学报,2006,19(1):29-35.

[4] 陆学,陈兴鹏.循环经济理论研究综述[J].中国人口资源与环境,2014(S2):204-208.

[5] 徐嵩龄.为循环经济定位[J].产业经济研究,2004(6):60-69.

[6] 张天柱.循环经济的概念框架[J].环境与可持续发展,2004(2):1-3.

[7] 陈德敏.循环经济的核心内涵是资源循环利用——兼论循环经济概念的科学运用[J].中国人口:资源与环境,2004,14(2):12-15.

[9] 李兆前,齐建国,吴贵生.从3R到5R:现代循环经济基本原则的重构[J].数量经济技术经济研究,2008,25(1):53-59.

[10] 刘贵富.循环经济的循环模式及结构模型研究[J].工业技术经济,2005,24(4):9-12.

[11] 李勇,郑垂勇.循环经济:一个理论模型的构建与分析[C].长三角循环经济论坛暨2006年安徽博士科技论坛.2006:232-235.

[12] 曹磊.简论国内外污染预防和清洁生产[J].环境研究与监测,1997(1):28-31.

[13] 蔡瑜瑄,林志凌,苏华轲,等.借鉴加拿大污染预防管理经验促进环境与经济协调发展[C].2012中国环境科学学会学术年会论文集(第一卷).2012.

[14] 王蓉.污染预防的内在动因及制度创新的经济分析[J].环境保护,2003(2):15-17.

[15] 胡学伟,宁平.从摇篮到坟墓的污染预防:生命周期评价[J].云南环境科学,2003,22(21):39-41.

[16] 郑凤娇.农村生活垃圾分类处理模式研究[J].吉首大学学报(社会版),

2013,34(5):52-56.

[17] 中国城乡和住房建设部.中国城乡建筑统计年鉴(2013)[R].2014.

[18] 曹致.宁波市山区农村垃圾问题和处理技术探讨[J].农村经济与科技,2012,23(5):8-10.

[19] 褚巍.农村中生活垃圾管理与处理处置研究[D].合肥:合肥工业大学,2007.

[20] 赵晶薇,赵蕊,何艳芬,等.基于"3R"原则的农村生活垃圾处理模式探讨[J].中国人口·资源与环境,2014,24(5):263-266.

[21] 武攀峰,崔春红,周立祥,等.农村经济相对发达地区生活垃圾的产生特征与管理模式初探:以太湖地区农村为例[J].农业环境科学学报,2006,25(1):237-243.

[22] 曹青,赵明举,等.影响垃圾焚烧发电因素的分析[J].中国资源综合利用,2001(11):21-24.

[23] 刘军伟,雷廷宙,杨树华,等.浅议我国垃圾焚烧发电的现状及发展趋势[J].中外能源,2012,17(6).

[24] 蒋满元,唐玉斌.垃圾填埋的生态环境问题及治理途径[J].城市问题,2006(7):76-80.

[25] 张英民,尚晓博,李开明,等.城市生活垃圾处理技术现状与管理对策[J].生态环境学报,2011,20(2):389-396.

[26] 曹作忠,陈军平,高海成,等.生活垃圾堆肥应注意的若干技术经济问题[J].环境保护,2002(8):39-42.

[27] 高海硕,陈桂葵,黎华寿,等.广东省农村垃圾产生特征及处理方式的调查分析[J].农业环境科学学报,2012,31(7):1445-1452.

[28] 何品晶,张春燕,杨娜,等.我国村镇生活垃圾处理现状与技术路线探讨[J].农业环境科学学报,2010,29(11):2049-2054.

[29] 张静,仲跻胜,邵立明,等.海南省琼海市农村生活垃圾产生特征及基地处理实践[J].农业环境科学学报,2009,28(11):2422-2427.

[30] 武攀峰.经济发达地区农村生活垃圾的组成及管理与处理技术研究——以江苏省宜兴市渭渎村为例[D].南京:南京农业大学,2005.

[31] 朱慧芳,陈永根,周传斌.农村生活垃圾产生特征、处置模式以及发展重点分析[J].中国人口·资源与环境,2014,24(11):297-300.

[32] 谭和平,胡建平,吴冰思,等.上海村镇生活垃圾分类收集模式与配套设施设置初探[J].环境卫生工程,2015,23(5):57-62.

[33] 梁凌雁.我国村镇生活垃圾处理现状与技术路线探讨[J].科技视界,2015(2):238-239.

[34] 何品晶,章骅,吕凡,等.我国小城镇生活垃圾处理的现状、基础条件与适宜模式[J].农业资源与环境学报,2015,2(12):116-120.

[35] 聂永丰.我国生活垃圾处理技术现状及发展方向探讨[J].环境经济,2012,10(7):30-35.

[36] 岳波,张志彬,黄启飞,等.我国 6 个典型村镇生活垃圾的理化特性研究[J].环境工程,2014,7(20):105-110.

[37] 陈蓉,单胜道,吴亚琪.浙江省农村生活垃圾区域特征及循环利用对策[J].浙江农林学院学报 2008,25(5):644-649.

第8章　东南沿海村镇生态建设的社区治理模式与示范

党的十八届三中全会提出"推进国家治理体系和治理能力现代化"的战略任务，并且要求统筹城乡社区建设，促进群众在城乡社区治理中依法自我管理、自我服务、自我教育、自我监督。因此，要深刻理解国家治理和社区治理的内在关系，科学把握社区治理的基本特征，积极推进社区治理创新。[①] 社区治理是行政管理服务和群众性自治的有机结合，具有明显的共治属性。尽管我国现阶段社区治理的操作单元主要被界定为居(村)民委员会辖区共同体，但对于这类社会共同体的服务管理，既属于基层政权组织的职责范围，又属于基层群众性自治的作用空间，其治理主体多元，共治属性明显。社区治理主要依托社区服务来推进实施。尽管社区治理的手段方式具有多样性、综合性，但其基本手段和方式是社区服务。我国东南沿海生态村镇建设中的社区治理一直走在全国前列，其在创新社区治理上积累了众多成功经验，如在社区治理模式与社区治理创新上都已有现成案例。因此有必要对东南沿海地区生态村镇建设中的社区治理模式进行理论分析和凝练，这对我国推进社区治理的现代化无疑会产生积极的推动作用。

8.1　东南沿海村镇生态建设的社区治理背景

8.1.1　国家治理体系及能力的现代化

党的十八届三中全会提出："全面深化改革的总目标是完善和发展中国特色社会主义制度，推进国家治理体系和治理能力现代化。"[②]国家治理体系是在党领导下管理国家的制度体系，包括经济、政治、文化、社会、生态文明和党的建设等各领域体制机制、法律法规安排，也就是一整套紧密相连、相互协调的国家制度。而村镇社区治理是社会治理的基础工程，也是国家治理的基础工程，其治理体系和治理能力现代化是国家治理体系和治理能力现代化实现的前提。

---

① 刘同昌.创新社区治理模式提高社区治理能力[N].青岛日报,2015-02-28.
② 马怀德.深刻认识法治政府的内涵和意义[N].光明日报,2017-05-08.

东南沿海作为我国改革前沿,村镇经济发展活力强,其在深化村镇生态建设的社区治理方面不仅具有良好的经济基础同时更有良好的社会环境。随着我国经济转型升级的加速,沿海村镇的社会结构同样快速转型,东南沿海村镇大量"单位人""社会人"转变为"社区人",社区日益成为社会成员的集聚点、社会需求的交汇点、国家社会治理的着力点和执政党在基层执政的支撑点。习近平总书记指出:"加强和创新社会治理,关键在体制创新,核心是人。村镇社会治理的重心必须落到社区。社区服务和管理能力强了,社会治理的基础就实了。"①社区治理作为社会治理的基础性工程,正日益成为人们关注的热点。

进入 21 世纪以来,我国东南沿海村镇的社区建设事业迈入了新的发展阶段,初步形成了以"属地化管理、社会化服务"为主要特征的社区治理体制。但随着经济社会的快速发展,原有基层社会治理体制中许多深层次问题也逐渐暴露出来,比如社区自治和服务功能不强,居民自治活动的内容和载体相对单一,社区居委会行政化倾向过重,社区治理多元参与机制还不健全,政府部门包办过多,社会力量、市场主体参与缺乏长效机制,社区居民参与缺乏组织化渠道,等等。这些困难和问题不解决,势必影响社区自治和服务功能发挥,影响社区居民群众的切身利益,同时更会对我国实现治理体系与能力的现代化产生消极影响。因此在坚持资源节约型、环境友好型社会建设的指导原则下,尤其突出东南沿海村镇生态建设的社区治理,一方面是其地区社区建设面临挑战的现实困境使然,另一方面是国家现代治理体系建立和治理能力培育的重要基础和发展目标。

8.1.2　国家生态文明建设的推进

党的十八大提出,要把生态文明建设放在突出地位,融入经济建设、政治建设、文化建设、社会建设各方面和全过程,努力建设美丽中国,实现中华民族永续发展。作为养育着九亿农民的广袤农村,怎样推进生态文明建设,加快建设美丽乡村是我国建设包容性社会的必然选择。村镇生态文明是一个综合性的文明成果。多种树不是生态文明建设的全部工作,单纯地保护也不是生态文明建设的唯一手段。根据"全球生态 500 佳""世界十佳和谐乡村"建设的经验,村镇生态文明建设主要包括生态农业(生态旅游业)、生态村庄、生态文化三方面的建设内容。生态农业以及由此延伸的生态旅游业是农村经济可持续发展的重要保障,生态村庄是农民安居乐业的物质家园,而农村生态文化则是农民安居乐业的精神家园。而这三方面的关系,核心是村镇社区治理,只有在实现科学社区治理基础上才能真正满足村镇可持续发展。

村镇是我国生态文明推进的重要内容,因此要抓好村镇生态文明建设,而其中

---

① 张明敏.打造三个"多元"社区治理新格局[N].公益时报,2015-11-05.

最重要的载体是抓好村镇社区治理。在浙江省宁波市滕头村的实践中,生态滕头村的建设者实施了以"全程生态、全域生态、全民生态"为核心的社区治理方式,以求达到生产生活全过程时时生态,全境全域范围内处处生态,以及全村范围内人人生态。倡导生态文明建设,不仅对我国自身发展有深远影响,也是我国面对全球性的环境污染和生态破坏做出的积极回应。村镇是中国经济社会的基础,没有农村的生态文明就没有整个社会的生态文明,就没有整个国家的生态文明。因此,积极推进新农村生态文明建设是全面建设小康社会的必然要求,也是基层党委政府贯彻落实科学发展观的根本体现。

总而言之,生态村镇建设的社区治理要解决的是农民与居民生活的物质家园。而生态村镇建设的社区治理,包括社会生产方式、生活方式特别是人的思维观念的生态化转变,创造经济社会与资源、环境相协调的可持续发展模式,建设经济活动与生态环境有机共生、人与自然和谐相融的文明农村,实现经济、社会、环境的全面、协调、可持续发展。由此,可以看出,村镇生态文明的最终实现在于社会生产方式、生活方式和思维观念的生态化。

8.1.3 国家新型城镇化的扩围

作为社会的微观基础,生态村镇建设中的社区治理在促进社会和谐发展、维护社会稳定中具有重要的意义,历来受到国内外学界的广泛关注。我国村镇社区经历了一个历史发展演进过程,各个时期的村镇社区的形态、结构都呈现出较大的差异性,村镇社区的治理更是具有明显的差别。不同时期的村镇社区治理受到不同因素的影响,具有不同的治理逻辑,这就对村镇社区治理的研究提出了挑战。尤其是我国正处新型城镇化扩围阶段,新型特色村镇建设是历史必然。世界各国的经验表明,城镇化是经济社会发展的结果,也是现代化的必由之路。而城镇化发展水平的提升很大程度上依靠高质量的村镇建设。

我国新型城镇化扩围是与工业化、信息化、农业现代化同步推进,以及人口、经济、资源和环境相协调的城镇化。其目标是要促进城镇发展与产业支撑、就业转移和人口集聚相统一,促进城乡要素平等交换和公共资源均衡配置,形成以工促农、以城带乡、城乡一体的新型工农、城乡关系。而这一目标实现的一个重要条件是完善和优化村镇社区治理,促进村镇人、财、物的高效率配置,科学地服务新型城镇化的扩围。在我国村镇社区建设的攻坚阶段,村镇社区作为基层治理中的一个微观治理单元,在快速的工业化、市场化及城镇化发展进程中,呈现出较大的差异性,如何在现代社会发展中构建合适的治理机制,既满足国家治理的现实要求,又能够切实维护民众的基本权益与利益需求,形成基层社区治理的双赢局面,值得深入思考。

8.1.4　国家新农村建设的提质

新农村建设不是一个新词,20 世纪 50 年代以来曾多次使用类似的概念,而作为明确的文件提出是 2005 年党的十六届五中全会通过的《中共中央关于制定国民经济和社会发展的第十一个五年规划的建议》,其中提出要按照"生产发展、生活宽裕、乡风文明、村容整洁、管理民主"的要求,扎实推进社会主义新农村建设。自新农村建设明确提出后,党和国家多次就加速和高质量建设新农村做出指示。2016年 4 月,住房和城乡建设部出台指导意见,宣布开展绿色村庄创建工作。根据指导意见,今后每年将公布绿色生态村镇名单,通过创建工作,整体提高村镇绿化水平,切实改善农村人居环境。五年实现村镇绿量明显增加,十年实现村镇环境显著改善。

建设生态村镇,保护和培育好乡村生态资源,是建设社会主义新农村的根本要求。这不仅要求各村镇尊重自然规律,因地制宜,做到改造生态条件而不破坏生态条件,挖掘生态资源的潜力更注重生态资源的培育,还要注意生产各要素之间、生产与环境之间的优化,实现生产与人生活之间的和谐。我国村镇经济固然需要进一步发展,但关注、保护和培育生态资源更是各个村庄面临的共同使命。立足生态思维,发展生态农业,开发生态产品,树立生态品牌,发展高效生态农业将会为新农村建设提供有力的产业支撑和环境支持。同时,一个关心生态、建设良好生态的村镇,其村民与居民的素质和村镇的管理水平获得提升也相对比较容易。健康的村镇生态系统是新农村建设中不可缺少的重要元素,是新农村建设的本质要求,也是新农村建设的着力点。

8.1.5　"互联网＋"背景下社区治理机制的科学化新要求

"互联网＋"背景下我国社区治理开启信息化与网络化时代,同时信息化、网络化时代是社会管理和社区治理提出的命题。通过信息化、网络化可以提高资源整合的效率、增加沟通的便捷性。如果应用得当,能够大大提高社会管理和社区治理的水平。如近年来,全国各地普遍流行"政务微博"。据不完全统计,截至 2011 年9 月底,通过新浪微博认证的各领域政府机构及官员微博已超过 17000 家(个),其中政府机构微博近 9000 家,政府官员个人微博超过 8000 个。① 互联网是践行阳光党务、政务,增加政府公信力的一个有效途径,而且还能促使政府问政于民、问需于民、问计于民,使执政理念向执政为民方向转变,成为"网络时代新群众路线"的载体。生态村镇,除了自然环境的优化,更重要的是通过合理的社区治理实现人文环境的美化。

---

① 赵光霞.陕西百所高校团学组织集体入驻新浪微博.人民网,2011-10-13.

借助互联网技术,打造网格化管理平台,不仅提高办事效率,避免重复劳动,而且一定程度上使社区治理实现了转型升级。不同于以往各个执法部门单独检查,现在每个网格巡查员的任务涵盖了多方面。这样就可以避免出现多个部门短时间内对某企业重复巡查的问题。而且,每次任务执行情况都会保存在系统里,代替以往的纸质材料,成为考核的重要依据。

在村镇基层社区治理实践中,村镇领导深入村居、走访群众仍是了解社情民意、密切干群关系必须坚持的基本工作方法。但新形势下这一工作方法也遇到一些难题:如随着人口流动性加快,居村人口信息更换频繁,居村干部难以准确掌握,走访起来缺乏针对性;又如走访工作随意性较强,数量缺乏量化,成效难以评估。因而运用互联网思维,依托信息化技术,在村镇小区治理中推行"电子走访""宅基走访"系统。这不仅可以提高社区管理效率,同时更为及时解决社区居民的问题提供了保障。

8.2　东南沿海村镇生态建设的社区治理特点及趋势

8.2.1　东南沿海村镇生态建设的社区治理特点

与国家治理的原因一样,社区治理首先根源于市场失灵和政府失灵,但是,社区能够做到市场和政府不能做到的事情。因为,社区拥有社区成员行为、能力和需求的信息,社区治理利用这些分散的私人信息,并根据其成员是否遵守社会规范进行奖励和惩罚。正如研究社区问题的著名学者萨谬尔·伯勒斯和赫尔伯特·基提斯在《社会资本与社区治理》中指出,"与国家和市场相比,社区能更有效地培育和利用人们传统上形成的规范自己共同行为的激励机制:信任、团结、互惠、名誉、傲慢、尊敬、复仇和报应,等等"。[①] 东南沿海村镇生态建设的社区治理,更是在社区治理中融入生态观念,更加突出社区内部人员间的和谐,同时更注重社区与自然环境的协调。在具体做法上沿海村镇生态建设的社区治理体系突出以下几方面的特点:

8.2.1.1　治理主体的多元性

在东南沿海村镇生态建设的社区治理中,不同村镇治理主体也各有不同,主要有政府派出机构、居民自治组织、公民社会、志愿者组织、私人机构、公司以及个人等。而在国外的社区内,基本上已经没有正式的政府机构;在我国,社区仍然有党

---

　　① 燕继荣.社区治理与社会资本投资——中国社区治理创新的理论解释[J].天津社会科学,2010,3(3):59-64.

和政府的派出机构——党的组织和居民委员会,所以,社区治理的主体包括这些准政府组织和各种非政府组织,具体地讲,治理主体应当包括党的组织、政府在社区的派出组织——居民委员会、居民社团或者兴趣团体组织、业主委员会、物业服务公司、志愿者组织以及居民个人等。但是相对内陆地区而言,东南沿海村镇生态建设中治理主体有更多的第三方参与,如部分村镇引入金融保险企业、能源企业、环保企业等来直接参与社区建设。

8.2.1.2　治理内容的多面性

生态村镇建设中社区治理有别于过去偏重于为居民提供物质方面的公共产品,其更多的是非物质方面的公共品,前者指的是满足社区居民的基本设施建设等,而后者更重要,主要是社会资本与福利。萨谬尔·伯勒斯和赫尔伯特·基提斯认为,社会资本也是善治的基本组成成分,在《社会资本与社区治理》中,他们指出,社区的社会资本主要包括信任、对自己所属团体的关心,以及遵守社区规则。[①] 伯明翰大学研究地方治理的学者海伦·苏利文也指出,社区治理有三大核心主题,即"社区领导力、促进公共服务的供给与管理、培育社会资本"。[②] 青木昌彦进一步指出:社区中产生的自愿组织,最主要的意义不在于提供公共产品本身,而是社会资本。[③] 这与东南沿海生态村镇发展的成熟度有极大的关系,在地区内物质丰富程度足以满足其基本生活后,追求精神方面的社会需求则得以明显地突显出来。同时由此出现的社区治理的社会化,如社区就业、社区社会保障、社区救助、社区卫生和计划生育、社区文化、教育、体育、社区安全服务以及社区流动人口的管理和服务等多方面内容都被纳入到社区治理中。

8.2.1.3　治理方式的扁平化

东南沿海村镇整体社会发展程度高,经济、政治、教育以及制度化发展水平高,由此在社区治理中更为开放和包容,如社区治理方式多采取合作、自治、参与的方式以及建立更多的扁平化的居民组织。根据美国哲学家普特南以及很多学者的研究证明,社会信任源于公民参与的网络联系和互惠规范,尤其指那些由各种不同社团"水平"构成的居民结社活动。而垂直网络的组织结构,因其强调下对上的职责且信息不对称,则很难产生这种信任关系。从扁平(或水平)网络的观点而言,居民自发建立或者社区提供社团参与渠道,不仅能够减轻政府介入公共事务的负担,而且可以培养社区自治的能力,亦为建构公民社会的基础。从我国社区治理方式来看,多数地区更多的是垂直型的网络,更多的是领导与被领导的关系。而沿海生态建设中的

①　娄缤元.善治之道:草根社会组织参与下的社区治理[J].理论界,2012(12):148-150.

②　陈乃林.基于社会治理视角的社区教育管理创新路径选择[J].北京广播电视大学学报,2013(4):52-58.

③　汪兴福.社会管理创新语境下城市社区统战工作与价值的张力[J].重庆社会主义学院学报,2013(4):38-42.

社区治理更多是强调各种组织之间平等合作、平等参与社区各种事务决策。[①]

8.2.1.4　治理过程的透明性

从东南沿海生态村镇建设的社区治理过程来观察,一方面其更强调治理的民主性。社区治理的民主性很大程度上取决于社区治理主体的多元性,这种多元的主体包括政府等公共部门、政党、民营部门、社会中间力量、独立公民等,他们以不同的价值观来指导不同的主体选择社会行动。另一方面是公正性。社区治理目的是维护社区公共利益,终极目标是提升社区的满意度和幸福感。但它不仅不回避特殊个体或公民扮演的特殊角色,而且安抚社区弱势群体。通过引入第三部门参与社区治理已是东南沿海生态村镇建设的一个主要方式,其在很大程度上将社区事权、财权、人权等进行了独立,从而在很大程度上保证了社区治理过程的公正性。东南沿海生态村镇的社区治理更多的是秉持了社区治理的人文环境,突出了治理过程的透明性。

8.2.2　东南沿海生态村镇生态建设的社区治理趋势

东南沿海生态村镇的社区治理一直走在全国前列,甚至部分地区生态村镇建设中的社区治理经验被视为典型在全国推广。其中江苏省、浙江省以及厦门市等地生态村镇建设中社区治理采取的自治、第三方参与、互助养老社区的方式等更是被津津乐道。从东南沿海生态村镇建设的社区治理发展趋势来看,社区居民民主参与意识增强、治理结构更加趋于完善、治理方式虚拟化与智慧化成为主流、治理法制化更加明显、社会复合主体成为社区治理的重要力量。

8.2.2.1　社区治理鼓励居民民主参与

社区是居民自治组织,居民是社区的主人,培养社区居民"自我管理,自我教育,自我服务"成为现代生态村镇社区治理的一个重要目标。根据课题组调研的多个东南沿海生态村镇社区,其治理过程中强调居民的全程民主参与,不断地增强居民的社区归属感和认同感,扩大居民参与的范围和程度。另外各社区组织还非常重视社区功能的开发,发展社区服务,塑造社区文化,满足居民的各种需求,为居民参与社区治理提供条件,如定期开展自治活动,充分利用社区服务中心、社区文化活动室、社区健身广场等现有的文化活动设施,组织开展丰富多彩、健康有益的文娱、体育、科教等社区活动,不断增强社区居民参与社区建设的主动性和积极性,培养民主意识,提高对社区的认知和认同程度。充分保障居民参与自治组织中来,切实提高居民参与意识和依法开展居民自治活动。

8.2.2.2　社区治理结构更加趋于完善

逐渐理顺社区中政府、市场、社会的关系,不但能为政府减负,同时更能提升社

---

①　任立兵.政府在城市社区治理中存在的问题及对策研究[J].南京审计学院学报,2006(1):20-23.

区发展活力。东南沿海各村镇在社区治理中,不断强调改革和完善各社区的管理体制,使社区的治理结构从单一的垂直结构向网状的水平结构转变,使社区中政府、市场和社会三大版块形成真正合作的互动关系。多数沿海村镇社区已经在治理结构上进行了很多大胆的尝试,并取得了成果,如成立社区居民(代表)会议、社区居民委员会、社区居务监督委员会等自治组织。而在决策过程中,则通过召开社区党员代表议事会、居民代表议事会、社区代表议事协商会、听证会、评议会来进行民主决策、民主管理和民主监督。

8.2.2.3　社区治理的虚拟与智慧化

美国社会学家托夫勒认为:"未来生产和生活方式的核心是网络。谁控制了网络,控制了网上资源,谁就是未来世界的主人。"[①]善于运用网络就能够提高社区治理信息化水平,提高社区凝聚力,促进社区发展。在创新社会管理和社区治理过程中,探索和尝试管理和服务的新技术、新手段,打造与实体社区相对应的虚拟社区以及以数字化、感知化、互联化、智能化为特征的智慧城市已经成为东南沿海生态村镇建设中社区治理的一个突出亮点。如杭州市上城区,在这方面就是典型。上城区在社区建设中,通过构建"二化四网六平台"为主要内容的社区信息化体系,形成了实体维度的社区与虚拟维度的社区的有机统一。"二化"是指社区管理信息化和社区服务信息化;"四网"是指"e 家人"社区事务管理网、社区电脑服务网、社区电视服务网、社区电话服务网;"六平台"是指社区事务管理平台、居民互动网络平台、公共服务信息平台、社会志愿服务平台、居家养老服务平台、为民服务联盟平台。"二化"是思想理念,四网是发展基石,六平台是推动条件,通过"二化四网六平台",最终达到的目标就是任何人(any one)、在任何时候(any time)和任何地点(any where),通过任何方式(any way)得到任何的服务(any service)的"5A"社区服务目标。应该说,这整个架构的设计是非常严密、自成一体的,不仅开发了新的网络系统,也将上城区已有的信息化资源都整合起来了;不仅实现了社区管理的信息化,大大提高了社区管理的效率,也实现了社区服务的信息化,大大提高了服务的质量。另外在上海市崇明区的前卫村以及江苏省太仓市城厢镇东林村同样将数字化技术引入到社会管理和社区治理之中,开展了构建全媒体信息家庭新生活工程,以电脑网络、电视网络、电话网、城市宽带网为依托,打造四网融合、"天地合一"(有线与无线合一)的全媒体信息家庭新生活。依托互联网技术,实现社区治理的虚拟化与智慧化已成为沿海村镇社区治理的一个重要方式。

8.2.2.4　社区治理更加注重法制化建设

社区作为社会治理的基层单元和"末梢神经",其治理水平高低直接影响社会治理的整体成效。法治是治国理政的基本方式,也是社会治理的必要手段。加强

---

①　李水英、梁宁.传统社会与网络社会分层比较研究[J].青年记者,2008(36).

和创新社会治理,一项基础性工作是聚焦社区治理中的矛盾与问题,提升社区治理法治化水平,将社区各项事务纳入法制轨道,实现规范运行。树立法治思维,增强法治观念。在东南沿海各生态村镇建设的社区治理中,其不仅注重加强社区法制宣传,引导人们依法维护权益、自觉履行义务,共同营造良好法治氛围。同时更关心建构社区治理良序,良法是善治之前提。具体到社区治理中,就是要立良善之法、管用之法。这里的"法"是广义的,不仅指国家法律法规,还包括乡规民约、自治规则等。在社区治理实践中,不仅需要相关法律、行政规范性文件发挥作用,而且有大量事务需要乡规民约、自治规则等发挥软法功效。实现软法与国家法律的相互补充、相互支撑,形成完善的社区治理法制体系,是建构良好社区治理秩序的重要基础。从根本上说,法治思维是一种程序思维、规则思维。对涉及社区居民利益的重大决策事项,需经过居民参与论证、集体讨论决定等程序,充分交流协商,达成基本共识;在出现争议时,要依法、规范、公正处置问题,让公平正义的理念得到彰显;关涉居民利益的财务支出应及时公示,公开透明运作。

8.2.2.5 社区治理中突出社会复合主体的作用

所谓社会复合主体是指在行动过程中,多个社会主体形成相互关联,其各自的主体性发生重叠或复合,使得这些原本不同的多个社会主体成为一个社会主体,也即社会复合主体。我国社区管理能力的薄弱和社区管理体制的制约是密切相关的。在保持原有行政主导社区治理体制的同时,如果引进社会力量参与社区治理就能大大减轻社区管理机构的管理阻力、负担和风险。东南沿海部分地区在建设生态村镇的社区治理中已提出构建社会复合主体的社区治理战略,利用社会各界力量向社区治理延伸,发挥社会不同角色与功能主体在社区治理中的巨大作用。发挥社区党组织的管理优势,发动社区居民,根据社区居民的不同特点和单位所属,设置社区公共服务平台,如社区服务站、社区网站,选任一些社区积极分子,共同为促进社区发展和维护社区秩序贡献自己的力量。社区治理机制的探索是一项系统长期的过程,其涉及国家、社会和公民权利释放的方方面面。如何根据我国社区治理实际,在充分发挥基层党组织的主导和社会力量的共同参与功能方面要做进一步的挖掘,实现上下融合,把各地成熟分散的社区治理经验进行不断总结和学理上的梳理和提升,我们的社区治理机制就一定能够源源不断地实现理论创新、实践创新和制度创新。

8.2.2.6 社区治理的城乡一体化

长期以来,我国城乡处于二元分割的格局,二者在社会管理和社区治理体制上都有很大的差异。改革开放以后,我国城乡关系已经发生了巨大变化,总的趋势朝着城乡一体化方向发展。在社会管理和社区治理方面,这种趋势也比较明显,尤其是在东南沿海地区,以社区治理的完善为依托,加速推进城乡间资源不平衡的问题解决。如部分地区通过"村改居"、股权固化、政经分离、构建农村集体资产交易平台等一系列举措,逐渐将改革推向深入,已经取得了初步的成效。这一系列改革的核心就是通过把国家的公共服务覆盖到农村地区、理顺农村体制机制,达到逐渐缩小城乡差别、促进城乡融合发展的目标。另外浙江省与江苏省部分地区还采取了所谓"村庄社区化管理",是指借鉴城市社区管理的模式,对村庄进行管理,如通过治安领域的村庄社区化管理,广泛建立农村居民自治组织——农村社区居委会,同时成立标准化、一站式服务的农村社区服务站,承接政府公共管理和服务职能。当然,从总体上来看,这些还处于起步阶段,要理顺各主体之间的各种复杂关系,从而建立起能够最大限度激发社会活力、消解社会矛盾的农村基层管理体制,还任重而道远。

社区治理是一项非常复杂的系统工程,涉及经济社会建设的方方面面。因此东南沿海生态村镇建设中社区治理探索是一项方兴未艾的伟大实践,同时其已积累的社区治理成功经验和模式部分已为我国生态村镇社区治理提供了范本。总之,立足于当代中国社会变迁的历史大背景,以国际视野和世界眼光,对我国生态村镇社区治理进行系统深入的调查研究,把分散的经验材料提升为较为系统的理论观点、形态,为其提供必要的学理支撑,这也是学界义不容辞的使命。

8.3　东南沿海村镇生态建设的社区治理模式:个案分析

8.3.1　社区自治+循环经济(大园小村模式)

8.3.1.1　东南沿海村镇大园小村模式应用分析

大园小村模式主要是东南沿海部分生态村镇在社区治理中,村镇居民通过集体协商,民主决策,采取土地集中流转的方式发展特色园区,其中居民直接参与园区建设和园区效益的按股(地)等来实现分红,并依靠园区的集体收益部分来提供公共服务。该模式主要特点在于一方面实现了土地的集约化生态利用,提高了土地的利用价值,另一方面通过村镇居民的集体协商,并以园区为纽带凝聚了社区的向心力,团结了社区居民,实现社区内部关系的生态化。另外对于园区的发展,村镇有足够多的资金来改善居住的自然生态环境,可以说该模式很大程度上实现了社区人文与自然环境提升的双重效果。该模式在具有特色产业的村镇得到广泛的推广。

8.3.1.2　江苏省太仓市城厢镇东林村生态建设的大园小村案例分析

东林村地处城厢镇北首,村域面积 7 平方公里,共有村民小组 42 个,农户 765 户,在册人口 2985 人。全村劳动力 1600 多人,做到了失地不失收,2014 年人均收入达到 27300 元,村集体经济收入超 2100 万元。近年来,东林村在社区自治及循环经济发展模式上,成功探索了一条现代社区与农业产业化融合的发展道路。由此并获得了国家级生态村、江苏省文明村、江苏省民主管理示范村等多项荣誉。

(1)土地集约化整合多功能利用

东林村是由原东林村、徐姚村、新横村拆迁合并而成,作为一个典型的拆迁村,村庄通过重新规划以及采用产权置换的安置办法,实现了村集体耕地的集中连片经营。同时该村围绕生态农业建设,大力开展高标准农田建设,实现一地多用,水稻与小麦轮耕,从而提高了土地利用率。下龙泉村同样是以农业为主的传统乡村,但是村内土地的集约利用程度低,这主要在于土地整合范围小,同时土地利用功能单一,从而制约了土地资源的利用效率。

(2)农业发展中引入现代产业组织

大力发展农业产业化,要把产业链、价值链等现代产业组织方式引入农业,促进一二三产业融合互动。在东林村,除了深加工水稻、小麦、肉羊等种养农牧产品外,还通过村内集资进行种养品牌的培育。通过对村内相关种养农牧产品加工、品牌培育及营销实现"三产融合"延伸农业产业链,不断提升农业附加值,加快现代产业发展,做大做强村集体经济。

(3)大力发展"农牧+种养"相结合的绿色农业

绿色农业是现代农业发展的一种新模式,是实现农业与农村可持续发展的必然选择。东林村等积极探索并深入开展农牧结合、种养循环生产,成功摸索出了一条以优化发展生态产业、保护和修复生态涵养、节约减排生态保护、资源集约生态循环为主线的生态友好型农业新路径,成功打造了绿色生态循环生产的"东林模式"。

(4)大力发展农村合作组织,提升村民农业参与的积极性

村内集中连片土地整理好之后,为了解决农民"失地不失收",东林村成立了劳务合作社。劳务合作社下设7个公司,分别为:物业管理公司、园林绿化公司、家政服务公司、生态养殖公司、净菜合作公司、卫生保洁公司、劳务中介公司,所有东林村的失地农民,只要愿意,都可参加合作社工作,成为公司员工。通过农村合作社,不仅解决了村民农业参与的积极性问题,同时村内更逐渐由传统的农业村庄向现代化特色农村建设迈进。而下龙泉村目前虽也成立了农村合作社组织,但是这一组织集多项事务管理权于一体,仍缺乏更为专业化的协同合作组织,由此难以发挥这一组织在农村发展中的活化作用。

(5)村内事务村民自决机制建设

对于典型的拆迁合并村,村内事务的管理不仅繁杂,而且众多村民间矛盾难以化解。为有效管理村内事务,村委班子成员创新性地探索了村民村内事务自决的资金管理制度、资产管理制度、资源管理制度,实现了村内事务村民代表协商处理、村民大会自决处理以及村民+第三方机构协同处理的方式,构建村民全员参与自

决机制。下龙泉村虽不是典型的拆迁村,但是东林村的"三制"管理方式可完全复制引入,真正实现村内事务村内解决,为构建美丽乡村奠定和谐的社会环境。

从江苏省太仓市东林村的发展模式来看,其代表着我国新农村建设的重要的方向。东林村的发展经验不但可推广,而且还可完全复制。对于宁波市北仑区柴桥街道河头村,其同样以传统农业发展为主,面临着村民农业的参与积极性、农业的产业化、传统农村事务传统管理方式的失灵等诸多问题。而课题组一 2016 年考察的东林村,可以说为河头村现代农村的建设提供了一个可借鉴范本。

8.3.2　乡村游＋第三方参与(产城一体村模式)

8.3.2.1　东南沿海村镇产城一体模式应用分析

乡村风景宜人,空气清新,民风淳朴,节奏舒缓,适宜居住。乡村是安详稳定、恬淡自足的象征,有着更多诗意与温情,有久违的乡音、乡土、乡情以及古朴的生活、恒久的价值和传统。乡村生活的这种闲适性,正是当下休闲旅游市场所追求的,具有无穷的吸引力,已成为未来中国最稀缺的旅游资源。

旅游化的乡村生活是全域旅游的乡村版,是有别于城市的一种生活空间和生活方式,更是一种精神的追求。我国乡村旅游的发展大致分为四代:第一代是"农家乐"乡村旅游,第二代是以民俗村、古镇为代表的乡村旅游,第三代是乡村度假,第四代将是乡村生活,以提高人的生命质量为终极追求的形态和阶段,这将是居住和旅游一体,生活和工作无间的状态。旅游化乡村生活是全域旅游的乡村版,有别于一般的乡村或城市生活,其更多的是体现了人的精神追求。尤其是我国东南沿海地区,经济比较发达,人均收入高,加之交通便利等因素,乡村游已经成为这些地区居民外出游玩的一个主要选择。同时乡村游已经成为东南沿海众多地区开发旅游资源的热土。

现代乡村游不是简简单单的地区旅游资源的开发,其还包括旅游资源的规划、营销、保护等内容。因此多数村镇在具体经营管理上更多引进社会力量,采取外包给第三方的方式来处理。该模式实现了"村民洗脚变居民,下地变村民"的生活方式,其既可以保证村镇居民的土地等自然资源的收益权,同时又实现了村民到城市居民的生活方式,如舟山嵊泗的偏远渔村很富有渔味,现有的建筑空间看似无序凌乱,实则就是渔民们生活过程中点点滴滴情感的累积,是当地渔村生活与劳作方式的外化体现。乡村类特色小镇的"乡音不改"本质上应该是一种"完整要素的生活化空间",产业功能为乡村生活服务,如此,既有的大农业、传统手工业、创意的乡村文化产业,都是增强乡村生活舒适性和吸引力、复兴乡村的有力支撑。该模式在全国推广的范围最广、速度最快,同时也是我国城镇化建设的一个重要方式。

8.3.2.2　上海市崇明区前卫村生态游与社会第三方协同治理案例分析

崇明区前卫村位于长江入海口的中国第三大岛的现代化生态岛区崇明岛中北

部,从 1969 年开始,崇明区前卫村从一片滩涂中诞生,它紧邻着东平森林公园,全村面积为 2.5 平方公里,崇明区前卫村有将近 753 人。30 年以前它是一片荒凉,经过 30 多年的艰苦奋斗,到现在已经发展成为现代化的村镇风貌。崇明区前卫村是上海市最早的一个生态村,被国家旅游局命名为"全国农业旅游示范点"。

崇明前卫生态村现在成了旅游胜地,其中的"农家乐"颇为有名。"吃农家饭,住农家屋,干农家活,享农家乐"深受都市游客的青睐。这两年已经有将近 10 万多人来过崇明区前卫村。村民民风淳朴,农家菜肴的味香可口让每一个游客流连忘返。

(1)开发多元化乡村游主题。前卫村的旅游形式花样繁多,大体上可把旅游形式分成三类:民俗风情、休闲度假与科普教育。从前卫村的旅游收入来看,这种旅游模式其实是成功的。来到前卫村,都市人往往最想感受的是农村生活的历史与面貌。在前卫村,提到旅游就绝对少不了观光农业,这也是前卫"村"生态旅游的一个重要组成部分。通过这种观光方式,前卫村向所有游客传达一种先进的循环利用理念,很有教育意义。前卫村的旅游模式可以简单地概括为以生态农业观光为特色,农村民俗风情为亮点,具有休闲娱乐教育学习等多功能综合性旅游模式。对于一个村级旅游单位而言,前卫村希望全面发展,深入挖掘独具特色的生态观光和农家风俗。

(2)营造生态与乡村游的内生良性关系。前卫村风光旖旎,环境优美,不是公园,胜似公园,是一个现代人休闲旅游居住的理想"桃源"。全村兴建了龙山生态广场、湿地公园、滨海渔村、渔翁小舍、休闲垂钓、动物乐园、水族馆、鸳鸯楼、观赏楼、湖心亭、仿生态灯光工程等数十个生态休闲观光农业景点。前卫村与合作伙伴营造了 1200 多亩苗木基地,为全村的绿化美化提供了充足的苗木种源。村里统一规划,对全村的江堤、农田、河沟、道路、厂区、庭院、住宅、景点等全部实行绿化,把整个前卫村建设成一个庞大的景点,设施在林中,人员在绿中的生态园林区。全村森林覆盖率超过 50%。全村的每个村办企业都覆盖在绿色环境之中,清洁生产,文明生产。强化完善企业环保治理,通过生化办法处理企业排放的废水,一方面可以提取沼气,另一方面经脱硫处理后可以改作生活用水,变废为宝。全村工业污染治理率达 100%。在能源使用方面,村里坚持节能原则,大量利用太阳能、风能、地热、沼气等清洁能源。

绿色是前卫村的标志。走进前卫村的第一感受就是,空气清新怡人,四面都是绿色的植物,微风吹过,带来阵阵青草的香味。前卫村的企业是幸福的,前卫村的农民是幸福的,前卫村的游客是幸福的。能在这种充满生机的地方工作,是一种享受;能在这种空气中都洋溢着健康的地方生活,是一种幸运;能在这种结合生态于现代的地方邂逅大自然,是一种侥幸。前卫村的绿色生态已经做到了几乎面面俱到,可以说生态也已成为其乡村游的一个核心主题。

(3)建立有利于发展农村循环经济的绿色消费观念。乡村游消费的是乡村中众多无形的旅游资源,但不能因无法直接观察,而对其进行忽略。前卫村深知乡村旅游资源消费在其地区经济中占有重要地位,但其更倡导绿色消费。绿色消费包括三层含义:一是倡导消费未被污染或有助于公众健康的绿色产品;二是在消费过程中注重对垃圾的处理,减少对环境的污染;三是引导消费者转变消费观念,注重环保,节约资源和能源,改变公众对环境不宜的消费方式。这三个环节都非常重要,政府不仅要有正确的政策导向,也要通过自身的消费行为起到绿色消费的引导作用。倡导绿色消费不仅可以创造新的消费热潮,拉动消费,更重要的是处于买方市场的消费需求会更有效地引导绿色生产。

(4)注重科技在乡村游中的作用。农村循环经济的发展需要科学技术的支持,在制定技术研究与开发政策的过程中,要从我国现阶段的实际情况出发,注意观察国外发达国家在资源综合利用领域技术发展的趋势,以高新技术和环境无害化技术革新为技术发展的主要方向。为对前卫村已有的乡村资源进行保护,同时提升地区内的生态价值和保护生态资源,前卫村已经与中国科学院、上海交通大学、复旦大学等国内众多科研院所通过课题入驻的方式进行对接,以期借助科技力量提升前卫乡村游的品位。同时,前卫村还积极利用国家在乡村建设中的信贷倾斜、税收减免、投资优惠等措施,引导众多高科技企业将更多的资金投入到村内技术研究与开发的创新活动中。高效实用的技术研发出来后,前卫村还建立一批应用资源综合利用技术的重点示范工程,并分批分次在实践中大范围推广。

(5)积极引进社会第三方力量参与乡村游建设。前卫村的快速发展很大一部分原因在于其成功引进了社会力量直接参与其乡村游建设。首先在村镇的基础设施建设上,如通过引进中国能源公司,村内提供土地,合作开发地区风能,建设多个绿色风能发电机组,这不仅对地区降碳产生重要作用,同时更重要的是村内居民享受到了优惠的电能。而在生态建设上,积极引进了台湾绿色生物科技公司,在村内积极发展休闲生物农业。在村内文化建设上,与上海市科技教育部门联手建成了青少年科普与环保基地,带动众多学生进村,协助村民保护当地生态环境。

2005 年之前,乡村生态游对大多数人而言尚为陌生的名词,而现今,乡村生态旅游已遍地开花。对许多都市人来说,大众旅行已俗不可耐,缺乏新奇的体验,而生态旅游显然更具吸引力。再者,物质条件富裕的情况下,城市人转而追求生活质量。长期处在工业化的生活环境,令他们产生了回归自然以舒缓压力的渴望,生态旅游便是很好的选择。对其而言,生态旅游俨然成为时尚生活的代言人,是提高生活品质的途径。在这种有利的背景条件下,崇明区借其自然资源开发生态旅游正迎合了这种潮流,能获得广泛的支持。并且,它邻近上海市这个人口密集的大都市,有潜在的广阔市场。

8.4　东南沿海村镇生态建设的社区治理示范：
　　　柴桥街道河头村实践

8.4.1　柴桥街道河头村生态建设的社区治理的模式选择问题分析

　　柴桥街道瑞岩社区的河头村素有"瑞岩河头"之称，相传因瑞岩大溪坑穿村汇入芦江河而得名。村民基本以花卉种植和营销为主，花木种植已覆盖全区各个乡镇，并已向外省、市发展，村里还有一支专业销售队伍，现已在全国各大、中城市建立了苗木花卉中转站，积极推销本地花卉产品。

　　2006年，村民自发筹资组建了九峰山彩叶树合作社，这是花农调整和创新经营模式的一个崭新的探索。为建设绿色河头村，经过近两年的努力，全村新浇水泥路1万余米，拓宽了老村路；对村民房屋墙体进行修缮与粉刷；对全村花木苗进行优化种植，实现人均绿化面积34.7%。另外，全村实现了污水全面改造及再利用。在现代新农村建设中，河头村的探索取得了众多成效，其中获得了"省全面小康示范村""市级文明村""市级园林式村庄""市级生态村"等荣誉。

　　河头村作为瑞岩社区示范村，同时也是宁波市美丽乡村建设的一个模范村。自2003年浙江省委、省政府做出实施"千村示范万村整治"工程的重大战略决策，再到2010年，创造性地谋划实施美丽乡村建设以来，瑞岩社区河头村始终是现代新农村建设的一个样板。站在新的起点上，河头村在从村治迈上社区治理过程中，采取了包括村镇集体经济的集约化发展模式、村镇管理的自治模式、村镇生态建设的人人参与模式，相关模式使河头村的发展焕然一新。但是从河头村的探索实践来看，其在村镇发展、管理生态模式中还存在各种问题。

8.4.1.1　村镇持续发展中的"空心村"现象严重

　　一般所讲的空心化往往指向地区产业，但对于河头村来说，产业发展虽采用了现代农村合作社的集约化模式，但其人口外流明显，村镇建设的空心化越来越严重。村镇建设的空心化现象在我国农村发展中是常态，但对于一个现代农村发展水平高，且地区产业高度集约化的农村来说，却有悖于一般的发展规律。另外从河头村美丽乡村的农村社区建设的要求来看，其是以一定人口规模为基础，以一定产业发展为支撑，以服务社区居民需求、促进农村现代化发展为目标的社会生活共同体。在河头村美丽乡村建设进程中，由于村镇人口结构加剧变化，其中大量的人口外流也使村级组织和村民小组缺乏必要的干部人选，使农村社区面临群龙无首的窘境。受城市化及市场经济的影响，不少年轻有为的村干部也外出务工，不仅使村级组织出现干部老龄化现象,而且留守村干部对社区建设工作也持消极态度。目前河头村花木苗产业的发展多依靠的是外来劳动力,整个村镇社区建设缺乏必要的主体。

8.4.1.2 村镇持续发展中的资金输血造血功能不足

资金保障是生态村镇建设的一个非常重要的先决条件,其是解决农村卫生服务、生态服务、便民服务等系列村镇发展问题的命脉。尤其是随着农村居民整体素质的提升,其服务需求更加多样,但受制于资金不足,农村社会事业与居民的需求明显滞后,社会管理和公共服务能力也难以适应。就河头村的建设资金来源来看,其自有资金主要来自村内土地流转以及村集体产业,但产业整体品位还不高,盈利能力相对弱。另外还有部分资金主要来自省市政府各部门农村建设的专项资金,而这些资金来源往往不稳定且量不大,如从课题组调研的情况来看,专项资金主要用于村内路网、河道、生态建设三大方面,但其难以满足既要搞建设,又要解决农民养老保险,发展社会事业的要求,可以说河头村在资金需求上不仅面临造血能力弱,而且输血能力不够的发展局面。

8.4.1.3 村镇持续发展中的生态建设"乡土特色"不明显

随着新农村的基础设施建设的不断投入,用绿化改善乡村生态环境、扮美乡村家园,是改善农民生产生活条件、提升乡村文明、致富农民的需要,是实现"村容整洁"的有效途径,也是新农村建设可持续发展的客观要求。绿化已逐步得到乡村基层组织的重视,但从总体上讲,现在乡村绿化工作还比较薄弱,对绿化建设的认识和理念也有待于进一步提高。河头村虽以花木苗产业为主导产业,村内处处有绿植,但是这些绿植千篇一律,过于单一,缺少乡土特色。乡村绿化只有突出乡土特色,才能体现独具魅力的乡村风光。因此,绿化必须避免盲目套搬城市的绿化手法和模式,要充分利用自然地形地貌,结合自然条件与地域文化,注重利用和保护现有的自然树木与植被,充分体现乡村的田园风情和自然风光。要因地制宜,尽量选用本地花木,铺设草坪等绿化模式,要营造自然生态的绿化形态。同时,要注重利用瓜果蔬菜进行辅助绿化,进一步体现乡村特征。河头村的绿化率虽高,但是盲目模仿城市的绿化方式,追求形式主义,其结果是投入大、效果差、维护成本高,既降低了绿化资金的使用效益,又加重了村集体的经济负担,也挫伤了农民绿化的积极性。

8.4.1.4 村镇持续发展中缺乏内生性动力

农业产业、生产资料积累、劳动主体以及农业组织的弱质性,决定了在现阶段必须加快转变发展方式。实现农村经济的跨越式发展,必须从农村农业内部找出路,不断提高农村经济社会内生发展动力。从河头村产业发展探索来观察,村内基本形成了花木苗的产业化经营,但是产业基础与管理都比较薄弱。如河头村园林绿化苗木在培育的过程中,很多具体的种养流程还不够完善,对苗木培育生产质量和生产效率造成了非常不良影响。举一个较为简单的例子,在对苗木培育生产进行监督管理时,相应的责任体系还不够健全化、完善化,很多责任和义务不能得到实际落实。培育监管部门不能良好地承担起自身的责任,导致苗木栽培监管力度较差,主要体现在苗木种养时生态破坏明显,如农药残留、农药废弃物污染土壤与河道。而在社会发展方面,村内的基本公共服务提供与管理较为被动,如村内的便民生活垃圾处理以及河道生态防治问题,均依靠上级部门的推动来进行,没有实现地区经济发展与社会发展的联动,地区经济社会发展内生动力不够。

8.4.1.5　村镇持续发展中治理动员能力弱

同时作为基层的村镇,其治理动员能力也象征着我国现代乡村建设的水平和能力。其中乡村治理动员能力主要体现在,党群间联系沟通能力、村镇信息反馈能力、村镇监督能力以及村镇科学决策能力等主要方面。河头村在治理动员能力上虽有创新举措,如推行乡村网格化管理,按照"路巷定界、规模适度、无缝覆盖、动态调整"的原则,专人专事科学划分社区网格的管理幅度,合理分布管理力量,明确管理职责,发挥网络在城镇管理中的基础性作用。但在具体的实践过程中,一方面各网格对于专事往往是积极推出,而被动应对,如在河头村的垃圾分类工作中,投入和宣传力度很大,但是村民配合程度不高。另一方面是各网格间没有形成协同,如生态与经济建设以及村内公共事务管理,这些事务往往是关联在一起,但某一网格消极应对,往往导致整个网格化管理难以发挥其作用。未来河头村在完善社区自治方面仍有相当大的空间可挖掘。

河头村生态建设的社区治理探索有其创新之处,但同时也面临主客观等不足之处,总体而言河头村的社区建设仍在探索之中,存在的问题即是其美丽乡村建设的突破点。

8.4.2　东南沿海村镇生态建设社区治理模式选择:柴桥街道河头村的经验及示范

社区治理属于地域性基层社会治理范畴。这首先表现为社区治理属于人们通常所说的"块块管理",也就是对某一地域范围内的公共事务和公共行为实施综合治理,而与专门治理某一类事务的"条条管理"具有显著区别。其次表现为社区治理是整个社会治理的基础环节,属于社会治理的前沿阵地,直接面对居民群众,具有零距离了解社情民意和群众需求的天然优势,能够做到在第一时间提供服务、解决问题。而生态村镇建设的社区治理,要求的是社区治理中的行政管理服务、群众性自治以及生态保护与发展的有机结合,具有明显的集约化共治属性。尽管我国现阶段村镇社区治理的操作单元主要被界定为居(村)民委员会辖区共同体,但对于这类社会共同体的服务管理,既属于基层政权组织的职责范围,又属于基层群众性自治及其环境发展相协助的作用空间,其治理主体是多元的,其共治属性非常明显。

　　我国村镇社区治理主要依托社区服务来推进实施。尽管社区治理的手段方式具有多样性、综合性,但其基本手段和方式是社区服务。例如,救助工作的社区化管理,使贫困阶层的利益诉求转向了社区;人口老龄化尤其是企业退休人员的管理服务的社会化,使广大老年人的利益诉求转向了社区;住房商品化使广大业主的一部分利益诉求转向了房屋坐落的住宅小区及其社区物业服务管理机构;对于那些成千上万的流动人口的服务管理,也需要依托社区来组织实施。寓管理于服务之中,在服务中实施管理,在管理中体现服务,是社区治理创新的努力方向之一。

　　基于课题组 2015—2017 年的国内外调研以及村镇生态建设的社区治理研究模式的提炼、总结与梳理,我们认为柴桥街道河头村生态建设的社区治理经验与模式可示范内容主要集中在如下几方面:

8.4.2.1　生态村镇建设中"一核多元"混合型社区治理经验与模式示范

　　"一核"即"一个领导核心",以上级政府为指导,以社区综合党组织为领导核心;"多元"即"多元主体共治",居委会负责社区自治事务,社区工作站承接政府行政管理事务,社区服务中心承担社区公共服务,各类社区组织、物业管理公司、驻区单位等包含第三方参与的多元主体共同参与社区治理。该模式主要强调村镇生态建设中社区治理主体的职能关系、社区融合与多元共治、社区服务的社会化运行、社区治理的民主协商、社区党建区域化等五个主要方面。

　　(1)理顺社区治理主体的多重职能关系

　　逐步理顺社区居委会与街道、社区党组织、社区工作站、股份公司以及各类社区组织的职能关系。在居委会以外,独立设立社区工作站,承接从居委会剥离出来的行政管理和公共服务事务。居委会回归居民自治组织,负责社区居民自治和公益活动,不再承担行政管理事务。社区工作站是政府在社区的服务平台,协助、配合政府及其部门开展社区工作,由政府负责聘请人员,提供经费和工作条件。社区工作站的设立一般以辖区常住人口为标准,并参考社区类型、面积等因素,每个社区工作站一般配备多名工作人员。按照"以居民房产利益关联为纽带、物业小区与居委会范围基本一致"的原则,对部分规模较大的非封闭式管理社区分设居委会,但社区工作站不随居委会的分设而分设;规模较小的居委会所覆盖的区域不单独设立社区工作站,与相邻的社区共同设立社区工作站,通过资源整合实现"一站多居"。

　　(2)促进社区融合与多元共治

　　通过社区内外"人员－机构－资源"三位一体的整合式改革,整合基层行政和社会资源,促进跨组织、跨界别治理资源的相互渗透和多元融合,增强社区治理的合力,实现从"碎片化治理"向"协同化治理"的转变。实行人员"兼职"和"交叉任职",促进人员整合,提高协同治理能力。在社区综合党委、居委会、社区工作站等之间实行领导成员交叉任职,推行"一肩挑""交叉任职"。试点整合社区服务机构,将社区事务按需求划分为社区服务和行政服务两部分,在部分社区试点将社区工作站和社区服务中心合并,成立一体化的综合社区服务中心,通过政府购买服务的形式,将各类社区服务交由社会组织承接。成立市区两级社会工作委员会,建立由不同政府部门共同参与的基层社会治理联席协调机制。

(3)创新社区服务社会化运行机制

突破政府包办的行政化供给模式,借鉴我国沿海各地社会服务的经验,推广政府购买服务,推动社区服务的多元化、专业化、社会化。在全市社区设立社区服务中心,采用项目化运作模式,由政府指导和资助,整合社会资源,以民间社会服务机构为主体,为社区老人、青少年、妇女、儿童、残疾人、优抚安置对象、特困人员、矫正人员等各类群体提供一站式、个性化、专业性社会服务。社区服务中心的运营主体为具有独立法人资格的社会组织,服务项目经由政府招投标以购买服务的形式下放社区,运营经费主要来源于政府购买或资助费用,社区内公共服务设施的场地统一交由中心使用,运营团队以专业社工为骨干,一般要求配置全职工作人员,其中注册社工应占多数比例。在社区服务供给过程中,政府购买服务、社区提供场地、中心提供服务、社工开展社会工作,从而构建了"政府主导、社会参与、民间运作"的社会化社区服务运行机制。

(4)以基层协商民主机制为平台,实现政府主导与社会自治的双向互动

在全村制定并推广居委会《自治章程》,建立健全政务公开、联系群众、民主决策、表达民意等居委会日常管理制度,强化居委会自治功能。不断扩大居委会直接选举比例。建立社区居民议事会制度,以社区党组织为领导核心、居委会为主体、社区工作站为依托,吸纳业主委员会、物业管理公司、社区集体股份公司、各类社区组织、居民代表共同参与社区公共事务,探索社区民主协商的常态化机制。在基层社区建立社区联席会、民主评议会、民意恳谈会、居民论坛、听证会等社区参与途径,引导社会组织和居民有序参与社区自治。

(5)以区域化党建为突破口,完善"一核多元"混合型社区治理

打破条块分割、各自为政的传统基层党建垂直领导体制,深入推进基层党建区域化,理顺社区各类党组织隶属关系,完善社区共驻共建机制。把原社区党组织升级改造为社区综合党委,将居委会、社区工作站、物业管理公司等社区机构的党组织,以及辖区内一定规模以下非公有制企业和社会组织的党组织,都纳入社区综合党委,通过纵向建、横向联的方式实行区域化管理,初步形成了以街道党工委为核心、以村镇社区综合党委为基础、辖区党组织为依托、驻区单位党组织共同参与的区域化党建新格局。

8.4.2.2　生态村镇建设中"两级政府、三级管理、四级网络"的社区治理经验与模式示范

在村镇生态建设的社区治理中实行"两级政府、三级管理、四级网络"的社区管理模式。所谓"两级政府、三级管理、四级网络"主要是指市和区政府,市、区和街道办事处三级管理主体,市、区、街道和社区居委会构成基层社会管理的四级网络。在这一模式中,最重要的是街道办事处成为一级管理主体的地位得到市、区政府的明确授权,随着市、区两级政府权力的下放,街道办事处的管理权限逐步扩大而成为街道行政权力的中心。该模式的主要做法是,将社区定位于街道范围,街道成为社区建设和管理的平台,在市、区、街道和居委会共同构成四级管理网络的基础上,构建社区管理领导系统、社区管理执行系统和社区管理支持系统,共同致力于社区建设和发展。具体而言:

(1)社区管理领导系统:由街道办事处和城区管理委员会构成

在"两级政府,三级管理"体制下,街道办事处成为一级管理的地位得到明确。随着政府权力的下放,街道办事处具有以下权限:部分村镇社区规划的参与权、分级管理权、综合协调权、属地管理权。街道办成为街道行政权力的中心,"以块为主、条块结合"。与此同时,为了有效地克服村镇社区治理中的条块分割,建立了由街道办事处牵头,派出所、房管所、环卫所、工商所、街道医院、房管办、市容监察分队等单位参加的村镇社区管理委员会。管委会定期召开例会,商量、协调、督查村镇社区建设的各种事项,制定社区发展规划。管委会作为村镇之间的中介,发挥着重要的行政协调功能,使村镇社区专业管理与综合管理形成了有机的整体合力。

(2)社区管理执行系统:由四个工作委员会构成

在借鉴上海市村镇社区治理模式的基础上,社区内设定了四个委员会:村镇管理委员会、村镇发展委员会、村镇治安综合治理委员会、村镇财政经济委员会。其具体分工是:村镇管理委员会负责村容镇容卫生、基础设施建设、环境保护、卫生防疫、绿化建设。村镇发展委员会负责村镇社会保障、福利、教育、文化、劳动就业等与社区发展有关的工作。村镇治安综合管理委员会负责社会治安与司法行政工作。村镇财政经济管理委员会负责村镇财政预决算,对社区内经济进行工商、物价、税收方面的行政管理,扶持和引导村镇社区经济。以村镇社区为中心组建委员会的组织创新,把相关部门和单位包容进来,就使得社区在对日常事务处理和协调中有了有形依托。

(3)社区管理支持系统:由辖区内企事业单位、社会团体、居民群众及其自治性组织构成

主要通过一定的组织形式,如社区委员会、社区事务咨询会、协调委员会、居民委员会等,主要负责议事、协调、监督和咨询,从而对社区管理提供有效的支持。

8.4.2.3 生态村镇建设中"四位一体"的多元主体网格化社区治理经验与模式示范

根据我国村镇生态建设的社区治理经验,多数沿海村镇在社区治理中为充分调动社区居民参与社区管理,创新引入了"网格化"管理模式,其首先主要通过对社区内所有的人、地、物、事、组织登记造册录入村镇社区管理系统,这些数据精确到社区的每个单位、每个楼门甚至每个井盖,实现对社区部件和事件的精细化、空间可视化管理。同时根据社区事务管理的属性和要求主要形成"党委政府""社会组织""社区居委会"以及"居民"在内的"四位一体",多元主体共治的基层社区协同治理模式。

(1)规划社区网格化管理边界,实现社区管理无缝覆盖

将村镇社区进行网格化划分,各社区根据面积、人口和其他自然与社会条件因素划分为若干个网格。每个网格内配置管理员、专干员、协调员和监督员,共同负责整个社区所覆盖范围。其中管理员由居委会专干担任,负责网格的日常管理工作;专干员则从社会招聘,再分配到每一个网格;协调员可由街道办事处各个职能科室副科级以上干部担任,对口联系一个网格,负责网格内所有事务的协调工作;监督员则从村镇社区居民代表、社区党员、楼长、栋长、热心人士、志愿者中选取一定数量的人员担任,负责监管网格工作情况。

(2)构建社区网格化管理的多元协同工作机制

首先在多元主体协同上,村镇基层社会管理应充分调动社区内各种社会主体积极性,发挥他们在社会管理中的作用。社区治理中的多元主体协同包括街道办事处、社区党组织、公共服务站、辖区单位、社会组织、全体居民、楼长、栋长、居民代表、社区党员、志愿者、协管员、社区义工、积极分子等组成的社区复合主体。充分发挥多元主体在社会管理中的协同、自治、自律、互律作用,使各种社会力量形成推动社会和谐发展、保障社会安定有序的合力。其次是多层级协同,通过整合包括街道办事处在内的各社区治理力量,将管理重心下移,服务关口前移,在村镇社区设立公共服务站,将政府公共服务延伸到基层社区,方便社区居民办事,实现政府职能部门、街道办事处、社区居委会、社区居民四个层级的协同治理。最后是多中心协同,幸福社区创建必须走群众路线,发动群众、依靠群众,充分发挥邻里之间的守望相助精神,调动居民群众积极参与社区公共事务,实现邻里之间、居民与政府之间、居民与社会组织之间多中心协同治理。

(3)制定社区网格化服务工作的标准化流程

建立和完善村镇社区服务标准体系,将日常行政事务和便民服务工作流程加以梳理、整合、分类,争取制定《社区服务工作流程与标准》和《社区服务指南》。推行"5S"社区服务标准,即 smile(微笑)、standardization(规范)、specialty(个性)、speed(及时)、satisfaction(满意)。同时导入幸福社区系统,建立统一名称、统一标

识、统一着装、统一制度、统一办事流程"五统一"的社区规范运作机制。

（4）依靠社区现代信息管网实现社区网格化管理的智慧化

进入大数据时代，社区管理服务从粗放式迈上更精准的集约化轨道。在课题组调研的沿海村镇经济条件比较成熟的地区，部分社区已经通过现代信息管网，与高校、研究机构及企业共同开发智慧社区服务系统，打造全媒体智慧化社区。开发一个融合电视媒体、广播媒体、网络媒体、手机媒体的智慧社区服务系统，打造全媒体智慧化社区。如部分社区通过电视社区服务专门频道、社区服务网、社区服务热线、社区服务短信平台，实现社区服务全媒体跨越、无缝隙覆盖。

"四位一体"的网格化多元协同治理是实现社区居民自我管理、自我服务、自我教育、自我监督的重要平台。其中工作的重点在于建立科学的社区管理分工协作机制，形成高效的社区管理工作运行机制，规范社区管理的监督考核机制，实现社区管理与服务的精细化、信息化、全面化。

总而言之，柴桥街道河头村已在探索村镇生态建设的社区治理中有所收获，其中可示范或被示范的经验和模式还比较多，但还在继续摸索中，可完善之处同样也还比较多。当然我国村镇社区治理根本上的问题还在于多数村镇社区治理经济基础明显比较薄弱，治理面临的很多难题都是由于村镇的经济社会文化发展水平较低，这是村镇社区治理要面对和承认的一个基本前提。这个特点决定了只有依靠发展才是解决村镇社区治理难题的长期战略选择。只有通过发展村镇教育文化事业，才能提高社区居民素质，增加居民收入；只有通过发展村镇经济，让村镇居民收入持续稳定增长，才能安居乐业；只有发展村镇经济，政府才能增加财政收入，才能为村镇社区治理提供充足的基础设施和公共服务。

参考文献

［1］孙柏瑛. 当代地方治理［M］. 北京：中国人民大学出版社，2004：15-35.

［2］Boworn Wathana B. Transforming Bureaucracies for the 21st Century：The New Democratic Governance Paradigm［J］. Research in Public Policy Analysis and Management，2006，(15)：667-679.

［3］哈斯·曼德，穆罕默德·阿斯夫. 善治：以民众为中心的治理［M］. 北京：知识产权出版社，2007：67-69.

［4］Rhodes R. A. W. The New Governance：Governing without Government［J］. Political Studies，1996，(44)：652.

［5］Barber，B. Strong Democracy：Participatory Politics for a New Age［M］. Berkeley，CA：The University of CaliforniaPress，2003：56.

［6］Ham，C. Hill. The Process in the Modern Capitalist State［M］. London：Wheatheat，1984：122.

[7] B.盖伊·彼德斯.政府未来的治理模式[M].北京：中国人民大学出版社，2001：78.

[8] Kettl, D. F. Sharing Power：Public Governance and Private Markets [M]. Washington D. C. ：Brookings Institution，1991：21-22.

[9] Jan W. Van Ddeh. Social Capital and European Democracy[M]. New York：Routledge，1999：170.

[10] Jan，Kooiman. Governance and Govemability：Using，Complexity，Dynamics and Diversity[M]. London：SAGE Publications，1993：252.

[11] 戴维·奥斯本，特德·盖布勒.改革政府[M].上海：上海译文出版社，1996：289.

[12] 全球治理委员会.我们的全球伙伴关系[M].美国：牛津大学出版社，1995：93-98.

[13] 孙立平."自由流动资源"与"自由活动空间"[J].探索，1993，(1)：64-68.

[14] 俞可平.治理与善治[M].北京：社会科学文献出版社，2000：135-138.

[15] 冯玲，李志远.中国城市社区治理结构变迁的过程分析[J].人文杂志，2003，(1)：133-138.

[16] 桑玉成，杨建荣，顾铮铮.从五里桥经验看城市社区管理的体制建设[J].政治学研究，1999，(2)：40-48.

[17] 金永利.沈阳现行社区管理模式的评价分析[J].经济师，2003，(1)：80-81.

[18] 陈伟东.城市基层社会管理体制变迁：单位管理模式转向社区治理模式——武汉市江汉区社区建设目标模式、制度创新及可行性研究[J].理论月刊，2000，(12)：3-9.

[19] 魏娜.我国城市社区治理模式：发展演变与制度创新[J].中国人民大学学报，2003，(1)：135-140.

[20] 张亮.上海社区建设面临困境：居民参与不足[J].社会，2001，(1)：4-6.

[21] 何海兵.正确处理社区中政党、政府、市场与社会的关系[N].中国社会报，2003-8-27(3).

[22] 程同顺.当前农村社会治理的突出问题及解决思路[J].人民论坛，2016(8)：19-23.

[23] 刘敏，王芳.一核多元社区治理模式考察[J].开放导报，2014，(5)：34-37.

[24] 郭家瑜.国内典型社区治理模式对江西省社区治理的启示[J].江西南天学院学报，2011，(6)：69-72.

[25] 唐忠新.社区治理 国家治理的基础性工程[N].光明日报，2014-4-4(11).

第9章 东南沿海村镇生态建设的评价指标及考核机制构建

　　生态村镇的建设尤其是考虑区域典型特征的生态建设是一项复杂的系统工程。截至 2016 年 6 月,全国已有 16 个省(市、区)开展生态省建设,1000 多个市、县、区正在建设生态市县,133 个地区获得生态市县命名[①],与我国生态市、县建设进展较快相比,生态村镇的建设进展相对较慢。为更好地建设和评价生态村镇建设的质量,构建一套设计合理、操作性强的评价指标体系,既可为生态建设规划及实施提供切实有效的测评工具,又可作为衡量生态建设与环境整治成效的重要依据。国内外对生态城市指标体系的研究,成果较多并出台了多部健全完善的评价标准。相比之下,村镇生态建设评价指标体系的研究仍不够成熟。本章在梳理国内外生态村镇建设评价与考核研究动态基础上,阐述东南沿海村镇生态建设评价指标体系的构建思路和原则,并对生态建设评价指标体系进行设计。在此基础上,进一步构建村镇生态建设考核机制,并细化具体的实施办法,尝试对试点村镇的生态建设水平进行评价与考核。构建东南沿海村镇生态建设的评价指标及考核机制,使村镇生态建设处于可量测、可监督的可控状态下,为村镇的生态规划、建设、管理和考评提供数据支持和决策依据。

9.1　国内外生态村镇建设评价与考核研究动态

9.1.1　生态村镇概念与内涵

　　生态村的概念最早由丹麦学者 Robert Gilman 在"生态村及可持续的社会"报告中提出:"生态村是以人类为尺度,把人类活动结合到不破坏自然环境为特色的居住地中,支持健康的开发利用资源及能持续发展到未知的未来。"1991 年丹麦成立了生态村组织——大地之母(GAIA)投资信托基金,并给出了生态村的概念:"生态村是在城市及农村环境中可持续的居住地,它重视及恢复在自然与人类社会

---

① 林映雪,韩庆. 首届"中国生态文明奖"揭晓. http://sh. people. com. cn/n2/2016/0605/c134768-28459077. html. 2016 年 6 月 5 日.

中四种组成物质的循环系统：土壤、水、火和空气的保护，它们组成了人类生活的各个方面。"自此之后，生态村逐渐开始出现，农业、生态和建筑专家开始关注乡村的经济、生态和文化遗产的保护问题，倡导建立一个可持续发展的社会①。中国生态村的建设起源于 20 世纪 80 年代蓬勃兴起的生态农业实践，我国农村基本以农业生产为主，生态村最初就是指生态农业村，是伴随着生态农业建设而发展起来的。因此生态农业是生态村建设的重要的内容，也是生态村建设的重要手段和方式，生态村必须强调的是农业生态系统物质循环和多级利用。从某种意义上讲，生态农业的发展就是生态村的建设和运转，生态村和生态农业从指导思想、建设目标及运用的技术方法上都近似相同②。

生态村是典型的开放系统，具有自然、经济、社会等多属性、多层次、多侧面的复杂系统，其内涵可归纳为：遵循可持续发展的要求，以生态学、生态经济学原理为指导，以生态、经济、社会三大效益协调统一为目标，运用系统工程方法和现代科学技术建立的具有生态良性循环持续发展的多层次、全功能、结构优的村庄组合和农业生产体系，是社会、经济、自然协调发展，物质、能量、信息高效利用，物质与精神双文明的农村人居环境和生产基地③。从实践上定位，则可简要概述为：经济发达、生活富裕、环境优美、资源节约、高效低耗、良性循环、持续发展，从而实现在绿色村庄建设和农业经济发展的整体上得以整合，达到生产、生活、生态的高度统一。经济效益、社会效益和生态效益的统一是生态村建设的根本目标。生态村的建设不仅重视生态环境保护，充分合理利用资源，强调生产效率，减少污染排放，而且强调经济的稳定发展和满足人们日益增长多层次的社会需求，把传统农业技术和现代农业技术有机地结合起来，建立生态合理、经济高效的现代化持续农业，追求生态、经济和社会整体协调发展。这也是建设生态村必须长期坚持的目标④。生态村的建设不仅是发达国家经历了现代农业辉煌成果而又受自然界一系列惩罚之后的深刻反思，而且也是发展中国家的前车之鉴。我国生态村的建设经过了数十年的理论研究和实践探索，涌现了许多好的经验和成功的典型。生态村是符合我国国情、国力且切实可行的发展模式，是我国社会经济持续发展的必由之路。随着可持续发展战略的实施，我国生态村的建设必将有更为广阔的发展空间。

① 万本太. 生态文明建设评价的思考［EB/OL］. http://www. eedu. org. cn/Article/ecology/ecoculture/EcoCivilisation/201112/68056. html. 2011 年 12 月 9 日.
② 李元，祖艳群，胡先奇，邱世刚. 生态村农业生态经济系统综合评价指标体系的研究［J］. 生态经济，1994(2):30-34.
③ 张建锋，吴灏，陈光才. 乡村评价的"美丽指数"研究［J］. 农学学报，2015,11(5):126-129.
④ 陈亚松，杨玉楠. 我国生态村的建设与展望［J］. 北方环境，2011,23(6):71-74.

9.1.2　生态建设评价体系

国内外对生态建设评价体系研究最早是从生态城市开始的,关于生态城市指标体系的相关研究,已经取得了许多成果。联合国可持续发展委员会(UNCSD)从社会、经济、环境和制度四方面,以驱动力—状态—反应模式构建了 134 个指标(后精简为 58 个)。2003 年,国家环保总局制定的《生态县、生态市、生态省建设指标(试行)》,分经济发展、生态环境保护和社会进步三个大项,指标控制在 22 个以内。2005 年,建设部颁布《国家生态园林城市标准(暂行)》,分城市生态环境、城市生活环境和城市基础设施三大项共 19 个指标。国内学者基于不同的视角对生态城市指标体系分别进行了深入研究。从上述研究来看,国内生态城市的指标体系主要有两类:一类是从社会、经济、自然 3 个子系统的分析出发构成的指标体系,这类指标体系的应用较广泛;另一类是从城市生态系统的结构、功能、协调度考虑建立的指标体系,指标综合的方法以加权平均为主。

生态城市建设的主要目标是实现可持续发展,评价生态城市建设成效的指标体系也可以归入到可持续发展指标体系范畴。但是生态城市的指标体系有其自身特点,即指导生态城市建设的理论体系是生态学,其关注的是社会、经济、自然子系统在"关系"上的协调。生态城市的指标体系不仅是生态城市内涵的具体化,而且是生态城市规划和建设成效的度量。国内外的论著主要集中在生态城市的内涵、规划设计原则、方法的讨论上,存在的主要问题包括:对生态城市概念和内涵缺乏统一、清晰的认识;指标可操作性较差,数据获取困难,指标设计存在缺陷;对指标的动态性缺乏研究,指标缺乏弹性,未体现新的时代要求;尚未形成一套科学、权威的指标体系和评价方法[①]。

生态村建设与生态城市不同,二者的评价指标体系也不同。生态村是典型的开放系统,具有自然、经济、社会等多重性质、多层次、多侧面的复杂系统,生态与经济协调发展,经济效益、社会效益和生态效益的统一是生态村建设的根本目标。通过生态村镇建设实现在绿色村庄建设和农业经济发展整体上的整合,达到生产、生活、生态的高度统一。衡量生态村建设的总体水平,构建科学合理的指标体系,运用合适的方法进行评价是前提。其中的生态村农业生态经济系统综合评价指标体系的建立必须因地制宜,与当地农业实际情况结合,以生态环境理论和系统理论为基础,考虑到生态、经济的复合性及二重性,需要具有科学性、全面性、简便性、易行性。流行的评价指标一般存在三个问题:指标过繁、未突出以效益为中心、指标过于僵化,因此研究提出建立评价指标体系的原则有:简便实用,以"效益"评价为中心,指标应具有派生、演化的功能。关于评价指标具体体系的设定,很多学者做了

---

①　吴琼,王如松,李宏卿,等.生态城市指标体系与评价方法[J].生态学报,2005,25(8):2090-2095.

相关的研究,一般都认为包括:生态指标、经济指标、社会指标三个层次,每个层次都有各自相关的具体指标。

9.1.3　生态建设评价方法

生态建设评价方法方面,在多指标综合评价模型运算中,重点是确定各指标的权重,指标权重的确定方法有客观法和主观法两类。客观法主要有主成分分析法、聚类分析法、模糊判断分析法等多元分析法;主观法主要有层次分析法、二项系数法、专家调查法等。各种权重确定方法都有其缺陷,要根据评价目的和指标的多少来具体确定使用哪种权重确定方法。在生态村建设综合评价中,考虑到指标体系的多层次性特点,选择层次分析法来确定指标权重的研究较多。

层次分析法(The Analytic Hierarchy Process,简称 AHP 方法),是由美国运筹学家、匹兹堡大学萨蒂(T. L. Saaty)教授于 20 世纪 70 年代提出的。在有些决策系统中很多因素之间的比较往往无法用定量的方式,需要将半定性、半定量的问题转化为定量计算问题,AHP 法便是一种定性与定量相结合的决策分析方法。应用 AHP 方法,决策者通过将复杂问题分解为若干层次和若干组,在各指标之间进行简单的比较和计算,就可以得出不同方案的权重,为最佳方案的选择提供依据。层次分析法运用的基本原理就是排序的原理,最终将各方案排出优劣次序,作为决策者的选择依据。层次分析法首先将被决策的问题看作受多种指标影响的整体系统,这些相互关联、相互制约的指标可以按照它们之间的隶属关系排成从高到低的若干层次,包括最高层(总目标)、最低层(供决策的方案、措施等)和中间层,然后请专家、学者、权威人士对各指标两两比较重要性,再结合相关线性代数方法,对各指标层层排序,最后对排序结果进行综合分析。其主要特点是将人的主观判断用数量形式表达出来并进行科学处理。因此,这种方法更能适合复杂的社会科学领域的问题决策。同时,这种方法表现形式非常简单,容易被理解接受。

生态村的建设标准和评价体系还不够完善,我国对生态村的建设和研究更注重对现实村落生态经济问题的研究,对乡村中生态建筑、生态社区、人文环境,包括人际关系等关注不够。另外,不同地区的学者虽然结合本地区特色从不同地貌角度提出了生态村镇建设的指标体系,如刘宇鹏等[①]提出的湿地文明生态村建设评价指标体系。但是,至今还没有针对东南沿海发达地区的综合性的农村建设相关指标体系。随着科技的发展,人类社会的进步,我国生态村的建设模式和评价体系将进一步完善,生态村的本质内涵也不断得到扩展,必将实现由原来注重单项技术突破向综合建设方面跨越,由注重经济、环境建设的模式趋向包括人文环境的

---

① 刘宇鹏,王军,张国锋.面向湿地的文明生态村建设评价指标体系构建——以白洋淀村庄为例[J].江苏农业科学,2010(6):596-598.

建设。

9.1.4　生态建设考核

9.1.4.1　现行领导干部考核的主要内容

党的十六届三中全会以来,中央多次强调要建立体现科学发展观和正确政绩观要求的干部考评体系。2009年中共中央办公厅印发了《关于建立促进科学发展的党政领导班子和领导干部考核评价机制的意见》,中央组织部发布了《地方党政领导班子和领导干部综合考核评价办法(试行)》《党政工作部门领导班子和领导干部综合考核评价办法(试行)》和《党政领导班子和领导干部年度考核办法(试行)》。

按照一个意见、三个办法的要求,党政领导班子和领导干部政绩考核要"坚持德才兼备、以德为先,把按照科学发展观要求领导和推动经济社会发展的实际成效作为基本依据,综合运用民主推荐、民主测评、民意调查、个别谈话、实绩分析、综合评价等方法,全面客观准确地考核评价领导班子和领导干部。"[①]其中,实绩分析的主要内容包括:本地人均生产总值及增长、人均财政收入及增长、城乡居民收入及增长、资源消耗与安全生产、基础教育、城镇就业、社会保障、城乡文化生活、人口与计划生育、耕地等资源保护、环境保护、科技投入与创新等方面统计数据和评价意见。考虑到各地区发展条件和发展水平的差异较大,中央并没有出台统一的考核指标体系。

9.1.4.2　体现生态文明要求的领导干部考核

在节能减排考核方面,国务院《"十一五"节能减排综合性工作方案》提出要狠抓落实节能减排目标责任,要求地方各级政府对本行政区域节能减排负责,把节能减排指标完成情况纳入各地经济社会发展综合评价体系,作为政府领导干部综合考核评价和企业负责人业绩考核的重要内容,实行问责制和一票否决制。

在耕地保护考核方面,2005年国务院发布的《省级政府耕地保护责任目标考核办法》提出要实行耕地保护责任目标考核制度。2011年国土资源部会同中组部、农业部、监察部、审计署、国家统计局等六部门首次开展"十一五"期间省级政府耕地保护责任目标考核,考核结果将作为领导班子和领导干部年度考核、换届考察实绩分析的参考依据。

在水资源保护考核方面,2012年国务院发布的《关于实行最严格水资源管理制度的意见》中提出,建立水资源管理考核制度,将水资源开发、利用、节约和保护的主要指标纳入地方经济社会发展综合评价体系,国务院对各省、自治区、直辖市的主要指标落实情况进行考核,水利部会同有关部门具体组织实施,考核结果交由

---

① 谢海燕,杨春平.建立体现生态文明要求的考评机制[EB/OL]. http://www.china-reform.org/? content_534.html. 2014年3月21日.

干部主管部门,作为地方人民政府相关领导干部和相关企业负责人综合考核评价的重要依据。

在环境保护考核方面,2011年国务院发布的《关于加强环境保护重点工作的意见》提出,制定生态文明建设的目标指标体系,纳入地方各级人民政府绩效考核,考核结果作为领导班子和领导干部综合考核评价的重要内容,作为干部选拔任用、管理监督的重要依据,实行环境保护一票否决制。

在区域分类考核方面,2010年国务院发布的《全国主体功能区规划》要求按照不同区域的主体功能定位,实行各有侧重的绩效考核评价方法,并强化考核结果运用。

部分地方政府根据国家相关部门的要求制定了相应的考核政策。张家口市发布了《张家口市生态文明建设绩效考核实施办法》,将考核对象分为区县、市级机关两类,考核采取检测抽核的方式,考核内容分实绩考核、特色亮点两个方面,其中实绩考核主要围绕生态经济、生态环境、生态人居、生态文化、生态制度五个方面。绵阳市出台了《绵阳市生态文明建设考核指标体系》,将各区县(市、区)划分为平原、丘陵和山区三类进行考核,考核内容包括平原、丘陵突出资源消耗和污染防控,山区突出生态建设和环境保护。

9.1.4.3 生态文明建设考评存在的问题

(1)生态文明建设考评指标体系尚不完善。从评价指标来看,已出台的评价指标体系关联度大,又各有侧重点,具有鲜明的部门特色,但尚未全面体现生态文明内涵,如将生态建设等同于生态文明建设、将生态文明建设与经济建设对立起来等。这些指标体系以循环经济、绿色发展、低碳发展、生态建设、生态文明等各种名目出现,概念众多,在一定程度上造成地方认识上的混乱,并且存在分散资源、重复建设等问题,不利于统筹推进生态文明建设工作。

从考核指标来看,中央对领导干部考核指标只做了原则性要求,没有具体的指标体系。这样做的初衷是考虑各地差异性,不便实行"一刀切"。但带来的后果是约束性不强,各地在实践中实际上是以经济增长速度为主要考核指标,甚至是唯一考核指标,而资源环境类指标被淡化,政绩考核转变成了简单的GDP考核。

(2)现行生态文明相关考核制度执行不力。无论是节能减排一票否决制,还是作为领导干部政绩考核重要依据或参考依据的耕地保护、水资源保护、环境保护等内容,在实践中均未真正落到实处。相关规定摆在纸上的多,动真格的少,考核内容、考核标准、考核程序、考核方法有待建立。如节能减排一票否决制,大大地提升了节能减排要求的震慑力,提高了地方政府及企业节能减排的积极性,但多数是对未完成任务的企业进行惩罚,对未完成任务的地方新上项目实行"区域限批",对地方领导干部实行问责的少。另一方面,各类考核众多,看似严格,实际上反而不利于执行落实,有必要出台系统完整的生态文明考核制度。

(3)生态文明建设考评与奖惩机制脱节。生态文明建设考核结果没有作为领导干部提拔任用的重要依据,对因决策失误造成重大环境损害的领导干部缺少问责机制,考核与奖惩形成了"两张皮",降低了考核的公信力和威慑力,严重影响了干部群众参与考核的积极性,导致一些地区生态文明建设考核工作走过场,流于形式。

(4)缺少明确的牵头推进部门和协调机制。生态文明建设涉及面广,相关部门都在积极探索实现途径,但由于主管部门不明确及缺少相应的协调机制,生态文明建设考评处于无序状态,存在重复建设现象和政策真空地带。考核什么,谁来考核,如何考核,这些问题均不明确。

9.2　东南沿海村镇生态建设评价

对村镇生态建设进行评价,关键在于寻求可操作的、定量化的评价指标,以衡量和评价村镇生态建设的水平和能力,它是可持续发展理念和党中央提出的科学发展观从理论到实践的重要纽带。评价指标是用来表达社会、经济和生态建设水平及趋势的信息工具,进而反映生态建设目标的实现进程。科学、合理的生态建设评价指标体系可作为各决策部门在生态村镇建设过程中进行定性、定量分析的有效工具,为引导生态村镇朝着正确方向发展提供参考[①]。根据生态村镇的内涵,生态村镇的建设应以生态、经济、社会三大效益协调统一为目标,运用系统工程方法和现代科学技术建立具有生态良性循环持续发展的多层次、全功能、结构优的村庄组合和农业生产体系。其主要标志是:生态环境良好、自然资源得到合理的保护和利用;以生态或绿色经济为特色的经济发展,结构合理,总体竞争力强;现代生态文化形成并得到发展,民主与法制健全,社会文明程度高,人民生活宽裕,环境污染得到根本控制和基本消除[②]。本部分研究参考借鉴生态环境部制定的相关标准以及考虑东南沿海自然资源丰富、环境质量优越和社会经济水平低的具体情况,尝试构建一套可量化的示范区生态建设评价指标体系。

9.2.1　构建思路

生态建设评价指标体系的设置,关键应抓住生态村镇建设的主要方面,用于综合衡量生态村镇建设进展的总体情况。本研究参考的生态示范区建设相关标准如下:《国家生态文明建设试点示范区指标(试行)》《生态县、生态市、生态省建设指

---

① 李海龙,于立.中国生态城市评价指标体系构建研究[J].城市发展研究,2011,18(7):81-86.

② 李波,杨明.贵州生态建设评价指标体系研究[J].贵州大学学报(社会科学版),2007,25(6):38-45.

标》《全国环境优美乡镇考核标准(试行)》《国家级生态村创建标准(试行)》《农业部
"美丽乡村"创建目标体系》和《生态文明建设目标评价考核办法》。另外,结合东南
沿海自然资源丰富、环境质量优越和社会经济水平较高的具体情况,尝试构建一套
"定性与定量指标相结合,特征性与共性评价指标相结合"的东南沿海生态村镇建
设评价指标体系。考虑到水作为生态与环境的控制性要素,结合东南沿海区域河
流众多,水系发达的特征,本研究将选取水环境生态文明建设的相关指标作为特征
性指标进行分析。由于生态村建设涉及内容较多,在指标选择中注意了两点:一是
所选的指标大多数能够从全国性统计资料中找到,便于进行横向比较;二是从同一
大类指标中选择最能说明问题的指标,做到突出重点,简便易行。

9.2.2   构建原则

指标的甄选需要综合考虑对村镇生态建设的指导性及数据可获取性等原则,
提出科学、合理、实用的指标体系。通过借鉴国内外指标体系确定原则,根据本指
标体系构建思路及生态村镇建设目标,主要从以下 7 个方面综合考虑指标的选取
原则:(1)科学性原则。指标要有明确的科学定义与计算方法,可以明确地用定量
监测或者定性评价来计算。(2)时效性原则。指标应该能够根据生态村镇指标体
系构建流程按年度获取,以定期反映生态发展变化状况。(3)决策相关性原则。指
标应该能够反映某一个方面的情况,明确该指标的好坏与生态建设的关系,将指标
的变化与政府政策制定直接关联。(4)易于获取性原则。指标应该能够容易获取
或者容易计算得到,尽量选取纳入政府监测范围的指标和获取成本较低的指标。
(5)简明性原则。指标应该简单明了,显而易见。(6)普适性原则。适用于不同地
理区域、性质、类型和规模的城市,避免由于地理区位、城市规模和发展水平等因素
导致的指标自身差异。(7)敏感性原则。指标变化能明显反映该指标指示的要素
是变好还是变坏,要有较好的区分度[①]。

9.2.3   指标选取

本研究中评价指标的选取分为初选和精选两个阶段,以文献分析和专家调查
问卷等方法为主,结合课题组内部反复的分析讨论,使选取结果更为科学合理,符
合预先设定的指标选取原则。

9.2.3.1   指标初选

指标初选过程主要包括:①指标提名。列举国内外已有相关研究中所列指标,
并进行同类合并,剔出明显不符合中国国情、东南沿海特征和统计制度的指标,优
选出一定数量的备选指标。指标选择过程尽量参考国家层面已有的生态建设考核

---

① 李海龙,于立.中国生态城市评价指标体系构建研究[J].城市发展研究,2011,18(7):81-86.

和评估指标。②指标筛选。在初选出的指标之中,由研究人员对每项指标进行单独评分,根据每个指标的科学性、可比性、相关性、获取性、简明性、普适性、敏感性等特征进行详细评估。③确定初选指标。通过指标提名、筛选、课题组成员专题讨论,确定初选指标。

按照以上步骤,参考国内外生态城市指标体系相关研究成果,将已有指标体系成果中出现的指标按环境、经济和社会三维分类罗列,并将其中重复、相近或无法操作的指标进行排除,构建指标库。该指标库共包含 85 个指标(其中环境指标 35 个、经济指标 28 个、社会指标 22 个),涵盖国内外多个地区与生态相关的指标体系研究成果。

9.2.3.2　专家问卷调查

为使指标体系具有广泛的社会参与度,在指标选取过程中开展了基于德尔菲法的意见征询活动。通过广泛邀请国内从事生态城市规划、建设、管理等方面的专家以及生态环境部、住房和城乡建设部等相关政府部门工作人员进行指标选取意见征询,对初选指标进行二次筛选。

(1)问卷调查。2016 年 6 月至 7 月,课题组通过互联网进行面向社会公众的网上意见征询活动。问卷的宣传与发放主要通过电子邮件向国内高校教授、政府部门、规划设计单位、环境治理相关企业等发出邀请,请他们登录意见征询网站参与活动。本研究共进行了两轮专家问卷调查,第一轮意见征询活动请参与者对课题组初选的指标进行评判,做出是否应该纳入村镇生态建设评价指标体系的建议,并提名各分目标需新增指标。第二轮意见征询活动将第一轮问卷成果反馈给所有参与者,请他们根据第一轮问卷结果,再次对指标体系选取提出是否入选的建议。

(2)问卷反馈结果。第一轮意见征询活动共收到全国各地 79 人回复,其中具有高级职称的有 15 人,中级职称的为 32 人,初级职称的为 22 人,其他类型的为 10 人。课题组根据第一轮专家意见对初选指标进行了修改完善,并于 2016 年 8 月,进行了第二轮意见征询。第二轮问卷调查共收到 67 人回复,其中具有高级职称的有 13 人,中级职称的有 28 人,初级职称的为 14 人,其他职称类型 12 人。

9.2.3.3　指标精选

在问卷调查基础上,结合课题小组讨论和国内典型案例研究,去除数据计算中重复、基本反映同一问题的指标,经科学统计和反复分析讨论,最终确定"目标层、分目标层和指标层"的三级评价体系,其中分目标层又分为:生态农业、生态环境、生态文明、生态人居、生活富裕、生态支撑、生态特色 7 个方面,共计 29 个指标。其中包括:20 个定量指标和 9 个定性指标;24 个共性指标和 5 个特征性指标,见表 9-1。

表 9-1 东南沿海村镇生态建设评价指标体系

目标层	分目标	序号	指标	标准值
生态建设总体状况和程度	生态农业	C1	主要农产品中有机、绿色食品种植面积的比重	≥60
		C2	农用化肥施用强度	＜220
		C3	农药施用强度	＜2.5
		C4	农作物秸秆综合利用率(%)	≥98
		C5	畜禽养殖场(小区)粪便综合利用率(%)	≥100
	生态环境	C6	生活污水处理率(%)	≥90
		C7	生活垃圾无害化处理率(%)	100
		C8	林草覆盖率 (山区、 丘陵区、 平原区)	≥80 ≥50 ≥20 (特征性指标)
		C9	地表水环境质量	达到环境规划要求
		C10	空气环境质量	达到环境规划要求
		C11	村民对环境状况满意率(%)	≥95
	生态文明	C12	生活垃圾定点存放清运率(%)	≥100
		C13	遵守节约资源和保护环境村规民约的农户比例	≥95
		C14	环境保护宣传教育普及率(%)	100
		C15	村务公开制度执行率(%)	100
	生态人居	C16	使用清洁能源的农户比例	≥80
		C17	农村生活饮用水卫生合格率(%)	≥90
		C18	农村卫生厕所普及率(%)	100
	生活富裕	C19	农民人均纯收入	≥8000
		C20	新型农村社会养老保险参保率(%)	≥90
	生态支撑	C21	重点村、精品村建设规划	定性指标
		C22	村镇一体新社区规划	定性指标
		C23	生态建设规划	定性指标
		C24	五水共治规划	定性指标 (特征性指标)
		C25	基础设施长效管理机制	定性指标
		C26	公众参与制度	定性指标
	生态特色	C27	沿海特色文化活动	定性指标 (特征性指标)
		C28	沿海自然景观	定性指标 (特征性指标)
		C29	沿海特有人文景点	定性指标 (特征性指标)

9.2.3.4　指标标准值确定

根据国内外已有指标体系理论和实践成果,对指标进行综合分析与权衡,对各项指标进行标准值赋值。赋值的基本原则是:①有国家标准或国际标准的指标,尽量采用规定的标准值;②参考国外具有良好特色的村镇现状值作为标准值;③参考国内村镇的现状值,作趋势外推,确定标准值;④依据现有环境与社会、经济协调发展的理论,力求定量化作为标准值;⑤对统计数据不十分完整,但在指标体系中又十分重要的指标,在缺乏有关指标统计数据前,暂用类似指标替代;⑥对于定性指标,主要通过定性描述对指标进行判断。根据指标评价性质的不同,将指标划分为正向型指标、逆向型指标和定性化指标 3 类,各指标的标准值见表 9-1[①]。

对表中的特征性指标及其参考值,主要是考虑东南沿海区域在自然环境、历史文化等方面的差异性,以及不同的地形地貌在生态低碳建设上的不同特点,结合指标选取的原则得到。如林草覆盖率指标,本指标体系针对不同的对象有不同的评价标准:对应浙江省村镇的不同的地形地貌其标准是不同的,可将村镇分为平原、丘陵盆地、山地三类,平原区主要分布于浙东北平原水网地带和温台沿海部分地区;丘陵盆地主要是浙中盆地、嵊(州)新(昌)盆地、丽水盆地等,以及平原和山地过渡的丘陵区;山地区主要位于浙西南区域。反映在指标的参考值上,分别为:山区的标准是 80%、丘陵区的标准是 50%、平原区的标准是 20%。另外,在定性指标中,针对沿海地区水资源丰富、特色文化鲜明、地表水环境以及近岸海水环境污染状况不断加剧等特点,选取包括五水共治规划、沿海特色文化活动、沿海自然景观、沿海特有人文景点、近岸海域海水水质等指标,主要通过定性描述表征东南沿海生态建设情况。

9.2.3.5　指标测算

(1)村民人均年纯收入

数据来源:查阅统计部门的统计资料。

(2)饮用水卫生合格率

生活饮用水质符合国家《农村实施〈生活饮用水卫生标准〉准则》。计算公式:饮用水卫生合格率=村域内符合国家《农村实施〈生活饮用水卫生标准〉准则》的户数/全村总户数×100%;全村总户数包括外来居住或临时居住的户数(下同)。

数据来源:查阅全村总户数名册和饮用水达标户名册,考核时现场抽查。

(3)户用卫生厕所普及率

卫生厕所普及率指使用卫生厕所的农户数占农户总户数的比例。计算公式:户用卫生厕所普及率=使用卫生厕所的农户数/全村总户数×100%。

---

① 雷波,张丽,夏婷婷,吴亚坤.基于层次分析法的重庆市新农村生态环境质量评价模型[J].北京工业大学学报,2011,37(9):1393-1399.

①建有卫生公共厕所且卫生公厕拥有率高于1座/600户,公共厕所落实保洁措施。

②卫生厕所应保证通风、清洁、无污染,包括粪尿分集式生态卫生厕所、栅格化粪池厕所、沼气厕所等多种类型。各地可根据改水改厕要求,选择适宜类型;

③草原牧区经其省级卫生部门或环保部门认可的其他不污染环境的各种方式也可算作卫生厕所。

数据来源:查阅卫生厕所使用户名册,考核时现场抽查。

(4)生活垃圾定点存放清运率及无害化处理率

①有固定的收集生活垃圾的垃圾桶(箱、池);

②定期清运并送乡镇或区县垃圾处理厂进行了无害化处理;

③有卫生责任制度,有专人负责全村垃圾收集与清运、道路清扫、河道清理等日常保洁工作。

计算公式:生活垃圾定点存放清运率=生活垃圾定点存放并得到及时清运的户数/全村总户数×100%;

计算公式:生活垃圾无害化处理率=全村生活垃圾无害化处理量/全村生活垃圾产生总量×100%。

数据来源:查阅垃圾处理厂的证明材料、垃圾管理的规章制度与日常保洁人员的工资发放证明材料。

(5)生活污水处理率

计算公式:生活污水处理率=(一、二级污水处理厂处理量+氧化塘、氧化沟、净化沼气池及土(湿)地处理系统处理量)/村内生活污水排放总量×100%。

数据来源:查阅资料,现场察看。

(6)工业污染物排放达标率

工业企业废水、废气及固体废弃物排放达到国家和地方规定的排放标准。计算公式:工业企业污染物达标排放率=村域内工业企业废水(废气、固体废弃物)达标排放量/村域内废水(废气、固体废物)排放总量×100%,取废水、废气、固体废弃物排放达标率的平均数;有关解释参照生态环境部的统计口径。

数据来源:查阅县级环保部门的证明材料;现场察看。

(7)地表水环境质量

地表水环境质量评价应选取单项指标,分项进行达标率评价。溶解氧、化学需氧量、挥发酚、氨氮、氰化物、总汞、砷、铅、六价铬、镉十项指标丰、平、枯水期水质达标率均应达到100%。其他各项指标丰、平、枯水期水质达标率应达到80%。

数据来源:对照《地面水环境质量标准》,对各单项指标与监测值进行比较分析。

(8)空气环境质量

空气环境质量评价应选取单项指标,分项进行达标率评价。氮氧化物(NOx)、挥发性有机物(VOCs)、臭氧(O_3)、细颗粒物(PM2.5)、可吸入颗粒物(PM10)和总悬浮颗粒物(TSP)分别符合环境空气质量区质量要求。

数据来源:对照《空气环境质量标准》,对各单项指标与监测值进行比较分析。

(9)遵守节约资源和保护环境村规民约的农户比例

这是指遵守节约资源和保护环境村规民约的户数占总户数的比例。计算公式:遵守节约资源和保护环境村规民约的农户比例=遵守节约资源和保护环境村规民约的户数/全村总户数×100%。

数据来源:查阅资料,现场察看。

(10)环境保护宣传教育普及率

这是指接受环境保护宣传教育的村民占村民总数的比例。计算公式:环境保护宣传教育普及率=接受环境保护宣传教育的村民数/全村村民总数×100%。

节约资源和保护环境的村规民约指村庄依据国家方针政策和法律法规,结合本村实际,从维护本村的社会秩序以及引导村民节约资源和保护环境等方面制定规范村民行为的一种规章制度。

数据来源:问卷调查,查阅村规民约,现场走访、察看。

(11)村务公开制度执行率

这是指村庄实际村务公开的事项占应当村务公开的事项的百分比。

计算方法:村务公开制度执行率=实际村务公开的事项(个)/应当村务公开的事项(个)×100%。

村务公开制度指依据《村民委员会组织法》所建立的村务公开制度。村务公开内容包括村民会议和村民代表会议讨论决定的事项及其实施情况、国家计划生育政策的落实方案、资金和物资的管理使用情况、村民委员会协助人民政府开展工作的情况,以及涉及本村村民利益和村民普遍关心的其他事项。一般事项至少每季度公布一次;集体财务往来较多的,财务收支情况应当每月公布一次;涉及村民利益的重大事项应当随时公布。

数据来源:村务公开的有关制度、村务信息公告、抽样调查表等文件。

(12)清洁能源普及率

这是指使用清洁能源的户数占总户数的比例。计算公式:清洁能源普及率=村域内使用清洁能源的户数/全村总户数×100%。

清洁能源指消耗后不产生或污染物产生量很少的能源,包括电能、沼气、秸秆燃气、太阳能、水能、风能、地热能、海洋能等可再生能源,以及天然气、清洁油等化石能源。

数据来源:提供清洁能源使用户名册,验收时现场抽查。

(13)农作物秸秆综合利用率

农作物秸秆综合利用包括合理还田、作为生物质能源、其他方式的综合利用，但不包括野外(田间)焚烧、废弃等。

计算公式:农作物秸秆综合利用率＝农作物秸秆综合利用量/秸秆产生总量×100％。

数据来源:查阅农业部门或环保部门的证明材料;现场察看综合利用设施并走访群众。

(14)规模化畜禽养殖废弃物综合利用率

这是指通过沼气、堆肥等方式利用的畜禽粪便的量占畜禽粪便产生量的百分比。草原牧区等非集中养殖区土地系统承载力如果适应,还田方式亦算综合利用,但污染物影响他人生产生活的则还田方式不算。

计算公式:畜禽养殖废弃物综合利用率＝综合利用量/产生总量×100％。

数据来源:查阅材料,现场察看。

(15)绿化覆盖率

以林业主管部门的统计口径为准,但水面面积较大的地区在计算绿地覆盖率时水面面积可不统计在总面积之内。

数据来源:查阅县级林业行政主管部门的证明材料。

(16)无公害、绿色、有机农产品基地比例

这是指按照国家相关标准,经有关部门或认证机构认证的无公害、绿色、有机农产品基地面积之和占行政村农业总面积的百分比。

①有生物、物理防治农业病虫害的措施;

②主要农产品农药检出率符合国家规定的要求;

③有经有关部门或认证机构认证的绿色、有机农产品基地,或有经有关部门或认证机构认证的绿色或有机农产品。单纯的工业村、林业村、旅游村和其他没有无公害、绿色、有机农产品生产基地的村不考核此部分。

数据来源:查阅有关材料、有关证书,现场走访、察看。

(17)农药化肥平均施用量

考核近三年农田农药化肥施用情况。

数据来源:查阅有关证明材料和现场查看有关措施。

(18)村民对环境状况满意率

对村民进行抽样问卷调查。随机抽样户数不低于全村居民户数的五分之一。村民在"满意""不满意"二者之间进行选择。计算公式:村民环境状况满意率＝问卷结果为"满意"的问卷数/问卷发放总数×100％。

数据来源:现场抽查;考核期间,进行公示,接受群众举报。

9.2.4　指标权重

指标权重是指某项指标在所有评价指标中所占的比重。在生态建设评价体系中,需要对生态建设效果进行综合评价,评价指标有很多类型,赋权比较复杂。在以往的生态环境评价研究中,多采用主观赋权法来对生态环境的评价指标进行赋权,如层次分析法等。采用层次分析法确定评价指标权重的逻辑性强,通过科学的数学处理,其可信度大,应用范围广。并且该方法具有坚实的理论基础,完善的方法体系,是一种定性与定量相结合的确定生态环境评价指标权重的方法。因此,本研究选择用基于专家咨询的 AHP 法,通过对专家的问卷调查,并结合收集到的资料,整理专家的经验判断,对指标进行赋权。其原理是将复杂问题分解成若干层次,由专家和决策者对所列指标通过两两比较重要程度而逐层进行评判评分,通过计算判断矩阵的特征向量确定指标的贡献程度,从而得到基层指标对总体目标或综合评价指标重要性的排列结果。运用层次分析法确定权重矩阵的步骤如下:

9.2.4.1　分析系统中各指标间的关系,建立评价指标体系层次结构

通过对沿海生态环境评价的特点进行综合分析,确定评价原则和目标。根据建立的评价指标体系,将层次结构模型划分为目标层、分目标层和指标层三个层次,由此确定评价层次结构和评价指标的从属关系。该部分已在上文指标体系构建部分完成。

9.2.4.2　对各分目标中指标的重要性进行两两比较,构造判断矩阵

通过两两比较,运用标度法构造目标层与分目标层、分目标层与指标层的判断矩阵,然后根据专家问卷调查的结果分析,并结合沿海生态环境的特点和收集调查的数据资料,确定各评价指标之间的相对重要性。本文运用 1-9 标度法(表 9-2),构造判断矩阵(表 9-3 至 9-8)。

9.2.4.3　根据判断矩阵计算各指标对于该分目标的相对权重

分别对准则层和指标层判断矩阵进行层次单排序,用特征根法来计算各个判断矩阵的特征值和特征向量。所得到的特征向量经归一化后就是权重向量。本步骤在指标选取阶段,通过互联网进行指标选取的问卷调查中,由专家按照指标的相对重要性已对村镇生态建设评价体系进行了指标重要性排序,计算得到分目标的权重如表 9-9 所示。

9.2.4.4　计算各指标对系统目标的合成权重,并进行排序(表 9-10)。

9.2.4.5　一致性检验

层次分析法对人们的主观判断加以形式化的表达和处理,逐步剔除主观性,从而尽可能地转化成客观描述。其正确与成功,取决于客观成分能否达到足够合理的地步。一致性检验指标 CI:

$$CI = \frac{\lambda max - n}{n - 1}$$

为了度量不同阶数判断矩阵(即各分目标层)是否具有满意的一致性,需引入判断矩阵的平均随机一致性指标 RI 值。1—11 阶判断矩阵的 RI 值如表 9-11 所示。当阶数大于 2,判断矩阵的一致性比率 CR＝CI/RI＜0.10 时,即认为判断矩阵具有满意的一致性,否则需要调整判断矩阵,以使之具有满意的一致性。

表 9-2　判断矩阵 1-9 标度法

标度	含义	Eij 赋值
1	i,j 两个指标同等重要	1
3	i 指标比 j 指标稍重要	3
5	i 指标比 j 指标明显重要	5
7	i 指标比 j 指标强烈重要	7
9	i 指标比 j 指标极端重要	9
2,4,6,8	第 i 个指标相对于第 j 个指标的影响介于上述两个相邻等级之间	2,4,6,8
Eji＝1/Eij	i 指标与 j 比较得到 Eij,j 与 i 比较得到 Eji＝1/Eij	Eji＝1/Eij

表 9-3　分目标层判断矩阵

	E1	E2	E3	E4	E5	E6
E1	1	1/2	1/3	1/2	2	3
E2	2	1	2	2	5	6
E3	3	1/2	1	1	3	5
E4	2	1/2	1	1	2	5
E5	1/2	1/5	1/3	1/2	1	1
E6	1/3	1/6	1/5	1/5	1	1

表 9-4　生态农业指标层判断矩阵

	E1	E2	E3	E4	E5
E1	1	1/2	1	1	2
E2	2	1	2	2	1/4
E3	1	1/2	1	1	2
E4	1	1/2	1	1	2
E5	1/2	4	1/2	1/2	1

表 9-5 生态环境指标层判断矩阵

	E1	E2	E3	E4	E5	E6
E1	1	2	7	5	6	4
E2	1/2	1	5	3	2	2
E3	1/7	1/5	1	1/2	1	1/3
E4	1/5	1/3	2	1	1	1
E5	1/6	1/2	1	1	1	1/2
E6	1/4	1/2	3	1	2	1

表 9-6 生态文明指标层判断矩阵

	E1	E2	E3	E4
E1	1	4	3	7
E2	1/4	1	1/2	3
E3	1/3	2	1	4
E4	1/7	1/3	1/4	1

表 9-7 生态人居指标层判断矩阵

	E1	E2	E3
E1	1	3	1/2
E2	1/3	1	1/5
E3	2	5	1

表 9-8 生活富裕指标层判断矩阵

	E1	E2
E1	1	1/5
E2	5	1

表 9-9 分目标权重

目标层	生态建设总体状况和程度				
分目标	生态农业	生态环境	生态文明	生态人居	生活富裕
权重	0.1341	0.3506	0.2408	0.2121	0.0625

表 9-10 东南沿海村镇生态建设评价指标权重

目标层	分目标	序号	指标	标准值
生态建设总体状况和程度	生态农业	C1	主要农产品中有机、绿色食品种植面积的比重	0.1992
		C2	农用化肥施用强度	0.2289
		C3	农药施用强度	0.1992
		C4	农作物秸秆综合利用率(%)	0.1992
		C5	畜禽养殖场(小区)粪便综合利用率(%)	0.1734
	生态环境	C6	生活污水处理率(%)	0.4137
		C7	生活垃圾无害化处理率(%)	0.2360
		C8	林草覆盖率(山区、丘陵区、平原区)	0.0733
		C9	地表水环境质量	0.0965
		C10	空气环境质量	0.1435
		C11	村民对环境状况满意率(%)	0.0370
	生态文明	C12	生活垃圾定点存放清运率(%)	0.5588
		C13	遵守节约资源和保护环境村规民约的农户比例	0.1444
		C14	环境保护宣传教育普及率(%)	0.2359
		C15	村务公开制度执行率(%)	0.0610
	生态人居	C16	使用清洁能源的农户比例	0.2435
		C17	农村生活饮用水卫生合格率(%)	0.3783
		C18	农村卫生厕所普及率(%)	0.3783
	生活富裕	C19	农民人均纯收入	0.3990
		C20	新型城乡合作医疗参加率(%)	0.6010

表 9-11 平均随机一致性指标 RI 值

n	1	2	3	4	5	6	7	8	9	10	11
RI	0	0	0.52	0.89	1.12	1.26	1.36	1.41	1.46	1.49	1.52

9.2.5 综合评价

为了对生态环境进行综合评价,需要在指标及其权重确定的基础上,运用综合评价法对东南沿海村镇建设水平进行评价。东南沿海村镇生态建设评价体系为100分制。评判依据是文件档案、统计年报、公开信息和现场调查结果,根据各指标的标准值对每个指标进行独立打分。每一个指标的满分为5分,若某个指标有若干个评价细则,则将每个评价细则得分取平均值,为该指标的得分。将所有指标的得分带入下列公式得到的分数即为该名专家的打分结果。所有专家打分的平均值即为最终的得分,得到村镇生态建设评价指数:

$$Z = \sum_{i=1}^{n} W_i Y_i \quad n = (1, 2, \cdots, 20)$$

其中,Z 为村镇生态建设评价指数,Y_i 为指标的个体指数,n 为指标个数,W_i 为指标 Y_i 的权数。

9.2.6　评价组织与实施

(1)评价部门:生态文明建设年度评价(以下简称年度评价)工作,由地方各级环保部门组织相关科研机构的专家按照《东南沿海村镇生态建设评价指标体系》实施评价。专家在评价过程中如发现不符合实际情况、难以评估等问题,可以提出修改完善评价体系的合理化建议。

(2)评价对象:开展生态建设的东南沿海村镇。

(3)评价方式:由县(市)区政府对乡镇的生态建设进行评价,由乡镇政府对村庄的生态建设进行评价。具体的,由各县(市)区环保局或专门的生态保护部门组织相关科研机构的专家对乡镇的生态建设进行打分评价,由乡镇环保科室(县级环保局)或专门的生态保护部门组织相关科研机构的专家对村庄的生态建设进行打分评价。

(4)评价时间:东南沿海村镇生态建设评价应重点评估各地区上一年度生态建设进展总体情况,引导各地区落实生态建设相关工作,建议每年开展 1 次,在每年 12 月底前完成。

(5)评价公开:年度评价结果应当向社会公布,并纳入村镇生态建设目标考核。

9.3　东南沿海村镇生态建设考核

生态建设评价与考核是两个既相互联系又有区别的概念。生态建设评价是指衡量一个地区或国家生态建设水平的情况和发展程度。生态建设考核是指将一个地区或国家的生态建设情况纳入领导干部政绩考核范畴。生态文明建设评价是考核的基础。作为健全政绩考核制度的重要补充,建立体现生态文明要求的村镇生态建设评价体系、考核办法、奖惩机制,改变将生态文明建设成效当成软指标的被动局面,让生态建设成为干部政绩考核的"硬杠杠",关键是把评价结果更好地应用到考核中,这也是整个评价考核工作的核心所在。因此,生态文明建设目标考核在资源环境生态领域有关专项考核的基础上综合开展,尝试采取"年度评价和三年考核相结合"的方式,既评价每年的生态建设进展成效,也综合考核生态建设三年取得的阶段性效果,坚持奖惩并举,从根本上杜绝拉闸限电等"运动式"做法,引导各级政府长远谋划、系统推进。

9.3.1　考核组织与实施

(1)考核部门:乡镇环保科室(县级环保局)或专门的生态保护部门对村庄生态建设进行考核。县(市)区环保局或专门的生态保护部门对乡镇生态建设进行考核。

(2)考核对象:开展东南沿海生态村镇建设的村、镇。生态县、市、省的考核评比不在此列。

(3)考核方式:参加考核的村庄,首先进行自评,并向乡镇环保科室(或县级环保局)或专门的生态保护部门提交自评报告。乡镇环保科室(县级环保局)或专门的生态保护部门根据自评报告、生态建设应具备的基本条件、公众满意程度及生态环境事件等内容进行考核。

(4)考核内容:村镇生态建设完成情况,具体包括:村镇生态建设应具备的基本条件(45分),年度评价评价结果(40分),公众满意程度考核(15分)及生态环境事件考核(每起分别扣除5分,总计不超过20分)。

(5)考核时间:各乡镇、村庄首先开展自查,在三年考核期结束次年的6月底前,向上级村镇考核部门提交任务完成情况自查报告,考核部门根据自查报告于次年12月底前完成考核。

9.3.2　村镇生态建设应具备的基本条件

村镇生态建设应具备的基本条件,共计45分,包括:

9.3.2.1　制定符合区域环境规划总体要求的生态村建设规划

(1)制定符合区域环境保护总体要求的生态村建设规划,并报省、自治区、直辖市或计划单列市环保部门备案。本条3分。

(2)制定生态文明建设示范村规划或方案,并组织实施。村庄环境综合整治长效管理机制健全,建立制度,配备人员,落实经费。村庄配备环保与卫生保洁人员,协助开展生态环境监管工作,且配备比例不低于常住人口的2‰。本条3分。

(3)建立健全村庄环境综合整治长效管理机制,组织安排合理。本条3分。

(4)建立村庄环境卫生保洁管护制度,配备环境卫生保洁队伍,明确村庄环境综合整治长效管理经费渠道,落实相应设施运行维护、保洁人员工资等费用。村庄需配备环境保护和卫生保洁人员,协助开展生态环境监管工作,且配备比例不低于村庄常住人口的2‰。本条3分。

9.3.2.2　村镇建设有序,人居环境不断改善

(1)村域有合理的功能分区布局,生产区(包括工业和畜禽养殖区)与生活区分离。本条3分。

(2)人居环境不断改善,村容整洁。村域范围无乱搭乱建及随地乱扔垃圾现

象,管理有序。本条 3 分。

(3)村庄建设与当地自然景观、历史文化协调,有古树、古迹的村庄,无破坏林地、古树名木、自然景观和古迹的事件。本条 3 分。

(4)村域内地表水体满足环境功能要求,无异味、臭味(包括排灌沟、渠、河、湖、水塘等)。本条 3 分。

9.3.2.3　经济发展符合国家的产业政策和环保政策

(1)主导产业明晰,无农产品质量安全事故,无不符合国家环保产业政策的企业。辖区内的资源开发符合生态文明要求。农业基础设施完善,基本农田得到有效保护,林地无滥砍、滥伐现象,草原无乱垦、乱牧和超载过牧现象。有机农业、循环农业和生态农业发展成效显著。本条 3 分。

(2)工业布局合理,企业群相对集中,向园区集聚,实现园区管理;建设项目严格执行环境管理有关规定,污染物稳定达标排放,工业固体废物和医疗废物得到妥当处置,主要企业实行了清洁生产。本条 3 分。

(3)发挥当地资源优势,大力发展特色优势产业。村域内工业企业向工业园区集中。利用农村田园风光、山水景观、乡风民俗等资源,积极发展"农家乐"、休闲农业、旅游农业等,生活污水、垃圾等污染治理设施和旅游基础设施完备,景区管理规范,特色鲜明。本条 3 分。

(4)农民生活富裕,农民人均纯收入逐年增加。本条 3 分。

9.3.2.4　有村规民约和环保宣传设施,倡导生态文明

(1)制定了包括环境保护在内的村规民约,并能做到家喻户晓。村容村貌整洁有序,生产生活合理分区,河塘沟渠得到综合治理,庭院绿化美化。本条 3 分。

(2)有固定的环保宣传设施,内容经常更新。本条 3 分。

(3)群众有良好的卫生习惯与环境保护意识,有正常的反映保护环境的意见和建议的渠道。在生态环境部公布的秸秆焚烧遥感监测日报和卫星遥感监测秸秆焚烧信息列表中,显示近三年内无露天焚烧农作物秸秆火点。本条 3 分。

9.3.3　村镇生态建设公众满意程度及生态环境事件

9.3.3.1　公众满意程度考核

公众满意程度为主观调查指标,县(市)区政府以及乡镇政府通过组织抽样调查来反映公众对生态环境的满意程度。调查采取分层多阶段抽样调查方法,综合采用网络、电话、实地等调查手段,随机抽取城镇和乡村居民进行访问,根据调查结果综合计算公众满意程度。该指标分值为 15 分,纳入生态文明建设考核目标体系。

9.3.3.2　生态环境事件考核

生态环境事件指地区重特大突发环境事件、造成恶劣社会影响的其他环境污

染责任事件、严重生态破坏责任事件的发生情况。生态环境事件考核采用扣分的方式。如：出现重特大突发环境事件、造成恶劣社会影响的其他环境污染责任事件、严重生态破坏责任事件，则在总的考核基础上每起分别扣除 5 分，总扣分不超过 20 分。

9.3.3.3　村镇生态建设考核等级

考核最终得分的结果等级如表 9-12 所示：

表 9-12　东南沿海村镇生态建设评价等级

等级	不及格	及格	中等	良好	优秀
分数	60 分以下	60—70	70—80	80—90	90 分以上

总分 60 分以下表示生态村建设较差，认为不及格；60 分以上（包括 60 分）70 分以下，生态村建设及格；70 分以上（包括 70 分）80 分以下，生态村建设中等；总分在 80 分以上（包括 80 分）90 分以下，生态村建设良好；90 分以上（包括 90 分），生态村建设优秀。

9.3.4　东南沿海村镇生态建设考核机制落地保障措施

9.3.4.1　切实建立科学的领导干部考核机制

以对领导干部考核制度的顶层设计倒逼发展方式转变，引领环境建设，破解经济发展与环境保护统筹难题。在政绩考核上，一些地方之所以把生态文明建设成效当成软指标，同思想观念存在误区有关。

(1)体现生态文明要求的领导干部考核机制，是生态文明建设的"指挥棒"，也是解决生态环境问题的"硬杠杆"。21 世纪以来，我国高度重视领导干部生态考核机制的建立，出台系列与生态文明建设考核相关的政策。从《省级政府耕地保护责任目标考核办法》到《关于实行最严格水资源管理制度的意见》，从《全国主体功能区规划》的"主体功能区的差别化绩效考核"到《"十一五"节能减排综合性工作方案》的"节能减排的问责制和一票否决制"，从《国务院关于加强环境保护重点工作的意见》提出的"地方各级人民政府生态绩效考核"与"实行环境保护一票否决制"，到党的十八大和十八届三中全会要求"建立体现生态文明要求的目标体系、考核办法、奖惩机制"，再到十八届四中全会《中共中央关于全面推进依法治国若干重大问题的决定》要求用严格的法律制度保护生态环境等系列考核要求与措施的出台，彰显党和政府狠抓生态文明建设的决心，也为建立领导干部绩效考核机制指明了方向。

(2)现行领导干部考核尚未充分体现生态文明要求。虽然"绿色 GDP"考核开始受到重视，但因发展理念、考评指标、制度执行、晋升机制及部门协调等多因素的限制，体现生态文明要求的领导干部绩效考核机制仍未切实建立。部分领导干部依然过度纠结于 GDP 的总量与增速,简单地将经济建设与生态文明建设对立起来,认为加大企业治污力度是对欠发达地区的过高要求。这种认识上的不到位,直接导致生态考核流于形式,生态环保制度摆在纸上的多、动真格的少,耕地、水资源、大气等资源环境类指标在政绩考核中被刻意淡化,系统完整的绿色考核内容、标准、程序和方法有待建立。如节能减排一票否决制,尚停留于对企业的处罚与对地方新增项目的"区域限批"上,对地方领导干部则仍是责旁贷、罚无己。而且现行的考核与奖惩形成了"两张皮",涉及循环经济、绿色发展、生态建设等生态考核的结果,没有作为领导干部提拔任用的重要依据,对因决策失误造成重大环境损害的领导干部仅是偶有问责,对环评行业"红顶中介""花钱办证"、未批先建、擅自变更等违法违规现象的发生更无责任追究机制。同时,生态文明建设主管部门不明确,生态文明建设考评处于无主无序状态,多头监管和政策真空地带同在。领导干部绿色政绩"考核什么""谁来考核""如何考核"等核心问题均不明确。如何建立体现生态文明要求的领导干部考评制度,已成为各级政府急需解决的课题。

(3)构建"四线合一"的领导干部生态考核机制。新常态要有新机制,各级政府必须把生态文明建设提到突出位置,用新常态来对照观察、分析判断生态文明建设的新形势、新任务、新挑战,准确把握生态文明的发展主线、政策红线、绿色底线及建设路线,建立体现生态文明要求的领导干部考核的目标体系、考核办法、奖惩机制与差异化路径。

9.3.4.2　完善生态建设评价体系,建立以生态建设考核结果为依据的奖惩机制

为了加快推进生态文明建设,建议国家层面尽快出台生态文明建设评价指标体系,涵盖经济、资源、环境、社会等方面的内容,全面体现生态文明内涵。由于生态文明建设涉及面广,评价指标众多,难以在不同地区间进行横向比较,建议对有关指标赋予不同的权重,加权得出生态文明建设指数,并定期发布,便于社会各界了解国家或各地生态文明建设进行情况。配合指标体系的出台,要加强统计能力建设,研究新指标的统计方法,提高统计质量,为生态文明建设考评奠定基础。

运用考评结果改进工作,加强生态建设的日常检查和年终考核,发现问题及时督促有关单位整改。建立奖惩机制,将考核结果作为领导干部提拔任用的重要依据,对在生态文明建设中做出突出贡献的单位和个人给予表彰奖励。建立生态环境损害责任终身追究制度,对不顾生态环境盲目决策造成严重后果的领导干部,严格追究其责任。

9.3.4.3　建立领导干部自然资源资产离任审计制度

探索编制自然资源资产负债表,建立领导干部自然资源资产离任审计制度。自然资源资产增加,表明任期内对生态文明建设做出了贡献,应对领导干部给予奖励;自然资源资产下降,表明任期内对生态文明建设做了负贡献,应对领导干部进行问责。对造成自然资源资产严重损失的,予以降职、免职等处理。

9.3.4.4　建立多部门共同参与的多方协同考评机制

生态文明建设是一项涉及经济、政治、文化、社会、生态建设各方面和全过程的庞大系统工程,必须加强组织领导,齐抓共管。建议明确牵头部门和责任部门,建立组织部门、经济综合部门、环保部门、统计部门、监察部门等多部门共同参与的考评机制,全面推进生态文明建设考评工作,引导领导干部树立正确的政绩观,促进生态文明建设。

党的十八届五中全会提出,加大环境治理力度,形成政府、企业、公众共治的环境治理体系。因此,应改变考核主体单一化局面,建立健全政府主导、公众考核、专家评议、过程透明的考评机制,把自上而下考核与自下而上考核有机结合起来。在政府考核方面,可以明确由组织部门牵头,环保部门监督,统计、监察、宣传及相关部门全程参与。在公众考核方面,可以建立生态考核定期新闻通报制度,常态化开展生态环境质量公众满意度调查,切实落实人民群众在生态文明建设考核评价中的知情权、参与权、监督权。在专家考核方面,应保障专家在不受干扰的情况下独立开展工作,确保考核评分的科学性、合理性和公正性。

9.4　东南沿海村镇生态建设评价考核典型案例分析

2013 年,宁波市北仑区春晓镇被命名国家级生态乡镇,2014 年北仑区柴桥街道、梅山乡等 8 个创建单位被环保部授予“国家级生态乡镇(街道)”称号,北仑区共成功创建国家级生态乡镇(街道)9 个,成为宁波市首个国家级生态乡镇全覆盖的县(市)区。2016 年,宁波市北仑区被评为国家生态市(县区)。一系列荣誉取得,是对“绿水青山就是金山银山”理念的生动实践。

生态村镇创建活动是北仑区创建国家生态区的基础工程,是构建生态文明社会的“细胞”。虽然面积相对较小,但创建成果和经验看得见、摸得着、好推广,老百姓更能实实在在享受到。本部分以宁波市北仑区柴桥街道的河头村为典型案例区,根据前面构建的评价指标体系对其生态建设水平进行评价,并对存在的问题进行深入分析。

9.4.1　河头村生态建设基本情况

宁波市北仑区河头村距北仑中心城区 10.3 公里,柴桥主城区西南 4.6 公里,它南北均靠山,穿咸线依村而过,通往九峰山旅游区的道路穿村而过,交通便利。河头村因瑞岩山大溪坑穿村汇入芦江河,故名“河头”(即瑞岩寺河头为名);河头原有田坪、长池头、庙跟三个自然村。新中国成立前河头有三个保甲制——田坪为下三保、长池为四保、庙跟为五保,新中国成立后以保改为村。1956 年 4 月起,合称河头高级社;1964 年 10 月起,改称紫石公社河头大队;1983 年 10 月,改称紫石乡河头村;1992 年 5 月,扩镇并乡改称为柴桥镇河头村;2003 年 7 月改称柴桥街道。河头村共有 948 户家庭,总人口 2325 人,2012 年村级集体净收入 45 万元,村民人均收入 17382 元,村两委会成员 4 人,党员 70 人,其中预备党员 6 人。

9.4.2　河头村生态建设考核评价

2016 年 5 月,课题组对宁波市北仑区河头村进行了实地调研,通过资料收集、召开座谈会等多种形式对该村的生态建设情况有了比较深入的了解。根据本研究构建的评价指标体系,具体分析该村的生态建设总体状况,各因子得分情况如表 9-13。

最后将各指标的得分代入总分计算公式,计算得到 2016 年河头村生态低碳村镇评价总得分为 97 分,折算后为 38.8;城镇生态建设应具备的基本条件方面,该村由于前期在申报省级生态村过程中准备十分充分,基本条件均能达到,得分为 45 分;公众满意度调查采取了实地调查的方式,随机调查了 35 人,从公众反馈情况来看,总体对该村的生态建设比较满意,得分为 12 分;生态环境事件考核方面,河头村未出现比较严重的生态环境事件,未扣分。河头村生态建设考核分数为98.2 分。总分在 90 分以上,河头村生态建设情况处于优秀等级。具体来看,河头村在生态文明、生态人居和生活富裕三个方面做的均比较优秀,而生态农业和生态环境两个方面相对来说仍有改进的空间。其中,生态农业中的主要农产品中有机、绿色食品种植面积的比重和农药施用强度两项指标的得分较低。实际调研发现,河头村进行了种植结构调整,以大型苗木和各种盆景为主,而有机绿色食品的种植面积相对较少,主要以农民自家庭院种菜以及开辟荒山种植蓝莓等水果。农药施用强度略高于标准值,原因主要在于大量种植花卉苗木过程中农药的大量使用。调研中发现,花卉种植虽然已经采用了生态灭虫措施,但效果不够理想,农民需要施用较多的农药化肥才能达到增产目的;河头村林草覆盖率为 40.9%,低于丘陵地区的标准值 50%,主要是由于村庄内种植绿化以及道路两侧绿化工作还有待提高。

另外,相关规划制定及实施情况方面,河头村已制订了相关生态治理和保护方面的规划,如河头村绿化景观规划、河头生态村建设规划、新社区规划、土地利用规划等,但缺少重点村、精品村建设规划以及生态保护等规划,需要在下一步的工作中不断完善。生态支撑方面,河头村建有基础设施长效管理制度、村级事务管理公众参与制度等;生态特色方面,河头村建有"老味道"乡土风情馆、"老底子"民俗文化馆以及瑞岩文化礼堂等自然景观和人文景点,生态特色明显。以上几个软指标,是根植在河头村生态建设深厚基础的闪光点。在调研过程中,课题组成员能够真切感受到生态文化、生态特色带给河头村的别样精彩,这些方面无疑将会有力助推该村未来生态文明建设的更好发展。

表 9-13 河头村生态建设达标情况及得分

目标层	分目标	序号	指标	标准值	指标完成情况	指标得分
生态建设总体状况和程度	生态农业	C1	主要农产品中有机、绿色食品种植面积的比重(%)	≥60	较大规模农产品种植	3
		C2	农用化肥施用强度(公斤/公顷(折纯))	<220	150.1	5
		C3	农药施用强度(公斤/公顷(折纯))	<2.5	2.5	4
		C4	农作物秸秆综合利用率(%)	≥98	100	5
		C5	畜禽养殖场(小区)粪便综合利用率(%)	≥100	无规模化养殖场	5
	生态环境	C6	生活污水处理率(%)	≥90	94.9	5
		C7	生活垃圾无害化处理率(%)	100	100	5
		C8	林草覆盖率(%)（山区、丘陵区、平原区）	≥80 ≥50 ≥20	40.9%	3
		C9	地表水环境质量	达到环境规划要求	无工业企业	5
		C10	空气环境质量	达到环境规划要求	无工业企业	5
		C11	村民对环境状况满意率(%)	≥95	98	5
	生态文明	C12	生活垃圾定点存放清运率(%)	≥100	100	5
		C13	遵守节约资源和保护环境村规民约的农户比例(%)	≥95	98	5
		C14	环境保护宣传教育普及率(%)	100	100	5
		C15	村务公开制度执行率(%)	100	100	5
	生态人居	C16	使用清洁能源的农户比例(%)	≥80	98	5
		C17	农村生活饮用水卫生合格率(%)	≥90	100	5
		C18	农村卫生厕所普及率(%)	100	100	5
	生活富裕	C19	农民人均纯收入(元)	≥8000	17382	5
		C20	新型城乡合作医疗参加率(%)	≥95	98	5

9.4.3 河头村生态建设考核结果与实际情况对比分析

考核结果表明,河头村在城镇生态建设应具备的基本条件、生态低碳村镇年度评价、公众满意度调查及生态环境事件考核各方面,得分均较高,处于优秀等级。课题组成员到河头村多次调研,从调研期间的所见所闻所思与考核结果进行对比

发现,考核结果与实际相吻合,主要体现在以下几个方面:

(1)优越的自然环境条件,奠定了河头村生态建设的良好基础。河头村坐落于九峰山南麓,与国家 AAAA 级旅游景区瑞岩景区相毗邻。河头村三面环山,一条大溪坑环绕整个村庄。村里利用优美的生态环境,顺着云雯山修建了一条长达 11 公里的游步道,漫步在鹅卵石铺就的游步道,途径云雯山百亩生态果园,蓝莓、樱桃、橘子、蟠桃等十余种水果争相为河头村着色添彩。村内青山相依、古树庇佑,千年古寺、万亩花田、一袭绿水悠悠环绕。远看河头村,绿意环绕,四季花常开,走进河头村,一户户民居皆如花园,房前屋后整洁有序。

(2)村庄规划及制度建设丰富完善,并能持续实施并改进。河头村已制订了相关生态治理和保护方面的规划,如河头绿化景观规划、河头生态村建设规划、新社区规划、土地利用规划等。制度方面,河头村建有基础设施长效管理制度、村级事务管理公众参与等制度。更为关键的是,河头村并没有让这些规划及制度搁置,而是真正发挥规划的全局统筹和引导作用以及制度的管理和监督作用。在实际调研过程中,无论是从规划图件的静态展示,还是与村民的交流中都能真切感受到规划和制度所起到的实实在在的作用。

(3)经济实力的提升,进一步增强了村干部和村民生态保护的决心。随着经济水平的不断提高,河头村不断加大对村庄环境的整治力度。继 2005 年创建新农村建设示范村之后,又在原有基础上对意池等 4 个池塘进行整治美化,铺设洗衣板、安装避雨棚;并将长达 1000 多米的大溪坑进行整治改造,使其成为集观光、健身散步、村民洗涮等多功能溪坑。全村还在节水排污治污上下大功夫。除了建造封闭式垃圾房,增加可活动塑料垃圾桶,建造公共厕所,投资净化自来水,还对摇篮泵房进行改造,并安装长达 3000 米铸铁管道。同时在北仑区新农办的支持下,全面实施了村庄生活污水治理工程,有效改善了村庄的生态环境。经过一系列整治,村里的面貌发生着日新月异的变化,实现了"三化",即"美化、净化、绿化",远看像林园,近看像公园,细看农民生活在幸福的乐园。一进河头,矗立在村口的风景石立刻吸引了众人的眼球,沿着村路进入河头,就会发现村民自建的花园式别墅鳞次栉比,村民的房前屋后井井有条,几乎家家户户旁都铺设了花坛,到处可见绿树红花,空气中一年四季都弥漫着清香,有进了花园的感觉。

(4)特色文化建设丰富多样,助力生态环境建设。为丰富村民的业余生活,村两委会努力争创"文化阳光工程"一级标准。除了原来建造的两个休闲公园,四个体育、健身活动场所外,2017 年在黄花峖修建了长达 8 公里的森林游步道,并配备休息桌椅、垃圾箱、观光亭等配套设施,供村民健身旅游;在狮子岭出口处建造竹山下小公园。每当夜幕降临的时候,村里的妇女们就在村里的广场上翩翩起舞,舞出了新气象,舞出了她们对新生活的满足。村里的老年人也有了下棋、健身的场所,这下"夕阳"也真正依旧灿烂了。河头村建有"老味道"乡土风情馆、"老底子"民俗文化馆以及瑞岩文化礼堂等自然景观和人文景点,生态特色明显。在调研过程中,课题组成员能够感受到生态文化、生态特色带给河头村的别样精彩,村庄软实力的提升,有力助推了该村生态建设。

(5)村庄社会秩序井然,村风民风和谐。为了创建"村民、富民、安民、乐民"的新农村,村两委会以党支部村委会为主体,以社会治安环境整治为主点,专门成立了群防巡逻队,对全村 24 小时巡逻;同时,2017 年街道综治办以河头村为试点,安装了多达 43 个摄像头的监控,使偷盗现象有所减少,确保了集体和个人的财产。发现纠纷及时调处,狠刹各类不正之风,加强对外来人口的管理。近年来河头村治安秩序良好,村民能自觉遵守村规民约和村民自治章程,无重大恶性事件、重大刑事、重大民事纠纷、治安事件和治安事故发生,无"黄、赌、毒"等丑恶现象发生,没有一人参加邪教组织,没有越级上访事件发生。村里还以"树文明、倡新风"为口号,崇尚科学,反对邪教,加强全民建设活动,充分倡导健康、活泼的农村新气象。每年开展老年人集体祝寿大会,每年慰问低保户、残疾人,使他们也感受到新生活的温暖。

(6)全村凝心聚力,实现经济社会生态效益多赢。河头的最美之处,不是景美、村美,而在于人美。河头人齐心参与村庄整治和维护环境美化,才使家园胜似花园。村民的参与,让河头的大小村道上都可以见到村民弯腰捡起垃圾的身影,让河头的各项建设中都可以见到村民出力的身影,让河头的一花一草中都可以感受到村民用心的维护。河头村紧紧围绕"村美、户富、班子强"的目标,全面开展社会主义新农村建设工作,先后获得浙江省兴林富民示范村、省卫生村、省全面小康建设示范村、宁波市专业特色村、市兴林富民示范村、市级生态村、市千村绿化工程示范村、市卫生村、市先进妇女组织、市农村综合信息服务站试点单位、市全面小康建设示范村、市级生态村等荣誉称号。

9.4.4　河头村生态建设保障措施

创建国家级生态村,是促进人与自然和谐,促进村庄可持续发展,创造良好的人居环境,为村民办好事、实事的重大举措。河头村两委深刻认识到,生态村建设符合区域发展的迫切需要,符合人民群众的共同愿望,是"三个代表"重要思想和科学发展观的具体实践,有利于发展社会生产力,有利于促进生产方式、生活方式、消费方式的转变,有利于改善河头村的生态环境质量,是河头村提高区域竞争力的重大举措,也是在发展中解决环境问题、全面建设小康社会、率先基本实现现代化的必由之路,具有十分重要的意义。因此河头村两委高度重视国家级生态村的创建工作,并将其作为改善人居环境的民生工程全力推进,着重开展以下工作。

9.4.4.1　提高认识,加强组织领导

村级层面,河头村成立了由村党支部书记石志德任组长,村主任石孟定任副组长,村各线负责人为成员的生态村创建工作领导小组,成立了村环保办公室,并明

确各自职责和任务,做到组织、资金、措施、人员四到位,从而为推进村镇生态建设的创建活动和环境综合整治工作提供了强有力的组织保证。纵向来看,从宁波市到北仑区到柴桥街道到河头村,成立了分管领导为组长,发改、建设、水利、环保、农业、畜牧、林业、文化、教育、卫生等部门齐抓共管的生态创建领导小组,各职能部门积极配合,形成合力,切实落实工作责任。市、县、镇各级党委把生态创建纳入政府工作目标考核,一把手负总责,领导挂点、股室包片、干部包村,人人有指标,层层有责任。

9.4.4.2　坚持标准,编制规划体系

加强环保工作,创建生态村,着力组织并实施具体规划。为更好地坚持以人为本,实现公建设施配套,环境和谐优美,村容村貌改观的目标,河头村委托宁波雅克城市规划设计有限公司编制了《北仑区柴桥街道河头村建设规划》、宁波大学环境工程系编制了《北仑区柴桥街道河头生态村建设规划》。各项生态创建工作按照规划具体实施。

9.4.4.3　全面动员,引导群众参与

生态环境的好坏直接决定着村民的生活质量和幸福指数,是村庄生态建设的基础。河头村重视加强对广大群众生态环境宣传教育,把增强大家的环保意识放在首位。从2006年起河头村全方位地对全村村民进行思想动员教育,明确生态环境的保护与建设是关系到河头村经济能否可持续发展的大事,同时,利用河头村花木种植大村的独特优势,按照上级党工委、办事处的要求,制订了保护生态环境和有关环境管理的规划目标,落实了各项政策及资金,保证河头村各项建设工作完全制度化、公开化及顺利开展。通过宣传群众、发动群众、教育群众和引导群众,让广大群众在自觉参与活动中提高素质。一是会议发动。村党支部、村委会十分重视创建工作,凡是召开支部大会、村民代表和妇女代表会议,几乎是逢会必讲,从而统一思想,形成合力。二是舆论引导。通过广播、横幅、标语、公益海报、宣传窗和发放倡议书等形式,广泛宣传生态建设、环境整治与保护的目的和意义。三是载体推动。河头村以创建生态村、兴林富民示范村、卫生村等活动为载体,使广大群众在参与创建活动中形成了人人为环境保护做贡献的共识。

9.4.4.4　构建机制,注重创建工作长效

河头村坚持建设、整治与管理并重,治标与治本并举,在巩固创建和整治成果上下功夫。河头村先后出台了《河头村环境卫生管理制度》《河头村卫生保洁制度》,内容涵盖环境管理的各个方面,并对其进行了公示和宣传,在此基础上,进一步完善了村环境管理长效机制。建立了村级保洁员队伍,共配备环卫人员6人,负责日常垃圾上门收集,公厕、道路、水库的保洁,绿化的养护,明确了保洁标准和责任,制订了严格的考核制度;配备了环卫监督员,保证了村容村貌的整洁和绿地养护水平的提高。

9.4.4.5　围绕考核过程中暴露的问题,加大生态村创建工程实施力度

实施乡村"环境提升""产业提升""素质提升""服务提升"工程。引导乡村科学规划布局,传承和突显乡村鲜明的特质,禁止无序的居民点建设随意侵蚀生态空间,保障乡村的生态安全。保护乡村富有特色的整体格局与风貌、山水环境、人文历史资源以及生产生活传统,传承和突显乡村鲜明的特质。设立专项资金,建立以垃圾污水处理为重点的农村环境综合整治长效机制,保护乡村生态空间,着力推进生态家园、富裕家园、文明家园、和谐家园、模范家园建设,维持乡村生态平衡,缩小城乡差距,促进城乡一体化协调发展,打造出一个个环境整洁、舒适安逸的美丽生态乡村。

参考文献

[1] 首届"中国生态文明奖"揭晓[EB/OL]. 新华社 http://sh. people. com. cn/n2/2016/0605/c134768-28459077. html (2016-06-05)

[2] 万本太. 生态文明建设评价的思考[EB/OL]. http://www. eedu. org. cn/Article/ecology/ecoculture/EcoCivilisation/201112/68056. html. (2011-12-09)

[3] 李元,祖艳群,胡先奇,邱世刚. 生态村农业生态经济系统综合评价指标体系的研究[J]. 生态经济,1994(2):30-34.

[4] 张建锋,吴灏,陈光才. 乡村评价的"美丽指数"研究[J]. 农学学报,2015,11(5):126-129.

[5] 陈亚松,杨玉楠. 我国生态村的建设与展望[J]. 北方环境,2011,23(6):71-74.

[6] 吴琼,王如松,李宏卿,等. 生态城市指标体系与评价方法[J]. 生态学报,2005,25(8):2090-2095.

[7] 刘宇鹏,王军,张国锋. 面向湿地的文明生态村建设评价指标体系构建——以白洋淀村庄为例[J],江苏农业科学,2010,6:12-17.

[8] 谢海燕,杨春平. 建立体现生态文明要求的考评机制[EB/OL]. http://www. china—reform. org/? content_534. html (2014-03-21)

[9] 李海龙,于立. 中国生态城市评价指标体系构建研究. 城市发展研究,2011,18(7):81-86.

[10] 李波,杨明. 贵州生态建设评价指标体系研究[J]. 贵州大学学报(社会科学版),2007,25(6):38-45.

[11] 雷波,张丽,夏婷婷,等. 基于层次分析法的重庆市新农村生态环境质量评价模型[J]. 北京工业大学学报,2011,37(9):1393-1399.

附件:东南沿海村镇生态建设评价调查问卷

尊敬的各位专家、领导:

　　您好!

　　出于宁波市重大科技专项研究的学术需要和东南沿海村镇生态建设的现实需求,请您百忙之中抽时间完成这份调查问卷。本问卷以不记名的方式进行,所涉及的一切问题均无对错之分,基于您的专家知识和经验做出判断即可。在此向您表示衷心的感谢! 请先浏览表 1 东南沿海村镇生态建设评价指标体系(初选)。

　　填表说明:表 1 中分目标请在表后的问题中填写,指标在备注中填写。

表 1　东南沿海村镇生态建设评价指标体系(初选)

目标层	分目标	序号	指标	标准值	备注
生态建设总体状况和程度	生态农业	1	主要农产品中有机、绿色食品种植面积的比重	％	
		2	农用化肥施用强度	折纯，千克/公顷	
		3	农药施用强度	折纯，千克/公顷	
		4	农作物秸秆综合利用率	％	
		5	畜禽养殖场(小区)粪便综合利用率	％	
	生态环境	6	生活污水处理率	％	
		7	生活垃圾无害化处理率	％	
		8	林草覆盖率（山区、丘陵区、平原区）		
		9	河塘沟渠整治率	％	
		10	地表水环境质量	—	
		11	空气环境质量	—	
		12	村民对环境状况满意率	％	
	生态文明	13	开展生活垃圾分类收集的农户比例	％	
		14	遵守节约资源和保护环境村规民约的农户比例	％	
		15	环境保护宣传教育普及率	％	
		16	村务公开制度执行率	％	
	生态人居	17	农村人均住宅建筑面积	平方米	
		18	文化娱乐设施	套	
		19	使用清洁能源的农户比例	％	
		20	农村生活饮用水卫生合格率	％	
		21	农村卫生厕所普及率	％	
	生态特色	22	特色文化活动	次	
		23	沿海自然景观和人文景点	处	
		24	近岸海域海水水质	—	
	生活富裕	25	农民人均纯收入	元/年	
		26	出生时平均预期寿命	岁	
		27	新型城乡合作医疗参加率	％	
		28	村镇居民养老保险覆盖率	％	
		29	恩格尔系数	—	
	生态支撑	30	重点村、精品村建设规划	定性指标	不参评
		31	村镇一体新社区规划	定性指标	不参评
		32	生态建设规划	定性指标	不参评
		33	基础设施长效管理机制	定性指标	不参评
		34	公众参与制度	定性指标	不参评

1. 你认为指标体系的题目"东南沿海村镇生态建设评价指标体系"是否合理：

①是　②否

如是,请往下看。

如否,请提出建议：

2. 你认为东南沿海村镇生态建设评价指标体系(初选)的分目标：A. 生态农业,B. 生态环境,C. 生态文明,D. 生态人居,E. 生态特色,F. 生活富裕,是否合理：

①是　②否

如是,请按重要程度顺序排列出(用 A、B、C、D、E、F 表示)：

如否,请提出具体建议：

3. 你认为东南沿海村镇生态建设评价指标体系(初选)中生态农业的指标：

A. 主要农产品中有机、绿色食品种植面积的比重,B. 农用化肥施用强度,C. 农药施用强度,D. 农作物秸秆综合利用率,E. 畜禽养殖场(小区)粪便综合利用率,是否合理：

①是　②否

如是,请按重要程度顺序排列出(用 A、B、C、D、E 表示)：

如否,请提出具体建议：

4. 你认为东南沿海村镇生态建设评价指标体系(初选)中生态环境的指标：

A. 生活污水处理率,B. 生活垃圾无害化处理率,C. 林草山区、丘陵区、平原区覆盖率,D. 河塘沟渠整治率,E. 地表水环境质量,F. 空气环境质量,G. 村民对环境状况满意率,是否合理：

①是　②否

如是,请按重要程度顺序排列出(用 A、B、C、D、E、F、G 表示)：

如否,请提出建议：

5. 你认为东南沿海村镇生态建设评价指标体系(初选)中生态文明的指标：

A. 开展生活垃圾分类收集的农户比例,B. 遵守节约资源和保护环境村规民约的农户比例,C. 环境保护宣传教育普及率,D. 村务公开制度执行率,是否合理：

①是　②否

如是,请按重要程度顺序排列出(用 A、B、C、D 表示)：

如否,请提出建议：

6. 你认为东南沿海村镇生态建设评价指标体系(初选)中生态人居的指标：

A. 农村人均住宅建筑面积,B. 文化娱乐设施,C. 使用清洁能源的农户比例,D. 农村生活饮用水卫生合格率,E. 农村卫生厕所普及率,是否合理：

①是　②否

如是,请按重要程度顺序排列出(用 A、B、C、D 表示)：

如否,请提出建议:

7. 你认为东南沿海村镇生态建设评价指标体系(初选)中生态特色的指标:

A. 特色文化活动,B. 沿海自然景观和人文景点,C. 近岸海域海水水质,是否合理:

①是②否

如是,请按重要程度顺序排列出(用 A、B、C 表示):

如否,请提出建议:

8. 你认为东南沿海村镇生态建设评价指标体系(初选)中生活富裕的指标:

A. 农民人均纯收入,B. 出生时平均预期寿命,C. 新型城乡合作医疗参加率,D. 村镇居民养老保险覆盖,E. 恩格尔系数,是否合理:

①是②否

如是,请按重要程度顺序排列出(用 A、B、C、D、E 表示):

如否,请提出建议:

第 10 章　东南沿海村镇生态建设
的技术创新与制度保障

　　东南沿海村镇生态建设的顺利推进要以坚实的技术作为支撑,以完善的制度作为保障。构建一套有效促进村镇生态建设技术创新的体系,并通过促进制度创新不断完善村镇生态建设制度安排,是确保东南沿海村镇生态建设目标顺利实现的关键。本章系统梳理了东南沿海村镇生态建设进程中所涉及的技术创新因子,针对东南沿海村镇的现实情况提出了构建村镇生态建设技术创新机制的具体路径,并采用制度工具箱的方式论述了如何完善村镇生态建设制度保障体系。

10.1　东南沿海村镇生态建设技术创新因子

　　从生态层面而言,东南沿海村镇面临的关键问题是生态环境破坏和资源能源短缺,因此亟须加强绿色技术、循环技术和低碳技术创新,构建起适用有效的生态文明技术体系。从管理层面而言,东南沿海村镇的生态建设实践中普遍存在权责主体不明、利益相关方参与度不高等问题,亟须加强治理模式创新,以充分调动各方主体的积极性。从投入层面而言,东南沿海村镇生态建设资金仍主要依靠政府提供,投入力度和规模难以满足需求,亟须加强投入机制创新,以充分调动各种社会资源参与村镇生态建设。

10.1.1　村镇绿色建筑技术创新

　　生态建筑设计的方法主要体现为两个方面:一是将建筑本体融入自然环境循环体系,使建筑成为自然环境的一部分;二是应用高新技术手段创造人工自然环境,将自然引入建筑内部。生态建筑在农村特定的环境中可巧妙地结合自然,利用农村中便利的自然材料将建筑的生态性更好地发挥出来。新农村建设中发展生态建筑对减少建筑能耗,应对能源紧缺和气候变化问题,处理人和自然之间的关系具有重要作用,因此在新农村建设中找到一条适合农村发展的生态建筑之路迫在眉睫。村镇绿色建筑总体还处于自愿发展的起步阶段,对其重要性认识不足,尚未形成一个系统工程。存在的主要问题是:可再生能源建筑应用程度不高,建筑用材消耗过高,建筑垃圾回收再生利用率过低,资源利用水平偏低;缺乏有效的建筑节材新技术、新产品研发及推广平台,缺乏设计和管理模式的创新;有关建筑节材的标准规范体系尚未形成,缺乏有效的建筑节材行政监管体系;推动绿色建筑发展的财政、税收、金融等经济激励政策不健全,相关主体发展绿色建筑的内生动力不足。

因此,绿色建筑建设应结合东南沿海村镇自然资源现状,从外围结构、土壤降温技术、清洁能源利用等方面进行改善,使建筑和自然环境有机结合。在绿色建筑的理论基础上探讨生态建筑在新农村建设中的应用和可行性实践方法,充分利用农村现有资源的生物气候调节能力,使建筑室内具有适宜的气候条件,使新农村建设在满足人类居住环境的同时,建筑具有舒适、节能、环保的显著效果,实现人与自然环境的可持续发展。将太阳能利用设施与建筑有机结合,推行太阳能光伏建筑一体化(BIPV)。即建筑物与光伏发电设备高度结合集成,不仅能减少建筑物的能源消耗,还使"建筑物产生能源"。

10.1.2　村镇生态园林技术创新

东南沿海村镇生态园林建设中依然存在不少问题:相当一部分生态园林仍是为美化而美化,过分强调美化作用和图案效果,忽视其实际的生态效益,使得生态园林不能形成一个多层次、复杂的结构系统;在村镇规划中,仍按传统的模式进行绿地系统规划,缺乏由生态学、经济学、美学等理论和原理指导的生态园林系统的整体规划,缺乏对生态园林系统中各系统间的生态关系的考虑;园林建设未能做到以植物生态学为根本依据,科学合理地配植具有生物多样性的人工植物群落,以摆脱因树种选择不当或树种种类单调而产生园林系统的脆弱性;园林绿化树种相对单一,植物搭配普遍存在不同程度的不合理的现象。

因此,生态园林建设应以生态系统平衡为主导,构建生态园林系统;按物种生态位原理,做好生态园林植物配置;利用"互惠共生""相互抑制"原理,协调生态园林的生物多样性;传承自然、历史与文化,突出生态园林本土特色;充分利用村镇的异质性,建设多样化的生态园林。

10.1.3　村镇水环境治理技术创新

村镇水环境治理领域的技术成果已经较为丰富,但仍存在两个突出问题:一是兼顾生态效益、经济效益和社会效益的技术依然缺乏;二是由于向村镇推广技术不同于向企业推广技术,技术成果的推广存在种种障碍。

因此,村镇水环境治理技术创新,要把握两个重点:一是加强村镇水环境保护基础和应用研究。将村镇水环境保护列为国家环境保护公益性行业科研专项项目、国家科技支撑计划项目、国家自然科学基金项目等年度重点支持内容。组织高等院校、科研机构、企业和行业协会等对农村水环境保护关键技术进行攻关。二是搭建水环境治理科研成果转化平台,加强实用技术推广力度。加快科研成果转化,研发一批适合农村环境特点的污染防治实用技术和设备。开展农村水环境保护实用技术评估,总结、筛选、集成适合不同区域特点的农村水环境污染治理技术,制定和发布农村水环境保护技术目录。

10.1.4　村镇低碳能源技术创新

村镇低碳能源技术创新的关键在于降低成本。当家用能源成本和环保发生冲突时,民众往往会为了节约成本而选用低成本、高污染的传统能源。东南沿海低碳能源利用的可能类型主要有太阳能、风能、水能、生物质能、地热能、海洋能以及多种能源共同使用、互补发展的模式,同时智能电网是未来能源发展的一个重要趋势。太阳能资源有常规能源所无法比拟的优点,且发展潜力巨大;从技术成熟度和经济可行性来看,风能最具竞争力;东南沿海地区虽然平原丘陵居多,水量小,河流较短,水网分布密集,水能资源相对西部地区并不发达,但仍有数量可观的水力资源尚未开发;生物质能发电和生物燃油在我国有广阔的发展前景,而且具有良好的经济、环境和社会效益,可以考虑在农村中大量开发生物质能。

因此,村镇低碳能源技术创新的重点是:一是大力扶持风力发电。切实解决以往风机占地视为永久性占用耕地面积处理、土地补偿标准高、审批难的政策制约问题,建议相关部门对风电项目的用地加快审批进度,引进先进技术,确保风电示范基地的顺利进展和圆满完成。二是努力提高太阳能开发利用水平。太阳能应作为宁波市可再生能源开发利用的重要方向,河头村应该加强与相关企业的合作,鼓励相关企业进入河头村进行产品的示范推广,使得太阳能开发利用成为农村居民生活的一种时尚。三是积极开发生物质能。要通过调查研究,合理规划布局,结合垃圾处理新建垃圾发电站。农村能源建设是一项系统工程,政府部门能否发挥好引导、扶持作用,是农村低碳能源建设成败的关键。从政府角度,应积极开展能源综合利用的科普宣传及惠农政策的讲解,提高群众节约常规能源和利用新能源的意识。逐步加大农村能源建设的资金支持,增加财政投入,支持企业节能技术改造,提高可再生能源补助比重。并在相关政府项目中,积极推广低碳新能源产品,作为政府试点示范工程予以推广应用。

10.1.5　村镇垃圾治理技术创新

由于不同区域的居住模式存在显著差异,东南沿海村镇垃圾治理需要采用不同的处理模式和技术标准予以引导和规范。东南沿海村镇普遍推行了"户分类、村收集、镇转运、县市处置"的垃圾治理技术路线,与规模化处理的城市生活垃圾处理技术标准相互配合,从体系的完整性看是合理的。从技术层面而言,村镇生活垃圾规模化集中处理设施与城市生活垃圾处理设施并无根本差别,因此村镇生活垃圾规模化处理技术规范可直接引用城市生活垃圾处理标准。但村镇垃圾分类处理方法、技术与管理能力支持不足。村镇垃圾就地分类处理可以分流"县处理"的设施负荷,并优化处理条件,保证垃圾分类质量和分类有机垃圾处理水平是基本前提条件。从实地调查结果看,尽管有各种保证垃圾分类质量的措施,但仅有个别村镇的分类质量可以达到处理要求。而即使在垃圾分类质量有保证的村镇,分类处理技术也没有达到现有规范的要求。

东南沿海村镇生活垃圾治理的关键环节在于强化源头治理和前端治理,建立高效的村镇废弃资源回收利用体系,探索新模式推动村镇垃圾有效分类。《全面推进农村垃圾治理的指导意见》在"推行垃圾源头减量"中提出,可降解有机垃圾应采取就近堆肥等方法就地转化利用;惰性垃圾应铺路填坑或就近掩埋;可再生资源应尽可能回收;有毒有害垃圾应单独收集,按规定处理。应在该指导意见的基础上进一步开发和制定出具体性的便于操作的技术规范。

10.1.6　村镇社区治理技术创新

东南沿海部分村镇正在经历从村治迈向社区治理的过程中,从探索实践来看,由于其社区治理技术创新普遍落后于社会经济发展,造成的主要问题有"空心村"现象严重、村镇持续发展中的资金输血造血功能不足、村镇持续发展中的生态建设"乡土特色"不明显、村镇持续发展中缺乏内生性动力、村镇持续发展中治理动员能力弱等。

应适应村镇社区治理发展趋势,推广多元网络治理模式。推广并示范"一核多元"混合型社区治理经验与模式、"两级政府、三级管理、四级网络"的社区治理经验与模式、"四位一体"的多元主体网格化社区治理经验与模式。一是推广并示范"一核多元"混合型社区治理经验与模式,该模式主要强调村镇生态建设中社区治理主体的职能关系、社区融合与多元共治、社区服务的社会化运行、社区治理的民主协商、社区党建区域化等五个主要方面。二是推广并示范"两级政府、三级管理、四级网络"的社区治理经验与模式。将社区定位于街道范围,街道成为社区建设和管理的平台,在市、区、街道和居委会共同构成四级管理网络的基础上,构建社区管理领导系统、社区管理执行系统和社区管理支持系统,共同致力于社区建设和发展。三是推广并示范"四位一体"的多元主体网格化社区治理经验与模式,规划社区网格化管理边界,实现社区管理无缝覆盖,构建社区网格化管理的多元协同工作机制,制定社区网格化服务工作的标准化流程,依靠社区现代信息管网实现社区网格化管理的智慧化。

10.2　东南沿海村镇生态建设技术创新机制

技术创新机制是指促使技术需求与技术供给之间的矛盾得以不断展开和解决的一系列动力、规则、程序和制度的复杂系统。这个系统由为技术创新项目进行方案设计、融资和投资的运行机制,协调多方力量共同开展技术创新活动的协作机制,对技术创新项目进行风险控制、对创新人员进行有效激励以保证项目成功实施的保障机制,以及对技术创新效果进行绩效考核的评价机制等四个方面的基本机制,以及上述每个机制的众多子机制相互影响、相互制约构成。

10.2.1　村镇生态技术创新主体整合模式

东南沿海村镇生态建设技术创新无法由单一主体独自完成,需要将技术研发主体、技术推广主体、技术应用主体等参与方的力量进行有效整合,实现协同创新。村镇生态建设技术创新主体整合的可能模式有三种,即行政化整合模式、市场化整合模式以及网络化整合模式。

10.2.1.1　行政化整合模式

所谓行政化整合模式主要是指以政府为中心,依靠科层官僚制自上而下的垂直命令式管理,着眼于从政府立法、政策制定、职能优化等方面解决村镇生态建设技术创新。主要基于现有的行政化管理体制,将县一级的政府机构向下延伸到村一级,在村里面设水利站、环保办公室等。政府全面介入村镇生态环境管理,派驻行政人员负责农村生态建设技术,直接通过行政权力及相关手段配置各种资源。

10.2.1.2　市场化整合模式

市场化整合模式强调依靠市场驱动,运用一些国际性的标准、规则,通过社会和市场的自由互动解决村镇生态建设技术创新问题。政府的关键职责在于制订规划、确定技术标准,通过引入和培育大量生态环境保护服务企业,形成良性竞争的市场,运用市场机制来促进村镇生态建设技术不断进步,实现村镇生态环境有效治理。

10.2.1.3　网络化整合模式

网络化整合模式则是适应多元社会发展趋势,以政府为主导,将现存的利益网络与创新主体联合起来,通过资源的重新整合,利益链条的调整等实现村镇生态建设技术创新。即在农村建立生态建设合作社,合作社作为法人机构与政府签订管理契约,规定合作社开展生态建设的职责范围、目标、资金机制、监督机制等内容。一般而言,所建立的合作社是与村民有着良好关系的组织,可以有效地配置各种资源,实施具体的管理。

10.2.2　村镇生态建设技术推广路径

10.2.2.1　村镇生态建设技术选择强调因地制宜

不同类型的村镇自然条件、人口规模、经济实力差别较大,所以在生态建设中,切不可"一刀切",而需要因地制宜地制订规划、选择适用技术、选取合理的设施建设和运营模式,分阶段逐步实现村镇生态建设目标。以水生态建设为例,偏远的山区小村镇,并不一定都要选址建设村镇污水处理厂,尤其是有些村镇地形复杂不适宜纳管集中处理污水,对这类村镇不能采取行政性命令式的方法强制推行污水纳管,相反应该督促农户真正落实分户污水处理池和生态处理池的处理效果。

10.1.2.2　加强村镇生态建设中市场主体的行为规范

进一步完善村镇污水处理设施管理办法,把支付市场主体的排污费或资金补助与污水处理工程的实际处理率和达标率挂钩,确立以绩效为目标的支付机制,并将资金扶持重点由"以奖促建"过渡到"以奖促治"。建立村镇生态治理工程的管理责任制,促进各相关部门协作,由环保、水利部门负责指导和督促生态建设,加强监测监管。建立完善设计施工图纸统一备案制度、监测数据的统计分析和报表制度、突发事件应急制度,规范管理行为,以保证村镇生态建设工程正常运行。

10.1.2.3　激励民营企业参与村镇生态建设市场竞争

针对生态建设投入高,回收期长等特点,政府需要在资金、税收等方面出台系列政策,吸引社会资金进入村镇生态建设领域。比如建立村镇生态建设投资基金,基金不同于债券等债务,在项目进行中不必集中偿付大量本息,可减轻企业债务负担,且有利于分散和降低投资风险,明确产权关系,具有集中和合理利用社会资金的直接融资功能。环保企业属于新兴产业及高科技企业,政府应支持环保企业上市,通过从证券市场筹集的资金,推动村镇生态环保产业发展。上市公司会得到广大社会和股东监督,运作更规范,从而有利于村镇生态环境治理。

10.3　东南沿海村镇生态建设制度供求分析

10.3.1　东南沿海村镇生态建设制度供给

20世纪90年代中期之后,国家开始重视农村环境治理,相关专业化防治政策开始出台。1995年的《中国环境状况公报》首次单列了农村的环境状况,"农村污染""农业污染源"等词汇开始出现在相关法律法规中,国家对农村生产污染、生活污染日益重视。

10.3.1.1　农村生态环境政策趋于细化

十八届三中全会后,环境保护部首批发布了《农村生活污水处理项目建设与投资指南》《农村生活垃圾分类、收运和处理项目建设与投资指南》《农村饮用水水源地环境保护项目建设与投资指南》和《农村小型畜禽养殖污染防治项目建设与投资指南》四项指导性文件,涉及农村生活污水、生活垃圾、小型畜禽养殖业等农村重要污染源。这些政策具有很强的针对性和可操作性,同时也起到了引导农村水务市场发展的作用。综合而言,农村环境治理政策开始探索生态补偿制度等一些更为翔实的制度设计,政策设计也更为细化,同时,农村水环境治理也受到了中央财政专项的支持。2009 年环境保护部和财政部出台了《中央农村环境保护专项资金环境综合整治项目管理暂行办法》,从项目的申报审批、组织实施、考核验收和监督检查方面进行了规定。通过中央财政专项支持撬动地方财政支持,有助于推进农村环境治理。

10.3.1.2　尝试使用激励性环境政策

2008 年实施的《中华人民共和国循环经济促进法》规定:"国家鼓励和支持农业生产者和相关企业采用先进或者适用技术,对农作物秸秆、畜禽粪便、农产品加工业副产品、废农用薄膜等进行综合利用,开发利用沼气等生物质能源。"在农村生活垃圾处理方面,2008 年国务院召开的全国农村环境保护工作电视电话会议提出"以奖促治,以奖代补"的方式推行农村环境综合整治。2009 年出台的《关于实行"以奖促治"加快解决突出的农村环境问题的实施方案》明确规定:"对按时完成治理目标、考核情况较好的地区,优先安排'以奖促治'资金;对未按时完成治理目标、考核情况较差的地区,将通报批评并取消申报资格、停止资金安排或追缴已拨付资金。"

10.3.1.3　鼓励公众参与环保监督

1996 年修订实施的《水污染防治法》中,专门增加了"环境影响报告书中,应当有该建设项目所在地单位和居民的意见"。2003 年实施的《中华人民共和国环境影响评价法》中对此进一步强化,该法第五条规定:"国家鼓励有关单位、专家和公众以适当方式参与环境影响评价。"第二十一条规定:"除国家规定需要保密的情形外,对环境可能造成重大影响、应当编制环境影响报告书的建设项目,建设单位应当在报批建设项目环境影响报告书前,举行论证会、听证会,或者采取其他形式,征求有关单位、专家和公众的意见,建设单位报批的环境影响报告书应当附具对有关单位、专家和公众的意见采纳或者不采纳的说明。"2006 年实施的《环境影响评价公众参与暂行办法》对公众参与的一般要求和组织形式做了非常详尽的规定,该办法也是部委层次首个公众参与暂行办法。《环境影响评价公众参与暂行办法》也成为农民面对农村水环境污染的一种干预方式,尤其是对于农村周边可能影响农村环境的建设项目,公众参与客观上具有一定的震慑作用。

10.3.2　东南沿海村镇生态建设制度缺口

东南沿海村镇生态建设的有效开展需要一整套的制度作为支撑,如清晰的产权、有效的生态补偿机制、公平的规制环境、稳定的法规安排等,这些条件的缺失对村镇生态建设的顺利推进构成了阻碍。

10.3.3.1　产权不清晰阻碍民间投资

东南沿海地区的民间资金十分充足,渴望进入有稳定收益的生态治理市场。随着物联网管理和生态治理技术的逐步成熟,民企也开始有能力建设和运营村镇生态建设项目。但现实中,村镇生态治理领域的产权问题阻碍了民间投资的进一步扩大和深化。比如,对污水设施产权问题,政府部门始终认为应最终拥有污水设施的所有权,对民间主动融资模式几乎不敢尝试,因为该模式强调政府只购买民营部门的相关服务,而不拥有任何产权。村镇污水处理市场的第三方托管和 BOT 更强调政府直接拥有所有权或特许经营期满后最终转移所有权。

10.3.3.2　外部性问题突出

只要一个人或一家厂商实施某一种直接影响到其他人的行为,且对此既不用赔偿、也不用得到赔偿的时候,就出现了"外部性"。因为生态环境的消费排他成本高、竞争性不突出,所以具有公共品属性,而当生态环境被破坏时,人们饱受其苦,村镇环境污染就是一种负外部性。外部性的存在意味着难以通过市场实现成本补偿,当民营企业介入村镇环境治理,其治理成本几乎无法通过合理有效的收费机制实现分担,而排他消费是市场化改革的一个最基础条件。各村镇排污许可证缺失、城乡一体化水网缺失、居民企业用水量计算困难等问题都加剧了村镇生态环境的外部性,使镇污水治理出现"财政统包治理成本,政府替污染者埋单"的低效率配置问题。

10.3.3.3　环境规制落实不到位

村镇生态治理市场中,对环保企业的行政规制因为多头管理和腐败问题,规制效力受到影响。由于缺乏村镇生活污水处理排放标准,对村镇污水设施竣工验收存在无章可循等问题,对村镇污水设施的建设和运营企业同样缺乏有力的法律规制;基于村镇污水治理监督的专业技术特征,以及村镇居民和村民主观上不重视、监督渠道又不畅通,社会规制更加不到位,从而将影响到村镇生态治理设施建设和运营市场化改革的实效和推进步伐。

10.4　东南沿海村镇生态建设制度保障

10.4.1　东南沿海村镇生态建设制度体系

10.4.1.1　村镇生态建设强制性制度

由于村镇生态资源的总量是有限的,过度开发会危及生态安全,因此必须实施村镇生态开发总量控制制度。并且,由于村镇生态环境容量是有限的,污染物排放超过一定极限便会危及村镇生态环境质量,因此必须实施污染物排放总量控制制度。为了保证村镇生态建设质量,需要对村镇生态环境标准和生态治理工程建设标准加以严格管制。一旦相关主体突破了村镇生态环境标准和生态治理工程建设标准,就应该受到相应的惩处,所以需要责任追究制度。因此,村镇生态建设强制性制度是指,为了保障村镇生态环境安全和生态建设质量而采取的居民必须遵守的管制性制度。

村镇生态建设的强制性制度主要包括:

化肥农药管制制度。不得使用已经被禁止的化肥和农药以防持久性有机污染物等的扩散,农药的器具必须按照押金—退款制度退还出售单位,按照农技员的要求施用化肥农药以免过度使用。

水资源和水环境管制制度。水源地实施严格的管制措施以确保水源安全,生产和生活污水必须按照国家法律或村规民约进行排放,不得采取毒鱼电鱼等危害水体及水生生物安全的捕捞方式。

土地管制制度。未经批准不得随意改变土地的用地功能,严格禁止有害土壤环境安全的农作方式。

建筑管制制度。严格按照村镇规划和建筑审批程序建设或修缮住房,建筑住房不得超过规定的标准,建筑的规格和风格等尊重历史传统和本村镇特色。

固体废弃物管制制度。不得焚烧秸秆等农业固体废弃物,不得随意抛弃生活垃圾。

10.4.1.2　村镇生态建设激励性制度

财税制度和产权制度可以使得稀缺的资源获取更高的效率和效益,从而实现资源的优化配置。当存在生态破坏等负外部性行为时,可以按照庇古税理论实施生态环境财税制度;当存在生态保护等正外部性行为时,可以按照庇古税理论实施生态补偿制度。在生态环境产权明晰的情况下,可以按照科斯定理,实施生态有偿使用和交易制度、污染权有偿使用和交易制度①。因此,村镇生态建设激励性制度是指,为了促进村镇生态环境的良好保护和村镇生态建设的高效开展,或者按照庇古税理论实施生态环境财税制度,或者按照科斯定理实施生态环境产权交易制度。这些制度的基本特征是市场机制在资源配置中发挥决定性作用,对经济主体而言具有选择性和激励性。

村镇生态建设激励性制度主要包括:

县市级以上人民政府评定以村镇生态建设为主要内容的美丽乡村,美丽乡村进行滚动式评选。

乡镇以上人民政府开展生态建设先进个人评选,对于企业、家庭、社区、社会组织中对乡镇生态建设做出突出贡献的人物进行表彰。

对于村镇垃圾、秸秆、固体废弃物等废弃物循环利用的企业和个人予以循环补助。

对于村镇生态建设和环境治理的单位和个人予以财政支持和生态补偿。

对于森林建设和维护、湿地建设和维护、农地建设和维护的农户和企业进行低碳补贴。

10.4.1.3　村镇生态建设引导性制度

在村镇生态建设中,可能面临着市场失效和政府失效并存的情况,此时的可能选择便是第三条道路——引导性参与制度。即使在市场机制与政府机制均有效的情况下,公众参与制度也有利于强制性制度和激励性制度的有效实施。因此,村镇生态建设引导性制度是指,基于市场机制和政府机制面临失效的危险而引入的公众参与的第三种机制②。

村镇建设的引导性制度主要包括:

村镇生态建设的工程项目及财务预算信息公开制度。

组建村镇生态建设协会,鼓励绿色非政府组织开展生态建设公益事业和公众参与。

建立政府、企业、公众等不同主体参与的村镇生态建设协商会制度。

组织开展村镇生态建设日活动,全面增强居民的生态意识。

10.4.2　东南沿海村镇生态建设制度选择

10.4.2.1　重点强化村镇生态建设强制性制度

(1)完善村镇生态环境建设的法律法规和规章

加强中央和地方的法制建设,加快完善村镇生态建设法律法规和规章。根据

---

① 沈满洪.环境经济手段研究[M].北京:中国环境科学出版社,2001.
② 沈满洪.环境保护的第三种机制[N].中国环境报,2003-4-11.

东南沿海村镇的实际情况制定出因地制宜的技术标准体系。同时,加强村镇生态建设规划编制工作,明确建设重点与建设方向,将村镇生态环境保护切实纳入各级政府的考核内容中。对于违反国家法律法规规章、违反地方性法规和规章的行为坚决予以惩处,真正形成依法治村(镇)的制度结构。

(2)建立健全包括生态建设和环境保护在内的村规民约

村规民约在村镇治理中可以发挥重要作用,因此,要建立和完善村规民约制度,将生态文明建设、资源能源节约和生态环境保护等相关内容纳入其中。对于违反乡规民约的人和事要进行公开处理,形成强大的抑恶扬善的氛围。

(3)推行村镇生态建设目标责任制

严格贯彻落实《环境保护法》要求,各乡镇人民政府应当对本行政区域的生态环境质量负责。促使乡镇级人民政府提高村镇环境保护公共服务水平,推动农村环境综合整治。在现有农村环境综合整治目标责任制试点基础上,完善考核指标和办法,在各省(市、区)推行村镇环保目标责任制考核,考核结果与干部提拔任免挂钩、与中央财政专项资金分配联动,通过省级人民政府将村镇环境保护目标任务分解落实到市县人民政府,建立"塔式"农村环保目标责任体系,把地方政府保护农村环境的责任落到实处。对县级以上部门,理顺职责分工,明确职能定位,做到权责统一;对县级,健全机构,强化职责;对乡(镇),设立管理办公室或专员,加强管理;对村委会,适度增加环境保护功能或责任,切实增强村民积极性。

10.4.2.2　加快建立村镇生态建设激励性制度

探索创新和推进落实"以奖促治""以奖代补""以奖促保"系列政策。

(1)深化"以奖促治"政策

以村镇饮用水水源地保护、村镇生活污水治理、村镇生活垃圾处理等为重点,推进新一轮村镇生态环境连片整治。中央财政加大农村环保专项资金投入力度,引导地方财政加大投入。将村镇生态环境综合整治与国家重点流域水污染防治、污染减排有机结合起来,在改善村镇人居环境的同时,促进村镇生态环境改善。

(2)落实"以奖代补"政策

以生态村镇、生态村建设为主要载体,以国家生态文明建设示范村镇为引导方向,推动村镇生态环境建设工作。鼓励各地积极创建示范性生态村镇,对达到要求的村镇,给予奖补,调动各地积极性。

(3)探索"以奖促保"政策

优化农村财政转移支付制度,对于生态环境良好、环境管理有序、群众满意度较高的村镇,财政转移支付给予适当倾斜。探索养殖业总量减排奖励机制,对于超量完成减排任务的养殖单位,按照等价购置原则,予以奖励。鼓励政府出资购买村镇生活垃圾、污水、畜禽粪污处理服务,引导企业和社会资本投资村镇生态建设。

（4）完善考核激励政策

在委任制和选举制并存的情况下，可以采取两种考核激励制度：一是采取以上级考核激励下级的制度，例如省级政府评选生态市、市级政府评选生态县市、县级政府评选生态乡镇、乡镇政府评选生态村等。这样，可以形成自上而下的激励。二是采取以下级考核激励上级的制度，例如村民推选村镇的"生态之星"、公众推选"生态村长"等。这样，可以形成公众广泛参与的内在动力。

10.4.2.3　加快完善村镇生态建设引导性制度

公众参与的概念现今已被大多数人所熟知，公众参与也不断地受到更高的重视[①]。但是，在东南沿海村镇生态建设实践过程中，公众参与的作用并未得到很好的发挥。应加快探索"村民自治、村镇督查、县市监管"的村镇生态环境管理模式。充分调动村民参与村镇生态建设的积极性和主动性，鼓励和引导村民开展环境保护自治，通过制定村规民约、建立基层农村环境保护协会、召开村民代表大会等方式，组织民众参与村镇生态建设。

（1）探索村民生态自治制度

村镇生态建设总体上属于俱乐部物品，属于奥斯特罗姆所指的"公共事物"，完全有可能依靠村民自治解决市场失灵和政府失灵。因此，可以在村民委员会的基础上建立村镇生态建设委员会，以统筹村镇的生态建设。

（2）探索第三方治理制度

为了有效解决"运动员"和"裁判员"的关系，对于河流、湖泊、水库等特定的环境治理也可以委托第三方治理，而村镇生态建设委员会主要从事监督工作。这样，一方面形成制衡的机制，另一方面产生治理专业化的效果。

（3）建立村镇生态节日制度

参照或结合全球环境保护日、浙江省生态日等制度安排，可以在上级给定的生态日或自主设立的生态日组织系列生态建设活动，例如生态音乐会、生态诗歌会、生态绘画展等，营造良好的生态建设和环境保护的社会环境。

参考文献

[1] 沈满洪.环境经济手段研究[M].北京：中国环境科学出版社，2001.

[2] 严岩，孙宇飞，董正举，等.美国农村污水管理经验及对我国的启示[J].环境保护，2008，1(15)：65-67.

[3] 蔡鲁祥.我国农村生活污水治理长效机制研究[J].农业经济，2015(5)：55-56.

---

① 吴波，吴萍.村庄环境整治规划思路与思考——以无锡市西前头村为例[J].规划师，2012，28(S2)：249-252.

[4] 童志锋.中国农村水污染防治政策的发展与挑战[J].南京工业大学学报（社会科学版）,2016,15(1):89-96.

[5] 张铁亮,赵玉杰,周其文.农村水污染控制体制框架分析与改革策略[J].中国农村水利水电,2013(4):24-27.

[6] 常敏,朱明芬.乡镇污水治理的市场化改革模式及推进路径研究[J].浙江学刊,2014(6).

[7] 孙兴旺,马友华,王桂苓,等.中国重点流域农村生活污水处理现状及其技术研究[J].中国农学通报,2010,26(18):384-388.

[8] H. degaard. The Influence of Wastewater Characteristics on Choice of Wastewater Treatment Method [C]. Proc Nordic Conference on Nitrogen Removal and Biological Phosphate Removal. Oslo, Norway, 1999.

[9] 杨卫兵,丰景春,张可.农村居民水环境治理支付意愿及影响因素研究——基于江苏省的问卷调查[J].中南财经政法大学学报,2015(4):58-65.

[10] 王夏晖,王波,吕文魁.我国农村水环境管理体制机制改革创新的若干建议[J].环境保护,2014,42(15):20-24.

[11] 于潇,孙小霞,郑逸芳,等.农村水环境网络治理思路分析[J].生态经济,2015,31(5).

[12] 宋国君,冯时,王资峰,等.中国农村水环境管理体制建设[J].环境保护,2009(9):26-29.

[13] 吴波,吴萍.村庄环境整治规划思路与思考——以无锡市西前头村为例[J].规划师,2012,28(s2):249-252.

[14] 李宪法,许京骐.北京市农村污水处理设施普遍闲置的反思(Ⅱ)——美国污水就地生态处理技术的经验及启示[J].给水排水,2015(10):50-54.

[15] 嵇欣.国外农村生活污水分散治理管理经验的启示[J].中国环保产业,2010(2):57-61.

[16] 邵立明,吕凡,章骅.村镇垃圾治理模式与规范的现状及展望[J].小城镇建设,2016,(8):12-15,19.